工程建设百问丛书

电工技术百问（强电）

（第二版）

芮静康　编

中国建筑工业出版社

图书在版编目（CIP）数据

电工技术百问（强电）/芮静康编．—2版．—北京：
中国建筑工业出版社，2006
（工程建设百问丛书）
ISBN 7-112-07995-0

Ⅰ．电…　Ⅱ．芮…　Ⅲ．电工技术-问答
Ⅳ．TM-44

中国版本图书馆 CIP 数据核字（2006）第 001351 号

工程建设百问丛书
电工技术百问（强电）
（第二版）
芮静康　编

*

中国建筑工业出版社出版、发行（北京西郊百万庄）
新　华　书　店　经　销
霸州市顺浩图文科技发展有限公司制版
北京市兴顺印刷厂印刷

*

开本：850×1168 毫米　1/32　印张：14½　字数：390 千字
2006 年 3 月第二版　　2006 年 10 月第九次印刷
印数：19401—21400 册　　定价：**30.00** 元
ISBN 7 - 112 - 07995 - 0
（13948）

本社网址：http：//www.cabp.com.cn
网上书店：http：//www.china - building.com.cn

本书共分十二章，以问答的形式解答了电气技术的有关问题，内容包括电工基础知识、电机、变压器和互感器、高低压电器、供配电、电工材料、电工测量、典型控制电路、焊接电气、电气照明、电气安全、电气术语等。本书内容丰富、联系实际，且通俗易懂、图文并茂。

本书可供广大电工阅读，也可供电气技术人员和大专院校有关师生参考。

* * *

责任编辑　刘　江　刘婷婷
责任设计　赵明霞
责任校对　张树梅　王金珠

出 版 说 明

为了推动工程建设事业的蓬勃发展，满足广大读者对这类图书的需要，我社拟陆续出版“工程建设百问丛书”。目前这套丛书已推出25册（见封四），范围包括建筑工程、安装工程和建筑管理等学科。丛书涵盖的专业面较广，内容比较全面，并有一定深度，主要供工程技术人员、管理人员和工人阅读。

每册作者编写时均针对该学科应掌握的政策法规、标准规程、专业知识和操作技术，并根据专业技术人员日常工作中遇到的疑点、难点，逐一提出问题，并用简洁的语言辅以必要的图表，有针对性地、一事一议地给予解答。

以问答形式叙述工程技术问题的图书，预期会受到读者的欢迎。它的特点是问题涉及面广、可浅可深，解答针对性强、避免冗长。读者可带着问题翻阅，从中找出答案，增长才干；初学者可以从阅读中汲取知识和教益，满足自学的欲望。希望我们这套丛书的问世，能帮助读者解决工作中的疑难问题，掌握专业知识，提高实际工作能力。为此，我们热诚欢迎读者对书中不足之处来信批评指正，如有新的问题也请给予补充，协助我们把这套丛书出得更好。

中国建筑工业出版社

再版前言

本书是一本电工的入门书，自 2000 年 6 月第一版出版后，受到广大读者的欢迎，在此表示衷心的感谢。

为了进一步提高本书的质量、使读者更为满意，所以再作修订。

修订时，对第一章电工基础知识作少量补充。第二章电机，删去相当一部分电机绕组展开图，只选入典型的有代表性的，而增加电机接线图。第三章变压器和互感器，增加变压器试验和联结组的内容。第四章高低压电器中，增加对时间继电器接点符号和应用的内容。第五章供配电，作少量调整。第六章电工材料和第七章电工测量是再版时新增加的内容。第八章典型控制电路，作了少量补充，增加起重机控制和施工图的内容。第九章焊接电气和第十章电气照明变动较小。第十一章电气安全，增加了防雷、接地、电气防火的内容，此章增加内容较多，以示电气安全的重要性。第十二章电气术语基本未变。在全书中重点对图形符号、文字符号、名词的许多错漏加以改正，标准化、规范化。希望再版以后，能受到广大读者的欢迎。

由于作者水平有限，时间急促，错漏之处在所难免，欢迎广大读者批评指正。

芮静康　于北京

2005 年 10 月

前言（第一版）

随着国民经济的发展，用电的广泛，电气技术的日新月异，工业、农业、交通运输、建筑和日常生活都离不开电，电工队伍发展很快。为了帮助电工人员提高电气技术的理论水平和增强处理实际问题的能力。作者根据多年从事电气技术工作和培训电工的经验，特编写本书，希望读者从中能够得到启发，在实际工作中得以应用。在较少的篇幅内，给电工人员打下好的基础，为电工人员水平的提高作贡献，相信会取得良好的效果。希望成为广大电气人员的良师益友。

本书共分十部分，重点描述强电的内容，编写力求理论联系实际，文字通俗易懂，图文并茂，以一问一答的形式解答了日常电气技术方面的问题。

对多年来关心和帮助的教授、专家和工人师傅们，和关心本书编写出版的同志，表示衷心的感谢。

由于编者水平有限、经验不足、书中难免有许多错误和不妥之处，恳请广大读者和专业人员批评指正。

编者

1999.12.10

目　录

第一章　电工基础知识

1. 电位、电压和电动势有什么不同和相同之处？ …… 1
2. 什么叫部分电路的欧姆定律？写出三种形式的表达式及单位。 …… 1
3. 部分电路的欧姆定律与全电路的欧姆定律有什么不同和相同之处？ …… 1
4. 什么叫电阻的串联电路？串联电路有哪几个规律？ …… 2
5. 什么叫电阻的并联电路？并联电路有哪几个规律？ …… 2
6. 在纯直流电路中，稳定情况下，电阻 R、电容 C、电感 L 各起什么作用？ …… 3
7. 在纯直流电路中，瞬态（开、关电源时）情况下，电阻 R、电容 C、电感 L 各起什么作用？ …… 3
8. 你能举出电阻的分压作用在电视、广播中应用的例子吗？ …… 3
9. 什么是电流的热效应？ …… 4
10. 什么是计算热量 Q 的焦耳—楞次定律？ …… 4
11. 什么是磁感应强度？ …… 5
12. 什么是磁通？ …… 5
13. 什么是磁导率？ …… 6
14. 什么是磁场强度？ …… 6
15. 什么是电磁感应？ …… 7
16. 如何计算感应电势？ …… 7
17. 什么是右手定则？ …… 8
18. 什么是左手定则？ …… 8
19. 什么是楞次定律？ …… 8
20. 什么是自感和互感？ …… 9
21. 什么是涡流？ …… 9

22. 什么是磁路的欧姆定律？ …………………………………………… 10
23. 什么是磁路的基尔霍夫定律？ ………………………………………… 10
24. 什么是电磁力？ …………………………………………………… 11
25. 什么是铁磁材料的主要磁性能？ ……………………………………… 11
26. 什么是交流电？ …………………………………………………… 12
27. 什么是正弦交流电？ ………………………………………………… 13
28. 什么是正弦交流电的有效值？ ………………………………………… 14
29. 什么是有功功率、无功功率和视在功率？ …………………………… 15
30. 什么是交流电路功率的表达式？ ……………………………………… 17
31. 什么是功率因数？提高功率因数的意义是什么？ …………………… 18
32. 什么是集肤效应？有何应用？ ………………………………………… 18
33. 为什么纯电容和纯电感，不消耗电能？ ……………………………… 18
34. 什么是交流电路的频率特性？ ………………………………………… 20
35. 什么是 LC 自由振荡电路？ ………………………………………… 21
36. 提高功率因数有哪些方法？ …………………………………………… 21
37. 电容在电路中的作用有哪些？ ………………………………………… 23
38. 电容器常见哪些故障？ ……………………………………………… 24
39. 使用电容器应注意哪些事项？ ………………………………………… 24
40. 什么是三相正弦交流电？ …………………………………………… 24

第二章　电　机

41. 在修理电机绕组时必须了解哪些术语和基本参数？ ………………… 26
42. 什么是线圈、线圈组、绕组？ ………………………………………… 26
43. 什么是线圈的有效边？ ……………………………………………… 26
44. 什么是电机的联结方式？ …………………………………………… 26
45. 什么是每极每相槽数（q）？ ……………………………………… 27
46. 什么是线径和匝数？ ………………………………………………… 27
47. 什么是并绕根数？ …………………………………………………… 27
48. 什么是每槽导线数？ ………………………………………………… 27
49. 什么是并联支路数？ ………………………………………………… 28
50. 什么是线负荷（A_1）？ …………………………………………… 28
51. 什么是极距（τ）？ ……………………………………………… 28
52. 什么是节距（跨距）（y）？ ……………………………………… 29

53. 什么是整距、长距和短距？ …………………………………………… 29
54. 什么是绕组的分布系数？ …………………………………………… 29
55. 什么是绕组系数（k_w）？ ………………………………………… 30
56. 什么是几何角度？ …………………………………………………… 30
57. 什么是60°相带？ …………………………………………………… 30
58. 什么是电磁负荷？ …………………………………………………… 31
59. 什么是标幺值？ ……………………………………………………… 31
60. 什么是槽配合？ ……………………………………………………… 31
61. 什么是槽满率？ ……………………………………………………… 33
62. 电机绕组有哪些种类？ ……………………………………………… 34
63. 什么是单层绕组？ …………………………………………………… 35
64. 什么是单层同心式绕组？ …………………………………………… 35
65. 什么是单层交叉式绕组？ …………………………………………… 37
66. 什么是单层链式绕组？ ……………………………………………… 39
67. 什么是双层绕组？ …………………………………………………… 40
68. 什么是双层波绕组？ ………………………………………………… 41
69. 什么是分数槽绕组？ ………………………………………………… 44
70. 一相连绕的单层绕组的嵌线程序是怎样的？ ……………………… 46
71. 常见单层绕组，其三相展开图是怎样的？ ………………………… 50
72. 常见双层波绕组，其一相展开图是怎样的？ ……………………… 54
73. 常见双层叠绕组的展开图是怎样的？ ……………………………… 58
74. 怎样画电机绕组接线图？ …………………………………………… 61
75. 电梯电机的主要用途是什么？ ……………………………………… 65
76. 电梯电机和工业电机有哪些区别？ ………………………………… 66
77. 电梯电机的种类有哪些？ …………………………………………… 67
78. 交流电梯电机有哪些主要零部件？其作用是什么？ ……………… 69
79. 交流电梯电机的结构有哪些特点？ ………………………………… 69
80. 直流电机主要由主极、机座、电枢、换向器和电刷装置等零部件组成，它们各自的主要作用是什么？ ………………………… 71
81. 串励直流电动机空载时，会产生什么现象？为什么？ …………… 72
82. 造成直流电机火花大的机械原因有哪些？ ………………………… 72
83. 制造和修理换向器的主要质量要求有哪些？装配完成后，需做哪几项电气试验？试验目的是什么？ ………………………… 72

84. 什么叫对称三相电源、对称三相负载？对称三相绕组的条件是什么？建立旋转磁场的必要条件是什么？ …… 73
85. 单层绕组和双层绕组各有哪些主要优缺点？分数槽绕组通常用于什么场合？ …… 73
86. 单层链式和交叉式链式绕组的嵌线工艺各有哪些特点？每极每相槽数 $q=4$ 的单层交叉同心式绕组的嵌线工艺又有哪些特点？ …… 74
87. 电机绝缘处理的目的是什么？主要包括哪几个过程？电机浸漆时，经预烘后为什么要等绕组冷到60～80℃才能浸漆？ …… 74
88. 笼型异步电动机的转子有哪两种结构形式，制造工艺有什么不同？绕线型和笼型相比，各有什么优缺点？ …… 75
89. 电机安装完毕后，在试车时若发现振动大，应从哪些方面找原因？电机转子为什么要校平衡？ …… 75
90. 怎样利用万用表的毫安档检查交流电机定子三相绕组的始端和末端连接是否正确？为什么？ …… 75
91. 怎样利用36V低压交流电源和一只灯泡来判别交流电机定子三相绕组的始末端，并说明为什么？ …… 76
92. 什么叫同步发电机的电枢反应？隐极同步电机的电枢反应与凸极同步电机的电枢反应有什么不同？ …… 77
93. 什么叫做同步发电机的外特性、调整特性和电压调整率？ …… 77
94. 什么叫同步电机的自励系统和他励系统？什么叫半导体整流器励磁系统？什么叫无刷励磁？ …… 78
95. 直流并励发电机的电枢电压是怎样建立起来的？ …… 78
96. 直流并励发电机不能建立正常电压，直流并励电动机不能启动（或启动后达不到额定转速），属于电机本身的原因可能有哪些？ …… 79
97. 怎样用低压直流电源和直流毫伏表来检查单叠和单波电枢绕组的短路和断路（开焊）故障？ …… 79
98. 牵引电机有哪几种？ …… 80
99. 牵引电机的工作条件有哪些特点？ …… 81
100. 直流牵引电机常见的故障有哪些？ …… 81
101. 怎样修理牵引电机电枢绕组的故障？ …… 82
102. 怎样修理牵引电机换向器的故障？ …… 83

103. 怎样修理牵引电机电枢轴的故障？ …………………………… 83
104. 怎样修理牵引电机定子绕组的故障？ …………………………… 84
105. 同步发电机定子绕组三相电阻不平衡的原因有哪些？ ………… 86
106. 电压不平衡而三相直流电阻平衡，原因有哪些？ ……………… 86
107. 同步发电机转子励磁绕组常见的故障有哪些？ ………………… 87
108. 受潮发电机转子励磁绕组的烘干处理方法有哪几种？ ………… 88
109. 检查发电机定子绕组故障的方法有哪几种？ …………………… 88
110. 同步发电机电刷系统的常见故障有哪些？怎样诊断和进行维修？ ………………………………………………………………… 90
111. 集电环常发生哪些故障？ ………………………………………… 91
112. 发电机空载发电正常，而加负载后即出现异常，原因是什么？ ………………………………………………………………… 92
113. 不可控电抗器移相相复励发电机达到额定转速后仍不发电的原因是什么？ ………………………………………………………… 93
114. 发电机工作一定时间后，电压达不到额定值的故障原因是什么？ ………………………………………………………………… 93
115. 三次谐波励磁的发电机不发电的原因是什么？ ………………… 94
116. 三次谐波励磁的发电机空载电压正常，而负载时不能输出额定电压，原因是什么？ …………………………………………… 94
117. 带励磁机的发电机不发电的原因有哪些？ ……………………… 94
118. 无刷励磁发电机不发电的原因有哪些？ ………………………… 95
119. 发电机发生逆磁和失磁的原因有哪些？ ………………………… 95
120. 同步电动机常见哪些故障？ ……………………………………… 95
121. 什么叫异步启动、牵入同步？ …………………………………… 96
122. 同步电动机不能异步启动的原因是什么？ ……………………… 96
123. 同步电动机启动转矩小的原因是什么？ ………………………… 96
124. 三相同步电机在修理拆除旧绕组时应记录哪些原始数据？…… 97
125. 修理时依据的 T_2 系列三相同步发电机绕组的技术数据是哪些？ ………………………………………………………………… 97
126. TSWN、TSN 系列小容量水轮发电机绕组数据是哪些？ ……… 97

第三章　变压器和互感器

127. 常用变压器有哪些种类？各有何特点？ ………………………… 101

128. 变压器的工作原理是什么？ …………………………………… 102
129. 变压器的额定技术数据都包括哪些内容？它们各表示什么
意思？ ……………………………………………………………… 103
130. 变压器的构造和各部件的作用是什么？ …………………… 104
131. 什么是变压器线圈的联结组？ ………………………………… 105
132. 电力变压器要进行哪些试验？ ………………………………… 107
133. S9-10kV 系列电力变压器的数据是什么？ ………………… 109
134. SCL 型环氧浇注干式变压器的技术数据是什么？ ………… 109
135. 电力变压器的铁心结构是怎样的？ ………………………… 109
136. 变压器的各种联结组的应用范围是什么？变压器有几种冷却
方式？各种冷却方式的特点是什么？ ………………………… 116
137. 变压器在运行前应检查些什么？变压器在运行中，应做哪些
测试？ ……………………………………………………………… 117
138. 变压器油有什么作用？具有哪些主要性能？运行中的变压器补
油时应注意哪些事项？ ………………………………………… 118
139. 运行中变压器的温升过高有哪些原因？如何判断？ ……… 119
140. 树脂浇注的干式变压器的特点是什么？ …………………… 120
141. 什么是电子变压器？ …………………………………………… 121
142. 电子变压器的特点是什么？ …………………………………… 121
143. 自耦变压器的特点是什么？ …………………………………… 122
144. 电焊变压器的特点是什么？ …………………………………… 122
145. 电炉变压器的特点是什么？ …………………………………… 123
146. 什么叫做电压互感器？它有什么作用？电压互感器与变压器有
何不同？ …………………………………………………………… 123
147. 电压互感器的误差有几种？影响各种误差的因素是什么？什么
是电流互感器的误差？影响互感器误差的主要因素是
什么？ ……………………………………………………………… 124
148. 为什么电流互感器的二次线圈不能开路？ ………………… 126

第四章 高低压电器

149. 熔断器的作用是什么？按结构分哪几类？其特点是什么？ …… 128
150. 怎样确定熔断器熔体的额定电流？ ………………………… 128
151. 什么叫熔体的熔断电流？熔断器的保护特性的含义是

什么？ …………………………………………………………… 129
152. 怎样选用快速熔断器？ ……………………………………… 129
153. 开关的用途及刀开关的种类、技术参数是什么？如何选用刀开关？ …………………………………………………………… 130
154. 低压断路器有哪些结构元件，作用是什么？低压断路器采用的灭弧方法有哪些？ …………………………………………… 130
155. 交流接触器的用途和工作原理是什么？ …………………… 130
156. 交流接触器由哪几部分组成？各部分的作用是什么？ …… 131
157. 几种接触器的灭弧装置原理是什么？ ……………………… 131
158. 从工作原理而言，直流接触器有哪些特点？ ……………… 132
159. 交流接触器的主要额定参数有哪些？使用时应注意什么？ …… 132
160. 交流接触器噪声大的原因有哪些？如何消除？ …………… 133
161. 继电器有哪几部分组成？常见的继电器有哪些？ ………… 133
162. 什么叫电流继电器？什么叫电压继电器？它们在结构上有什么区别？ ……………………………………………………… 134
163. 继电器的主要参数有哪些？ ………………………………… 134
164. 常见的几种继电器各应用在什么场合？ …………………… 135
165. 时间继电器分哪几类？各有什么特点？ …………………… 135
166. JSMJ 型晶体管脉冲式时间继电器电路的工作原理是什么？ … 135
167. JSB 型晶体管时间继电器电路的工作原理是什么？ ……… 136
168. JSJ 型晶体管时间继电器电路的工作原理是什么？ ……… 137
169. JSJ0 型晶体管时间继电器电路的工作原理是什么？ ……… 139
170. JSJ1 型晶体管时间继电器电路的工作原理是什么？ ……… 139
171. JSDJ 型晶体管断电延时继电器电路的工作原理是什么？ …… 140
172. JSKJ 型晶体管时间继电器电路的工作原理是什么？ ……… 141
173. JSU 型晶体管时间继电器电路的工作原理是什么？ ……… 142
174. TJSB1 型晶体管时间继电器电路的工作原理是什么？ …… 142
175. JS14 型晶体管时间继电器电路的工作原理是什么？ ……… 143
176. 时间继电器怎样分类？延时接点符号怎样表示？ ………… 144
177. 对于时间继电器的图形符号，使用时应注意什么？ ……… 147
178. 热继电器使用时应注意哪些问题？ ………………………… 147
179. 漏电保护电器包括哪些？按其工作原理等分哪几类？ …… 148
180. 电压型漏电开关有哪几部分组成？工作原理是什么？有什么

缺点？ …………………………………………………………………… 149
181. 电磁式电流型漏电开关由哪几部分组成？其工作原理是什么？ …………………………………………………………………… 149
182. 什么是主令电器？其作用是什么？常用的主令电器有哪些？ …………………………………………………………………… 150
183. 接近开关的特点和原理是什么？ ………………………………… 151
184. 速度继电器的工作原理是什么？ ………………………………… 151
185. 频敏变阻器的工作原理是什么？绕线转子异步电动机转子串频敏变阻器起动的优点是什么？ ………………………………… 152
186. 直流电磁铁与交流电磁铁在结构和性能上有什么区别？ ……… 152
187. 低压断路器和熔断器如何配合使用？ …………………………… 153
188. 什么是高压隔离开关？其特点是什么？ ………………………… 153
189. 什么是高压负荷开关？室内压气式高压负荷开关有哪些特点？ …………………………………………………………………… 154
190. SF_6 负荷开关有哪些特点？ ………………………………… 154
191. 高压断路器的特点、种类和技术参数有哪些？ ………………… 155
192. 什么是少油断路器？少油断路器的结构和特点是什么？ ……… 155
193. 什么是真空断路器？其结构、工作原理和特点是什么？ ……… 156
194. 什么是高压六氟化硫断路器？其结构、工作原理、特点是什么？ …………………………………………………………………… 157

第五章 供 配 电

195. 什么叫动力系统、电力系统和电力网？什么叫配电系统？ …… 158
196. 什么是负荷？什么是电量？ ……………………………………… 159
197. 什么是最高负荷、平均负荷？什么是高峰负荷、低谷负荷？ …………………………………………………………………… 159
198. 什么是负荷率？什么是高峰定点负荷率？什么是月平均日负荷率？ …………………………………………………………………… 159
199. 什么是计算负荷？确定计算负荷的意义是什么？ ……………… 160
200. 用电负荷是如何分类的？各类负荷对供电方式有什么要求？ …………………………………………………………………… 161
201. 什么是自然功率因数？什么是加权平均功率因数？怎样提高功率因数？ …………………………………………………………… 162

202. 为什么要安装移相电容器？它有什么优缺点？电力电容器分哪几类？ …… 163
203. 无功功率是什么意思？ …… 164
204. 电容器的爆炸事故是由哪些原因引起的？电力电容器的保护方式有哪些？ …… 165
205. 高压线路的接线方式有哪几种？ …… 166
206. 什么叫负荷曲线？ …… 167
207. 什么是计算负荷的需要系数法？ …… 167
208. 什么叫计算负荷的二项式系数法？ …… 169
209. 怎样计算供配电系统的线路功率损耗？ …… 169
210. 怎样计算单台和多台用电设备的尖峰电流？ …… 170
211. 电力系统发生短路故障的原因有哪些？ …… 171
212. 电力系统发生短路故障有哪些影响？ …… 171
213. 二次回路的定义和分类是什么？二次回路包括哪几部分？ …… 172
214. 主变压器的差动保护动作后怎样判断、处理与检查？ …… 173
215. 微机保护装置的硬件系统通常包括哪几部分？微机保护屏应符合哪些要求？ …… 174
216. 对供电主结线的基本要求及主要电器的作用是什么？ …… 175
217. 单回路供电的高压变电站接线方式有哪些？ …… 177
218. 双回路供电的高压变电站接线方式有哪些？ …… 180
219. 多回路供电的高压变电站接线方式有哪些？ …… 182
220. 继电保护的作用和基本要求是什么？ …… 184
221. 继电保护的基本原理是什么？ …… 186
222. 输电线路的电流保护线路是怎样的？ …… 189
223. 低电压闭锁的过电流保护线路是怎样的？ …… 192
224. 反时限的过电流保护线路是怎样的？ …… 194
225. 电流速断保护线路是怎样的？ …… 195
226. 二段式（或三段式）电流保护线路是怎样的？ …… 196
227. 电流闭锁电压速断保护线路是怎样的？ …… 197
228. 电流电压连锁速断保护线路是怎样的？ …… 198
229. 什么叫直击雷过电压？变电站内装设有哪些防雷设备？ …… 200
230. 微电脑消谐装置的工作过程如何？ …… 201
231. 什么叫接地？什么叫接零？为什么要进行接地和接零？什么

是接地保护？什么条件下采用接地保护？ …………………… 202
232. 地下变电所的特点是什么？ ……………………………………… 203
233. 什么是三相五线制？实行三相五线制有什么好处？ ………… 203
234. 高压熔断器在运行和检修时，应注意什么？ ………………… 204
235. 高压隔离开关运行中常见的故障有哪些？其原因是什么？ …… 204
236. 高压断路器常见的故障有哪些？其故障原因是什么？ ……… 205
237. 在 SN10-10 系列少油断路器检修时，怎样拆卸油断路器？ …… 207
238. 怎样检修油断路器？ ………………………………………… 207
239. 油断路器怎样进行调整？ …………………………………… 208
240. 油断路器在检修和调整后应作哪些试验，常采用哪几种试验
方法？ ………………………………………………………… 209
241. 什么是真空断路器的截流现象，怎样预防？ ……………… 210
242. 真空断路器最常见的两个故障是什么？故障原因是什么？
如何检查？ …………………………………………………… 210

第六章 电工材料

243. 电工材料是怎样分类的？ …………………………………… 212
244. 导电材料的特点是什么？ …………………………………… 212
245. 导电材料的参数和性能是什么？ …………………………… 213
246. 什么是电碳材料？其特性是什么？ ………………………… 217
247. 电刷怎样选用和维护以及故障处理？ ……………………… 218
248. 导磁材料的特性是什么？ …………………………………… 220
249. 什么是磁滞回线和磁化曲线？ ……………………………… 222
250. 影响导磁材料特性的因素有哪些？ ………………………… 222
251. 永磁材料的用途有哪些？ …………………………………… 223
252. 绝缘材料的作用是什么？怎样分类？ ……………………… 225
253. 绝缘材料的耐热等级是怎样划分的？ ……………………… 226
254. 绝缘材料的性能是什么？ …………………………………… 227
255. 电工新材料有哪些？ ………………………………………… 230
256. 磁卡的种类和用途是什么？ ………………………………… 232
257. 什么是磁光材料？怎样选用？ ……………………………… 233
258. 什么是磁流体材料？ ………………………………………… 235

第七章 电工测量

259. 测量的意义是什么？ …… 237
260. 怎样测量直流电流？ …… 237
261. 怎样测量交流电流？ …… 238
262. 怎样用钳形表测量交、直流电流？使用钳形表时应注意什么？ …… 240
263. 怎样测量直流电压？ …… 241
264. 怎样测量交流电压？ …… 241
265. 怎样测量电阻？ …… 242
266. 怎样用电流、电压表测量直流电路功率？ …… 246
267. 怎样测量单相交流电路中的功率？误差情况又怎样？ …… 248
268. 怎样测量三相交流电路中的功率？ …… 249
269. 怎样测量三相电路中的无功功率和电能？ …… 251
270. 三相异步电动机的测量和试验项目有哪些？试画出一个最简单的电机试验线路，其特点是什么？ …… 254
271. 电机试验的方法有哪几种？其特点是什么？ …… 256

第八章 典型控制电路

272. 画出单向启动控制电路，电路工作过程是怎样的？ …… 260
273. 画出缺辅助触点的交流接触器应急接线线路，线路的作用是什么？ …… 262
274. 画出安全电压控制电动机电路，电路的作用是什么？ …… 263
275. 画出一个不用变压器的交流接触器低压启动电路，电路的作用和简单原理是什么？ …… 264
276. 画出一个两地操作单向启动的电路，其特点是什么？ …… 265
277. 画出单按钮控制电动机启停电路，电路的工作原理是什么？ …… 267
278. 画出一个简单的空载自停电路，电路的作用是什么？ …… 268
279. 画出一个单线远程电动机启动停止的控制电路，电路工作过程是怎样的？ …… 268
280. 画出一个没有连锁的可逆启动控制电路，电路的工作原理是

什么？ …………………………………………………………………… 269
281. 画出一个辅助接点连锁的可逆启动控制电路，电路的工作过程和作用是什么？ ……………………………………………………… 270
282. 画出一个按钮连锁的可逆启动控制电路，电路的工作过程和作用是什么？ ………………………………………………………… 270
283. 画出一个单线远程正反转控制电动机的电路，电路的工作原理是什么？ ………………………………………………………… 272
284. 画出一个单向启动反接制动控制电路，电路的工作过程是怎样的？ ……………………………………………………………… 273
285. 反接制动和能耗制动有哪些区别？各有哪些优缺点？ ………… 274
286. 画出一个手动串联电阻启动控制的电路，电路的简单工作原理是什么？ ………………………………………………………… 275
287. 画出一个升降限位控制电路，电路的简单工作原理是什么？ …………………………………………………………………… 275
288. 画一个自动往返的控制电路，电路的工作原理是什么？ ……… 276
289. Y-△减压启动的原理是什么？ ………………………………… 278
290. 画出一个用电流继电器作电动机Y-△节电转换电路，电路的工作原理是什么？ …………………………………………………… 279
291. 画出一个用晶体管延时电路自动转换Y-△启动控制电路，电路的工作原理是什么？ ………………………………………………… 280
292. 画出一个时间继电器控制的Y-△减压启动的电路，电路的工作原理是什么？ …………………………………………………… 281
293. 再画一个自动Y-△启动器电路，电路的工作原理是什么？ …… 282
294. 画出一个延边三角形减压启动的控制电路，其电动机绕组怎样联结，电路工作原理是什么？ ……………………………………… 283
295. 画出一个转子串电阻启动的控制电路，电路的工作原理是什么？ …………………………………………………………………… 285
296. 绕线转子异步电动机串电阻调速，为什么要采用不平衡截出法？ …………………………………………………………………… 286
297. 交流整流子机为什么能调节转速？ ……………………………… 288
298. 画一个双速电动机的控制电路，电路的工作原理是什么？ …… 290
299. 画出一个不对称电阻反接制动电路，电路的简单工作原理是什么？ …………………………………………………………………… 291

300. 画出一个单向启动反接制动的控制电路，电路的工作原理是什么？ …………………………………………………………………… 292
301. 画出双向启动反接制动控制电路，电路的工作原理是什么？ …………………………………………………………………… 293
302. 画出一个可逆转动反接制动的电路，其简单工作原理是什么？ …………………………………………………………………… 295
303. 画出一个串电阻降压启动及反接制动的电路，电路的工作原理是什么？ ………………………………………………………………… 295
304. 画出一个简单的可逆点动控制的短接制动电路，电路的工作原理是什么？ ………………………………………………………………… 297
305. 画出一个单向启动半波整流能耗制动控制电路，电路的工作原理是什么？ ………………………………………………………………… 297
306. 画出单向启动全波整流能耗制动的控制电路，电路的工作原理是什么？ ………………………………………………………………… 299
307. 再画出一个直流能耗制动电路，电路的简单工作原理是什么？ …………………………………………………………………… 300
308. 画出电容—电磁制动电路，简单工作原理是什么？电容制动还有哪些电路形式？ …………………………………………………… 301
309. 画出一个电动机保安接零电器，这个电路的作用是什么？ …… 302
310. 画出一个交流接触器无压运行装置的电路，电路的作用和工作原理是什么？ …………………………………………………… 303
311. 画出一个简单星形零序电压断相保护电路，电路的简单工作原理是什么？ ……………………………………………………… 305
312. 画出一个三角形电动机零序电压继电器断相保护电路，这个电路的原理是什么？ …………………………………………………… 306
313. 再画出一种星形联结的电动机断相保护电路，电路的简单原理是什么？ ………………………………………………………………… 307
314. 画出一种节电式三相异步电动机断相保护电路，电路的特点是什么？ …………………………………………………………………… 308
315. 画出晶体管零序电压电动机断相保护器电路，电路工作原理是什么？ …………………………………………………………………… 308
316. 画出一个按电流原则控制直流电动机启动的电路，电路的动作过程是怎样的？ ……………………………………………………… 310

317. 画出按时间原则控制直流电动机启动的电路，电路的工作过程是怎样的？ …… 310
318. 画出一个直流电动机正反转控制电路，电路的工作过程是怎样的？ …… 311
319. 画出一个直流电动机反接制动的电路，电路的工作过程是怎样的？ …… 312
320. 画出一个直流电动机能耗制动的电路，电路的工作过程是怎样的？ …… 313
321. 画出一个他励直流电动机失磁保护电路，为什么要进行失磁保护，失磁保护的工作原理是什么？ …… 314
322. 两地（或多地）操作按钮应怎样接线？ …… 315
323. 无反馈环节的放大机供电系统的工作原理是什么？ …… 316
324. 什么是电压负反馈环节？ …… 317
325. 电流正反馈环节线路的作用和原理是什么？ …… 319
326. 稳定环节的作用和原理是什么？ …… 320
327. 电流截止负反馈环节的作用和原理是什么？ …… 321
328. 加速度调节器电路的作用和原理是什么？ …… 322
329. 前进和后退励磁控制电路的作用和原理是什么？ …… 323
330. 减速环节的作用和原理是什么？ …… 324
331. 步进、步退环节的作用和原理是什么？ …… 326
332. 停车制动和自消磁环节的作用和原理是什么？ …… 327
333. 欠补偿能耗制动环节的作用和原理是什么？ …… 328
334. 15/3t 桥式起重机控制电路的工作原理是什么？ …… 329
335. 怎样防止能耗制动时使总熔断器熔断？并采取什么节能措施？ …… 334
336. 机电式电路的施工方法是什么？ …… 336

第九章　焊接电气

337. 焊接的种类有哪些？ …… 340
338. 什么是手工电弧焊？ …… 340
339. 手工电弧焊接的电弧特性是什么？ …… 341
340. 手工电弧焊接的焊条怎样分类？ …… 341
341. 手工电弧焊电源特性有什么特点？ …… 342

342. 手工电弧焊电源有哪几类？各有什么特点？ …………………… 343
343. 怎样选择手工电弧焊的电源？ ………………………………………… 344
344. 什么是钨极氩弧焊？钨极氩弧焊有哪些优缺点？ ………………… 344
345. WNZAD-500 型全自动钨极氩弧焊机的功用是什么？由哪几部分组成？ …………………………………………………………………… 345
346. 焊机主电路由哪几部分组成？各组成部分的作用是什么？ …… 346
347. 焊机控制电路中焊接电流的控制——晶闸管调节系统是怎样构成的？ ………………………………………………………………………… 347
348. 焊机控制电路中点焊程序控制和引弧、维弧的控制是怎样构成的？ ………………………………………………………………………… 347
349. 焊机控制电路中，自动焊接和停机的控制，以及数字电路是怎样构成的？ …………………………………………………………………… 347
350. WNZAD-500 型焊机的机械部分和附属设备有哪些？其作用是什么？ ……………………………………………………………………… 348
351. WNZAD-500 型焊机在安装时和使用中应注意些什么？ ………… 348
352. WNZAD-500 型焊机常见故障有哪些？故障原因是什么？ …… 349
353. WNZAD-500 型焊机试车检查要点有哪些？ ……………………… 350
354. WNZAD-500 型焊机进行电枢氩弧焊接的工艺流程是怎样的？ ……………………………………………………………………… 351
355. 整流式直流弧焊机有哪些特点？有哪几种？结构特征是什么？ ………………………………………………………………………… 352
356. 交流氩弧焊机的结构是怎样的？ …………………………………… 353
357. CO_2 气体保护焊设备结构特点是什么？ ………………………… 353
358. ZXQ 系列直流电焊机由哪几部分组成？ ………………………… 354
359. NSA-500-1 型钨极氩弧焊机的结构和特点是什么？ …………… 354
360. NSA-500-1 型焊机的焊接主回路是怎样构成和工作的？ ……… 355
361. NSA-500-1 型焊机脉冲引弧电路的作用是什么？ ……………… 356
362. NSA-500-1 型焊机脉冲稳弧电路的作用是什么？ ……………… 357
363. NSA-500-1 型焊机的延时电路的作用是什么？ ………………… 358
364. CO_2 气体保护焊的控制系统包括哪几部分？送丝拖动系统的特点是什么？ ………………………………………………………………… 359
365. CO_2 电弧焊送丝拖动系统主电路结构有哪几种？ ……………… 359
366. 为了补偿网路电压和焊机送丝负载波动等的影响，常采用哪几

种反馈方法？ …………………………………………… 360
367. 在焊机拖动系统中采用的电枢电压负反馈和电枢电流正反馈的工作原理是什么？ …………………………………… 360
368. 在焊机拖动系统中采用的电枢电压或电势微分负反馈和电流截止负反馈的工作原理是什么？ ……………………… 361
369. CO_2 电弧焊设备供气系统的控制方法是什么？ ………… 362
370. CO_2 电弧焊设备供电系统的控制特点是什么？ ………… 363
371. 半自动 CO_2 气体保护焊设备焊接操作控制的程序是怎样的？ ………………………………………………… 363
372. NBC-250 型 CO_2 半自动电弧焊机的电路原理是什么？ …… 364
373. 近年电弧焊接过程自动控制状况表现哪些方面？ ………… 365

第十章 电气照明

374. 什么叫可见光？ ……………………………………………… 367
375. 什么叫光通量？ ……………………………………………… 367
376. 什么叫照度？ ………………………………………………… 368
377. 什么叫亮度？ ………………………………………………… 368
378. 照明方式和照明的种类有哪些？ …………………………… 369
379. 照明质量包含哪些内容？有哪些指标？ …………………… 370
380. 照明电光源怎样分类？电光源工作特性的主要参数有哪些？ ………………………………………………………… 371
381. 灯具选择的重要性是什么？灯具分为哪几类？ …………… 371
382. 电光源的类型怎样选择？ …………………………………… 372
383. 怎样应用利用系数法计算照度？ …………………………… 373
384. 怎样应用比功率法计算照明安装功率？ …………………… 373
385. 怎样计算照明负荷？ ………………………………………… 374
386. 怎样计算照明线路工作电流？ ……………………………… 375
387. 画出用两只双联开关在两地控制一盏灯的电路，该电路的工作情况怎样？ ……………………………………………… 375
388. 画出五层楼照明灯开关控制电路，其工作过程怎样？ …… 376
389. 画出一个简易调光灯电路，该电路的工作原理是怎样的？ …… 376
390. 画出一个双日光灯接线线路，电路接线时应注意什么？ …… 377
391. 画出一个日光灯在低温低压情况下接入二极管启动的电路，该

电路的工作原理是什么？ …………………………………… 378
392. 画出一个具有无功功率补偿的日光灯电路，电路的工作原理是
怎样的？ ………………………………………………………… 378
393. 画出 8W 日光灯低压快速启辉电路，电路的工作原理是
什么？ …………………………………………………………… 380
394. 画出一个快速闪光器电路，这个电路的特点是什么？ ……… 380
395. 画出一个管形氙灯接线线路，这个线路的特点是什么？ …… 381
396. 画出一个互补灯光控制器电路，这个电路的工作原理是
什么？ …………………………………………………………… 381
397. 画出一个日光灯兼做电视机交流稳压器的电路，这个电路的作
用是什么？ ……………………………………………………… 382
398. 画出一个用直流电点燃日光灯的电路，电路的作用和简单原理
是什么？ ………………………………………………………… 383
399. 画出一个日光灯调光电路，电路的简单工作原理
是什么？ ………………………………………………………… 384
400. 画出一个晶闸管自动延时照明开关电路，电路的工作原理是
什么？ …………………………………………………………… 384
401. 画出一个黑光灯自动光控、雨控、风控的电路，电路的简单工
作原理是什么？ ………………………………………………… 385
402. 照明的供电方式有哪几种？ …………………………………… 386
403. 照明的控制方式有哪几种？ …………………………………… 387
404. 怎样选择光源？ ………………………………………………… 387
405. 怎样选择灯具？ ………………………………………………… 388
406. 画出一个日光灯电子镇流器电路，电路的简单工作原理是
什么？ …………………………………………………………… 389
407. 画出一个自动照明灯电路，电路的简单工作原理是什么？ …… 389
408. 画出一个电灯遥控开关电路，电路的简单工作原理是
什么？ …………………………………………………………… 390
409. 画出一个小型流水灯电路，该电路的简单工作原理是
什么？ …………………………………………………………… 391
410. 怎样计算照明线路导线的截面？ ……………………………… 392
411. 什么是光污染？ ………………………………………………… 393

第十一章 电气安全

412. 电气安全包括哪些范围？ …………………………………… 395
413. 常见的电气事故有哪几种类型？ ……………………………… 395
414. 有电压就能电人，对吗？什么是安全电压？ ………………… 396
415. 什么叫触电？触电对人体有哪些危害？ ……………………… 397
416. 电流对人体的危害程度与哪些主要因素有关？ ……………… 397
417. 发现有人触电如何急救？对于触电者怎样进行抢救？ ……… 398
418. 触电事故发生后，如何使触电者迅速脱离电源？ …………… 399
419. 对触电者应如何进行急救？ …………………………………… 400
420. 常用的人工呼吸法有哪几种？人工呼吸时应注意什么？ …… 400
421. 采取哪些措施可以防止触电事故的发生？ …………………… 401
422. 能否在 380V 电源线路带电并接负载？能否带电检修照明灯拉线开关？应注意些什么？ …………………………………… 401
423. 电工作业时，应注意的主要安全事项有哪些？ ……………… 401
424. 什么叫保护接地？什么叫保护接零？保护接地如何起到保护人身安全的作用？ ……………………………………………… 402
425. 对接地装置中的接地线有何要求？ …………………………… 402
426. 重复接地的接地点应在何处设置？怎样减小其接地电阻？ …… 403
427. 智能建筑的接地系统的重要性是什么？ ……………………… 403
428. 什么是 TN-C 系统？ …………………………………………… 404
429. 什么是 TN-S 系统？ …………………………………………… 404
430. 怎样进行系统接地方式的选择？ ……………………………… 407
431. 为什么要采用统一（联合）接地系统？ ……………………… 409
432. 统一接地体是怎样构成的？ …………………………………… 409
433. 各种功能接地线是怎样构成的？ ……………………………… 410
434. 统一接地的阻值要求是什么？ ………………………………… 411
435. 直流电流对人体有哪些影响？ ………………………………… 411
436. 静电对人体有什么影响？ ……………………………………… 412
437. 什么是电击，电击对人体有什么危害？ ……………………… 412
438. 什么是电伤，对人体有什么危害？ …………………………… 413
439. 什么是跨步电压，怎样防止跨步电压触电？ ………………… 413
440. 防止触电，保证人身安全的必要措施有哪些？ ……………… 414

441. 雷电是怎样形成的？ …………………………………………………… 415
442. 雷电的种类有哪些？ …………………………………………………… 415
443. 雷电有哪些危害？ ……………………………………………………… 416
444. 建筑物的防雷等级有几级？ …………………………………………… 417
445. 建筑物的防雷措施有哪些？ …………………………………………… 418
446. 防雷接地标准设计规范中对防雷接地设计的一般要求是什么？ ……………………………………………………………………… 421
447. 什么是电气防火？ ……………………………………………………… 424
448. 引起电气火灾的原因有哪些？ ………………………………………… 425
449. 发生电气火灾时应如何扑救？ ………………………………………… 426
450. 节约用电的意义是什么？建筑常用的节电方法有哪些？ ……… 427

第十二章　电气术语

451. 什么是故障、随机故障和故障率？ …………………………………… 429
452. 什么叫故障时间和故障状态？ ………………………………………… 429
453. 什么叫故障机理、故障分析？ ………………………………………… 429
454. 什么是短路、断路和开路？ …………………………………………… 430
455. 什么叫击穿？ …………………………………………………………… 430
456. 什么叫老化？ …………………………………………………………… 430
457. 什么叫熔断、失控、畸变、失真？ …………………………………… 431
458. 什么叫漏电和漏磁？ …………………………………………………… 431
459. 什么叫零点漂移？ ……………………………………………………… 431
460. 什么是接触不良和机械冲击？ ………………………………………… 432
461. 什么是磨损故障和接地故障？ ………………………………………… 432
462. 什么叫过电流、过电压和过载？ ……………………………………… 432
463. 什么叫腐蚀和干扰？ …………………………………………………… 433
464. 什么是电晕和电泳？ …………………………………………………… 433
465. 什么叫损耗、涡流损耗和磁滞损耗？ ………………………………… 433
466. 什么叫振荡和寄生振荡？ ……………………………………………… 434
467. 什么是噪声和振动？ …………………………………………………… 434
468. 什么叫热击穿、热失控和热损失？ …………………………………… 435
469. 什么叫热辐射、热老化和热收缩？ …………………………………… 435
470. 什么是一次击穿和二次击穿？ ………………………………………… 435

471. 什么是触点颤抖和触点沾附？ …………………………………… 436
472. 什么叫磁漏、磁滞和磁粘连？ …………………………………… 436
473. 什么是功率耗散、功率损耗和功率衰减？ ………………………… 436
474. 什么是辉光放电、火花、火花放电电压？ ………………………… 436
475. 什么叫误触发、错误计数、计数损失和计算机诊断？ …………… 437
476. 什么叫碳化、泄漏、跳火和穿透？ ………………………………… 437
参考文献 …………………………………………………………………… 438

第一章　电工基础知识

1. 电位、电压和电动势有什么不同和相同之处？

电位：电场中某点的电位是指电场力将单位正电荷从该点移动到参考点（零电位）所做的功。

电压：电场中某两点间的电压是该两点间的电位差；实际上是电场力将单位正电荷从某点移动到另一点所做的功。

电动势：电源的电动势是电源力将单位正电荷从电源的负极经电源内部移动到电源的正极所做的功。

它们相同之处是：都是说明对正电荷移动而做功的事实，同用伏特作为衡量单位。

2. 什么叫部分电路的欧姆定律？写出三种形式的表达式及单位。

在负载电路中（即不包括电源），电流强度 I 与电路两端的电压 U 成正比、和电路的电阻 R 成反比，这个结论就叫部分电路的欧姆定律，它的三种表达形式：

$$I=\frac{U}{R};\ U=I\cdot R;\ R=\frac{U}{I}$$

公式中 R：电阻 Ω；I：电流 A；U：电压 V。

3. 部分电路的欧姆定律与全电路的欧姆定律有什么不同和相同之处？

部分电路的欧姆定律是描写负载电路中电压、电流、电阻之间的关系的。全电路欧姆定律是：在一个闭合电路中，电流 I 与电源的电动势 E 成正比，与电路中电源内部电阻 R_0 和外电阻 R 之和成反比，表达式为：

$$I=\frac{E}{R_0+R}$$

它们的相同之处是：都是描写电路中电压（电势）、电流和电阻这三个基本物理量之间关系的定律。

4. 什么叫电阻的串联电路？串联电路有哪几个规律？

两个或两个以上的电阻首尾顺次相联，各电阻流过同一个电流的电路，叫做电阻的串联电路。电阻的串联电路的几个规律是：

① 串联电阻流过同一个电流：

$$I=I_1=I_2=I_3=I_n$$

② 串联电阻的总电压等于各电阻上电压之和：

$$U=U_1+U_2+U_3+\cdots\cdots+U_n$$

③ 串联电阻的总电阻等于各分电阻之和：

$$R=R_1+R_2+R_3+\cdots\cdots+R_n$$

④ 每一个电阻上的电压等于总电流和分电阻的乘积。

$$U_1=IR_1$$

$$U_2=IR_2$$

$$\vdots$$

$$U_n=IR_n$$

5. 什么叫电阻的并联电路？并联电路有哪几个规律？

两个或两个以上的电阻其两端分别接于两个公共点上，承受同一电压的电路，就叫电阻的并联电路。并联电路的几个规律是：

① 并联电阻两端所加的是同一个电压：

$$U=U_1=U_2=\cdots\cdots=U_n$$

② 并联电阻的总电流等于各分电流之和：

$$I=I_1+I_2+I_3+\cdots\cdots+I_n$$

③ 并联电阻的总电阻的倒数等于各个支路电阻的倒数之和或总电阻等于各个支路电阻倒数和之倒数：

$$\frac{1}{R}=\frac{1}{R_1}+\frac{1}{R_2}+\frac{1}{R_3}+\cdots\cdots+\frac{1}{R_n}$$

$$R=\frac{1}{\frac{1}{R_1}+\frac{1}{R_2}+\frac{1}{R_3}+\cdots\cdots+\frac{1}{R_n}}$$

④ 并联电路的每个电阻的分电流决定于电源电压和电阻的本身。

6. 在纯直流电路中，稳定情况下，电阻 *R*、电容 *C*、电感 *L* 各起什么作用？

此时电阻 R 为阻碍电流的负载，而电容 C 的容抗 X_{C} 为无穷大，可看成是断路，而电感 L 的感抗 X_{L} 为无限小，可看成是短路。这是理想的状态，实际上，电容和电感都不会是理想状况的，电容会有漏电流存在，而电感也会有分布电容和电阻存在。

7. 在纯直流电路中，瞬态（开、关电源时）情况下，电阻 *R*、电容 *C*、电感 *L* 各起什么作用？

此时电阻 R 为负载，电容 C 处于充电状态，可看成是通路，而电感 L 处于阻流状态，为暂时断路。

8. 你能举出电阻的分压作用在电视、广播中应用的例子吗？

在收音机、电视机、录音机以及扩大机中的音量调节大多采用电位器（电阻）的分压线路，见图 1-1：

若 U 是经检波器和鉴频器来的音频信号，则 P 点向下滑移时，由于分压作用，CD 两端输出电压降低、音量变小。

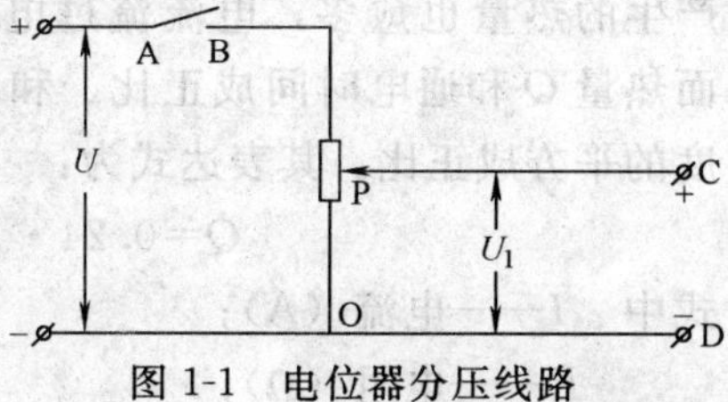

图 1-1　电位器分压线路

若图中表示为收音机的

音量调节电位器，而欲想用唱机放唱片，又在收音机中放音，则唱机的拾音可接在 B 和 O 两点（即在收音机音量电位器两端），A 和 B 点断开，此时调节 P 点的位置，即调节放音音量。A、B 两点断开是使收音电台广播不夹杂在唱片放音声中。

若收音机讯号欲送至扩大器和音箱放音，则可以接 B、O 两点、送至扩大器，A、B 两点不断开，则音箱音量由扩大器调节；而调节 P，同时又可以收音，并且调节收音机本身喇叭的音量。若由 P、O 两点接至扩大器，则 P 点的调节，使音箱和收音机的音量同时得到调节。

同样，若图 1-1 表示为电视机的音量调节电位器，欲送至扩大器和音箱放音（和电视同时放音），原理和接法和收音机相同，不同的是收音机音量电位器是在检波以后，而电视机音量电位器是在鉴频之后。

电阻的分压作用在广播电视中的应用是很多的，在此仅举以上例子。

9. 什么是电流的热效应？

电流通过导体将电能转换成热能的现象，叫电流的热效应。

这是因为电流通过导体时，克服导体的电阻而作了功，促使分子的热运动加剧，将其所消耗的电能全部转变成热能，从而使导体的温度升高。

10. 什么是计算热量 Q 的焦耳—楞次定律？

电流通过导体，导体的电阻所消耗的电能愈大，则每秒钟所产生的热量也愈多，电流流过电阻所产生的热量，用 Q 表示，而热量 Q 和通电时间成正比、和导体的电阻成正比、和电流强度的平方成正比。其表达式为：

$$Q=0.24 \cdot I^2 \cdot R \cdot t$$

式中 I——电流（A）；

R——电阻（Ω）；

t——时间（s）；

Q——热量（cal）。

此定律简称为焦耳定律，是确定电流通过导体时产生热量的定律、全称为焦耳—楞次定律。

11. 什么是磁感应强度？

磁感应强度是用来描述磁场中各点的强弱和方向的物理量，是一个矢量，常用 B 表示。

为了说明磁场某点的强弱和方向。用载流导体在磁场中所受的力 F，与导体中的电流 I 和导体垂直于磁力线的长度 l 的乘积的比值来表示该点磁感应强度 B 的大小，其数学表达式为：

$$B=\frac{F}{I\cdot l}$$

式中 F——力（N）；

I——电流（A）；

l——长度（m）。

磁感应强度的单位是特斯拉，简称特，用 T 表示。一个特斯拉的定义是：长度为 1m 的直导体，通以 1A 电流，垂直磁场所受到的力为 1N。

在工程上磁感应强度的单位常用高斯，简称高，用 Gs 表示，高斯和特斯拉的关系.

$$1\text{T}=10^4\text{Gs}$$

12. 什么是磁通？

描述磁场在空间分布情况的物理量叫做磁通，用 φ 表示。磁通的定义是：磁感应强度 B 和与它垂直方向的某一截面面积 S 的乘积。

$$\varphi=B\cdot S$$

磁通的单位是韦伯（Wb），简称韦。

在工程上用麦克斯韦，简称麦（Mx）。

$$1Mx=10^{-8}Wb$$

磁通的另一个定义：

通过垂直于磁场方向上某一截面面积 S 的磁力线数叫做磁通。

上式可写成：

$$B=\frac{\varphi}{S}$$

所以磁感应强度 B 就是单位面积上的磁通。磁感应强度又常叫做磁通密度。

13. 什么是磁导率？

线圈磁性的强弱，即磁感应的大小，不但与电流、匝数有关，而且与磁场中的媒介质有关。

磁导率是表征媒介质的磁化性质（即导磁能力）的物理量。磁导率的单位是：

H/m——即 Ω·s/m。

不同媒介质，磁导率不同。但在真空中的磁导率数值是一定的。

即：$\mu_0=4\pi\times10^{-7}$ H/m。

相对磁导率：

某种媒介质的磁导率与真空中磁导率的比值，称为该媒介质的相对磁导率，用 μ_r 表示：

即 $$\mu_r=\frac{\mu}{\mu_0}$$

相对磁导率的物理意义是：

当其他条件相同时，媒介质中的磁感应强度是真空中的多少倍。

14. 什么是磁场强度？

磁场强度的大小等于磁场中某点的磁感应强度 B 与媒介质磁导率之比：

$$H=\frac{B}{\mu}$$

在均匀介质中，磁场强度 H 的数值与媒介质的性质无关。磁场强度 H 的单位是：A/m。磁场强度 H 是一个矢量、它的方向与该点磁感应强度的方向一致。

15. 什么是电磁感应？

通过闭合回路面的磁力线发生变化，在回路中产生电动势的现象称为电磁感应。这样产生的电动势，称为感生电动势。如果导体是一个闭合回路，将有电流流过，其电流称为感生电流。变压器、发电机，各种电感线圈都是根据电磁感应原理工作的。

电磁感应是一个很重要的物理现象，在研究电与磁、电场和磁场、电磁波、电磁场的时候都与之有关。所以说有电就有磁、有磁就有电。

16. 如何计算感应电势？

感应电势的大小，与电感的大小成正比，和电流梯度$\frac{\mathrm{d}i}{\mathrm{d}t}$成正比、即和电流的变化有关。

感应电势的计算式为：

$$e=-L\cdot\frac{\mathrm{d}i}{\mathrm{d}t}$$

式中 e——感应电势（V）；

L——电感（H）；

i——电流（A）；

t——时间（s）；

$\frac{\mathrm{d}i}{\mathrm{d}t}$——电流梯度，即电流 i 对时间 t 的微分。

电流变化率：

$$\frac{\Delta i}{\Delta t}=\frac{i_2-i_1}{t_2-t_1}$$

而$\frac{\mathrm{d}i}{\mathrm{d}t}=\lim\limits_{\Delta t\to 0}\frac{\Delta i}{\Delta t}$即电流梯度是电流变化率，当 Δt 趋近零时的极限。

感应电势有时被利用，有时则需防止。

17. 什么是右手定则？

右手定则又叫发电机定则。它是确定导体在磁场中运动时导体中感生电动势方向的定则。伸开右手，使拇指与其余的四指垂直，并都和手掌在同一平面内。假想将右手放入磁场中，让磁力线从手心垂直地进入，使拇指指向导体的运动方向，这时其余四指的就是感生电动势的方向。

18. 什么是左手定则？

左手定则又叫电动机定则。它是确定通电导体在外磁场中受力方向的定则。伸开左手，使拇指与其余四指垂直，并都和手掌在同一平面内。假想将左手放入磁场中，使磁力线从手心垂直地进入，其余四指指向电流方向，这时拇指所指的就是磁场对通电导体的作用力的方向。

注：为了便于记忆，常说右手定则是：先有力后有电的定则；而左手定则是：先有电而后有力的定则。

19. 什么是楞次定律？

楞次定律是用来确定感生电流（或感应电势）方向的定则。由物理学家楞次于 1833 年提出的。该定律指出，感生电流的方向是使它所产生的磁场与引起感应的原有磁场的变化相对抗。例如：当线圈中的磁通量增加时，其中感生电流的方向是使它所产生的磁场反向，而当线圈中的磁通量减少时，则感生电流的方向是使它所产生的磁场与原磁场相同。楞次定律说明电磁现象也符合能量守恒和转换定律。

也可以这样叙述：当穿过闭合回路的磁通发生变化时，在回路内将产生感应电动势。感应电动势的数值等于每单位时间穿过回路磁通的变化率，其方向是使由感应电流产生的磁通反抗引起感应电动势的磁通的变化。

20. 什么是自感和互感?

电路中因本身电流变化而引起电动势的现象叫自感应。在具有铁心的线圈中特别显著。自感应有时也作为自感系数的简称,自感系数也叫电感量,它是用以表示线圈自身产生自感电动势因有能力的重要参数,用符号 L_1 表示。自感系数在数值上等于单位时间内电流强度变化一单位时,由自感而引起感应电动势的量值。在实用单位制中,自感系数的单位为亨利(H),相当于电流强度变化 1A/s 时引起 1V 的自感应电动势。

以上是自感的叙述。

下面叙述互感的概念:

由于一个电路中电流变化,而在邻近另一电路中引起感应电动势的现象。有时也作为互感系数 M 的简称,数值上等于单位时间内一个电路中电流强度变化一单位时,由于互感而在为一电路中引起感应电动势的量值。在实用单位制中,互感系数的单位也为亨利。变压器就是根据互感应的原理工作的。

21. 什么是涡流?

涡流是涡电流的简称。迅速变化的磁场在整块导体(包括半导体)内引起的感生电流,其流动的路线呈漩涡形,这就是涡流。磁场变化越快,感生电动势就越大,因而涡流也就越强。涡流能使导体发热。在磁场发生变化的装置中,往往把导体分成一组相互绝缘的薄片(如电机、变压器的铁心)或一束细条(如感应圈铁心),以减低涡流强度,从而减少能量损耗。当需要产生高温时,又可利用涡流来取得热量,如高频电炉就是根据这一原理设计的。

电机、变压器的铁损就和涡流损失和磁滞损失有关。铁损的大小直接影响电机、变压器的效率和温升。

铁损的经验公式为:

$$p_{pe}=k\cdot B_{m}^{2.4}$$

式中　k——系数；

B_m——最大磁密。

22. 什么是磁路的欧姆定律？

在磁路中，磁通 φ 的大小与磁势 F 成正比，与磁路的磁阻 R_c 成反比。表达式为：

$$\varphi=\frac{F}{R_c}$$

通电线圈磁势 $F=w\cdot I=H\cdot l$（单位：安匝）

公式中　w：匝数；I：电流；H：磁场强度；l：磁路平均长度。

因为：$\varphi=B\cdot S$　$B=\mu\cdot H$

公式中　B：磁感应强度；S：磁路截面积；μ：导磁率。

所以：$\varphi=\dfrac{H\cdot l}{\dfrac{1}{\mu\cdot S}}=\dfrac{H\cdot l}{R_c}=\dfrac{U_m}{R_c}$

公式中　$R_c=\dfrac{1}{\mu\cdot S}$：磁阻；

$U_m=H\cdot l$：磁压降，简称磁压，单位：安匝。和电路中的欧姆定律相对照：

φ 相当于 I；R_c 相当于 R；

U_m 相当于 U；F 相当于 E。

即：

$$U=I\cdot R\text{（电路）}$$

$$U_m=\varphi\cdot R_c\text{（磁路）}$$

23. 什么是磁路的基尔霍夫定律？

基尔霍夫第一定律：

流入节点的磁通等于流出节点的磁通。或者说，在磁路的任意节点处，流入节点的磁通的代数和等于零。

其表达式的四种形式为：

① $\varphi_1+\varphi_2=\varphi_3$；

② $\varphi_1+\varphi_2-\varphi_3=0$；

③ $\Sigma\varphi_{入}=\Sigma\varphi_{出}$；

④ $\Sigma\varphi=0$。

基尔霍夫第二定律：

磁路中沿任何闭合回路，磁阻止磁压的代数和等于沿该回路磁通势的代数和。

24. 什么是电磁力?

通电导体在外磁场里会受到该磁场对它的作用力，这个力叫做电磁力，用 F 表示。

电磁力的大小与磁场的强弱、电流的大小和通电导体的长度成正比。

即：

$$F=B\cdot I\cdot l$$

式中 B——磁感应强度（Wb/m^2）；

I——电流（A）；

l——导体的有效长度（m）；

F——电磁力（N）。

若通电导体的方向与磁感应强度 B 不垂直，而成 α 角时，则电磁力：

$$F=B\cdot I\cdot l\cdot \sin\alpha$$

25. 什么是铁磁材料的主要磁性能?

高导磁性：磁导率高，即 $\mu_r\gg1$，具有被强烈磁化（呈现磁性）的特性。

磁饱和性：当外磁场增大到一定值时，则全部磁畴的磁场方向都转向与外磁场的方向一致，这时附加磁场不再增加，磁感应强度 B 达到最大值。

磁滞性：铁磁材料在交变外磁场作用下，其磁化曲线当磁场强度 H 减到零时，磁感应强度 B 要滞后一些时间才达到零位。

从磁化曲线中可看到：有剩磁及使 $B=0$ 时的 H 值为矫顽磁力。

26. 什么是交流电？

大小和方向不随时间而变化的电压、电流、电动势称为直流电压、直流电流、直流电动势，它的波形图，见图 1-2：

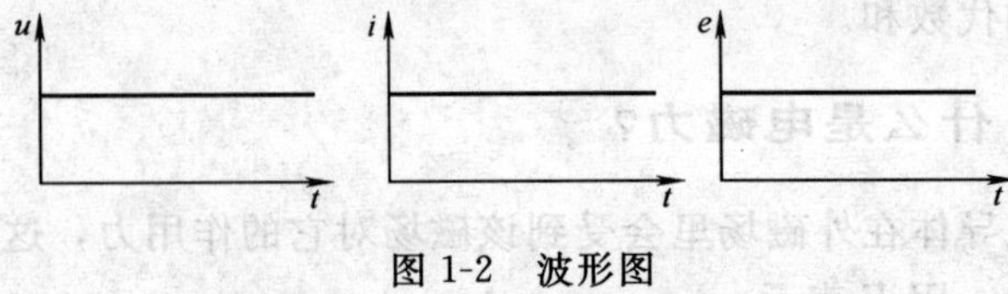

图 1-2　波形图

而大小和方向随时间而变化的电压、电流、电动势，分别称

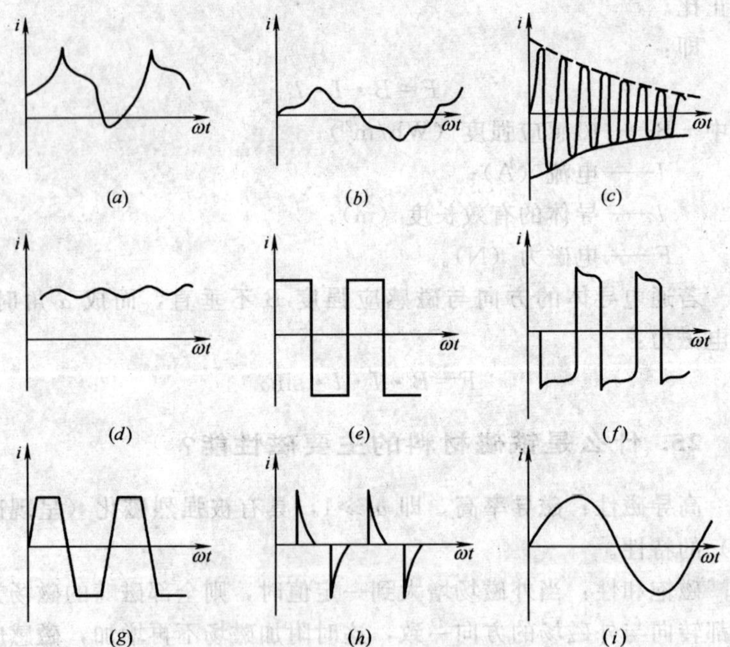

图 1-3　交流电波形图

(*a*) 交变（周期）电流；(*b*) 非正弦交变（周期）电流；(*c*) 交变非周期电流；
(*d*) 脉动电流；(*e*) 方波电流；(*f*) 脉冲电流；(*g*) 梯形波电流；
(*h*) 尖波（脉冲）电流；(*i*) 正弦交流电

为交变电压、交变电流、交变电动势，统称为交流电。波形图，见图 1-3。

27. 什么是正弦交流电？

按正弦规律随时间变化的交流电，就称正弦交流电。它和直流电不同，每一瞬间的值是不同的，有时为 0，有时达到最大，有时具有某一定数值，数值上有正有负（实际为正方向和反方向）。

波形图为正（余）弦曲线，见图 1-4：

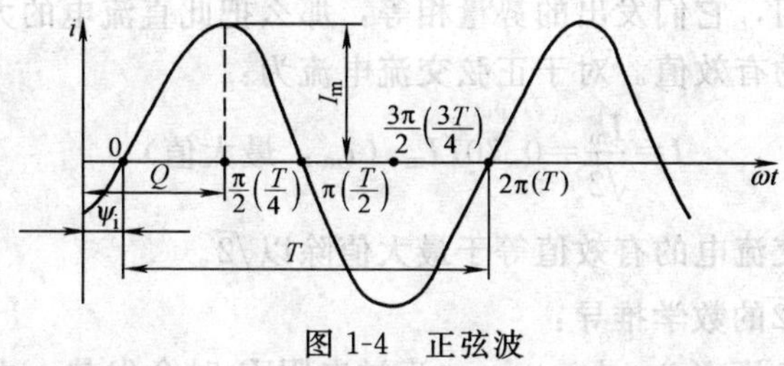

图 1-4　正弦波

每一瞬间的值叫瞬时值。单相交流中，若用三角函数表示法：

$$i=I_m \cdot \sin \cdot (\omega t+\Psi_i)$$

$$u=U_m \cdot \sin \cdot (\omega t+\Psi_u)$$

$$e=E_m \cdot \sin \cdot (\omega t+\Psi_e)$$

在此：i、u、e 分别为正弦交流电流、电压、电动势的瞬时值，采用小写字母，它是一个随时间或相角变化的函数。对应于不同的相角（时间）具有不同的值。

$\omega t+\Psi$ 为相角，当然 $\omega t+\Psi$ 也是一个角度，也是时间的函数，对应于某一个时间 t，就有一个角度，表明交流电在这一段时间内变化了多少角度，是表示正弦交流电变化进程的一个量，称为相位，又叫相角，也是交流电在任意时刻所具有的电角度，不同的相位就对应着不同的瞬时值。ω 是角频率，Ψ 是初相角。I_m、U_m、E_m 为最大值，T 为周期，是正弦交流电变化一周所需的时间，一秒钟内交流电变化的周期数称为频率，用 f 来表示。$\omega=\frac{2\pi}{T}=2\pi f$。

振幅（最大值）、频率、初相角为交流电的三要素。

正弦交流电的表示法有：三角函数表示法、曲线图表示法、矢量图表示法和复数表示法。

28. 什么是正弦交流电的有效值？

在两个相同的电阻器中，分别通以直流电和交流电、如果经过同一时间，它们发出的势量相等，那么把此直流电的大小定作此交流电的有效值。对于正弦交流电流为：

$$I=\frac{I_m}{\sqrt{2}}=0.707I_m \text{（}I_m\text{：最大值）}$$

正弦交流电的有效值等于最大值除以$\sqrt{2}$。

关于$\sqrt{2}$的数学推导：

交流电流 $i(t)=I_m \cdot \sin\omega t$ 流过电阻 R 时会发热，由于这个电流的大小随时间变化，所以在一个周期的时间 T 内总的发热量应使用积分来进行计算：

$$\int_0^T 0.24I^2 \cdot R \cdot dt=\int_0^T 0.24I_m^2 \cdot \sin^2\omega t \cdot R \cdot dt$$

$$=0.24I_m^2 \cdot R \cdot \int_0^T \sin^2\omega t \cdot dt \text{（查积分表）}$$

直流电流 I 流过电阻 R 时在 T 时间内的发热为：

$0.24I^2 \cdot R \cdot T$（根据焦耳楞次定律）

若以上两个热量相等（根据有效值定义）

则：

$$0.24 \cdot I_m^2 \cdot R\int_0^T \sin^2\omega t \cdot dt=0.24 \cdot I^2 \cdot R \cdot T$$

从这里可以求出 I 的大小，两边消去 $0.24R$ 得：

$$I_m^2\int_0^T \sin^2\omega t \cdot dt=I^2 \cdot T$$

$$\therefore I^2=\frac{1}{T}I_m^2\int_0^T \sin^2\omega t \cdot dt$$

$$I_{有效}=\sqrt{\frac{1}{T}\int_0^T I_m^2\cdot\sin^2\omega t\cdot dt}$$

$$=\sqrt{\frac{1}{\frac{2\pi}{\omega}}\int_0^{\frac{2\pi}{\omega}} I_m^2\cdot\sin^2\omega t\cdot dt}$$

查积分表：

$$\left[\int\sin^2 ax\cdot dx=\frac{1}{2}x-\frac{1}{4a}\cdot\sin 2ax\right]$$

即得： $\int\sin^2\omega t\cdot dt=\frac{1}{2}\left(t-\frac{1}{2\omega}\cdot\sin 2\omega t\right)$

$$\therefore I_{有效}=\sqrt{\frac{\omega\cdot I_m^2}{4\pi}\left(t-\frac{1}{2\omega}\cdot\sin 2\omega t\right)\Big|_0^{\frac{2\pi}{\omega}}}$$

$$=\sqrt{\frac{\omega\cdot I_m^2}{4\pi}\cdot\frac{2\pi}{\omega}}=\frac{I_m}{\sqrt{2}}=\frac{I_m}{1.414}=0.707I_m$$

同理：交变电压和交变电动势的有效值：

$$U=\frac{U_m}{\sqrt{2}}=0.707U_m$$

$$E=\frac{E_m}{\sqrt{2}}=0.707E_m$$

通常所说的照明电路的电源电压：220V，电动机的电源电压：380V，都是指有效值，一切交流电机、电器产品铭牌上的额定电压、电流以及电压表、电流表所指示的数值都是有效值。

29. 什么是有功功率、无功功率和视在功率？

有功功率又叫平均功率。交流电的瞬时功率不是一个恒定值，功率在一个周期内的平均值叫做有功功率，它是电路中实际所消耗的功率，是电路中电阻部分所消耗的功率，也就是电阻上的电压和电流的乘积，即：$P=U\cdot I$（对电动机来说是指它的出力，即输出机械功率，符号是 P，单位为 W/(kW)。

无功功率：在具有电感（或电容）的电路里，电感（或电容）在半个周期的时间里把电源的能量变成磁场（或电场）的能量贮存起来，在另外半个周期的时间里又把贮存的磁场（或电场）的能量送还给电源。它们只是与电源进行能量交换，并没有真正的消耗能量，我们把与电源交换能量的速率的振幅，也即电感和电容元件的瞬时功率的最大值，叫做无功功率。它表明电感元件和电容元件与电源之间能量转换的规模。用符号 Q 表示，单位为 Var（kVar）。

视在功率：电路中总电压的有效值 U 与电流的有效值 I 的乘积，叫做视在功率。用符号 S 表示（或 P_s 表示），单位为 VA（kVA）。

有功功率 P、视在功率 S、无功功率 Q 三者有如下关系：

$$S=\sqrt{P^2+Q^2};\ P=\sqrt{S^2-Q^2};\ Q=\sqrt{S^2-P^2}$$

S、P、Q 组成功率三角形。见图 1-5。

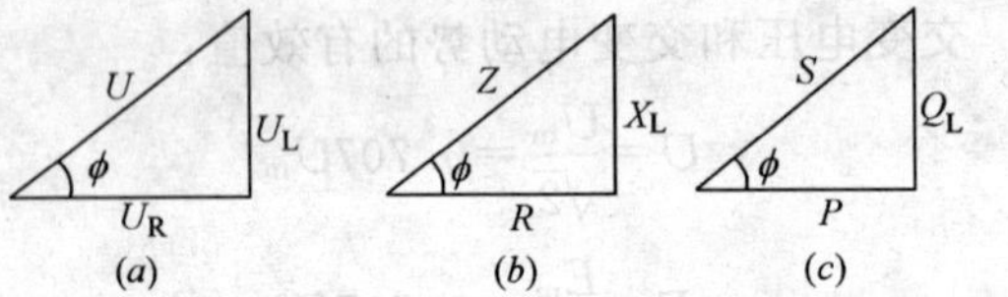

图 1-5　电压、阻抗、功率三角形

（a）电压三角形；（b）阻抗三角形；（c）功率三角形

对纯电阻交流电路：

瞬时功率：$p=u\cdot i=U_m\cdot\sin\omega t\cdot I_m\cdot\sin\omega t$

$$=U_m\cdot I_m\cdot\sin^2\omega t=U_m\cdot I_m\left(\frac{1-\cos2\omega t}{2}\right)$$

$$=\frac{U_m\cdot I_m}{2}-\frac{U_m\cdot I_m}{2}\cos2\omega t$$

$$=UI-UI\cos2\omega t$$

（交变分量 $UI\cos2\omega t$ 在一周期内的平均值为零）

有功功率 $P=UI=I^2\cdot R=\dfrac{U^2}{R}$（$U$、$I$ 为有效值）。

对纯电感电路：

瞬时功率：$p=u\cdot i=U_m\cdot\sin\left(\omega t+\frac{\pi}{2}\right)\cdot I_m\cdot\sin\omega t$

$$=U_m\cdot I_m\cdot\sin\omega t\cdot\cos\omega t$$

$$=\frac{1}{2}U_m\cdot I_m\cdot\sin2\omega t=U\cdot I\cdot\sin2\omega t$$

无功功率：$Q_L=U_L\cdot I=I^2\cdot X_L=\frac{U_L^2}{X_L}$（$U_L$、$I$、$X_L$：电感电压、电流、感抗）

对电阻、电感串联电路：

有功功率：$P=U_R\cdot I=UI\cdot\cos\varphi=S\cdot\cos\varphi$；无功功率：$Q_L=U_L\cdot I=U\cdot I\sin\varphi$。

在此：$U=\sqrt{U_R^2+U_L^2}$（电压三角形）

$Z=\sqrt{R^2+X_L^2}$（阻抗三角形）

$S=\sqrt{P^2+Q_L^2}$（功率三角形）

30. 什么是交流电路功率的表达式?

交流电路中的电流瞬时值为：$i=I_m\cdot\sin\omega t$；

总电压的瞬时值为：$u=U_m\cdot\sin(\omega t+\varphi)$（$\varphi$ 为电压、电流的相位差）。

瞬时功率：$p=u\cdot i=U_m\cdot I_m\cdot\sin\omega t\cdot\sin(\omega t+\varphi)$；

而一个周期内的平均功率（即有功功率）：

$$P=\frac{1}{T}\int_0^T p\cdot dt$$

$$=\frac{1}{T}\int_0^T U_m\cdot I_m\cdot\sin\omega t\cdot\sin(\omega t+\varphi)\cdot dt$$

$$=\frac{1}{T}\int_0^T\frac{U_m\cdot I_m}{2}[\cos\varphi-\cos(2\omega t+\varphi)]\cdot dt$$

$$=\frac{1}{T}\int_0^T U\cdot I\cos\varphi\cdot dt=U\cdot I\cdot\cos\varphi$$

所以交流电路中的功率等于电压与电流有效值的乘积再乘以电压和电流相位差的余弦。说明了交流电路中的平均功率不仅决定于电压、电流的有效值的乘积，而且还决定于电压与电流相位差的余弦，即功率因数。如电路中只含电阻、电压与电流同相位，于是 $\cos\varphi=1$。此时 $P=U\cdot I$。如电路中只含电感，电压和电流的相位差为 90°，则 $\cos\varphi=0$，此时 $P=U\cdot I\cdot\cos\varphi=0$。如果电路中既有电阻又有电感，则电压和电流的相位差在 0～90°间，则 $P=U\cdot I\cdot\cos\varphi$。

31. 什么是功率因数？提高功率因数的意义是什么？

在功率三角形中，有功功率和视在功率之比，也即有功功率和视在功率或电压和电流矢量夹角 ϕ 的余弦，叫做功率因数，它反映着负载和电源交换能量的比例。

提高功率因数的意义是：充分发挥电源设备的潜在能力，功率因数高，电源提供的有功功率就越大；输电线上的功率损失可以减小。提高功率因数可以提高电网的利用率。

32. 什么是集肤效应？有何应用？

导体通以交流电流时，由于电磁感应，使导体截面电流密度集中沿导体表面分布的现象叫做集肤效应，又叫趋表效应。

所以导线作成多股线而增加表面面积，从而提高导线的有效利用率。

集肤效应在金属零件的热处理，如表面淬火等方面获得了广泛的应用。

33. 为什么纯电容和纯电感，不消耗电能？

在纯电容电器中，电压滞后于电流 90°，所以：电压瞬时值：$u=U_{\mathrm{m}}\cdot\sin\omega t$

电流瞬时值：$i=I_{\mathrm{m}}\cdot\sin(\omega t+90°)$

瞬时功率：$p=u\cdot i=U_{\mathrm{m}}\cdot\sin\omega t\cdot I_{\mathrm{m}}\sin(\omega t+90°)$

$$=U_{\mathrm{m}}\cdot I_{\mathrm{m}}\cdot\sin\omega t\cdot\cos\omega t$$

$$=\frac{1}{2}\cdot U_m\cdot I_m\cdot\sin 2\omega t$$

可以看出，瞬时功率是正弦函数，而频率是电压或电流的 2 倍，在电压 u 的第一个$\frac{1}{4}$周期内，电容器在电源电压的作用下充电，所储存的电荷随着电压的升高而增加，也就是说电容器从电源中吸收能量储存到电场中；当电压 u 达到最大值，充电结束。在电压 u 的第二个$\frac{1}{4}$周期内，电容器开始放电，也就是电压 u 由最大值下降到零，这时电流的方向和充电时期的方向是相反的，电流 i 由零到最大值。电容器放出在充电时所储存的能量，把它归还电源。在电容电路中，平均功率：

$$P=\frac{1}{T}\int_0^T p\cdot dt=\frac{1}{T}\int_0^T U\cdot I\cdot\sin 2\omega t\cdot dt=0$$

这说明电容元件是不消耗能量的，在电源与电容之间只发生能量的互换。能量互换的规模，用无功功率来衡量，它等于瞬时功率 p_c 的幅值，即 $Q=U\cdot I=I^2\cdot X_c$（X_c 为容抗）。

在纯电感电路中，电压领先于电流 90°。

瞬时功率：$p=u\cdot i=U_m\cdot I_m\sin\omega t\cdot\sin(\omega t+90°)$

$$=U_m\cdot I_m\cdot\sin\omega t\cdot\cos\omega t$$

$$=\frac{U_m\cdot I_m}{2}\sin 2\omega t=U\cdot I\cdot\sin 2\omega t$$

当瞬时功率的第一个和第三个$\frac{1}{4}$周期内，电流在增大，建立磁场，电感线圈从电源取用电能，并转换为磁能而储存在线圈的磁场内；而在第二个和第四个$\frac{1}{4}$周期内，电流在减小，即磁场在消失，线圈放出原先储存的能量并转换为电能而归还给电源。这是一种可逆的能量转换过程。也可从平均功率看出：

$$P=\frac{1}{T}\int_0^T p\cdot dt=\frac{1}{T}\int_0^T U\cdot I\cdot\sin 2\omega t\cdot dt=0$$

可知，纯电感交流电路中，没有能量消耗，只有电源与电感间的能量互换，能量互换规模，用无功功率 Q 来衡量，无功功率等于瞬时功率的幅值：$Q=U\cdot I=I^2\cdot X_L$（X_L 为感抗）。

34. 什么是交流电路的频率特性？

在交流电路中，电容的容抗和电感的感抗都与频率有关，当电源电压的频率改变时，电流的大小和相位也随着改变，这就是电路的频率特性。对于 RC 串联电路，见图 1-6：

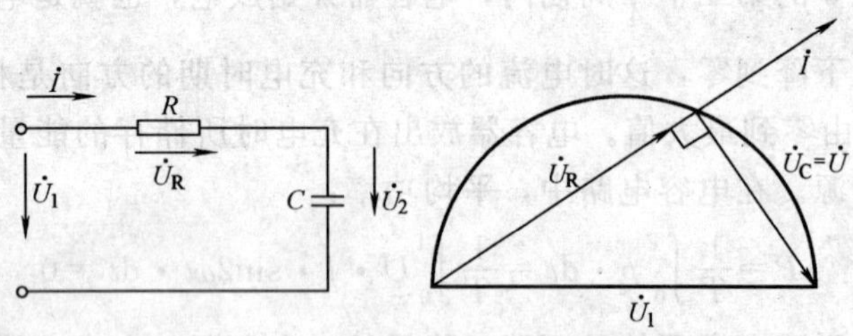

图 1-6　RC 串联电路及矢量图

$\dot{U}_1$：输入电压；

$\dot{U}_2$：输出电压。

当 $\dot{U}_1$ 一定时，不论频率发生变化或者参数 R 和 C 有什么变化，而 $\dot{U}_R$ 和 $\dot{U}_C$ 的相位差总是等于 90°，如以 $\dot{U}_1$ 为直径作一半圆，$\dot{U}_R$ 和 $\dot{U}_C$ 的直角顶点总是在这个半圆上。不论 R、C 如何变化，则是 $\dot{U}_R$、$\dot{U}_C$ 不同，它的直角顶点总是在这个半圆上。

电路的输出电压：

$$\dot{U}_2=I\cdot\frac{1}{jwc}=\frac{\dot{U}_1}{R+\dfrac{1}{jwc}}\cdot\frac{1}{jwc}=\frac{\dot{U}_1}{\dfrac{R\cdot jwc+1}{jwc}}\cdot\frac{1}{jwc}$$

$$=\frac{\dot{U}_1}{1+jwRC}$$

这一特性在许多实际电路中得到应用。

通常取输出电压与输入电压的比值为电路的传递函数。它是一个复数，用 $T(jw)$ 表示：

$$T(jw)=\frac{\dot{U}_2}{\dot{U}_1}=\frac{\dfrac{\dot{U}_1}{1+jwRC}}{\dot{U}_1}=\frac{1}{1+jwRC}$$

35. 什么是 *LC* 自由振荡电路?

电感线圈 L 和电容器 C 组成振荡电路，只要在开始时刻供给该电路一定能量，电路中就会产生电能与磁能反复转换的现象，就叫自由振荡。

无损耗振荡电路中产生自由振荡时的频率叫做振荡电路的固有频率（或称自然频率）。

自由振荡的频率为：

$$f_0=\frac{1}{2\pi\sqrt{LC}} \text{ 或 } w_0=\frac{1}{\sqrt{LC}}$$

电路中若有损耗存在，则自由振荡频率 f_0 将相应降低一些。振荡电路的特性阻抗越大，其振荡电流的振幅就越小。

自由振荡电路若无损耗，振荡电流和振荡电压的振幅不变，则为等幅振荡。实际上由于电路存在电阻，所以振荡电路内有一部分能量不断变为热能，这样就使电流和电压的振幅逐渐减小，这时电路形成的是减幅振荡。在电感、电容电路中，电压和电流一般不同相，如调节电路的参数和频率，使之同相，此时发生谐振。

36. 提高功率因数有哪些方法?

如上所述，因为电网的电压是一定的，如功率因数很低，则要求电源供给很大的电流，才能得到一定数量的功率，而电源能供出多大电流是有限额的。

一个负载的功率因数取决于负载本身的电阻 R 与阻抗 Z 的比值，如果只有电阻 R，而电感 $L=0$，像白炽灯、电烙铁等，则功率因数就高，可认为 $\cos\varphi=1$。如电阻 $R=0$，只有电感 L_1 时，则可认为 $\cos\varphi=0$。在许多电路中，由于电机、电器工作原理上的原因，R 与 Z 的比值是不大的，甚至很小。如日光灯：$\cos\varphi \approx 0.5$；接触器线圈甚至低到 $\cos\varphi = 0.1$；变压器的空载时功率因数也很低，$\cos\varphi \approx 0.1$；三相异步电动机的功率因数，随负载不同而不同，轻载时，$\cos\varphi$ 下降到 0.5 以下；机械冷加工车间的平均功率因数约为 0.4 左右；所以提高功率因数成为大家关心的问题。功率因数高可使在同样的额定容量下，多接些负载，可使输电电流减小，输电线路损耗减小，使输电效率提高。

下面列举提高功率因数的方法：

（1）为提高功率因数，一般在电网供配电方面并联大容量电容器（如变、配电室高压侧或各车间、用户的低压侧并联电容器）。

（2）使用大容量同步电动机过励运行，使电流超前，功率因数提高，称为同步补偿器。

（3）提高用电设备的功率因数，可从选择高功率因数的电机电器和运行方面解决，如异步电动机的容量不要选择过大，避免轻载运行，所谓不要大马拉小车。空载停运，实际上改善用电设备功率因数的平均值。在选择电动机时，注意三相异步电动机的功率因数曲线见图 1-7。

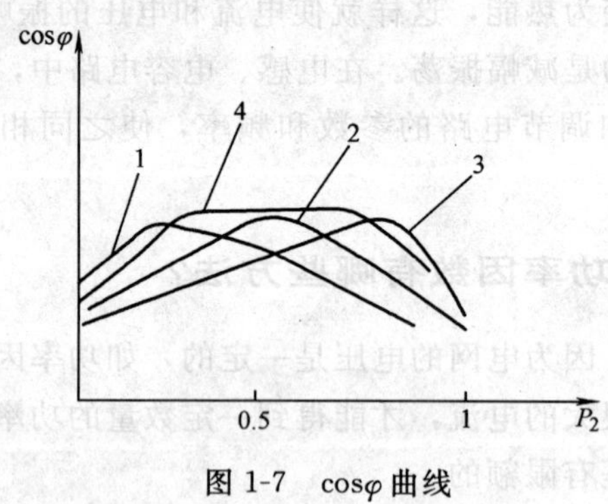

图 1-7　$\cos\varphi$ 曲线

第 1 条曲线是接近空载时 $\cos\varphi$ 最高，这种电机，设计时一般不采用；第 2 条曲线是半载时 $\cos\varphi$ 最高；第 3 条曲线是接近满载时 $\cos\varphi$ 最高，这种产品较多。但最好是，在设计和选用上采用第4条曲线的电机，能保持在输出功率的宽范围内具有较高的功率因数。不过这种电机在设计上难度较大。

（4）大接触器等采用线圈无电流运行。

（5）采用功率因数自动补偿器，此种装置用脉冲数字电路，可根据电网中无功电流值的大小，自动投入和切除补偿电力电容器组，保证最佳电容补偿。

（6）绕线异步电动机转子通以直流励磁，以达到同步运行。

（7）老的电气设备，都采用大量的继电器，用无电流运行又比较繁杂和困难，可以用PC机来加以代替，淘汰大批继电器，使控制柜的平均功率因数得到大大提高。

提高功率因数的方法是很多的，如有的立式车床是星接启动、角接运行，则该立车仅作为精车用，负载常保持在轻载情况，有人改成星接启动，星接运行，这真是一种因地制宜的办法。

37. 电容在电路中的作用有哪些？

充电与放电是电容器在各种电子电路中的最基本的运动形式，电容在电路中的作用不外乎就是利用电容器的充电与放电。电容器在外加电压作用下，极板上积累电荷的过程叫做电容器的充电，反之为放电。但电容在电路中的具体作用可列出数十种。如下：

（1）调谐，（2）和电感、电阻组成滤波器；（3）隔直；（4）旁路（高、中、低频），各管极旁路；（5）控制再生；（6）天线耦合，高低频耦合，前后级耦合，辅助耦合、均匀增益，退耦；（7）微调；（8）消调制交流声用；（9）垫整（中、短波）；（10）高、低通网络选择，负反馈音色控制网络、音调网络用；（11）和电感或电阻组成振荡器；（12）移相；（13）微分电路；（14）积分电路；（15）升压、降压、分压；（16）波形变换；（17）作加速电容；（18）作衰减器用；（19）提高功率因数（实际上也是移相作用）；（20）分相启动（实际上也是移相作用）；（21）发电（异步发电用）；（22）制动用（电容制动）；（23）组成锯齿波发生器。

38. 电容器常见哪些故障？

电容器的故障，一般有击穿、断路、变值，对于电解电容，容量减小、漏电等。如用万用表欧姆档检查，对于正品应是表针摆到头，再退回到接近原位，若表针开始不动，表示断路；若表针摆到最大位置不回，表示击穿；若返回少，则表示漏电，返回越少，漏电越严重。若耐压不够、容量选择不当、极性接反、电容变坏等，易引起爆炸；配电高压电容爆炸是很危险的，此种情况现有措施解决，且爆炸前也会有异常声响。所以电容器的安全运行是很重要的。

39. 使用电容器应注意哪些事项？

（1）根据电路要求选择合适型号；

（2）正确选取电容量及精度；

（3）注意电容器的耐压和无功功率；

（4）注意电容器的绝缘电阻与损耗；

（5）注意电容器的温度稳定性；

（6）注意电容器的高频特性和使用环境条件；

（7）注意焊接、安装、存放、防老化和保护。

40. 什么是三相正弦交流电？

具有三个绕组，在各绕组中能感应出频率相同、相位互差120°的电动势的发电机称为三相发电机。产生频率相同而相位互差 120°的电压的三个电源（发电机、变压器等）称为三相电源。具有三相电源的电路的整体称为三相制，三相电路的每一部分称为“相”。发电机中的每个绕组称为相绕组，或称为发电机的“相”。经过正的最大值的各相绕组的电动势的顺序称为“相序”。简言之：三个具有相同频率、相同振幅、相位上互差 120°的正弦变化的、对称的电压、电流、电动势，称为三相正弦交流电。

简称三相交流电。

三相交流电有许多优点：三相发电机比单相发电机在技术和经济指标上都好。三相制可以节省输电线的用铜量。大量的用电设备，如三相交流电动机、变压器比单相的技术经济性好。所以国内和世界上使用交流电几乎全部是采用三相制。

第二章 电 机

41. 在修理电机绕组时必须了解哪些术语和基本参数？

术语、参数是基本概念和定义，这对于电机修理人员是必须了解的，特别在电机绕组的修理中，对于这些概念和定义更应清楚。

常用的术语和基本参数有：线圈、线圈组、绕组，线圈的有效边，接法，每极每相槽数，线径和匝数，并绕根数，每槽导线数，并联支路数，线负荷，极距，整距、长距和短距，绕组分布系数，绕组系数，几何角度，60°相带，电磁负荷，标幺值，槽配合，槽满率等等。

42. 什么是线圈、线圈组、绕组？

导线按一定形状绕制成线圈（有用绝缘圆线和扁线，也有用裸导线进行绝缘处理的），线圈有一根或数根导线绕成一匝或多匝。多个线圈组成一组线圈，称线圈组。整台电机的线圈部分称为绕组，绕组是电机的心脏，是电磁部分的主要部件。

43. 什么是线圈的有效边？

线圈的直线部分称线圈的有效边，有效边是嵌入铁心槽内作为电磁转换的部分。

44. 什么是电机的联结方式？

是指电动机绕组的联结方式。

绕组接法一般有星形（Y）联结和三角形（△）联结。

小型电机 $P_N \leqslant 3kW$ 时一般用Y联结，功率较大时因考虑用Y-△起动，一般用△联结。

45. 什么是每极每相槽数（q）？

每极每相槽数是每个磁极下每一相所占据的槽数，其表达式为：

$$q=\frac{Z_1}{2p\times m}$$

式中 Z_1——定子槽数；

p——极对数；

m——相数。

每极每相槽数为整数的称为整数槽绕组，每极每相槽数不为整数的称为分数槽绕组。

46. 什么是线径和匝数？

线径是导线的直径，有裸线径和带绝缘后的尺寸，在电磁计算时的线径是指裸线径，但在计算槽满率时则考虑带绝缘后的线径。

匝数即是每个线圈的圈数。和绕线时，绕一个线圈、绕线机的转数相同。

47. 什么是并绕根数？

采用数根线径较小的导线并绕，解决嵌线困难，而代替大电流的大线径要求，这线径较小的导线数，也就是绕线时数根并绕的导线数，称并绕根数。

在此，可以看出，一个线圈的导线根数不一定就是匝数，只有并绕根数等于1时，一个线圈的导线根数才等于线圈的匝数。有如下关系：

一个线圈的导线根数＝并绕根数×匝数

48. 什么是每槽导线数？

电机定子每槽中的导线数目。在单层绕组中，每槽导线数等于匝数；在双层绕组中，每槽导线数是匝数的两倍（即 2×匝数）。

绕组的每槽导线数 N_s 应为整数，双层绕组的 N_s 一般应为偶整数。

定子绕组的并联支路数 a_1 和每槽导线数 N_{s1}，确定了定子绕组的每相串联导线数 $N_{\phi 1}$：

$$N_{\phi 1}=\frac{Z_1 \cdot N_{s1}}{m_1 \cdot a_1}$$

49. 什么是并联支路数？

电源线引入电机有时是一路引入，有时分二路或多路引入。即电机绕组的所有线圈按二路或多路并联后接入电源，这整台电机接线时的并联的支路数目，称为并联支路数。

50. 什么是线负荷（A_1）？

线负荷的大小决定了定子内圆单位表面积所产生的绕组铜损的大小，因而直接影响温升和效率的高低。线负荷的取值与采用的绝缘等级及冷却方式有关，随着冷却方式的改进，线负荷可以大大提高。

对空气冷却的中小型电机：$A_1=150\sim600$A/cm。

在主要尺寸一定的条件下，漏电抗与线负荷的平方成正比。

对电动机来说，为改善起动特性及得到较大的最大转矩，在保证起动电流规定值的条件下，应取较低的 A_1 值。

51. 什么是极距（τ）？

电机的极距是指每个磁极所占圆周表面的距离（cm）。一般又常指相邻两磁极中心所跨的槽距（槽数）。

$$\tau=\frac{\pi D}{2p}\ (\text{cm}) \quad \tau=\frac{Z}{2p}\ (\text{槽数})$$

式中 D——定子铁心内径；转子铁心外径（cm）；

Z——定、转子槽数；

p——极对数。

如：四极 36 槽的极距为：

$$\tau=\frac{36}{2\times2}=9\ (1-10\ 槽)$$

52. 什么是节距（跨距）(y)?

节距是指单个线圈两有效边所跨占的槽数

如四极 36 槽的节距为 8

即 $y=8(1-9)$

即线圈有效边相隔 8 个槽，就是两有效边分别嵌在第 1 槽和第 9 槽内，或第 2 槽和第 10 槽内……。

53. 什么是整距、长距和短距?

整距、长距和短距的定义，可用下式表示：

节距（y）＝极距（τ）——为整距（全节距）；

节距（y）＞极距（τ）——为长距；

节距（y）＜极距（τ）——为短距。

如四极 36 槽的节距为

$$y=8(1-9)<\tau=9(1-10)$$

即为短距。

短距常常比极距短一个槽。

54. 什么是绕组的分布系数?

q 个线电势的几何和及 q 个线圈电势的代数和之比，称之为绕组的分布系数：k_p

则 $k_p=\dfrac{q\ 个线圈电势的几何和}{q\ 个线圈电势的代数和}=\dfrac{E_q}{qE_k}$

式中　E_q：是 q 个线圈组成的绕组的电势，

E_k：是一个线圈的电势

那么分布在 q 个槽的全节距绕组电势的有效值为：

$E_q = k_p \cdot q \cdot E_k = 4.44 f \cdot k_p \cdot q \cdot w_k \cdot \varphi$

绕组的分布仅与绕组所占槽数 q 以及相邻槽间角度有关。

55. 什么是绕组系数（k_w）？

为了削弱高次谐波对电机性能的影响，交流电机常采用分布绕组和短距绕组，这将降低感应电势，我们称这种影响感应电势的因数为绕组系数 k_w。

绕组的分布系数为 k_p、短距系数为 k_y，组分布系数为 k_g。

则绕组系数为 $k_w = k_p \cdot k_y \cdot k_g$；

当 $k_g = 1$ 时，则 $k_w = k_p \cdot k_y$。

这样一来，在正弦磁场下，并且极数等于 $2p$ 时，单相绕组电势的有效值等于：

$$E = 4.44 \cdot f \cdot k_w \cdot w \cdot \varphi (\mathrm{V})$$

56. 什么是几何角度？

绕组在几何空间所占有的角度称为几何角度。每台电机一周为 360°。

电角度（α）：电动机一对磁极旋转一周占 360°电角度。

电动机的电角度表示式为：

$$\alpha = 2p \times 180°$$

式中　p——极对数。

所以四极、六极、八极电动机在 360°的几何角度中，电角度分别为：720°，1080°，1440°等。

57. 什么是 60°相带？

为了使绕组对称，通常使每个极面下，每相绕组相等，这个范围称为相带。由于一个极面相当于 180°电角度，分配给 m 相，则每极面下每相的相带应是$\frac{180°}{m}$。三相异步电动机，$m=3$，在每个极面下每相绕组所占的电角度就为60°，按照60°相带排列的绕组称为60°相带绕组。

58. 什么是电磁负荷？

电磁负荷主要是指定子线负荷A_1、气隙磁通密度B_δ、和定子绕组电流密度J_1，电磁负荷的大小不仅直接影响电机有效材料用量，而且与电机性能有密切关系。计算时往往从电磁负荷选择出发来确定电机的主要数据。

59. 什么是标幺值？

为了便于计算和在不同设计方案或运行状态下进行相互比较，通常把电机参数用标幺值来表示。标幺值是把以物理单位表示的参量转化为以该参量基值的份额来表示，或即等于参量与其基值的比值。

如分数槽绕组的计算、很为复杂，若采用标幺值，则可采取和整数槽一样的计算方法，而大大简化计算程序。

60. 什么是槽配合？

定、转子槽数之比为槽配合。

槽配合对附加损耗有影响，从这一点出发，定、转子槽数应尽量接近，但不能选取$Z_1=Z_2$。

槽配合对异步附加转矩也有影响，从这一点出发，定、转子槽数也应尽量接近。

槽配合对同步附加转矩也有影响，也会降低最小转矩，影响电机的启动性能。

槽配合对振动和噪声有影响。

产生不良后果的槽配合，见表2-1，笼型转子异步电动机推荐的槽配合见表2-2。

产生不良后果的槽配合　　表 2-1

产生原因 不良后果	定、转子一阶齿谐波	转子一阶齿谐波与定子相带谐波	定转二阶齿谐波
(1)堵转时产生同步附加转矩	$Z_2=Z_1$	$Z_2=2pm,k$	—
(2)电动机运转时产生同步附加转矩	$Z_2=Z_1+2p$	$Z_2=2pm_1k+2p$	$Z_2=Z_1+p$
(3)电磁制动运转时产生同步附加转矩	$Z_2=Z_1-2p$	$Z_2=2pm_1k-2p$	$Z_2=Z_1-p$
(4)可能产生电磁振动和噪声	$Z_2=Z_1\pm i$ $Z_2=Z_1\pm 2p\pm i$	$Z_2=2pm,k\pm i$ $Z_2=2pm,k\pm 2p\pm i$	$Z_2=Z_1\pm p\pm i$

注：k 为任意正整数；$i=1$，2，3。

笼型转子异步电动机推荐的槽配合　　表 2-2

极数	定子槽数	转子槽数 直槽	转子槽数 斜槽
2	12	9* 15*	—
	18	11* 12* 15* 21* 22*	14* 19* 22* 28* 31 33 34 35 (18) (30)
	24	15* 16* 17* 32 (16)	26
	30	22 38	(18) 20 21 23 37 39 40 (24)
	36	26 28 44 46	25 27 29 43 45 47
	42	33 34 50 52	—
	48	38 40 56 58	37 39 41 55 57 59
4	12	9	15*
	18	10* 14*	18* 22*
	24	15* 16* 17* (32)	16 (20) 30 33 34 35 36
	36	26 44 46	(24) 27 28 30 (32) 45 48
	42	(34) (50) 52 54	(33) 34 (38) (51) 53
	48	34 38 56 58 62 64	(36 39 44) 40 57 59
	60	50 52 68 70 74	48 49 51 56 64 69 71
	72	62 64 80 82 86	61 63 68 76 81 83
6	36	26 46 (48)	28* 47 49 50
	54	44 64 (66) 68	42 43 65 67
	72	56 58 62 82 84 86 88	57 59 60 61 83 85 87 90
	90	74 76 78 80 100 102 104	75 77 79 101 103 105

续表

极数	定子槽数	转子槽数	
		直槽	斜槽
8	48	(34) 36 62 64	35 61 63 65
	72	58 86 88 90	56 57 59 85 87 89
	84	66 (68) 70 98 100 102 104	(68 69 71 97 99 101)
	96	78 82 110 112 114	79 80 81 83 109 111 113
10	60	44 46 74 76	57 69 77 78 79
	90	68 72 74 76 104 106 108 110 112 114	70 71 73 87 93 107 109
	120	86 88 92 94 96 98 102 104 106 134 136 138 140 142 144	99 101 103 117 123 137 139 146
12	72	56 64 80 88	69 75 80 89 91 92
	90	68 70 74 88 98 106 110	(71 73) 86 87 93 94(107) 109
	108	86 88 92 100 116 124 128 130 132	84 89 91 104 105 111 112 125 127
	144	124 128 136 152 160 164 166 168 170 172	125 127 141 147 161 163
	84	74 94 102 104 106	75 77 79 89 91 93 103
	126	106 108 116 136 144 146 148 150 152 154 158	107 117 119 121 131 133 135 145
	96	84 86 106 108 116 118 120	90 102
	144	122 124 132 134 154 156 164 166 168 170 172	138 150

注：1. 括弧中的槽数不推荐，因可能发生振动；

2. 有 * 号的槽数应用于小功率电机中。

61. 什么是槽满率？

槽内导线的总截面积占槽面积的百分比，称为槽满率。以 K 表示：

$$K=\frac{nS_{\mathrm{n}}\cdot S}{A_{\mathrm{n}}}$$

式中 n——导线并联根数；

S_{n}——每槽导线数；

S——选用的导线截面积（mm^2）；

A_{n}——槽面积（mm^2）。

槽满率太高，嵌线困难，槽满率太低，则槽面积利用率低，对性能也有变化。一般设计在一定的范围内，见表 2-3。

槽满率的范围 **表 2-3**

导线种类	槽满率 K
双纱包圆铜线	0.32～0.35
单纱漆包圆铜线	0.38～0.4
漆包圆铜线	0.42～0.45

62. 电机绕组有哪些种类？

电机绕组的种类，有：

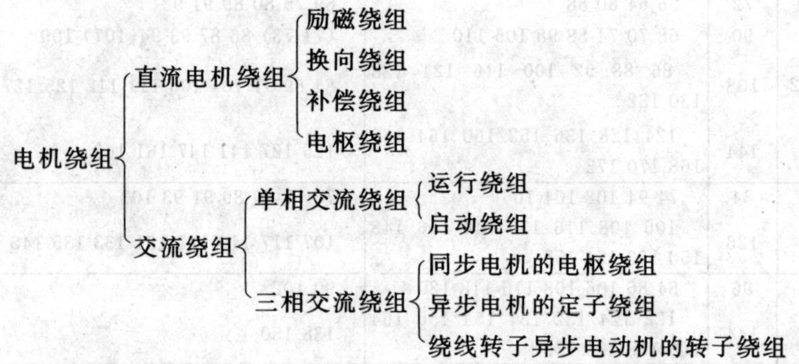

交流绕组和直流电枢绕组功能相同，均是能量转换的关键件。但直流电枢绕组是闭合绕组；而三相交流绕组是开启式绕组。

从电机绕组的分布情况又分集中绕组和分布绕组两大类，有：

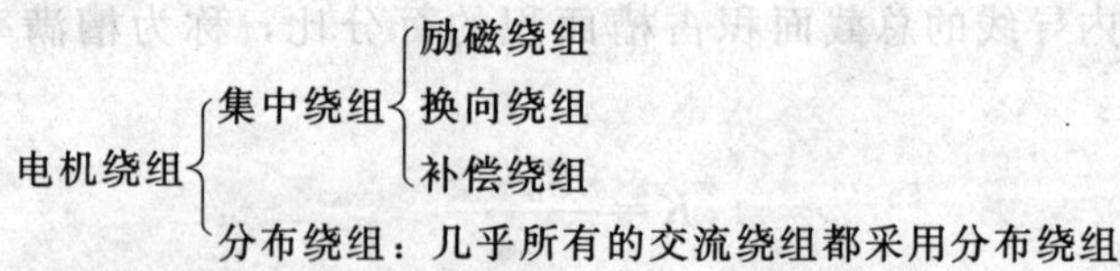

三相交流绕组具有三相对称电势，电势有效值大小相等，相位互差 120°。

三相异步电动机的定子绕组中通以三相正弦交流电，即产生旋转磁场。而三相异步电动机的绕组的种类是：

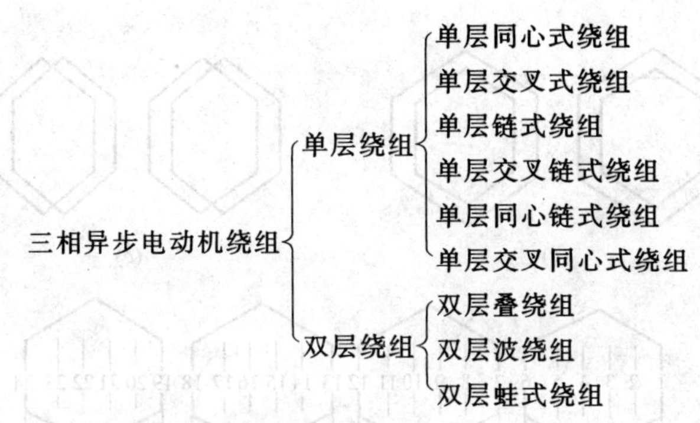

63. 什么是单层绕组？

在电机的每个槽中只嵌一个线圈的有效边（即同相的导线），绕组的线圈数等于总槽数的一半的称为单层绕组。它不用层间绝缘，减少了槽内相间短路的几率，可以作成一相连绕的线圈，绕制比较省时，槽的利用率也较高。

单层绕组有整距绕组和短距绕组之分，在小型三相异步电动机中，常采用单层绕组。

老系列 JO_2 1-4 号电机基本上都是单层绕组，新系列 Y160 以下的电机也基本上都采用单层绕组。

单层绕组中以同心式绕组、交叉式绕组和链式绕组为基本型式。单层交叉链式绕组、单层同心链式绕组、交叉同心式绕组……是从三种基本形式中派生出来的。其绕组形式，见图 2-1。

64. 什么是单层同心式绕组？

在同一极相组内，绕组由节距不等的大小线圈组成，使各线圈的中心线重合成回字形，故称为同心式绕组，三相异步电动机的单层同心式绕组，见图 2-2。

从图 2-2 中可以看到，这是一相的展开图，是定子槽数为 24，节距为 1-12，2-11 的两极电机。三相的单层同心式绕组的展开图，Y112-2 型三相异步电动机的单层同心式绕组，见图

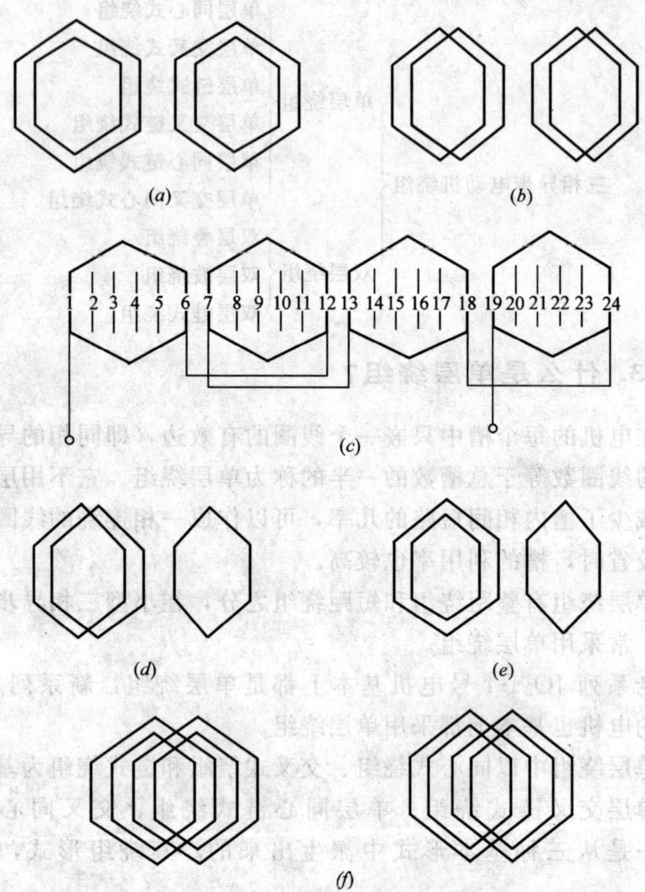

图 2-1　单层绕组的形式

(*a*) 同心式；(*b*) 交叉式；(*c*) 链式；(*d*) 交叉链式；

(*e*) 同心链式；(*f*) 交叉同心式

2-3。

图中所示的 Y112-2 型三相异步电动机，定子槽数为 30 槽，跨距为 y_1 = 1—16，2—15，3—14　y_2 = 17—30，18—29 的 2 极的单层同心式绕组三相的展开图，在一相中有两组，一组由三个线圈，一组有两个线圈。

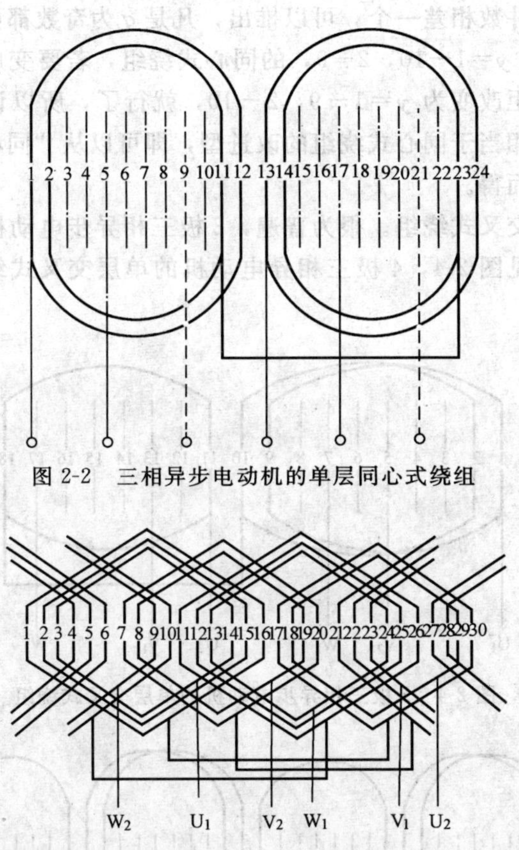

图 2-2　三相异步电动机的单层同心式绕组

图 2-3　Y112-2 型三相异步电动机的单层同心式绕组

单层同心式绕组的特点是，每对极下各个元件节距互不相等，彼此差两个槽距，其优点是避免了同相元件端接部分空间上互相交叠的现象，比较便于嵌线和维修。

65. 什么是单层交叉式绕组?

单层交叉绕组在每极每相槽数 $q=3$ 的小型异步电机中广泛采用。它相当于同心式绕组的改进型，即把两个（或多个）同心元件改成相同节距的绕组，它的特点是，每相分布在 N 极和 S

极下的元件数相差一个，可以推出，凡是 q 为奇数都可形成“交叉式”。如 $y=1-10$，$2-9$，的同心式绕组，若要变成交叉式绕组，则节距改变为 $y=1-9$，$2-10$，就行了，所以说，单层交叉式绕组相当于同心式绕组的改进型，即可以从“同心式”作简单的改变而得。

单层交叉式绕组。很为普遍，2 极三相异步电动机的单层交叉式绕组见图 2-4，4 极三相异电动机的单层交叉式绕组，见图 2-5。

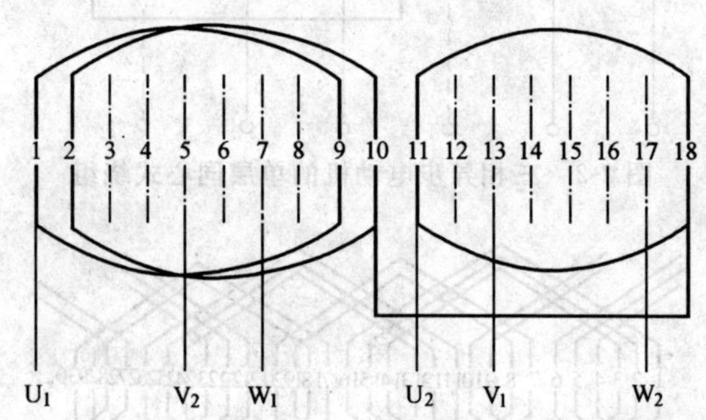

图 2-4　2 极三相异步电动机的单层交叉式绕组

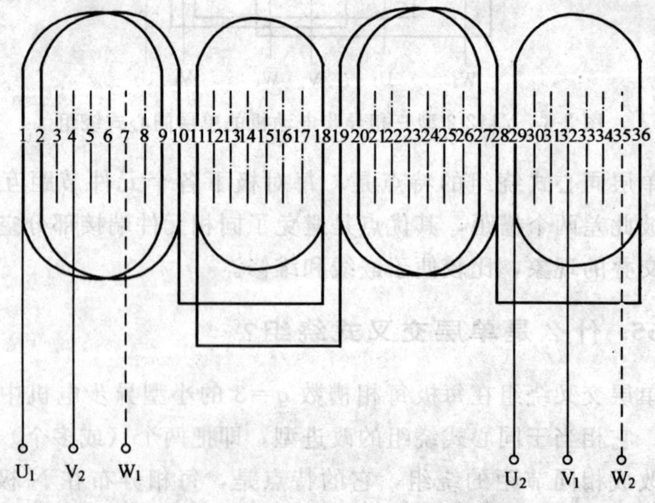

图 2-5　36 槽 4 极三相异步电动机的单层交叉式绕组

图 2-4 为三相异步电动机的定子槽数为 18，节距 y=1－9，2－10，11－18 的两极的一相展开图，图 2-5 为三相异步电动机的定子槽数为 36，节距 y=1－9、2－10，11－18 的 4 极的一相展开图。

这两种绕组有时也称作交叉链式绕组，比较典型的交叉式绕组，为三相 2 极单层交叉式绕组，三相展开图，见图 2-6。

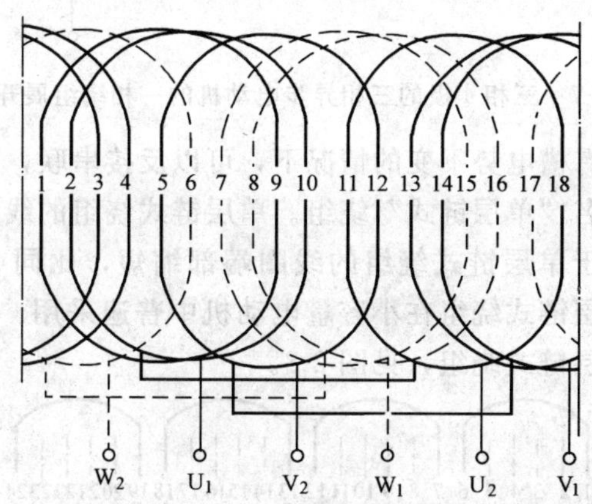

图 2-6　2 极三相异步电动机单层交叉式绕组三相展开图

从图中可以看出，三相异步电动机的定子槽数为 18，节距 y=1－9，2－10，11－18，是单层交叉式绕组 2 极的三相展开图，是 2 极的电动机。引出电缆的标号是采用新标准的文字标准，即 U_1、V_1、W_1、U_2、V_2、W_2，不再采用原标准 D_1、D_2、D_3、D_4、D_5、D_6。大线圈的节距比小线圈的节距大。大线圈是整距，小线圈是短距。这种 2 极电机在嵌线后，端部最长，一般规律，随着极数的增多，端部越来越短，而且随着极数的减少，嵌线的难度随之增大。

三相 4 极异步电动机的一相绕组展开图，见图 2-7。

66. 什么是单层链式绕组?

为了克服同心式绕组以及变形线圈所造成的三相不平衡，在

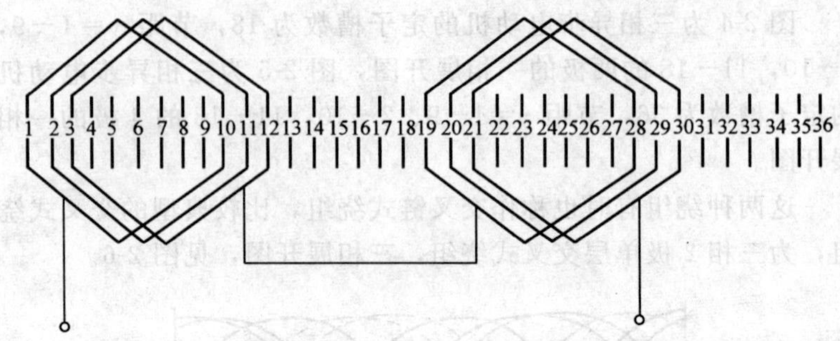

图 2-7　三相 4 极的三相异步电动机的一相绕组展开图

保持绕组原有槽电势不变的情况下，可以反接串联，三相绕组犹如连扣，故名“单层链式”绕组。单层链式绕组的线圈节距必定是奇数。由于单层链式绕组的线圈端部缩短，比同心式绕组省铜，因此单层链式绕组在小容量电动机中普遍采用。4 极三相异步电动机单层链式绕组，见图 2-8。

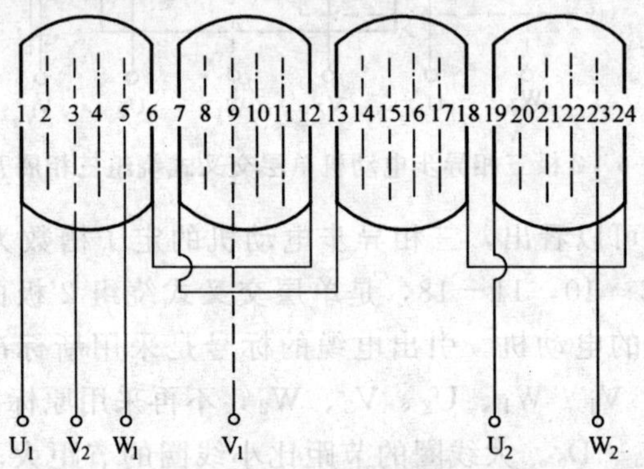

图 2-8　4 极三相异步电动机单层链式绕组

67. 什么是双层绕组?

三相双层绕组，有整数槽绕组和分数槽绕组之分，又有整距和短距之分，以及叠绕和波绕之分，双层绕组都是等元件式的，每个元件的节距 y 完全一样。双层绕组在同一槽中可能出现两相绕组，所以双层绕组的层间绝缘要按相间绝缘来要求。

采用适当的短距的双层绕组，能收到改善元件电势和磁场波形的效果，这一点也是双层绕组的主要优点。

双层绕组的连接法的特点是相邻 q 个元件（q 为每极每相槽数）顺向串联成一个极相组，下线时，q 个元件一个接一个地隔槽叠放，故名“叠绕组”。整数极相组的双层叠绕组，每相可能最大的并联支路数等于极数。

波绕组的连接法，其特点是属于同一极相组的 q 个元件依次相隔 $2\tau+1$ 个槽距（τ 为极距）。

采用分数槽绕组，电机的总槽数可以减少，现可以采用标幺值来简化分数槽电机绕组的分数槽绕组常在多极同步电机上采用。

对于同心式绕组，为了端部的空间安排，又分二平面和三平面两类。

有的电机还采用两套绕组，在直流电机中又常采用蛙式绕组。

较大容量的电机基本上采用双层绕组。

68. 什么是双层波绕组？

极数较多，支路导线截面较大的三相异步电动机，为了节约极间联结线用铜和简化联结线，常常采用波绕组，JR127-8 型三相绕线转子异步电动机的转子绕组，就是采用双层波绕组，用并头套作极间联结。波绕组，其两个相联结的线圈成波浪形前进，绕组的节距分为前节距 y_1 和后节距 y_2，合成节距 $y=y_1+y_2$，它正好等于相串联的两个线圈的对应边之间的距离，表示每联结一个线圈，绕组在空间前进了多少槽

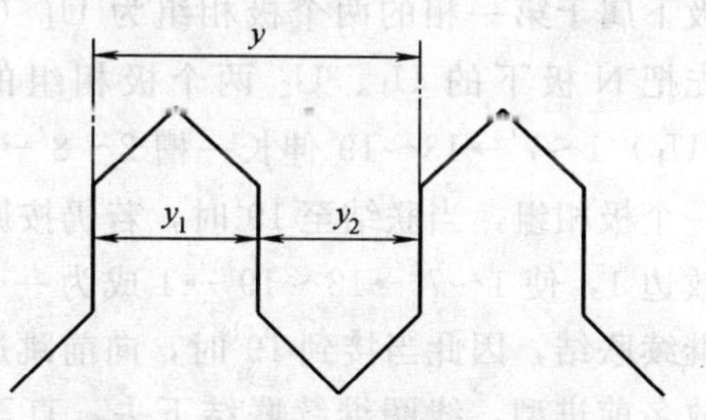

图 2-9 波绕组元件的节距示意图

距。波绕组元件的节距示意图见图 2-9。

前进型波绕组，以四极 24 槽的三相异步电动机为例，即 $Z_1=24$，$2p=4$，是整距双层波绕组，每极每相槽数 $q=2$，三相整距双层波绕组一相的展开图（前进型），见图 2-10。

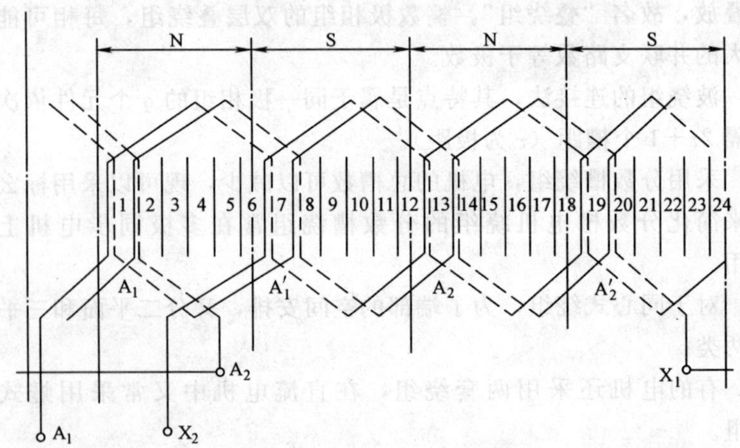

图 2-10　三相整距双层波绕组一相的展开图（前进型）

从图中可以看出，相带的划分与上述双层叠绕组相同，N 极下属于第一相的两个极相组为 U_1（1、2）和 U_2（13、14）；S 极下属于第一相的两个极相组为 U_1'（7、8）和 U_2'（19，20）。先把 N 极下的 U_1、U_2 两个极相组的线圈按以下次序联结：（U_1）1～7′→13～19′伸长一槽 2～8′→14～20′（U_1）这样组成一个极相组，当联结至 19′时，若仍按原有 y_2 接过去，又回到有效边 1，使 1～7′→13～19′→1 成为一个闭合回路，绕组将无法继续联结，因此当接到 19′时，向前跳过第 1 槽，而伸至第 2 槽，故名前进型，线圈继续联结下去，直至把两个极相组的线圈接完。以同样的联结方法，把另外两个极相组 U_1'和 U_2'的线圈联结起来组成第 2 个极相组 U_1U_2，如图中细线所示，由于 N 极下有效边的电势与 S 极下的相反，在把两组线圈串联或并联整相绕组时，串联时要使电势相加，并联要使两支路的电势方向相同。

和前进型的原理一样，不过在实际联结时，从第 2 槽上层有效边开始，当联过空间一周以后，不是跳过一个槽，而是缩短一个槽，使第二周的联结能继续进行，直至把两个极相组的线圈接完，故名后退型波绕组。

三相整距双层波绕组一相的展开图（后退型），见图 2-11。

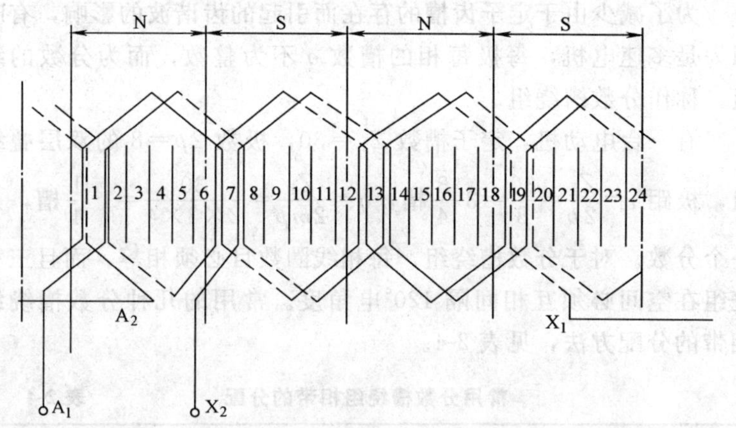

图 2-11　三相整距双层波绕组一相的展开图（后退型）

双层波绕组也可以是短距绕组，这样短距绕组可以改变电势和磁势波形。

三相短距双层波绕组一相的展开图，见图 2-12。

从图中可以看出，绕组的前节距 $y_1=5$，当 y_1 缩短以后，

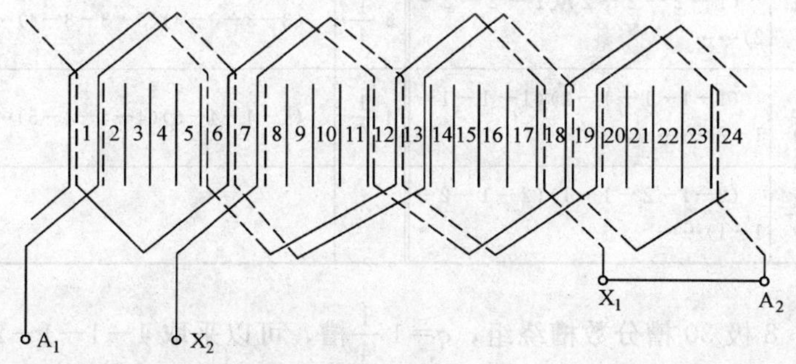

图 2-12　三相短距双层波绕组一相的展开图

后节距 y_2 须伸长，保持合成节距 $y=y_1+y_2=2\tau$（τ 为极距）。图中所示波绕组为后退型，不过端部总用铜量，不会因前节距的缩短而减少。

69. 什么是分数槽绕组？

为了减少由于定子齿槽的存在而引起的齿谐波的影响，有时因为是多速电机，每极每相的槽数 q 不为整数，而为分数的绕组，称作分数槽绕组。

有一台电动机，定子槽数 $Z_1=30$，极数 $2p=8$ 的双层叠绕组，极距 $\tau=\frac{Z_1}{2p}=\frac{30}{8}=3\frac{3}{4}$槽，$q=\frac{Z_1}{2mp}=\frac{30}{2\times3\times4}=1\frac{1}{4}$槽，是一个分数。对于分数槽绕组，每相线圈数目必须相等，而且三相绕组在空间必须互相间隔 120°电角度。常用的几种分数槽绕组相带的分配方法，见表 2-4。

常用分数槽绕组相带的分配 **表 2-4**

q	相带的分配	q	相带的分配
$1\frac{1}{2}$	(1−2)(1−2)……	$1\frac{3}{5}$	(1−2−1−2−2)(1−2−1−2−2)……
$1\frac{1}{4}$	(1−1−1−2)(1−1−1−2)……	$2\frac{1}{2}$	(2−3)(2−3)……
$1\frac{3}{4}$	(1−2−2−2)(1−2−2−2)……	$3\frac{1}{4}$	(3−3−3−4)(3−3−3−4)……
$1\frac{1}{5}$	(1−1−1−1−2)(1−1−1−1−2)……	$4\frac{1}{4}$	(4−4−4−5)(4−4−4−5)……
$1\frac{2}{5}$	(2−1−2−1−1)(2−1−2−1−1)……		

8 极 30 槽分数槽绕组，$q=1\frac{1}{4}$槽，可以采取 1−1−1−2 的分配方法，每相绕组在每四极中，在三个磁极下都只占有一个

槽，而在第四个磁极下占有两个槽。

支路为 1，节距为 3 时一相的展开图为图 2-13。

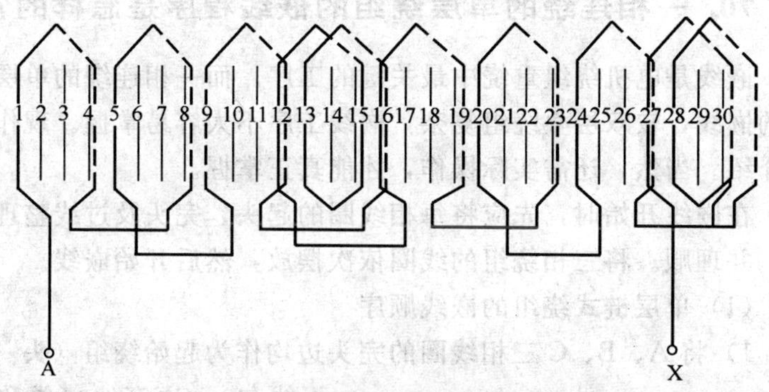

图 2-13　分数槽双层绕组一相展开图

($z_1=30$，$2p=8$，$y_1=3$，$a=1$)

各相相带的排列方法，8 极 30 槽的绕组的相带排列，见表 2-5。

8 极 30 槽的绕组的相带排列　　　　**表 2-5**

相　别	极　　别								每相线圈数
	N_1	S_1	N_2	S_2	N_3	S_3	N_4	S_4	
A	1	1	1	2	1	1	1	2	10
B	1	2	1	1	1	2	1	1	10
C	2	1	1	1	2	1	1	1	10
每极线圈数	4	4	3	4	4	4	3	4	

按照各相绕组对称的原则，和表中的排列方法，可以画出或作出分数槽绕组的三相绕组。

分数槽绕组的计算方法比较复杂，清华大学著名教授陈汤铭先生，在身患疾病的情况下研究出，利用标幺值的方法，即将分数槽参数，采用标幺值，可以整数槽的方法来进行计算，然后再用标幺值，折合出分数槽的参数，从而大大简化了分数槽绕组的计算和设计。继对电机理论和电机学教学的贡献后，又对电机设计作出了贡献。

70. 一相连绕的单层绕组的嵌线程序是怎样的?

嵌线是电机绕组重绕中最关键的工序。而一相连绕的单层绕组的嵌线，较双层叠绕组复杂，嵌线工序不太容易掌握。现作详细介绍。当然，还需实际操作，才能真正掌握。

在嵌线开始时，先应将每相线圈的起头、完头及过线整理清楚，并理顺。将三相绕组的线圈依次摆放，然后开始嵌线。

(1) 单层链式绕组的嵌线顺序

1) 将A、B、C三相线圈的完头边均作为起始绕组（头一个下线包)，边穿线（常称掏包）边嵌线（常称下线）同时进行。

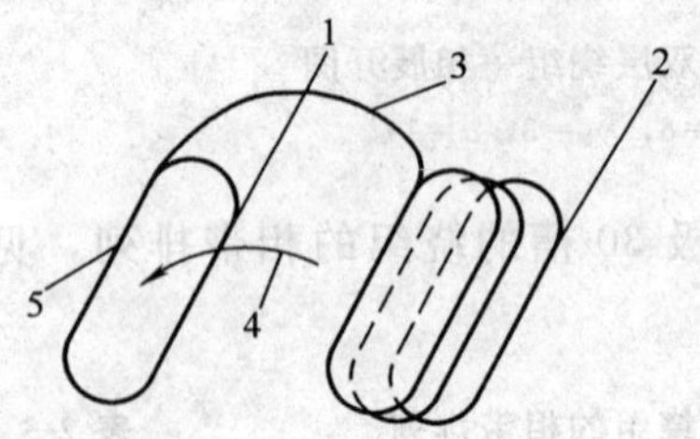

图 2-14 B相起始绕组本相掏包

1、2—一相绕组的引出线；3—过线；4—掏包方向；5—小线圈

2) 将A相起始绕组从铁心右侧拉入底槽。

3) 将B相起始绕组本相掏包，见图 2-14。翻个(上、下槽导体边与A相起始绕组的导体边截然相反)，总称反相。将A相未嵌线圈从该线圈中由上至下穿过，见图 2-15。

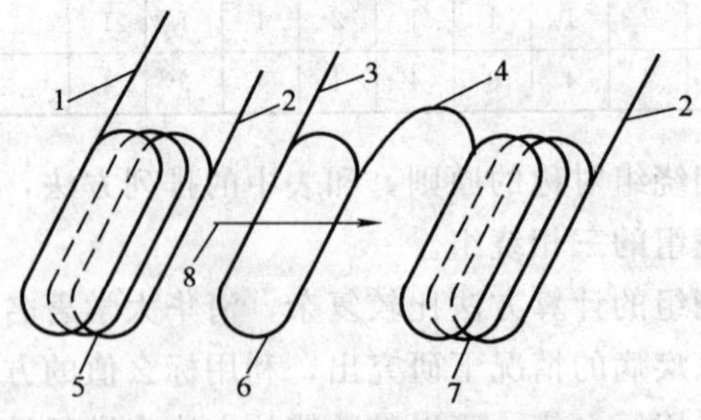

图 2-15 A相未嵌线圈由上至下穿过

1、2、3—一相绕组的引出线；4—过线；5—一相绕组的线圈；6—小线圈；7—大线圈；8—嵌线顺序

放在B相未嵌线圈之上，将该线圈（B相起始绕组）嵌入底槽。

A、B相起始绕组不嵌入上槽（常称起把），A相过线出自上槽，B相过线出自槽底。

4）将A、B相未嵌线圈（不改变先后次序）从C相起始绕组中由上至下穿过，放在C相未嵌线圈之上，将该起始绕组嵌入底槽，后嵌入上槽，过线自上槽出来（正相）。

5）依次将线圈嵌入槽中，每一线圈先嵌底槽，后嵌上槽。嵌线顺序，如下：

正相、反相、正相、反相……正相嵌线时，所嵌线圈的过线来自底槽，将另外二相未嵌线，由上至下穿过该线圈，将该线圈嵌入槽中，过线嵌在底槽，为大过线，即过线从底槽到底槽。应注意的是：穿线（掏包）时必须把该过线压在底槽的导体边，见图2-16。

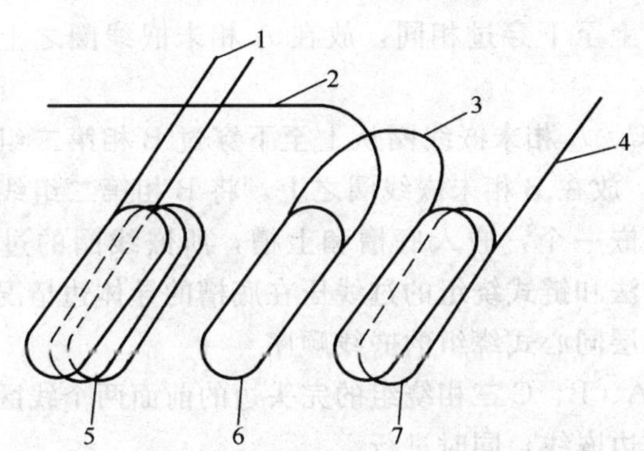

图2-16 过线压在底槽的导体边

1、2、4——相绕组的引出线；3—过线；5——相绕组线圈；6—小线圈；7—大线圈

反相嵌线时，与此相同，只不过所嵌线圈的过线来自上槽，与该线圈的上槽导体边同嵌入上槽，过线为小过线。

6）将所有未嵌线圈嵌入槽中，将起把线圈嵌入槽中（称为收把），不得嵌错，直至嵌完。

(2) 单层交叉式绕组的嵌线顺序

1) 将A、C两相绕组的两个大线圈，B相绕组的小线圈作为起始绕组，边穿线边嵌线同时进行。

2) 将A相起始绕组依次嵌入底槽（正相），起把。

3) 将B相上边三个线圈（最上边的为起始绕组），从第四个线圈中（小线圈）从上至下穿过，放在第四个线圈的上面，将起始绕组翻转180°（即上、下导体边改变），将A相未嵌线圈从上至下穿过该小线圈后，将该线圈嵌入底槽。（反相）起把。

4) 将A、B相未嵌线圈（不改变先后次序），从C相起始绕组中从上至下穿过，放在C相未嵌线圈之上，将C相起始绕组先嵌底槽，后嵌上槽，依次将线圈嵌入槽中。

5) 将A相第二组线圈（小线圈），本相掏包，其方向由下至上，与链式绕组的B相起始绕组本相掏包相同；翻转180°后，将B、C相未嵌线圈从上至下穿过该小线圈，与链式绕组的A相未嵌线圈从上至下穿过相同，放在A相未嵌线圈之上，后嵌入该小线圈。

6) 将C、A相未嵌线圈从上至下穿过B相第二组线圈（两个大线圈），放在B相未嵌线圈之上，将B相第二组线圈先嵌一个线圈、再嵌一个，嵌入底槽和上槽，所嵌线圈的过线为大过线，穿线方法和链式绕组的过线压在底槽的导体边情况相同。

(3) 单层同心式绕组的嵌线顺序

1) 将A、B、C三相绕组的完头边的前面两个线圈作为起始绕组，穿线边嵌线，同时进行。

2) 将A相起始绕组先嵌小线圈，后嵌大线圈，依次嵌入底槽（常称起把）。

3) 将A相未嵌线圈从上至下穿过B相起始绕组，放在B相未嵌线圈之上，将B相起始绕组先嵌小线圈，后嵌大线圈，依次嵌入底槽（起把）。

4) 将A、B相未嵌线圈从上至下穿过C相起始绕组，放在C相未嵌线圈之上，对于C相起始绕组，先将小线圈嵌入底槽，再将大线圈嵌入槽内，过线应从上槽边出来。

5）将B、C相未嵌线圈从下至上地从A相其余线圈中穿过，先嵌入A相的小线圈，后嵌入大线圈，所嵌线圈的过线来自上槽边，又嵌入上槽边。

6）将C相未嵌线圈由下至上地穿过B相未嵌线圈，先嵌入B相小线圈，再嵌入大线圈，所嵌线圈的过线来自上槽，又嵌入上槽。

7）将C相线圈先嵌小线圈，再嵌大线圈，顺次将线圈嵌入槽中，所嵌线圈的过线来自上槽，又嵌入上槽。

8）将起把线圈依次嵌完，过线与5、6、7均相同（即收把）。

9）六个出线头均出在下槽，起始绕组的进线均在上槽。

（4）嵌线注意事项

1）嵌线时，将引纸放入槽中，向两边分开，开始嵌线时，解开第一个线圈的完头边扎线。

2）嵌线时，将线圈翻扭，并将直线边捻成一片，由铁心右侧拉入槽内（尽量一次拉入），起把线圈的上槽边线圈必须垫好，以免把线圈的漆皮刮掉。

3）每嵌入一组线圈后，取出引纸，将盖纸条盖好，不要盖偏，必须对称，再推入槽楔，槽楔不得高出铁心内圆，松紧合适。划线时，应避免把漆皮划破，划线要顺，端部和槽内避免交叉。

4）每嵌入一组线圈后，将端部压低。

5）嵌线时，端部应整齐，两端伸出铁心应等长。

6）嵌线时，当过线在底槽时，应在槽中部靠怀里位置。

自接线端看，称为下过线，当过线在上槽时，应在槽中顶部靠怀外位置。

自接线端看，称为上过线，当嵌正相对，与所嵌线圈相联的过线是下过线，嵌线后在槽中为大过线。当嵌反相时，与所嵌线圈相联的过线是上过线，嵌后在槽中为小过线。大、小过线要分清、正确。

7）全部线圈嵌入后，整理线圈端部形状，使之适合图纸要求，端部整形时，注意不要压裂槽绝缘，喇叭口与铁心内径同心，并垫好和修正相同绝缘。

对于修理的电机，嵌线前要将电机铁心线槽内清理干净，各部数据应符合设计要求，绝缘材料完好没有破裂，放好与原来尺寸一致的槽绝缘，并按原来尺寸裁好层间绝缘及端部绝缘和槽楔。准备好嵌线工具，嵌线时常用的工具有：压线板、划线板、扁嘴钳、剪刀、顶销棒、橡皮锤、小铁锤等。

嵌线开始时，首先要注意绕组出头的方向，一定要留下出线头的一端，看好位置后就可以开始下线，把线圈一边的导线松散开，放在槽口，一根一根地推进槽内，注意一定要使导线在槽内排列整齐，并用划线板顺直，使线圈两端伸出部分（端部）相等。

单层绕组嵌线时，要根据绕组的形式确定嵌线顺序。对于单层链式绕组，嵌线的顺序是嵌一槽空一槽，退着向槽内嵌线。这样，开始嵌在槽内的线圈的一个有效边，而它的另一个有效边暂时不能嵌在槽内，一直嵌完一个节距以后，方可再把线圈的另一个有效边嵌在槽内。

单层绕组可以在嵌完绕组后插入端部绝缘，这一点和双层绕组不同。

绕组全部嵌好后，用橡皮锤子或垫着绝缘板将线圈端部打成喇叭口，喇叭口直径要适当，应使转子进出顺利，通风散热好；但也不宜过大，以防端部与机壳太近，而影响绝缘强度，端部整好一定的形状后，把端部的相间绝缘纸修剪整齐，然后用绝缘带（或布带）将端部绑扎牢固可靠。

71. 常见单层绕组，其三相展开图是怎样的？

单层链式绕组三相的展开图，见图 2-17～图 2-22。

单层交叉绕组三相的展开图，见图 2-23。

单层同心绕组三相的展开图，见图 2-24。

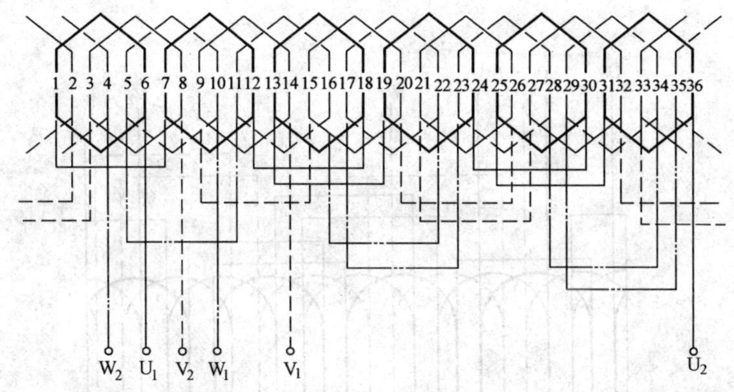

图 2-17　36 槽，$y=1-6$，6 极单层链式绕组展开图（三相）（如Y112-6）

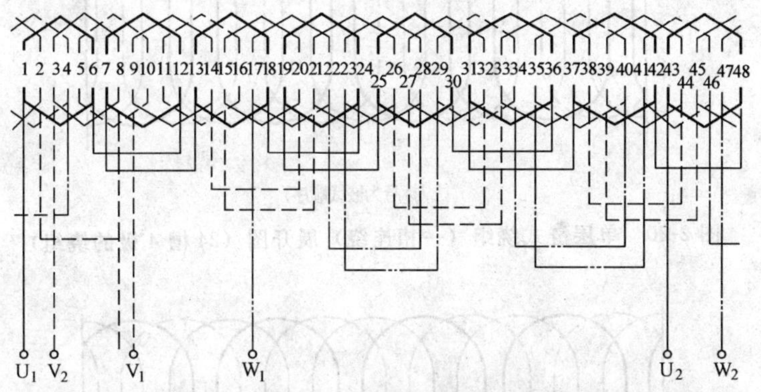

图 2-18　48 槽，$y=1-6$，8 极单层链式绕组展开图（三相）

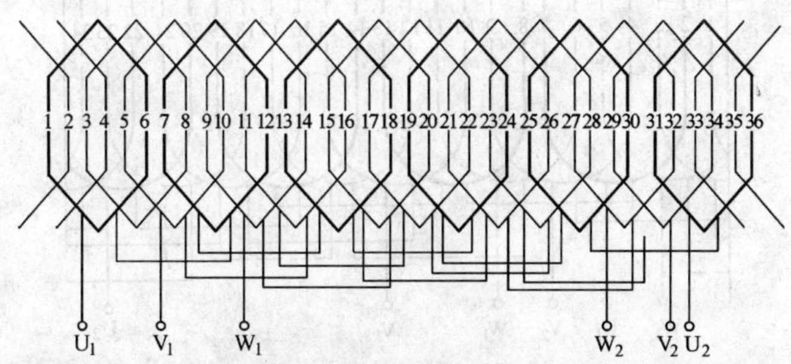

图 2-19　Y112-6 型三相异步电动机单层链式绕组三相展开图

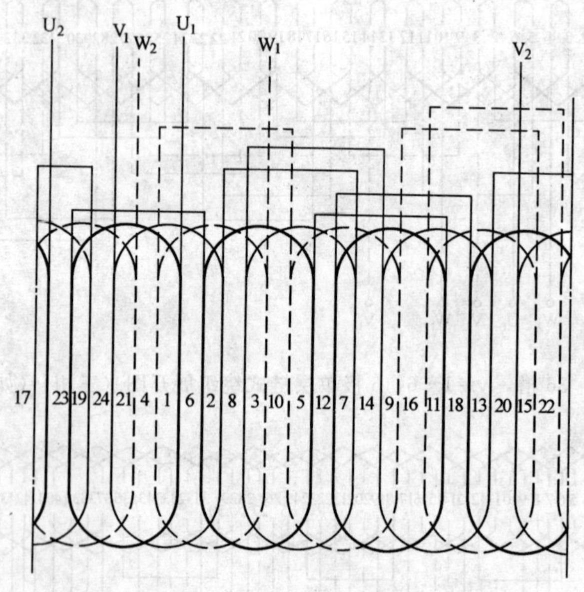

图 2-20　单层链式绕组（一相连绕）展开图（24 槽 4 极的绕组）

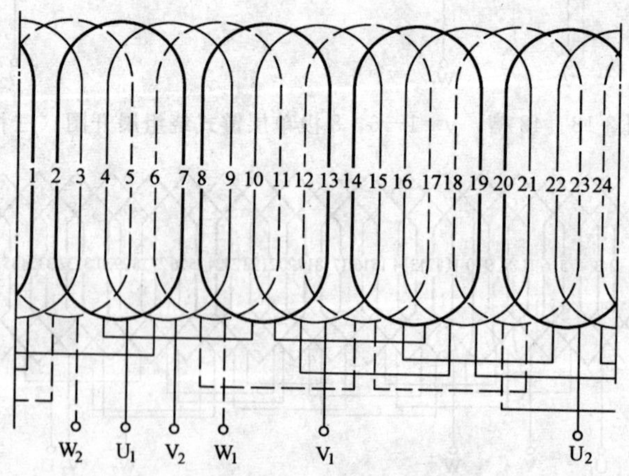

图 2-21　4 极三相异步电动机单层链式绕组三相展开图

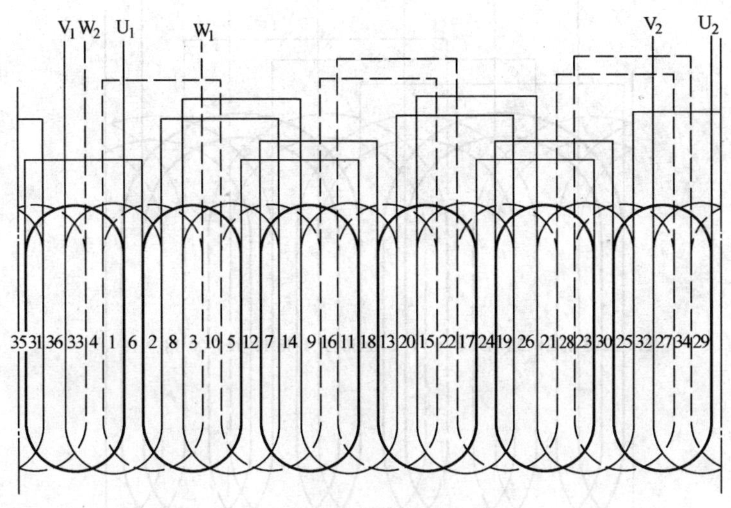

图 2-22　单层链式绕组（一相连绕）展开图（36 槽 6 极的绕组）

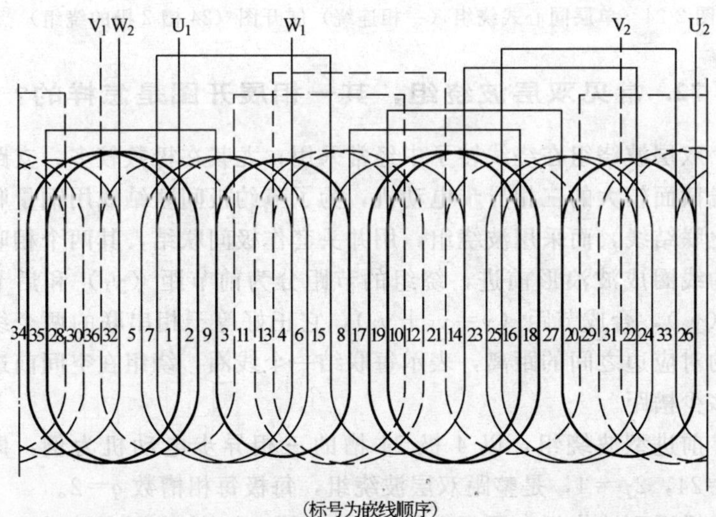

图 2-23　单层交叉式绕组（一相连绕）展开图（36 槽 4 极的绕组）

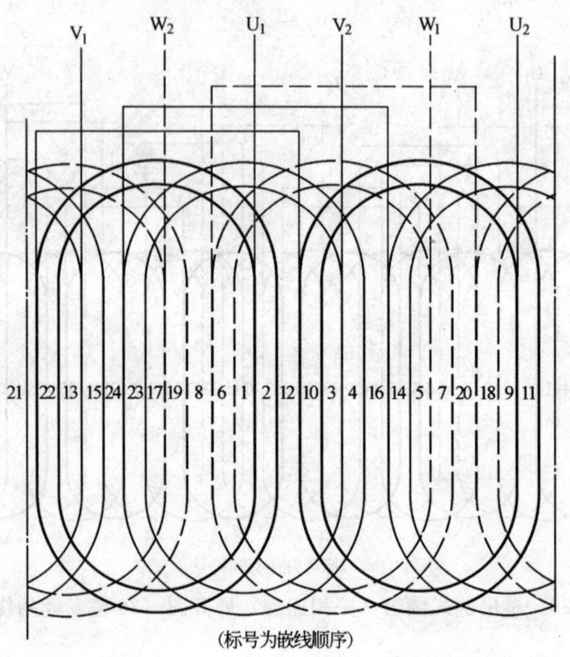

图 2-24 单层同心式绕组（一相连绕）展开图（24 槽 2 极的绕组）

72. 常见双层波绕组，其一相展开图是怎样的？

双层波绕组在绕线转子中经常采用，尤其在极数较多、支路导线截面较大的三相异步电动机，为了节约极间联结线用铜量和简化联结线，而采用波绕组，用并头套作极间联结，其两个相联结的线圈成波浪形前进，绕组的节距分为前节距（y_1）和后节距（y_2），合成节距（$y=y_1+y_2$），它正好等于相串联的两个线圈的对应边之间的距离，表示每联结一个线圈，绕组在空间前进了多少槽距。

前进型波绕组，以 4 极 24 槽的三相异步电动机为例，即 $Z_1=24$，$2p=4$，是整距双层波绕组，每极每相槽数 $q=2$。

后退型波绕组，原理和前进型相同，不过在实际联结时，从第 2 槽上层有效边开始，当联过空间一周以后，不是跳过一个

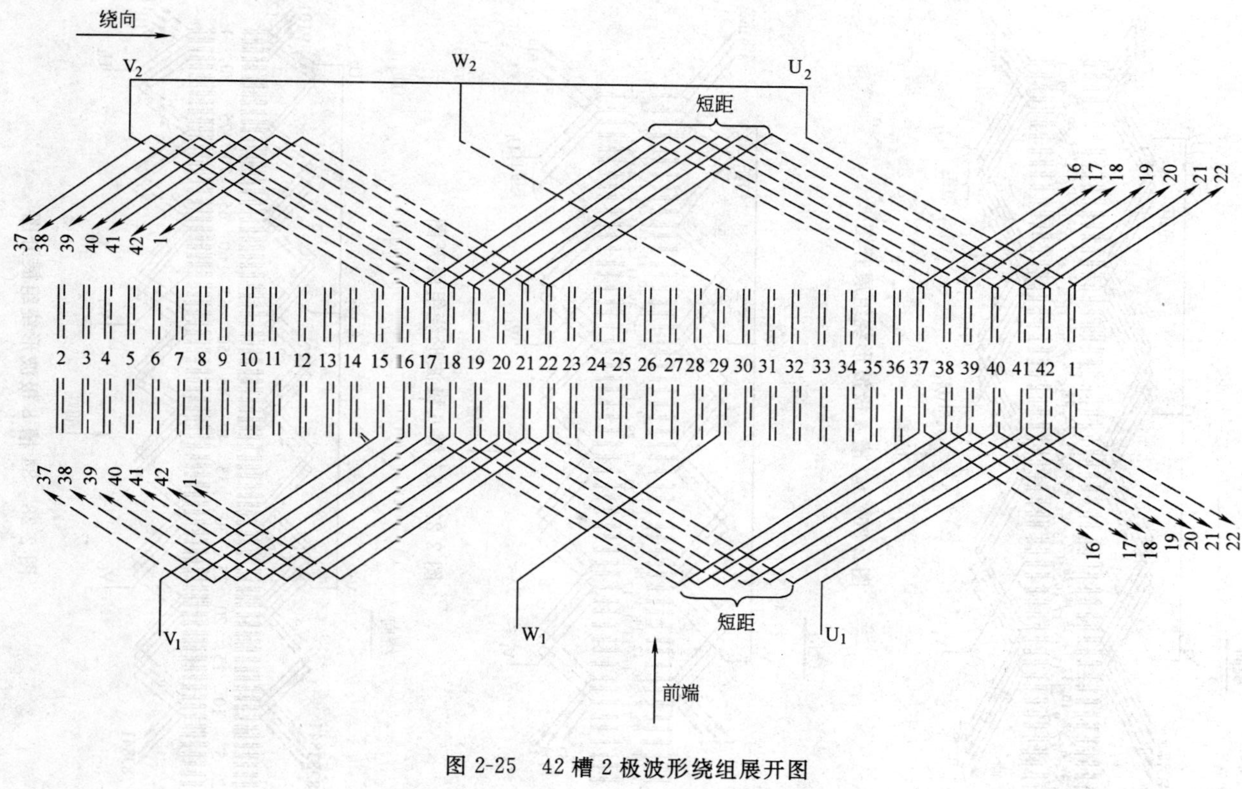

图 2-25　42 槽 2 极波形绕组展开图

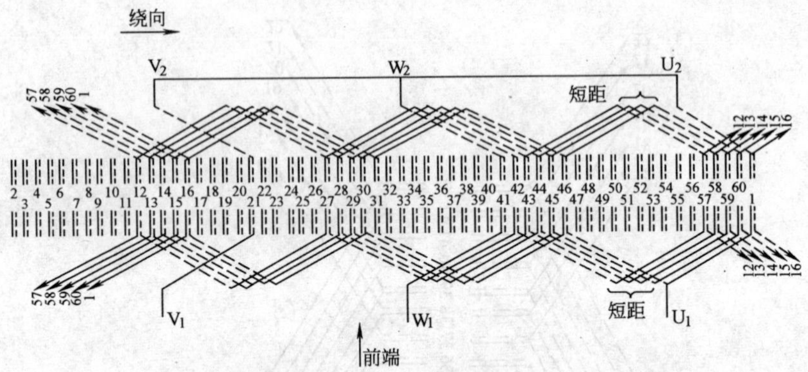

图 2-26　60 槽 4 极波形绕组展开图

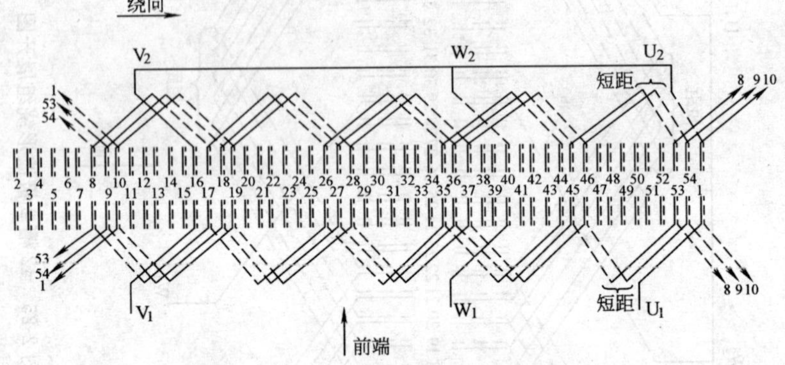

图 2-27　54 槽 6 极波形绕组展开图

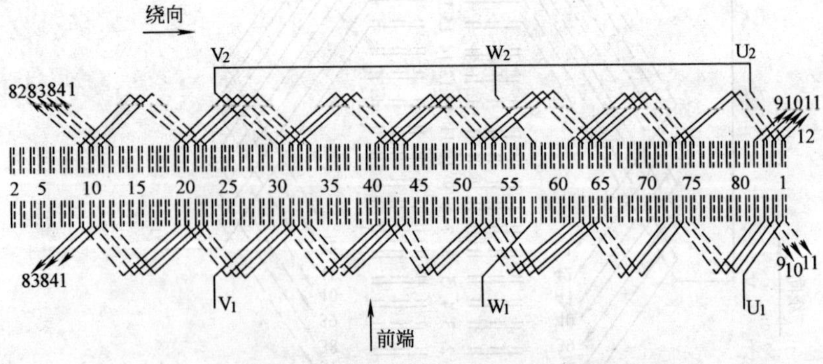

图 2-28　84 槽 8 极波形绕组展开图

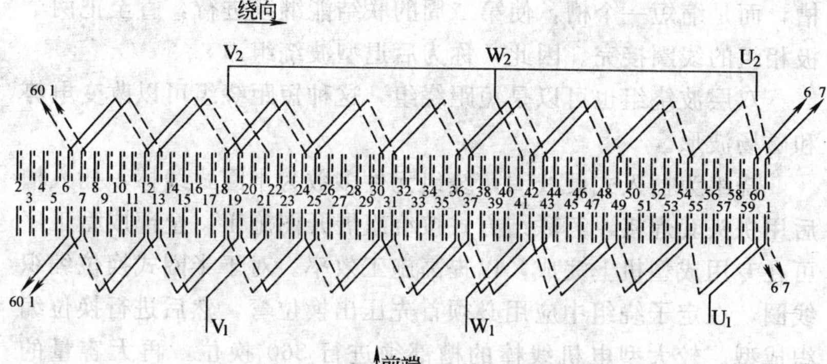

图 2-29　60 槽 10 极波形绕组展开图

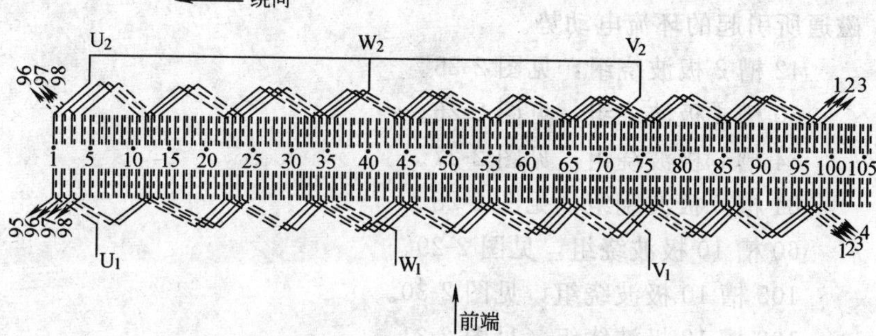

图 2-30　105 槽 10 极波形绕组展开图

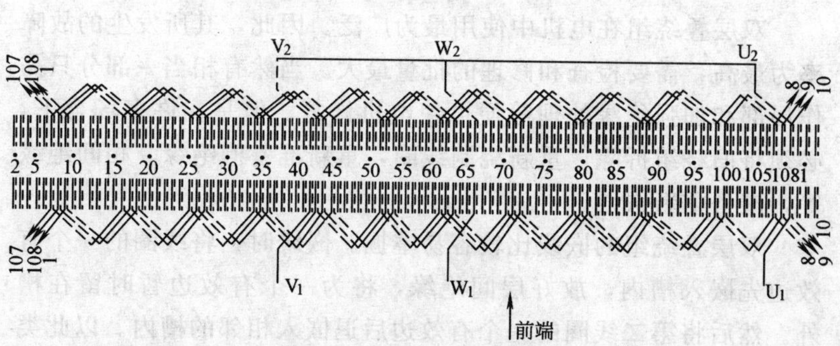

图 2-31　108 槽 12 极波形绕组展开图

槽，而是缩短一个槽，使第二周的联结能继续进行，直至把两个极相组的线圈接完。因此，称为后退型波绕组。

双层波绕组也可以是短距绕组，这种短距绕组可以改变电势和磁场波形。

绕组为插入式硬线圈，绕组元件多数为半圈式线棒，插入槽后用拼头套焊接，其联结方式按绕组展开图施工。全部成型工序可在专用成型机上完成，以提高施工效率。对于半圈式换位编织线圈，在定子绕组中应用必须首先压出换位弯，然后进行换位编织成型。较大型电机线棒的槽部须进行360°换位，再大容量的电机还采用540°换位。换位结构对于槽部漏磁通所引起的环流电动势均可以全部抵消，而450°换位还可部分抵由绕组端部漏磁通所引起的环流电动势。

42槽2极波绕组，见图2-25。

60槽4极波绕组，见图2-26。

54槽6极波绕组，见图2-27。

84槽8极波绕组，见图2-28。

60槽10极波绕组，见图2-29。

105槽10极波绕组，见图2-30。

108槽12极波绕组，见图2-31。

73. 常见双层叠绕组的展开图是怎样的？

双层叠绕组在电机中使用最为广泛。因此，其所发生的故障率为最高，需要检查和修理的批量最大。当然有相当一部分只需作局部和加强绝缘处理等便可使电机修复。但是在许多场合下，必须将旧绕组拆除，重新绕制线圈，重新准备槽绝缘、相间绝缘等，准备重新嵌线。

双层叠绕组的嵌线比较容易掌握。嵌线时，将线圈的一个有效边先嵌入槽内，放好层间绝缘，将为一个有效边暂时留在槽外。然后将第二线圈的一个有效边后退嵌入相邻的槽内。以此类推，一直嵌到另一个有效边的槽里有了其他一个线圈的有效边时，就可把第一线圈的另一个有效边，嵌到该槽的上层，依次将上层的有效边全部嵌完。

和单层绕组不同，双层绕组每嵌完一个线圈组（线圈数等于每极每相槽数），就要在绕组两端插入端部绝缘。而且需要将它塞到与槽缘的相接处，并从上面压着层间绝缘的垫条，保证相邻两个线圈组的绝缘良好，以防相间短路。

和单层绕组一样，在嵌线完工后，要将线圈端部的形状，进行整形。使线为直径符合要求的喇叭口。

对于嵌线完成后的双层绕组还需要接线，对极数、每极每相槽数、并联支路数、出线方向联结方式等都需保持原修理电机绕组的数据，分清绕组的进线和出线，整理好引出线，留出所需的引线长度，刮净绝缘漆。然后，将绕组的联结线的线头焊好、包好绝缘。

双层绕组的接线比单层绕组的接线复杂，而且工作量大，操作人员常常画一个圆线图（即接线图）。

而双层叠绕组的展开图，则是绕线、嵌线、接线以及总装配接线的依据。因为双层叠绕组规格多、形式多。对于不同极数、不同槽数、不同的节距不同的并联支路数的绕组展开图，见图2-32～图2-37。

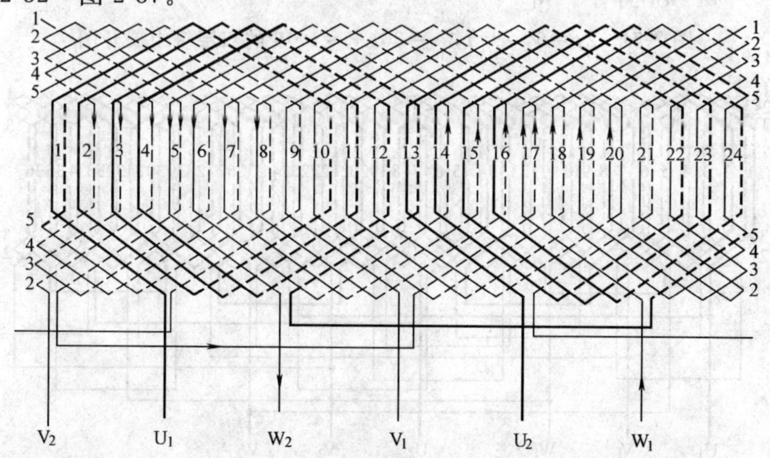

图 2-32　$2p=2$，$a=1$，$z=24$，$y=1-10$ 的双层绕组展开图

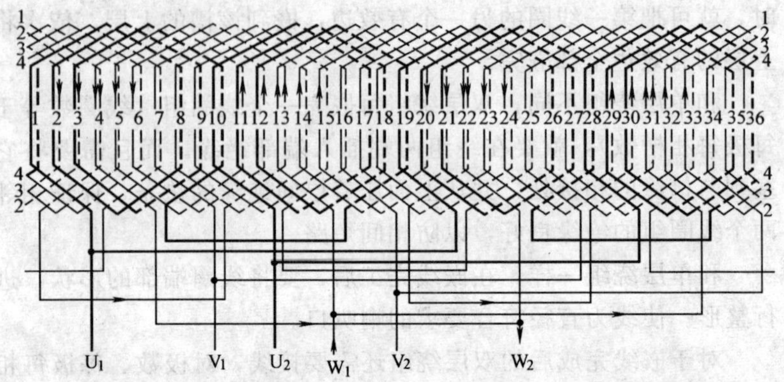

图 2-33　$2p=4$，$a=2$，$z=36$，$y=1-8$ 的双层绕组展开图

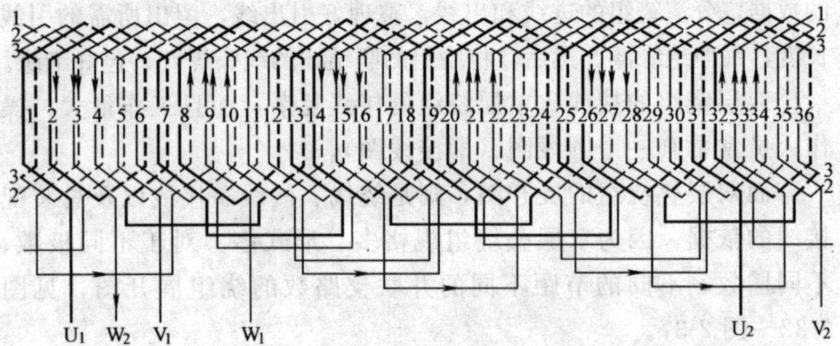

图 2-34　$2p=6$，$a=1$，$z=36$，$y=1-6$ 的双层绕组展开图

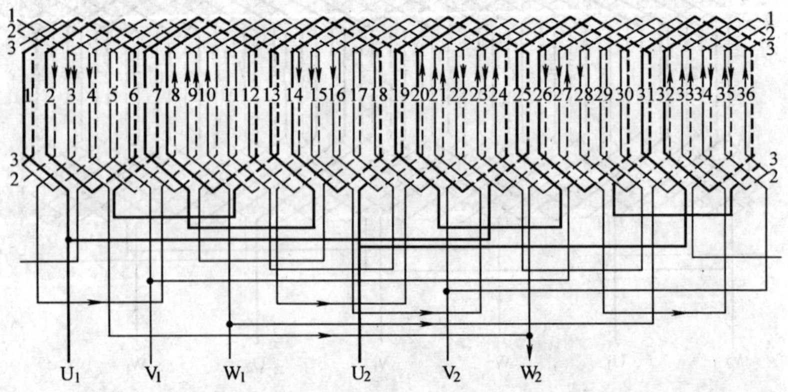

图 2-35　$2p=6$，$a=2$，$z=36$，$y=1-6$ 的双层绕组展开图

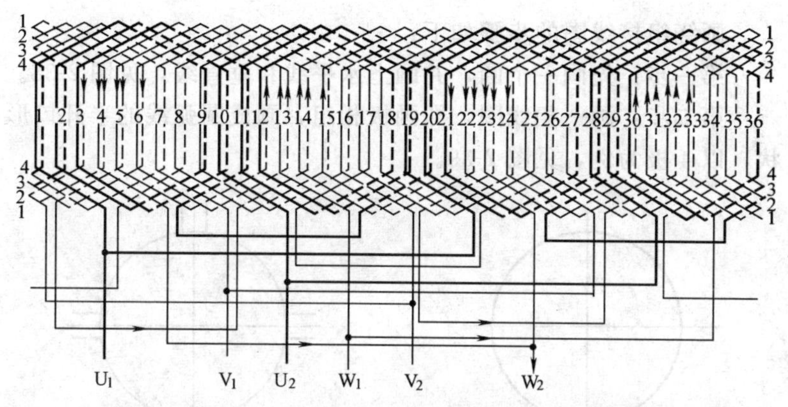

图 2-36　$2p=4$，$a=2$，$z=36$，$y=1-9$ 的双层绕组展开图

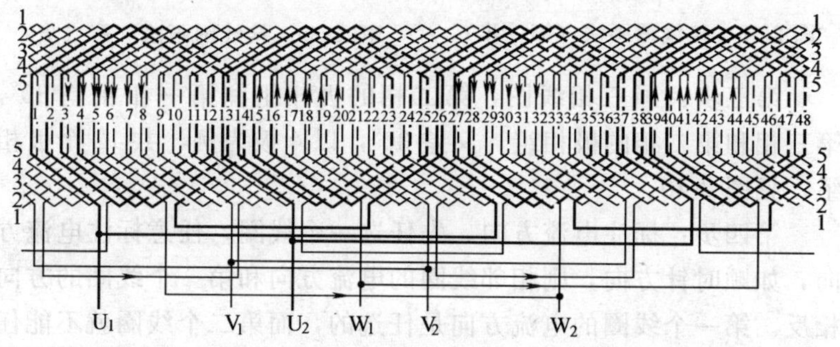

图 2-37　$2p=4$，$a=2$，$z=48$，$y=1-11$ 的双层绕组展开图

74. 怎样画电机绕组接线图？

三相异步电动机定子绕组、转子绕组，或者说是交流绕组的绕组展开图，对于工人或初学者来说，画起来比较麻烦，而且很容易出错，对双层叠绕组，常常使用的是电机绕组接线图（又称圆线图），电机绕组接线图画起来比较简单，规律比较好掌握，又非常实用。下面作一画法的介绍，使用时，可先画一个接线图，然后照着所画的接线图，实际接线，接线完毕后、再和接线图对照检查一下，接线是否正确。这确实是一个好方法，深受欢迎。

画绕组接线图的步骤如下：

第一步：先画一个圆，并画上水平线和垂直线，见图 2-38。

第二步：画一相线圈，即画极相组，画成圆弧线的半开口形状，以 4 极为例，见图 2-39。

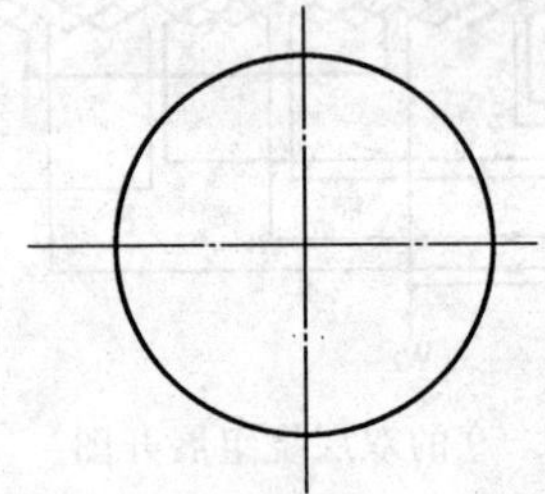

图 2-38　接线图画法（第一步）

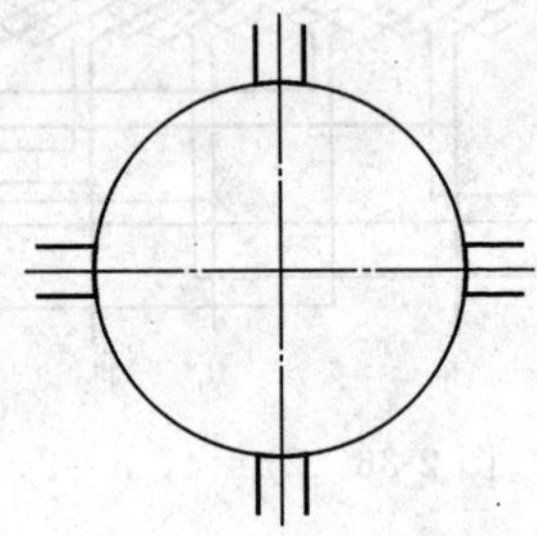

图 2-39　接线图画法（第二步）

第三步：画三相线图，第二相的极相组和第一相相差 30°，第三相和第二相的极相组，又差 30°，以 4 极为例，共 12 个极相组，见图 2-40。

第四步：标注电流方向，先任选一个线圈，任意标注电流方向，如顺时针方向，则相邻线圈的电流方向和第一个线圈的方向相反。第一个线圈的电流方向是任选的，而第二个线圈就不能任选了，一定要和第一个相反，也即箭头对箭头，箭尾对箭尾，见图 2-41。

第五步：以第四步的规律，将全部电流方向标注完毕，即箭

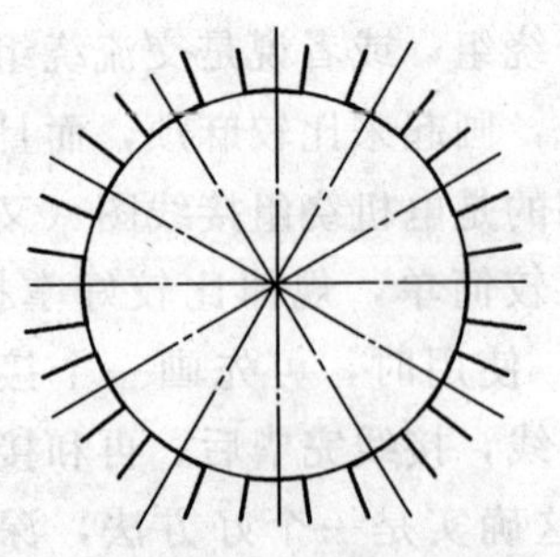

图 2-40　接线图画法（第三步）

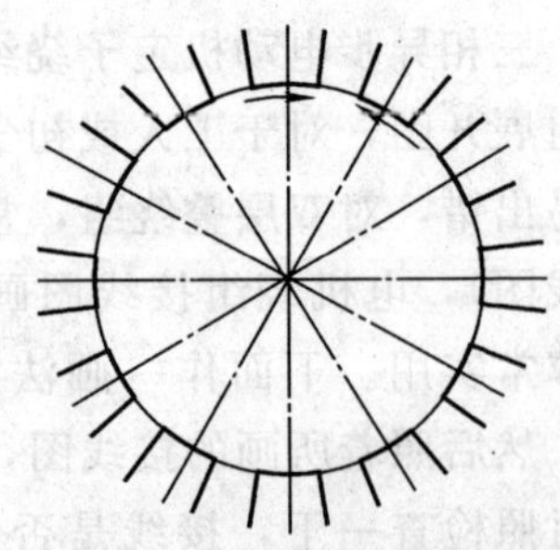

图 2-41　接线图画法（第四步）

头对箭头，箭尾对箭尾，第一个方向任选，第二个和第一个相反，第三个和第二个相反……，必然最后一个会和第一个相反，这是不用担心的，反而可以作为一种检查方向，即最后一个和第一个方向相同，那准是中间有那一个是画错了，见图2-42。

第六步：接线，即画联结线，在画联结线时，画出一相的极相组，几极画几个极相组，如 4 极，则画四个线圈，还要考虑支路数（a），若是 $a=1$ 时，则只有一路进入，一路引出，联结的方法，一定要按照箭头所标的方向，顺电流方向联结，见图2-43。

图 2-42　接线圈画法（第五步）

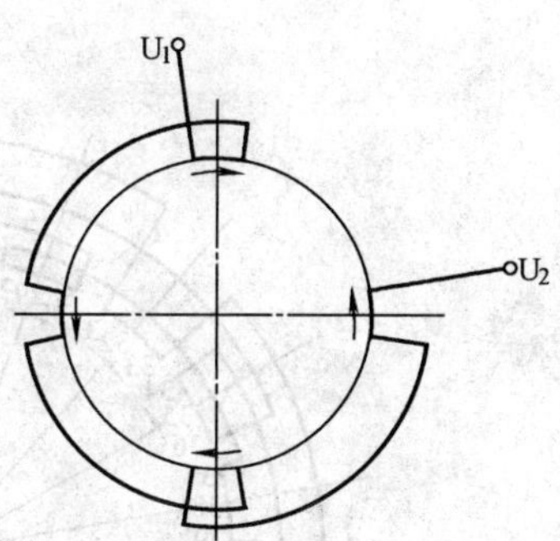

图 2-43　接线图画法（第六步）（$a=1$）

两路联结时，要有两路进入、两路引出，则要求两个线圈组并联联结，对于 $2p=4$，$a=2$ 时的电机绕组接线圈，见图2-44。

四路联结时，即支路数为 4，要有 4 路进入，4 路引出，则要求 4 个线圈组并联联结，支路数（a）的最大数目是极数，超过极数的支路数，是无法联结的，对于 $2p=4$，$a=4$ 时的电机绕组接线图，见图 2-45。

最后应按照一相的规律，将三相的联结图，全部画完。

6 极 54 槽的电梯电机（DM180-C6/4C+DB180C）的绕组接线图，见图 2-46。

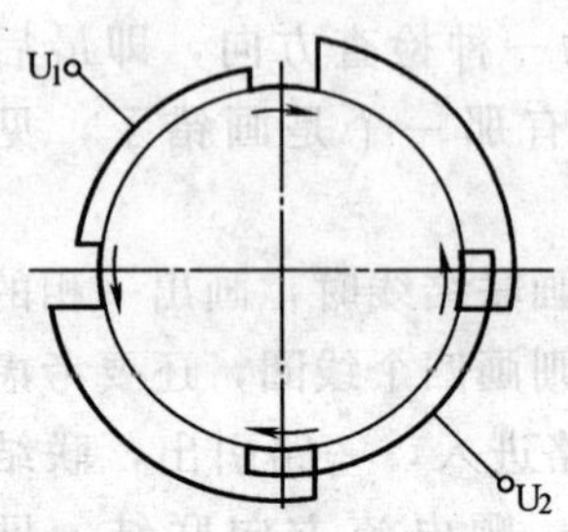

图 2-44 接线图（$2p=4$，$a=2$）

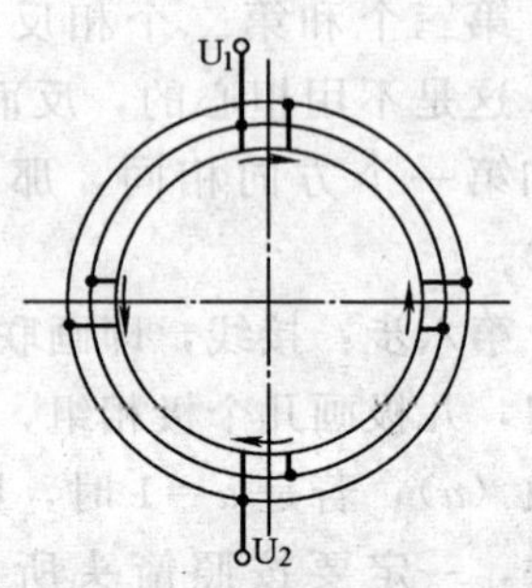

图 2-45 接线图（$2p=4$，$a=4$）

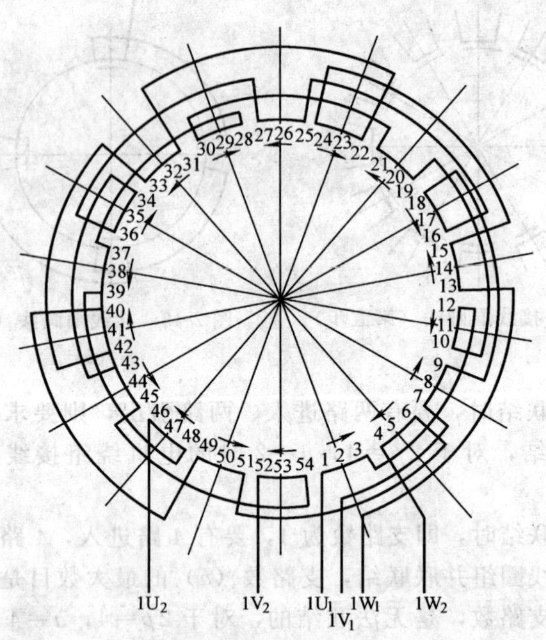

图 2-46 6 极 54 槽接线原理图（DM180-C6/4C+DB180C）

4 极 54 槽的电梯电机（DM180-C6/4C+DB180C）的绕组接线图，见图 2-47。

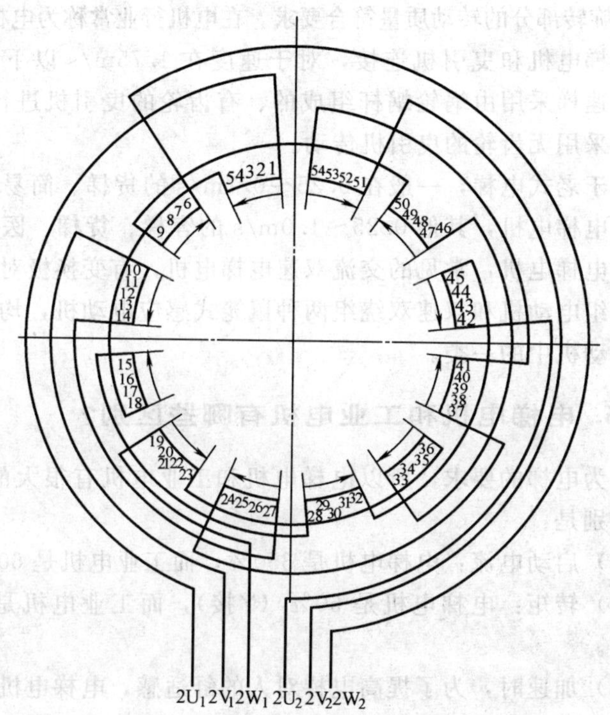

图 2-47　4 极 54 槽接线原理图（DM180-C6/4C＋DB180C）

75. 电梯电机的主要用途是什么？

电梯是垂直运输工具，在高层建筑中必不可少，有客梯、货梯、客货两用梯、医用梯和杂物梯等。又有低速梯、高速梯、超高速梯之分，按使用电源分又有交流电梯和直流电梯两种，按操作方式分类更多。按控制方式，老式的采用接触器—继电器电路控制，越来越多的采用自动控制，电脑控制、微机检测、自动平层等等。

电梯的组成部分有曳引部分、引导部分、轿箱、厅门、对重装置、补偿装置、曳引电动机和控制装置。

曳引电动机是电梯的主要动力装置，要求适用于频繁起动和制动、起动转矩合适、转差合适、工作特性平稳、起动电流小、噪声小、旋转部分的转动质量符合要求。在电机行业常称为电梯电机。

电梯电机和曳引机连接，对于速度在 1.75m/s 以下的低速梯和快速梯采用由蜗轮蜗杆组成的、有齿轮的曳引机进行传动，高速梯采用无齿轮的曳引机传动。

对于老式电梯，一般在 0.25～0.7m/s 的货梯、简易客梯使用单速电梯电机，其他 0.25～1.0m/s 的客梯、货梯、医用梯使用双速电梯电机，常见的交流双速电梯电机，有变换极对数的双速单绕组电动机和双速双绕组两种鼠笼式感应电动机，均是三相异步电动机中的一类。

76. 电梯电机和工业电机有哪些区别？

因为电梯的要求，所以电梯电机和工业电机有很大的区别。主要区别是：

（1）启动电流：电梯电机是 350％，而工业电机是 600％。

（2）转矩：电梯电机是 60％（Y接），而工业电机是 180％（△接）。

（3）加速时，为了提高电梯对人的舒适感，电梯电机转矩和启动电流基本恒定。

（4）电梯电机和工业电机的工作制不同。

（5）工业电机常常采用Y-△启动控制，而在近代电梯电机中往往不采用Y-△转接的启动控制方式。

（6）电梯电机的优点是装在一个房间里，比工业电机防护要求高，防护等级为 Ip21，而工业电机为 Ip44-54。

（7）为了保证住房和办公室的环境，电梯电机的噪声要求比工业电机高。

如 15kW 电机，工业电机为 80dB，而电梯电机则要求为 70dB。

（8）电梯电机要求频繁起动和制动，所以在结构上和工业电机有着极大的区别，如 DM 系列电机带制动器、交流电梯电机的转子带有中间短路环等。

(9) 又由于用途的不同，医用电梯要求较高的平稳度，货梯要求载重量。又因为控制的原因，如采用变频调速，这样对电梯电机又提出了其他要求。

(10) 直流电梯电机，常在高速梯中采用，属于无齿轮连接，载重大，可达 10t，运行时舒适感最好，但结构复杂，制造困难，价格高。

(11) 电梯电机常常采用各种各样的风机。

(12) 对于液压电梯，常采用 2p、三相 5～40kW 的电机，电机全部浸入油中，靠油冷却，这种电机是潜油电机。

(13) 电梯电机中还有一种开门机，体积较小，专门为电梯开门使用，实际上是一个力矩电机。

77. 电梯电机的种类有哪些？

电梯电机和工业电机一样，也有不同的分类，从不同的角度去分，可分为多种。关于电梯电机的种类，举例如下：

(1) 按电源分

有交流电梯电机和直流电梯电机两大类。作为驱动曳引机或电梯负载的驱动电机，属于电动机类型，则其供电电源也分为交流的和直流的两类。

交流电梯电机，基本上是异步（感应）电动机，所以转子转速也低于称为同步转速的定子旋转磁场的速度。

交流电梯电机的定子供电电源基本上是三相的，但电压分为多种；如 220V、380V、420V、440V 等，大部分是 3×380V。交流电源频率是工频的，但常有 50Hz 和 60Hz 两类。

(2) 按制动方式分

有带制动器和不带制动器的两类。

这两类电机一般是交流电梯电机，不带制动器的电机还常常由多极绕组来作制动绕组用，而直流电梯电机的制动是靠电路控制来实现。

带制动器的交流电梯电机、制动器绕组常常供以直流电。

(3) 按通风方式分

有带风机的和不带风机的两类。

目前常见的电梯电机，不论是交流的还是直流的，基本上都带有风机，是专用风机，实现强迫通风，并且有热敏开关来控制。

老式电梯电机一般不带风机，甚至就是普通的三相异步电动机。

(4) 按结构分

1) 有带机座的和不带机座的两类：一般直流电梯电机是带机座的，而且机座要求导磁性能好，所以用钢的材料，可以用铸钢，也可以用钢板弯制焊接而成。

对于交流电梯电机而言，仿美奥梯斯电梯电机和仿日本三菱电梯电机，定子基本是采用圆形结构定子片，有机壳（座）、自扇冷，一般体积较大，而仿瑞士迅达的交流电梯电机采用独特的结构，定子采用八角形定子片。

2) 交流电梯电机按其转子结构来分：有铸铝结构和铜条结构两类。又有转子无中间短路环和有中间短路环两类。

采用中间短路环后对电梯电机的启动—运行—制动三个运行部分都取得了良好性能。中间短路环原是牵引电机的新颖结构，它引入电梯电机中以后，取得了满意的效果。

3) 按轴承结构分：有滚动轴承结构和滑动轴承式轴瓦两类，一般直流电梯电机采用滚动轴承。而交流电梯电机采用了滑动轴承以后，大大减小了轴承噪声，从而降低了电机噪声。

4) 按电机绕组结构分：有单绕组、双绕组和多绕组几类。

电梯运行是电机调速的高级形式，为了满足电梯运行的特性要求，目前常常采用双、多绕组结构，但是从效率方面看，它还存在着缺点。采用单绕组、双极调制方案，效率可以提高，节能效果更好，但要注意磁场的正弦形，尽量减少谐波成分。

5) 按通用性分：有和 Y 系列异步电动机基本上是通用结构的电梯电机，及和 Y 系列异步电动机基本是不通用结构的电梯电机两类。

78. 交流电梯电机有哪些主要零部件？其作用是什么？

交流电梯电机的主要零部件有：定子铁心、带绕组定子铁心、连接支座、前后端盖、滑动轴承、转子、转轴、涡流制动器铁心等。

其作用是：

（1）定子铁心：导磁（用八角形的硅钢片冲片叠压而成），并起机座作用。

（2）带绕组定子铁心（嵌线后的定子铁心），通以三相正弦交流电，产生旋转磁场。

（3）连接支座：连接电机部分的定子铁心和制动器定子铁心，并安装鼓风机，又是带地脚的安装件。

（4）前后端盖：固定定子铁心和制动器，安装滑动轴承（转子轴承台和滑动轴承滑配）。

（5）滑动轴承：起支承转子的作用。

（6）转子：电机部分产生感应电流，转动以后输出转矩，带动曳引器，制动器部分起过流制动作用。

（7）转轴：固定电机转子铁心，制动器转子铁心，又和滑动轴承配合，连接负载，是旋转部分的主要结构件。

（8）涡流制动器转子铁心：产生涡流，利用电磁感应的原理，产生制动力矩。

（9）线圈：主要导电部分，是绕组的组成单元，分别有电机定子绕组、制动器的定子线圈、转子绕组—鼠笼导条。

（10）鼓风机：强迫通风用。

（11）接线盒：电机引出线用。

79. 交流电梯电机的结构有哪些特点？

说明交流电梯电机的结构特点，主要是叙述和 Y 系列三相异步电动机比较，有哪些特殊之处。

（1）交流电梯电机有两大类，一是带制动器，二是不带制动器。

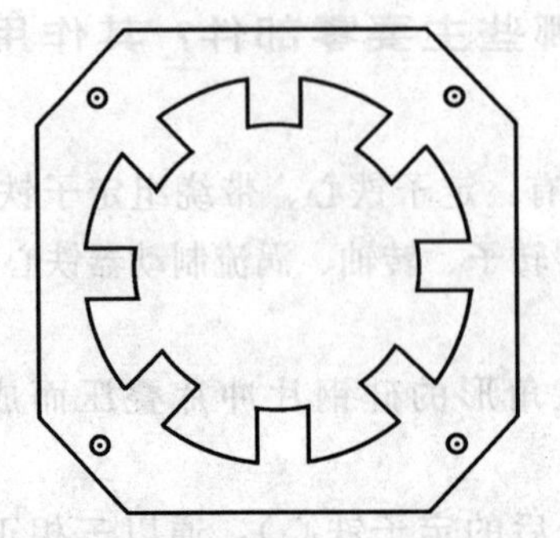
图 2-48　交流电梯电机的定子冲片图

但无论是带制动器或不带制动器，外形上和 Y 系列三相异步电动机大不相同，DM、AM 系列电梯电机，没有铸铁机座，定子铁心呈八角形，由八角形冲片叠压而成，交流电梯电机的定子冲片图，见图 2-48。

从图中可以看出，定子冲片是齿、轭、壳连身一体的结构，可以减低振动和噪声，从材料力学原理中可知，振动幅度反比于齿、轭、壳总高的四次方，而且可以大大缩小电机的体积，所以这八角形冲片的结构是优越的。

(2) 交流电梯电机的电机定子铁心和制动器定子铁心，由连接支座相连接。交流电梯电机外形及装配结构图，见图 2-49。

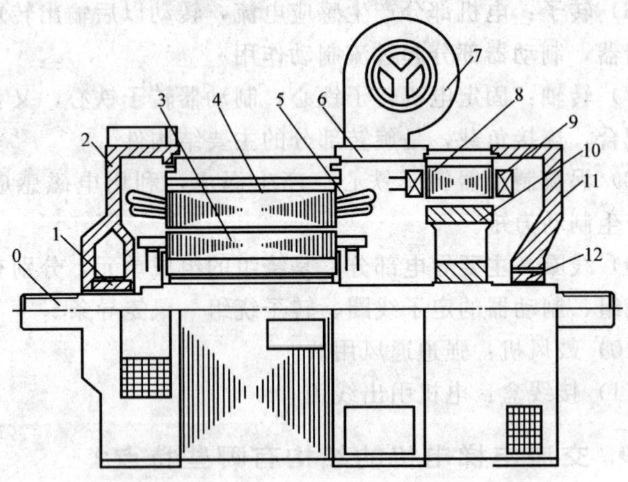

图 2-49　交流电梯电机外形及装配结构图

0—轴；1—滑动轴承；2—前端盖；3—转子铁心；4—定子铁心；5—定子绕组；6—联接支座；7—风机；8—制动器定子铁心；9—制动器定子线圈；10—制动器转子；11—后端盖；12—滑动轴承

前、后端盖也和定子铁心相连接，并带地脚，几个地脚不像Y系列三相异步电动机那样，在一个整体的铸铁机座上，而电梯电机的安装尺寸要求是很高的，这样的结构就不大容易保证，目前工厂生产时，在组装后铠地脚平面，以保证精度，所以在拆卸后，再组装，安装尺寸的精度就可能破坏，这是修理时一定要加以注意的。

DM系列交流电梯电机，因为带制动器，长度相对就比较长，所以强度，以及转轴的挠度就必须对此重视，在修理时，有些故障，也会和这一结构特点相联系的。

(3) 交流电梯电机的电机部分定子绕组，采用6极和4极的两套绕组。因为电梯、特别是载客电梯对平稳度要求高，也就是对电机的启动特性要求高，不像Y系列三相异步电动机那样，启动转矩越大越好，对电梯电机来说，启动转矩，太小了不行，不易启动，太大了也不好，所以采用两套绕组，6极启动，4极运行，在绕组设计上进行改进，以达到电梯电机比工业电机要求高的目的，在DM系列电机中，定子选用多槽方案，共54槽，4极绕组采用分数槽，4极、6极电机均采用双层同心、不等匝数绕组。以获得好的性能指标。因为有两套绕组，所以在一个定子槽内，有四个线圈有效边，这样对槽绝缘结构，同时对相间绝缘要求较高。

80. 直流电机主要由主极、机座、电枢、换向器和电刷装置等零部件组成，它们各自的主要作用是什么？

直流电机主极的主要作用是产生主磁通。机座是整个电机的机械结构件，起支撑作用，同时又是磁路的一部分，起导磁作用，所以其材料不是铸铁，而采用钢材料铸成或弯制钢板焊接而成。电枢是电能和机械能互相转换的枢纽，嵌在电枢铁心中的电枢绕组又是电机的核心。换向器的主要作用是实现交流电和直流电的互相转换，用梯形铜排（换向片）压制而成，在中、小型直流电机中常采用塑料换向器。电刷装置的主要作用是把电枢绕组与外电路连接起来，对电动机来说，是将直流电引入电机，对发电机来说，将发的直流电引出供给负载使用。

81. 串励直流电动机空载时，会产生什么现象？为什么？

串励式直流电动机的主极绕组是与电枢绕组串联的，因此主磁通的大小是由电枢电流 I_a 的大小来决定的。由于电动机空载时，I_a 很小，根据电动机电压平衡方程式 $U=E_a+I_a\ (R_a \mid r_f)$ 可知，$U\approx E_a$，而 $E_a=C_e\varphi n$，因此 $U\approx C_e\varphi n$。电动机空载时 I_a 很小，因此 φ 也很小，为了使公式 $U\approx C_e\varphi n$ 保持平衡，或者将公式变动，$n=\dfrac{U-I_a\cdot R_a}{C_e\cdot\varphi}$，当 $\varphi\rightarrow 0$ 时，$n\rightarrow\infty$，即转速将升得很高，电动机就发生“飞车”现象，在飞车时常发生换向器环火，电机损坏，甚至发生爆炸现象，这是很危险的，所以串励直流电动机不允许空载运行，甚至启动时，也不允许空载启动。

82. 造成直流电机火花大的机械原因有哪些？

造成直流电机火花的机械原因有：

（1）换向器偏心；

（2）换向器云母片或换向片凸出；

（3）电刷上弹簧的压力不合适或不均匀；

（4）电刷型号不符合要求；

（5）刷杆间距离不等；

（6）换向极下的气隙不均匀；

（7）换向器工作表面不清洁或外圆不圆和不同心；

（8）刷握松动；

（9）电刷与刷握的配合过松或过紧；

（10）刷杆位置偏斜等。

83. 制造和修理换向器的主要质量要求有哪些？装配完成后，需做哪几项电气试验？试验目的是什么？

换向器的主要质量要求有：（1）换向器的工作表面要保证圆

度及光洁度；(2) 换向片对轴线要保证平行；(3) 换向器绝缘性能良好；(4) 换向器各零件应紧固牢靠。

换向器装配完成后，需要做短路和耐压两项电气试验。短路试验之目的是探测在车削换向器工作表面时，残留的铜屑造成的片间短路，找出短路点并加以清除。耐压试验主要是检查换向片和套筒之间的绝缘，即换向器的对地绝缘。

84. 什么叫对称三相电源、对称三相负载？对称三相绕组的条件是什么？建立旋转磁场的必要条件是什么？

如果三相电源的电势波形相同，相位角互差 120°，而且三相电源的内部阻抗相等，这个电源就叫对称三相电源；如果三相负载的阻抗相等，则叫做对称三相负载。

对称三相绕组的条件是：(1) 三相绕组在空间位置上各相差 120°电角度；(2) 每相绕组的导体数，并联路数相等，导体规格一样；(3) 每相导体或线圈在空间的分布规律相同。

建立旋转磁场的必要条件是：(1) 有三相对称的正弦的三相电源存在；(2) 有三相对称的正弦的三相绕组存在。

85. 单层绕组和双层绕组各有哪些主要优缺点？分数槽绕组通常用于什么场合？

单层绕组槽内没有层间绝缘，槽内空间的利用率较高；由于常用的单层绕组的短矩系数等于1，因此磁场波形较差，高次谐波磁场较强。双层绕组槽内需设置层间绝缘，因此槽内空间的利用率较低，但可以采用短距绕组，选择合适的短距系数，使高次谐波磁场削弱，以改善磁场的波形。

在三相交流电机中，每个磁极下面每相所占有的槽数为分数的绕组称为分数槽绕组。在极数较多的低速电机中，为了减少由于定子槽的存在而引起的齿谐波的影响，常采用分数槽绕组。

86. 单层链式和交叉式链式绕组的嵌线工艺各有哪些特点？每极每相槽数 $q=4$ 的单层交叉同心式绕组的嵌线工艺又有哪些特点？

单层链式绕组的嵌线工艺有以下特点：(1) 其每极每相槽数 $q=2$，起把线圈数为 2；(2) 嵌完一个槽以后，空一个槽，再嵌另一相的下层边；(3) 同相线圈的连接规律是上层边与上层边相连，下层边与下层边相连。

单层交叉链式绕组的嵌线工艺的特点是：(1) 每极每相槽数 $q=3$；(2) 起把线圈数等于 3；(3) 一、二、三相轮着嵌，其规律是先嵌双连，空一槽再嵌单连，空两槽再嵌双连，再空一槽嵌单连；(4) 同相绕组的连接规律是上层边与上层边相连，下层边与下层边相连。

$q=4$ 的单层交叉同心式绕组的特点是：(1) 起把线圈为 4；(2) 大小两只线圈组成一组，在一组线圈中，先嵌小线圈，再嵌大线圈；(3) 嵌线规律是嵌两个槽空两个槽；(4) 同相线圈的连接规律是上层边与上层边相连，下层边与下层边相连。

87. 电机绝缘处理的目的是什么？主要包括哪几个过程？电机浸漆时，经预烘后为什么要等绕组冷到 60～80℃ 才能浸漆？

电机的绝缘处理主要包括预烘、浸漆和烘干三个过程。其目的有：(1) 提高电机绝缘的耐潮性和化学稳定性；(2) 改善电机的电气性能；(3) 提高电机绝缘的导热性和耐热性；(4) 提高电机绝缘的机械强度。所以，有的修理电机，靠刷漆和用灯泡烘干的工艺是不能采用的。

电机浸漆时，若绕组温度过高，漆中的溶剂迅速挥发，使绕组表面过早地形成漆膜，使浸漆不透；若温度过低，则绕组在空气中冷却时又吸入潮气，而且电机浸漆时漆的粘度增大，流动性和渗透性均较差，漆也浸不透。因此，电机经预烘后一定要等绕组冷到 60～80℃时，才能浸漆。

88. 笼型异步电动机的转子有哪两种结构形式，制造工艺有什么不同？绕线型和笼型相比，各有什么优缺点？

笼型异步电动机的转子有铜条转子和铸铝转子两种形式。铜条转子是采用成型的铜条（常采用紫铜条），按一定长度下料后，打入转子槽内，两端与铜端环焊牢。铸铝转子是用工业纯铝熔化后，采用浇铸、振动浇铸、离心浇铸、压铸等方法，借助铸铝模在叠压成型的转子铁心中铸成由导条和端环组成的铝笼，通常还将转子风叶和平衡柱一并铸出。

绕线型异步电动机的优点是可以通过集电环和电刷，在转子回路中串入外加电阻，以改善启动性能，并可改变外加电阻，获得转速的调节。但绕线型异步电动机比笼型异步电动机结构复杂，价格较贵，运行的可靠性也较差。

89. 电机安装完毕后，在试车时若发现振动大，应从哪些方面找原因？电机转子为什么要校平衡？

电机试车时振动过大，可能有以下几种原因：(1) 转子平衡未校好，转子不平衡；(2) 转子平衡块松动；(3) 转轴弯曲变形；(4) 联轴器中心未校正；(5) 底脚螺钉松动；(6) 安装地基不平或不坚实。

电机转子在生产过程中，由于各种因素的影响（如材质不均匀、铸件的气孔和缩孔，零件重量的误差及加工误差等），会引起转子重量上的不平衡，因此转子在装配完后都要校平衡，通常应校动平衡。

动平衡试验是关键工艺，转子不平衡会引起许多电机的质量问题，但是设备投资较大，一般修理部门没有条件；必要时，应到生产厂进行平衡试验，以保证电机的修理质量。

90. 怎样利用万用表的毫安档检查交流电机定子三相绕组的始端和末端连接是否正确？为什么？

将三相绕组和万用表接线，见图 2-50。

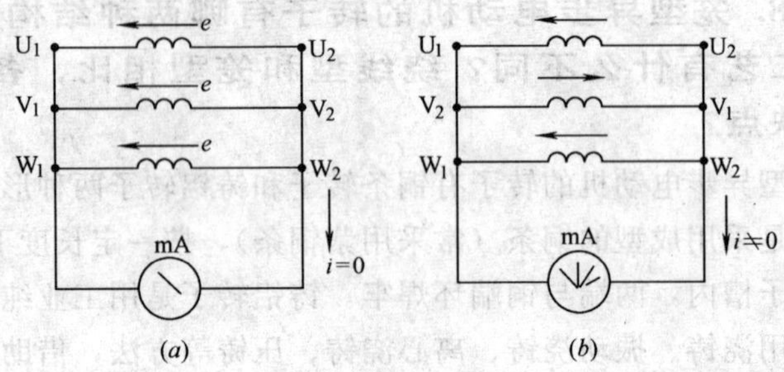

图 2-50　三相绕组和万用表的接线图

(*a*) 指针不动；(*b*) 指针摆动

扳动电动机的转子，如万用表指针不动，说明三相绕组始端和末端的连接是正确的；因为转子的剩磁在定子三相绕组中感应电势的矢量和等于零，因此 $i=0$，则万用表不动，见图 2-50 (*a*)，如果万用表指针摆动，说明定子三相绕组中有一相始端和末端接反；因为定子三相绕组中感应电势的矢量和不等于零，因此 $i\neq0$，而使万用表有指示，见图 2-50 (*b*)。

此时，应调动某一相始端和末端，重复以上动作，直至万用表表针不动时，表示三相绕组联结线就恢复正确。

91. 怎样利用 36V 低压交流电源和一只灯泡来判别交流电机定子三相绕组的始末端，并说明为什么？

将任一相（如第三相）绕组的始末端接到 36V 低压交流电源上，另外两相绕组串联后接上灯泡，见图 2-51。

如灯泡点亮，表示第一相的末端接在第二相的始端上，见图 2-51 (*a*)，因为这时接到灯泡上的电压是这两相绕组中感应电动势之和。如灯泡不亮，则表示第一相的末端接在第二相的末端上，见图 2-51 (*b*)，因为这时接到灯泡上的电压是这两相绕组中感应电动势之差，正好抵消。再用同样方法检查第三相绕组的始端和末端，直至三相绕组的始末端都判断正确为止。

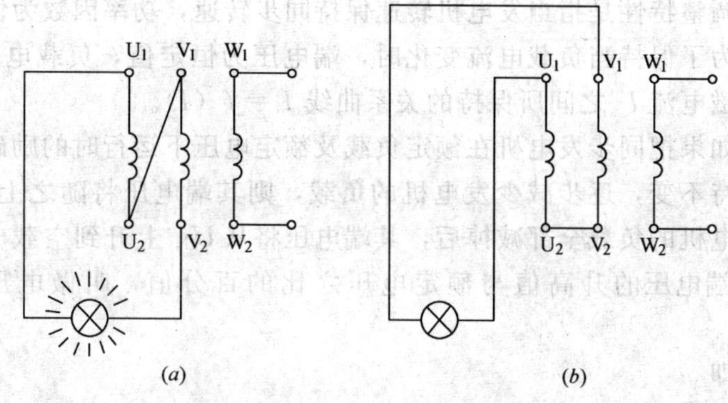

图 2-51　三相绕组和灯泡的接线图
（a）灯泡点亮；（b）灯泡不亮

92. 什么叫同步发电机的电枢反应？隐极同步电机的电枢反应与凸极同步电机的电枢反应有什么不同？

当同步发电机的电枢（定子）绕组接通负载后，电机的气隙中除励磁磁场外，又出现电枢电流产生的磁场，两个磁场叠加在一起构成合成磁场。合成磁场与空载时的气隙磁场相比较，在大小和位置上均发生了变化，这种电枢磁场对励磁磁场的影响，叫做同步发电机的电枢反应。

隐极同步电机的气隙是均匀的，纵轴与横轴方向磁路的磁阻相同，因此具有相同的电枢反应电抗，即 $X_{ad}=X_{aq}$；而凸极同步电机横轴方向的气隙比纵轴方向的气隙大，因此横轴方向的电枢反应电抗 X_{aq} 小于直轴方向的电枢反应电抗 X_{aq}。

93. 什么叫做同步发电机的外特性、调整特性和电压调整率？

同步发电机的外特性是指发电机的转速保持同步转速，励磁电流和负载功率因数恒定不变时，发电机的端电压与负载电流的变化关系。

调整特性是指当发电机转速保持同步转速，功率因数为恒定值，为了保持当负载电流变化时，端电压为恒定值，负载电流 I 与励磁电流 I_f 之间所保持的关系曲线 $I_f=f(I)$。

如果把同步发电机在额定负载及额定电压下运行时的励磁电流保持不变，逐步减少发电机的负载，则其端电压将随之上升。当发电机的负载全部减掉后，其端电压将从 U_N 上升到空载电势 E_0，端电压的升高值与额定电压之比的百分值，叫做电压调整率。

即

$$\Delta U=\frac{E_0-U_N}{U_N}\times 100\%$$

94. 什么叫同步电机的自励系统和他励系统？什么叫半导体整流器励磁系统？什么叫无刷励磁？

凡由同步电机本身供电的励磁系统，例如由发电机线端或发电机的辅助绕组供给励磁电功率的励磁系统称为自励系统，凡由同步电机以外的电源供电的励磁系统，例如由交流、直流励磁机或电网提供励磁电功率的励磁系统称为他励系统。

把交流电经硅整流元件整流为直流后供给同步电机作为励磁的励磁系统称为半导体整流器励磁系统，这类系统反应快，调节方便。

采用与发电机同轴的旋转电枢式交流励磁机经与转子一同旋转的硅整流装置整流成直流电流，直接接通到发电机的励磁绕组作为发电机的励磁电源的励磁系统，没有通常直流励磁机励磁系统所具有的换向器，发电机也不需要集电环，因此不需要电刷，这种励磁系统叫无刷励磁系统。

95. 直流并励发电机的电枢电压是怎样建立起来的？

直流并励发电机电枢电压的建立，首先是依靠本身铁磁材料中的剩磁。当发电机以额定转速旋转时，电枢导体切割主极下气隙中的剩磁通，在电枢绕组中就会产生一个数值较小的剩磁感应电势。由于励磁绕组与电枢绕组并联，因此电枢绕组产生的这个剩磁感应电势也加在励磁回路的两端，故在励磁回路中也就产生一个不大的励磁电流，该励磁电流必然要在发电机磁路内建立磁场。如果这个磁场与剩磁场的方向相同，并励发电机的主磁场就会增强，这时电枢导体切割主磁场而产生的电枢电势比开始时的剩磁感应电势大。电枢电势增加了，又会使励磁电流增大，发电机的主磁场再次增强，从而使电枢电势再一次增大，如此互相作用，反复增加，使电枢电势越来越大、电压就建立起来了。由于铁磁材料的磁饱和特性，感应电势会稳定下来不再上升，这时，直流并励发电机就完成了自励过程。

96. 直流并励发电机不能建立正常电压，直流并励电动机不能启动（或启动后达不到额定转速），属于电机本身的原因可能有哪些？

直流并励发电机不能建立正常电压，属于发电机本身的可能原因有：(1) 剩磁消失；(2) 励磁绕组出线端接反；(3) 励磁绕组断路；(4) 励磁绕组短路；(5) 励磁回路电阻过大；(6) 磁极极性不对；(7) 刷架位置不对；(8) 电刷与换向器接触不好；(9) 电枢绕组短路；(10) 电枢绕组断路；(11) 电枢绕组与换向器脱焊；(12) 换向器片间短路。

直流并励电动机不能启动或启动后达不到额定转速，属于发电机本身的原因可能有：(1) 轴承损坏或有异物卡住；(2) 气隙过小或过分不均匀，以致定转子吸住；其余原因同发电机不能建立正常电压的可能原因的第 (3) ～ (12) 条。

97. 怎样用低压直流电源和直流毫伏表来检查单叠和单波电枢绕组的短路和断路（开焊）故障？

检查单叠绕组时，在换向器相邻的两片换向片上接入低压直流电源，用直流毫伏表测量相邻的两换向片之间的电压，见图 2-52、图 2-53。

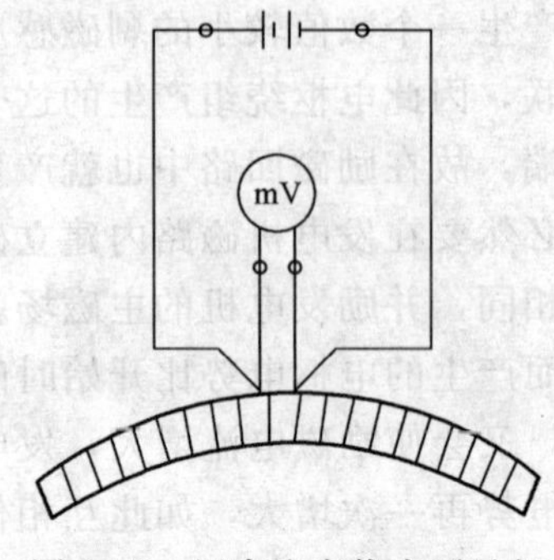

图 2-52 用直流毫伏表测量相邻换向片间的电压（1）

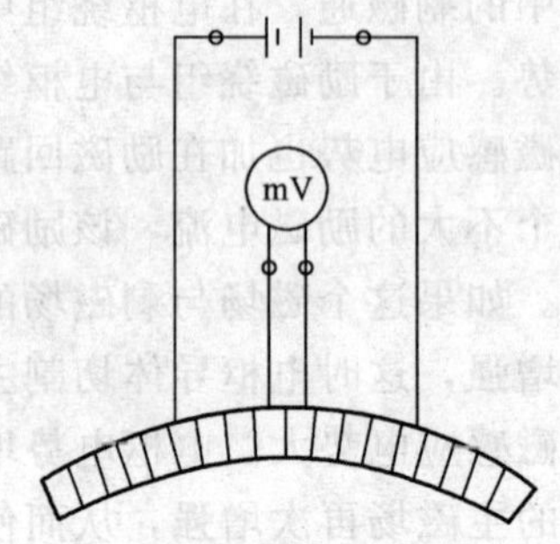

图 2-53 用直流毫伏表测量相邻换向片间的电压（2）

在正常情况下，测得电枢绕组各换向片之间的压降一般应该相等，或其中最大值和最小值与平均值之差不大于±5%。当电枢绕组匝间短路时，则在和短路线圈相连接的换向片上测得的压降值显著降低；若换向片直接短路，则片间压降等于零或甚微。若电枢绕组断路（或开焊），则在与其相连接的换向片上的压降值显著增大。

检查单波绕组时，在换向器相隔接近一个极距的两换向片上接入低压直流电源，用直流毫伏表测量相邻两换向片之间的压降，见图，具体检查方法同检查单叠绕组的测量。

98. 牵引电机有哪几种？

公路和铁路运输用电力驱动用的车辆或机车上的拖动电机称为牵引电机。包括电力和电力机车车辆用的直流牵引电动机、直流和同步主发电机、驱动辅助机械等的直流电动机和用作辅助电源的直流或同步发电机及其电动机发电机组。由于机车运输的特殊性和重要性，所以对牵引电机的修理质量要求较高，修理工艺也比较严格。牵引电机的种类如下：

(1) 牵引电动机。有直流牵引电动机、脉流牵引电动机、单相整流子牵引电动机、交流异步牵引电动机、交流同步牵引电动机、直线牵引电动机、无槽式牵引电动机、永磁牵引电动机等。

（2）发动机驱动的主发电机。

（3）辅助电机。有直流辅助电动机、直流辅助发电机、异步劈相机等。

牵引电动机中相当一部分是直流电动机，一般换向器直径大、换向片数量多，这在修理时增加了难度。

99. 牵引电机的工作条件有哪些特点？

牵引电机，特别是机车牵引电机，工作条件比较特殊，具有以下特点：

（1）空间小　机车牵引电机悬挂在机车转向架上，空间尺寸小，安装和使用受到极大的限制，所以要求牵引电动机结构必须紧凑。

（2）冲击振动大　机车牵引电机运行时，受机车运行的影响，振动剧烈，冲击力大，所以要求牵引电机具有较高的机械强度，抗冲击、抗振动性能。

（3）换向条件差　牵引电机除受冲击振动外，又经常在频繁的启动过载、制动、磁场畸变等情况下运行，使电机换向困难，产生火花。所以要求牵引电机具有较好的换向性能。

（4）电机温升高　牵引电机因结构紧凑，使用空间小，设计电磁负荷高，所以运行时温升高。要求牵引电机有良好的绝缘性能，以及改善散热条件。

（5）使用环境条件差　牵引电机，特别是机车牵引电机运行时风吹雨打，环境温度、湿度变化大、油污浸蚀，使用环境条件差，所以要求牵引电机具有较好的防潮、防尘、防腐蚀的能力。

从以上牵引电机特殊的工作条件中可以看出，牵引电机会出现种种故障，又由于牵引电机使用的重要性，在出现故障时必须及时排除，而且必须保证修理质量，以满足牵引电机的使用要求。

100. 直流牵引电机常见的故障有哪些？

直流牵引电机常见的故障，见表2-6。

直流牵引电机常见故障　　表 2-6

序号	故障结构部位	故障现象
1	主极、换向极	(1)匝间短路、绕组接地； (2)绝缘电阻过低； (3)直流电阻增大； (4)换向极压爪断裂
2	机座	(1)端盖止口处磨损； (2)机轴瓦配合处变形
3	电刷装置	(1)绝缘电阻过低； (2)弹簧压力不均
4	电枢绕组	(1)匝间短路； (2)电枢绕组和机壳相通(接地)； (3)绝缘电阻过低； (4)线圈在槽口部位短路(放炮)
5	换向器	(1)片间短路和接地； (2)换向器尺寸磨损至极限尺寸； (3)换向器"飞片"
6	电枢轴	(1)传动端锥面接触面下降； (2)轴承过热，发生"烧死"现象

101. 怎样修理牵引电机电枢绕组的故障?

牵引电机电枢绕组的修理，见表 2-7。

牵引电机电枢绕组的故障修理　　表 2-7

序号	故障现象	故障原因	修理方法
1	绝缘电阻低	运行中产生碳粉，以及油污、灰尘，受潮和热老化	1. 将电枢用中性清洗液清洗； 2. 入炉烘干，炉温升高后控制在 110～120℃，并监测绝缘电阻； 3. 进行真空浸漆； 4. 再进行烘干，并监测绝缘电阻，炉温控制视绝缘等级而定，一般为 130℃

续表

序号	故障现象	故障原因	修理方法
2	匝间短路或绕组接地	绝缘老化，材料不良和制造缺陷造成	1. 当故障不严重，损坏部位在表面的，可进行局部修理；以加强绝缘的方法为主； 2. 更换部分线圈。这种方法主要是省料，但工艺较为复杂； 3. 更换全部电枢绕组。 首先将绕组拆除，绕制新线圈，以后的修理过程和生产工艺完全相同，只是在修理条件不具备时，以手工操作为主
3	绕组断路	由于焊接不良或短路故障所造成	1. 对焊接不良的故障，一般进行局部修理，补焊开焊处，并进行处理； 2. 严重的断路故障，或隐蔽在内部，找到故障点后，一般需要更换部分线圈或更换全部电枢绕组

102. 怎样修理牵引电机换向器的故障？

牵引电机换向器故障的修理，见表2-8。

牵引电机换向器故障的修理　　表2-8

序号	故障现象	故障原因	修理方法
1	片间短路和接地	环境条件不良，绝缘破坏	1. 表面问题，可以下刻、倒角，清除表面故障点； 2. 换向器内表面出现问题，烘烤固化无纬带，拆下换向器压圈后进行清除故障点； 3. 局部绝缘破损时，使用相同的云母和绝缘胶将破损处修补
2	“飞片”或升高片断裂	由于运行事故产生飞片一至几片等故障	1. 用无纬带进行绑扎和固化处理； 2. 拆下换向器前压圈，利用“假片”，按换向器压装工艺将换向器修复，粗车、精车、下刻、倒角、绝缘摇测，耐压试验

103. 怎样修理牵引电机电枢轴的故障？

牵引电机电枢轴的故障修理，见表2-9。

牵引电机电枢轴的故障修理 表 2-9

序号	故障现象	故障原因	修理方法
1	转轴锥度面接触面积减少	转轴传递转矩大，工作条件特殊	1. 锥面变形不大时，用钳工方法进行修配，使接触面积增加，达到要求； 2. 锥面变形较大时，但锥面尺寸有足够限度，可以采用磨加工方法，使精度达到要求； 3. 锥面变形很大，锥面磨损很大，尺寸到达极限时，不允许采用镶套和接轴的方法，只能换轴，采用热压退轴的方法是最好的工艺
2	电枢转轴轴承"烧死"	传动扭矩大，易产生局部高温	1. 利用车削方法，将轴承内圈车掉，轴承挡尺寸未超差时，转轴仍可利用，更换轴承即可； 2. 当轴承挡尺寸严重超差时，除了采用第1条方法以后，则需用热压退轴方法，将损坏的转轴退出，并重新更换转轴，采用油压机压轴工艺为佳

104. 怎样修理牵引电机定子绕组的故障？

牵引电机定子绕组的故障修理，见表 2-10 和表 2-11。

牵引电机定子绕组的故障修理 表 2-10

序号	故障现象	故障原因	修理方法
1	主极、换向极匝间短路	由于使用工作条件差，使绝缘损坏	1. 匝间短路，故障点在表面，又不严重，则采用清除铜瘤，用玻璃环布补强即可； 2. 若匝间绝缘严重损坏，则需将旧绝缘全部剔除，重新衬垫匝间绝缘
2	主极、换向极绕组对地	绝缘损坏	1. 对地故障不严重时，则可将故障点剔除，用相同绝缘材料包扎，并涂刷绝缘漆后进行烘干处理 2. 对地故障点严重时，则需将全部对地绝缘剔除，用相同绝缘材料包扎（若导线截面减少时，包扎前应先补焊）再将线圈套在铁心上，整体浸漆烘干处理
3	绝缘电阻低	受潮、油污造成	清洗后进行烘干处理，或再浸漆、烘干处理
4	直流电阻大	开焊和焊接不牢固，使接触电阻增大	将故障点，特别是连接线处，进行补焊，并将接头重新包扎

表 2-11

牵引电机大修理工艺流程

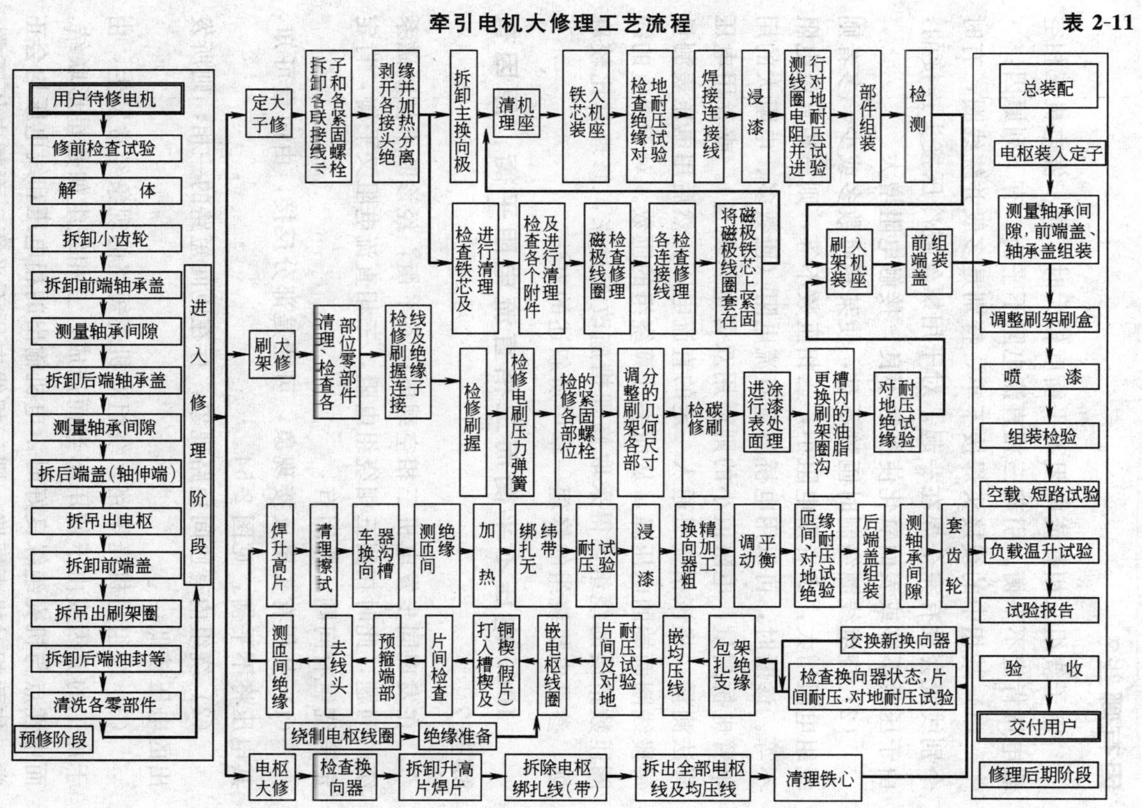

105. 同步发电机定子绕组三相电阻不平衡的原因有哪些？

定子绕组三相直流电阻不平衡度较大时，同步发电机三相空载电压肯定不平衡。引起三相直流电阻不平衡，有下列原因：

(1) 某相中的线接头焊接不牢，特别是多股并绕线圈，有时个别线股会没有完全焊在一起。对于用螺丝或冷压接头连接的，由于压紧不够或表面氧化使接触不良，接触电阻增大。

(2) 绕组线圈绕制时匝数不对，使某相匝数多或少，多者则绕组电阻增大，少者则电阻小，三相匝数不等，则三相直流电阻不等。诊断时，可以用电桥测量直流电阻（匝数多、电阻大的用单臂电桥测量，电阻值小的则需用双臂电桥测量）。或者用电压降法测量，将该相绕组通入一定的直流电压，然后用电压表测量每段线圈两端的电压降，从而去计算绕组的匝数。对于严重的线圈匝数错误的绕组，得采取修理措施改正过来，修理时比较麻烦，参见电机绕组的修理一章中所叙述的方法。

106. 电压不平衡而三相直流电阻平衡，原因有哪些？

在发现同步发电机三相空载电压不平衡，经诊断不是励磁系统的问题，此时在测三相绕组电阻，三相直流电阻又平衡，肯定定子绕组有问题，原因有：

(1) 某相有头尾反接现象，可能是部分反接，由向量可知，其电压将不平衡，见图 2-54。

(2) 绕组内有匝间短路现象，存在匝间短路的一相，则所发出的电压较低。

(3) 绕组对机壳短路。绕组对机壳短路的现象经常发生，由于加工的原因或由于使用不当而造成。三相绕组如是星形联结，而中性点与机壳绝缘良好时，电机输出的相电压和线电压均会正常，如两相对机壳短路，则三相线电压不平衡，而相电压正常。如电机中性线接机壳，又接地，这在三相四制中零地合一的系统

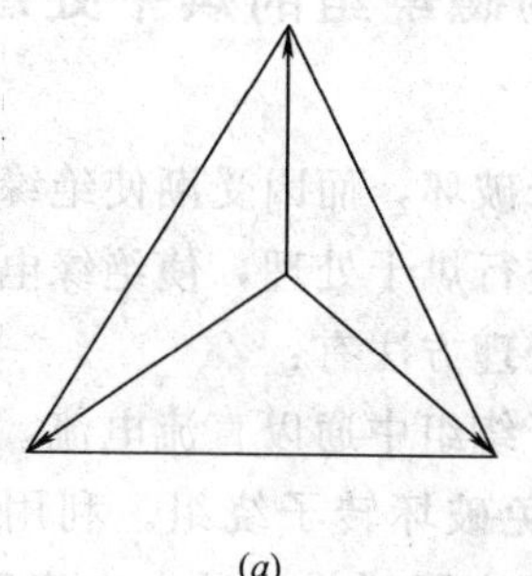

(*a*)

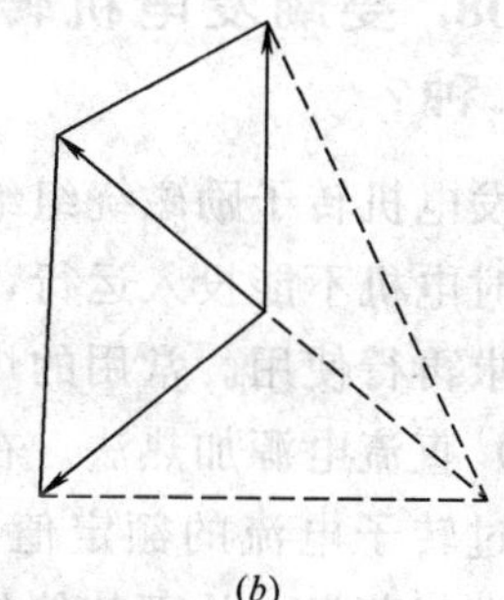

(*b*)

图 2-54 向量图

(*a*) 三相平衡；(*b*) 三相不平衡

中经常发生，相电压也会不平衡。

(4) 定子绕组相间短路。对于双层绕组，可能在一个槽内不是同一相，所以层间绝缘处理不当时，或绕组的端部相间绝缘处理不当时，会出现相间短路。出现相间短路时，输出电压不平衡，而且这种故障会引起较大的短路电流，严重时会使电源熔断器熔断，过电流保护系统动作，甚至烧毁电机。

107. 同步发电机转子励磁绕组常见的故障有哪些？

同步发电机转子励磁绕组常见的故障有：

(1) 转子励磁绕组的开路和短路；

(2) 励磁绕组对转子铁心短路或绝缘电阻过低。原因有：

1) 转子励磁绕组引出线绝缘破裂、引线焊锡面破坏和腐蚀，绝缘电阻下降，甚至接地。

2) 发电机使用年久，油污、灰尘、绝缘老化等，使绝缘电阻下降，甚至接地。

3) 发电机因停用、受潮。

4) 槽口积灰、油污、槽口绝缘不良或槽绝缘断裂，造成转子绕组绝缘电阻下降，甚至接地。

108. 受潮发电机转子励磁绕组的烘干处理方法有哪几种？

当发电机转子励磁绕组绝缘未破坏，而因受潮使绝缘电阻下降，此时电机不能投入运行，应进行烘干处理，使绝缘电阻达到规定要求再行使用。常用的烘干处理方法有：

（1）直流电源加热法。在转子绕组中通以直流电流，电流值不得超过转子电流的额定值，以免破坏转子绕组。利用电流发热，使潮气蒸发，从而使绕组绝缘电阻增加，通电一定时间后，断电摇测绝缘电阻，待达到要求时，停止通电。

（2）热风法。对于小型发电机，可以用通风机将经过加热器的热风（一般温度控制在70～100℃），吹入电机内膛进行加热烘干。

（3）烘炉烘干。烘炉烘干是最好的方法，但需要一定的设备，烘炉加热方法常有电阻炉、蒸气加热，以及采用远红外加热器件等。在烘干前应对绕组表面进行去污清洗，然后入炉烘干，烘干时定时进行绝缘电阻测量，烘干后最好再浸一次漆，再行烘干，以加强绝缘强度。

109. 检查发电机定子绕组故障的方法有哪几种？

检查发电机定子绕组常见的匝间短路等故障的方法有：

（1）电流平衡法。在三相绕组中通以三相平衡的低压交流电，控制在100%～150%电机额定电流范围内。若测量三相电流不平度较大，则表明定子绕组某相绕组匝数不正确或有反接等现象。

（2）绝缘电阻测量法。若发电机定子绕组相间和对地绝缘电阻大大下降，则用兆欧表进行摇测，即可诊断。

（3）试灯法。试灯法比较简单，但一定注意安全。采用220V交流电源，连接普通220V灯泡，其电源零线应接在电机的接地点上，火线通过开关及熔断器接灯泡，再从灯泡的另一端接电机绕组的一端。测试时，闭合开关观察灯泡的亮度，若灯泡点亮，则说明电机绕组已和机壳短路；若灯泡亮度较暗，说明电机绕组的绝缘电阻下降；若灯泡不亮，说明电机绕组绝缘良好。如果使用低压（24V、36V 等）灯泡，测试效果较差，采用 220V 灯泡操作时要保证人体不成为电流回路的一部分，以保证人身安全。

（4）万用表法。使用万用表的 mA 档，能诊断头尾反接的故障。具体方法是，将三相绕组出线端连接在一起，接万用表的一个表笔上，而另一个表接在电机绕组的另一端。用手转动转子，如表针基本不动，说明该相绕组没有反接现象；若表针摆动较大，则说明有反接现象；若表针有一定的摆动，则说明有部分反接或有匝间短路的故障。

（5）钢环法。对于没有转子的电机定子，通以低压三相交流电，保证此时的定子电流不超过额定电流，电压大约在 70～90V。用一个直径为 20～30mm 的钢环（可以采用轴承环），沿电机内膛圆周方向推入，若此时钢环沿定子内膛圆周转动起来，只要不断电，钢环连续旋转，表明定子三相绕组正常，若钢环转动不连续不平稳，如在某处停顿，甚至有反方向趋势或在上方失落在地……则表明电机绕组不正常。此种方法并能检查电机绕组的相序。相序对于同步发电机是很重要的，相序不对不能并网和并车。在没有钢环时，也可以用钢球代替。

（6）指南针法。和钢环法相同，在没有转子的定子中，通以低压三相交流电。用指南针沿着定子铁心内膛圆周移动，逐槽检查。若指南针经过每个绕组的极相组时，方向作规则的交替变化，表明绕组接线正确，若在极相组变换时，而指针方向依旧不变，则表明该极相组反接，若在同一个极相组，指针作不规则的变化，则说明在该极相组中有部分线圈接错。

同步发电机的电枢绕组和同步电动机及三相异步电动机的定子绕组，虽作用不同，但同属交流绕组，原理是相同的，所以以上所述检查方法也同样适用于同步电动机和三相异步电动机的定子绕组的检查。当然，这些诊断故障的方法是简易的，完善的方法是作电机的例行试验和形式试验以及专门的试验。例如，用匝间冲击耐压试验仪来检匝间短路，是最有效的方法，而且对电机绕组没有破坏作用，但是，设备投资比较大，只有在生产厂和修理规模较大修理厂才能采用。一般的修理部门，常常采用上述的简易诊断方法。

110. 同步发电机电刷系统的常见故障有哪些？怎样诊断和进行维修？

电刷系统（包括电刷和刷架），是将励磁电流从励磁系统引入电机励磁绕组的重要部件，因为励磁绕组安装在转动的电机转子上，所以电刷系统的设计和安装有一定难度，从而给修理也带来一定的难度。的确，电刷系统工作是否正常，直接影响到发电机磁场的状态。

电刷系统的常见故障、所造成的后果、以及诊断、维修方法如下：

(1) 电刷和刷盒配合不好。当电刷在刷盒内卡住时，造成电刷不能和集电环接触，因此，励磁系统提供的励磁电压不能加到励磁绕组上，即没有励磁电流，发电机不发电。程度较轻时，电刷不能在刷盒内自由活动，阻力较大，此时，电刷对集电环接触不实，接触电阻自然大大增加，造成发电机空载电压建立困难，电压偏低，在加上负载后更为严重。

这种电刷和刷盒配合不好的故障，可能是电刷规格型号不对，必须予以更换。若电刷未用错，须对电刷或刷盒进行打磨和修锉，使电刷能在刷盒中自由活动，配合合适，并使电刷对集电环有一定的压力，接触良好。

(2) 压簧压力过大或过小，且压力方向不正。压力过小时，造成接触不良，会影响发电机空载电压的建立和负载时的电压调节，又可能使发电机输出电压不稳定。若压簧压力过大，会加速电刷和集电环的磨损，也会加剧集电环发热，加快电刷和集电环的损坏。若压力方向有偏差，不在集电环径向方向，因此，受力不匀，造成发电机输出电压不稳，并加快集电环和电刷的磨损，有时会在电刷下产生火花。原因是刷架装配不正，应予以调正，使电刷压力方向和集电环径向方向一致，压点也在电刷中心，这样接触面受力均匀，接触面积增加，接触良好，接触电阻降低，发电机输出电压正常、稳定，电刷和集电环之间的火花控制在最小范围内，电刷和集电环磨损减小，使用寿命延长。

（3）电刷的材料和成分选择不当。若电刷含铜量过低，则电刷磨损很快，大量的碳铜粉末进入定、转子绕组中，也是引起绕组匝间短路、甚至是相间、对地短路的隐患。若电刷含铜量过高，则加速集电环的磨损，当集电环出现沟槽时，又会引起火花和输出电压和电流不稳定。所以必须正确选择电刷的型号和规格。

可以看出，正确选择和装配电刷是很重要的。

111. 集电环常发生哪些故障？

同步发电机和绕线转子异步电动机类似，采用集电环结构。尽管随着新材料、新工艺的发展，集电环的结构和制造加工都有很大的改进。但是，它属于转动部件，接触导电的性质，使用日久，电机振动又大，所以仍常常发生故障，从而影响发电机的正常运行。集电环常发生的故障有：

（1）集电环接地故障．

集电环接地有两种情况：一种是因为火花及振动等因素，集电环本身绝缘被损坏而接地，有的可以加强绝缘处理的局部修理来解决，局部修理不能解决问题的，只有将旧集电环压出转轴，更换新的集电环压入转轴使用。另一种情况是由于集电环与转轴间的绝缘表面有电刷的碳铜粉末和油污等物，引起转子绝缘电阻过低，或集电环接地，只要清理油污、擦尽导电粉末，再用压缩空气吹净，或者进行烘干处理，即可使集电环恢复正常。但必须在使用中使集电环和转轴间的绝缘表面保持清洁。

（2）集电环短路的故障。由于制造和材料以及长期使用，电机振动，使两集电环中穿越的导线绝缘破坏，造成集电环短路。短路严重时，则发电机不能正常发电；短路不严重时，在低压时不明显，而在电压高时出现较大的短路电流，使发电机不能输出较高的电压；若人为的加大励磁电流，终能输出较高电压，但大大的加重了励磁系统的负担，甚至引起励磁电源整流元件的电击穿和热击穿，造成励磁系统的损坏，最后，也是导致发电机不能正常发电，输出电压不稳定。所以集电环短路故障应引起重视，及时排除。应将导线抽出，更换新的绝缘套管，或在集电环穿孔内壁以环氧树脂浇注，以加强绝缘强度，使集电环可靠运行和工作。

(3) 集电环表面不光滑、甚至出现沟槽。开始是由于电刷和集电环接触不实，又因电机振动，运行产生火花，或是电刷牌号不对，使集电环表面不光滑，又因为表面不光滑，使火花更大，对集电环表面的光滑程度破坏，越来越严重，甚至使集电环表面出现沟槽。开始使发电机输出电压不稳；严重时，发电机不能正常发电。若电刷牌号选用正确，修理时极为简单，只要用砂布在转子转动时打磨集电环表面，并作清理，即可使发电机恢复正常。但是打磨时要注意顺集电环运转方向，顺向打磨，使转动时接触良好。

112. 发电机空载发电正常，而加负载后即出现异常，原因是什么？

在纯电阻负载时，除发电机空载电压正常外，负载时也能输出额定功率，其输出电压和电流没有大的异常现象。但在感性负载时，输出电压立即不正常。如是电流互感器反接，输出电压会变为零，如是电流互感器和电抗器三相连接错相，输出电压也将下降30%左右。

所以发现发电机空载发电正常，而加负载后异常的故障时，必须检查电流互感器的极性，以及电流互感器和电抗器的连接线。改正过来，发电机即能正常工作。而且在发电机运行前就应检查连接线，这种故障是容易防止的。

113. 不可控电抗器移相相复励发电机达到额定转速后仍不发电的原因是什么？

发电机达到额定转速后不发电的原因有：

(1) 转子铁心中无剩磁，致使电压不能建立；

(2) 励磁系统直流输出电压反向，励磁电流磁场和剩磁方向相反，抵削了剩磁磁场，使发电机空载电压不能建立；

(3) 调节发电机输出电压的电阻，若和励磁绕组并联联结时，又将调节电阻调至最小，甚至短接磁场绕组，由于分流作用，使励磁磁场不能建立，从而发电机不能正常输出电压；

(4) 不可控电抗器气隙过小，从而整流电路一次侧的交流电压过低，励磁系统输出励磁电流过小，同上理由，发电机不能正常输出电压；

(5) 电抗器线圈相间短路或对地短路，从而使发电机不能正常输出电压；

(6) 电流互感器二次侧中心点封错，输出抽头又不对，致使整流元件输出直流电流过小，不足以使励磁磁场建立起来，从而使发电机不能建立正常的输出电压；

(7) 励磁系统整流元件击穿和断路，不能输出励磁电流，使发电机不能正常输出电压。整流元件的故障经常发生，在修理时不妨更换电流较大、耐压较高的整流元件。

114. 发电机工作一定时间后，电压达不到额定值的故障原因是什么？

发电机刚开始工作时，运行正常，调节调压电阻后、输出电压能达到105％的额定电压值。但运行一段时间后，尽管调节电阻，最高输出电压也达不到额定电压。原因常有两种：

(1) 励磁绕组导线线径小、散热条件差，发电机运行较长时间，由于温升的影响，限制了输出电压。

(2) 使用的调压电阻功率较大，当发电机长时间运行后，温升增高，调压电阻值变化不大，而励磁绕组阻值增大较多，从而调压电阻中分流电流比例大，减少了励磁绕组中的励磁电流，也就减弱了励磁磁场，使发电机输出电压不能保证。

115. 三次谐波励磁的发电机不发电的原因是什么？

三次谐波励磁的发电机在额定转速时不发电有下列原因：

（1）三次谐波绕组开路或相间短路、匝间短路，造成没有剩磁电压输出；

（2）整流元件击穿或开路；

（3）调压电阻太大，以使励磁电流太大，不足以激励发电机发电。

116. 三次谐波励磁的发电机空载电压正常，而负载时不能输出额定电压，原因是什么？

三次谐波励磁的发电机空载时电压正常，而满载时输出电压不足的原因有：

（1）励磁绕组匝数多、若线径小，电阻大，当负载时温升增高，不能提供足够的励磁电流。因此，负载时不能输出额定电压。

（2）三次谐波绕组匝数过小，不能产生足够的三次谐波电势，因而不能有满意的激励能力。

（3）在发电机气隙特别均匀时，电压调整率提高，但负载特性不好。所以，常修整极靴，使气隙不要很均匀，如不均匀度在1.2～1.3之间。不过，气隙若过度不均匀，负载特性较好，起励又比较困难，只能兼顾处理。

117. 带励磁机的发电机不发电的原因有哪些？

带励磁机的发电机不发电的原因：一方面是由于发电机本身，如发电机励磁绕组的故障和发电机电枢绕组开路或短路。一方面是由于励磁发电机发生故障，而不能提供励磁电流。

118. 无刷励磁发电机不发电的原因有哪些?

无刷励磁发电机采用了旋转整流器的结构，发电机不发电的故障原因和其他发电机相同，只是在修理时要注意到它的结构特点。常见的故障有转子无剩磁、励磁绕组断路或短路，整流元件击穿或开路，以及交、直流励磁发电机的故障等。当然，发电机也会和其他发电机一样，出现空载电压正常，而负载时不能输出额定电压的故障。

119. 发电机发生逆磁和失磁的原因有哪些?

发电机在运行中，突然发生励磁磁极改变极性、励磁电流改变方向的现象称为逆磁现象。转子磁场突然消失，则称为失磁。

发生逆磁现象时，不必停机，但需要将励磁电压表和电流表极性对调，使表针顺向偏转。待发电机停机时，励磁机重新充磁，使恢复原有极性。

发生逆磁现象的原因是，因为发电机励磁绕组电感大，会产生较大的自感电动势，并持续较长的时间，会产生和励磁机相反的电流，当自感电动势相当大时，致使发电机励磁磁场变换极性。或者是发电机输出短路时，大电流产生去磁作用，而产生逆磁现象。

发电机在运行中，由于励磁电路中各元件的故障致使励磁系统停止提供励磁电流，或者是转子励磁绕组回路发生断路，使转子磁场消失，产生失磁现象。在发电机中发生失磁现象后，发电机也就停止发电。

120. 同步电动机常见哪些故障?

同步电动机常发生不启动、启动转矩、启动电流大等启动故障，三相电流不平衡。电动机异步启动后不能牵入同步，带负荷运行后定子电流不稳定，以及温升高、效率低、振动及噪声大等等故障。

121. 什么叫异步启动、牵入同步？

异步启动、牵入同步是同步电动机的特点。同步电动机，故名思义，它要以同步转速运行；但是在启动时，仍以异步电动机的原理来启动，异步启动后达不到同步转速，但是很接近同步转速；这时同步电动机供直流电励磁，同步电动机即以同步转速运行，这个启动过程常称为“异步启动、牵入同步”。

同步电动机转子上有构成回路的数个导条，它很类似笼型异步电动机的笼条，启动开始靠这导条的作用，以异步电动机的原理启动，故称为异步启动。然后通以励磁电流，在转子上产生磁极，这磁极以接近同步转速旋转，立即和同步转速的定子旋转磁场吸引，使转子很快达到同步转速，而以同步转速运行，称为牵入同步，同步电动机启动过程到此结束。

122. 同步电动机不能异步启动的原因是什么？

当电机缺相时，可能是电源缺相，或是因电机接线断一相，造成电机定子绕组缺相，或是电机定子绕组某相断线，此时，电机发出嗡嗡的异常声音，且电机不能顺利启动。且其他两相电流很大，极易烧坏电机绕组，应立即断电，进行检查后，再供电启动电机。

若同步电动机定子绕组有一相反接，电机也不能启动，应进行检查，改接后再行供电。

123. 同步电动机启动转矩小的原因是什么？

同步电动机启动开始阶段是异步启动，原理和异步电动机一样，其转矩—转差曲线随着转子电阻的增加，保持最大转矩不变，曲线左移，则启动转矩增大。因此，同步电动机的启动导条，即启动绕组，若电阻太小时，则启动转矩就小。

另外，定子绕组匝数过多，气隙过小以及励磁绕组并联的启动电阻过小时，均使启动转矩减小。但是启动电阻也不能过大。

124. 三相同步电机在修理拆除旧绕组时应记录哪些原始数据？

当三相同步电机绕组发生严重故障时，必需进行重绕，对原绕组要进行拆除。为了对定子电枢绕组和转子励磁绕组，进行重绕和嵌线，特别是对于定子绕组，在拆除旧绕组之前和拆除过程中，必需记录电机和绕组的有关技术数据。主要有：

(1) 每相并联支路数；

(2) 电机三相联结方法（Y形联结或△形联结等）；

(3) 定子铁心内、外径；

(4) 定子槽数；

(5) 每极每槽数；

(6) 绕组形式；

(7) 绕组节距；

(8) 电机绕组每线圈的匝数；

(9) 每匝并绕根数；

(10) 每根导线的线径（包括导线带或不带绝缘的线径）；

(11) 线圈的几何尺寸；

(12) 槽楔的尺寸及材料；

(13) 相间、层间、槽绝缘的尺寸及材料；

(14) 槽形。

125. 修理时依据的 T_2 系列三相同步发电机绕组的技术数据是哪些？

T_2 系列三相同步发电机绕组的技术数据见表 2-12。

126. TSWN、TSN 系列小容量水轮发电机绕组数据是哪些？

TSWN、TSN 系列小容量水轮发电机绕组技术数据，见表 2-13 和表 2-14。

T_2 系列三相同步发电机绕组的技术数据　　表 2-12

机座号	定子绕组					励磁绕组		
	线规 QZ (mm)	每槽导体数	半匝平均长 (mm)	节距	并联支路数	线规(mm)	每极匝数	半匝平均长 (mm)
160S1	1-φ0.9	42	222	1-8	1	QZ1-φ1.16	290	
160S2	1-φ1.16	26	255	1-8	1	QZ1-φ1.3	230	
180S1	2-φ1.16	18	306	1-8	1	QZB1.25×2.26	147	
180S2	2-φ1.25	16	321	1-8	1	QZB1.25×2.26	155	
200S	1-φ1.56	22	365	1-8	2	QZB1.81×3.28	95	
200M	2-φ1.25	18	400	1-8	2	QZB11.81×3.28	95	
200L	1-φ1.35	30	435	1-8	4	QZB1.81×3.28	99	
225M	2-φ1.62	12	444	1-10	2	QZB1.95×3.53	115	
225L	3-φ1.45	10	484	1-10	2	QZB1.95×3.53	115	
250M	2-φ1.45	14	488	1-12	4	QZ2-φ1.5	180	432
250L	4-φ1.56	6	528	1-12	2	QZ2-φ1.5	180	472
280S	3-φ1.45	10	571	1-14	4	QZ3-φ1.4	162	484
280L	7-φ1.5	4	636	1-14	2	QZ3-φ1.4	162	549
355M	6-φ1.5	6	691	1-13	4	QZ4-φ1.35	180	605

TSWN、TSN 系列小容量水轮发电机绕组数据（1）　　表 2-13

规格	定子绕组						励磁绕组	
	线规(QZ) (mm)	每槽导体数	每相串联匝数	节距	并联支路数	槽斜度 (mm)	线规 (SEBCB) (mm)	每极匝数
36.8/14-4	1-φ1.56	20	80	1-11	2	17.35	1.56×3.28	111
36.8/20-4	2-φ1.4	14	56	1-11	2	17.35	1.56×3.28	121
36.8/12.5-6	1-φ1.3	28	126	1-9	2	16.6	1.56×3.28	77
36.8/18-6	1-φ1.56	20	90	1-8	2	16.6	1.45×3.05	78
42.3/20.5-4	3-φ1.4	12	48	1-11	2	20	2.83×4.1	69
42.3/27-4	2-φ1.4	18	36	1-11	4	20	2.83×4.1	69

续表

规　格	定　子　绕　组						励　磁　绕　组	
	线规（QZ）（mm）	每　槽导体数	每相串联匝数	节距	并联支路数	槽斜度（mm）	线规（SEBCB）（mm）	每极匝数
42.3/19-6	2-φ1.35	16	72	1-9	2	19	1.56×3.28	
42.3/25-6	3-φ1.35	12	54	1-9	2	19	2.44×4.1	
49.3/25-6	3-φ1.3	12	48	1-11	3	16.75		
49.3/30/30-6	4-φ1.35	10	40	1-11	3	16.75		
49.3/25-8	3-φ1.35	10	60	1-9	2	16.75		
49.3/30-8	4-φ1.4	8	48	1-9	2	16.75		

TSWN、TSN 系列小容量水轮发电机绕组数据（2）　　表 2-14

规　格	定　子　绕　组						励　磁　绕　组	
	线规（SEBCB）（mm）	每　槽导体数	每相串联匝数	节距	并联支路数	每极每相槽数	线规（TDR）（mm）	每极匝数
74/29-6	2-1.35×4.4	14	28	1-12	6	4	1.56×22	47.5
74/36-6	2-1.68×4.4	12	24	1-10	6	4	1.56×22	47.5
74/29-8	2-1.81×3.8	10	35	1-11	4	$3\frac{1}{2}$	1.95×15.6	39.5
74/36-8	2-2.26×3.8	8	28	1-11	4	$3\frac{1}{2}$	1.95×15.6	39.5
74/29-10	2-2.83×3.8	6	42	1-9	2	$2\frac{4}{5}$	2.26×15.6	31.5
74/36-10	4-1.81×3.8	5	35	1-8	2	$2\frac{4}{5}$	2.26×15.6	32.5
85/31-6	2-2.26×4.1	10	20	1-12	6	4	1.45×32	48.5
85/39-6	2-2.38×4.1	8	16	1-12	6	4	1.45×32	49.5
85/31-8	4-1.35×5.8	8	28	1-10	4	$3\frac{1}{2}$	1.95×22	37.5
85/39-8	4-1.81×5.8	6	21	1-11	4	$3\frac{1}{2}$	1.95×22	39.5
85/31-10	4-2.26×3.8	5	35	1-8	2	$2\frac{4}{5}$	2.63×15.6	30.5

续表

规格	定子绕组						励磁绕组	
	线规(SEBCB)(mm)	每槽导体数	每相串联匝数	节距	并联支路数	每极每相槽数	线规(TDR)(mm)	每极匝数
85/39-10	4-3.05×3.8	4	28	1-9	2	$2\frac{4}{5}$	2.63×15.6	30.5
85/31-12	1-1.35×6.4	14	42	1-9	6	3	2.63×15.6	27.5
85/39-12	1-1.81×6.4	12	36	1-8	6	3	2.63×15.6	27.5
85/31-14	2-1.68×6.4	6	54	1-7	2	$2\frac{4}{7}$	3.05×15.6	22.5
85/39-14	4-1.08×6.4	4	36	1-8	2	$2\frac{4}{7}$	3.05×15.6	24.5
99/37-6	1-1.68×6.9	22	264	1-11	1	4	1.45×22	61.5
99/46-6	1-2.1×6.9	18	216	1-11	1	4	1.45×22	62.5
99/37-8	1-1.35×6.4	22	308	1-11	1	$3\frac{1}{2}$	1.95×22	44.5
99/46-8	1-1.81×6.4	18	262	1-11	1	$3\frac{1}{2}$	1.95×22	44.5
99/37-10	1-1.08×6.4	26	364	1-9	1	$2\frac{4}{5}$	2.26×22	37.5
99/46-6	1-1.35×6.4	22	308	1-9	1	$2\frac{4}{5}$	2.26×22	37.5
99/29-12	1-2.1×6.9	10	35	1-11	6	$3\frac{1}{2}$	1.95×22	39.5
99/37-12	1-2.63×6.9	8	28	1-11	6	$3\frac{1}{2}$	1.95×22	39.5
99/29-14	1-1.45×6.9	14	42	1-9	7	3	1.95×22	33.5
99/37-14	1-1.81×6.9	12	36	1-8	7	3	1.95×22	34.5
99/29-16	1-1.95×6.9	10	55	1-8	4	$2\frac{3}{4}$	2.26-15.6	32.5
99/37-16	1-2.63×6.9	8	44	1-8	4	$2\frac{3}{4}$	2.26×15.6	32.5
99/29-20	1-1.56×6.9	12	66	1-7	4	$2\frac{1}{5}$	3.05×1.56	24.5
99/37-20	1-2.1×6.9	10	55	1-7	4	$2\frac{1}{5}$	3.05×1.56	24.5

第三章　变压器和互感器

127. 常用变压器有哪些种类？各有何特点？

变压器的种类是多种多样的，但就其工作原理而言，都是按照电磁感应原理制成的。一般情况下，常用变压器的分类可归类如下：

（1）按用途分：

1）电力变压器：用于电力系统的升压或降压，是一种最普通、最常用的变压器；

2）试验变压器：产生高压，对于电气设备进行高压试验；

3）仪用变压器：如电压互感器、电流互感器，用于测量仪表和继电保护装置；

4）特殊用途的变压器：冶炼用的电炉变压器，电解用的整流变压器，焊接用的焊接变压器，试验用的调压变压器等。

（2）按相数分：

1）单相变压器：用于单相负荷和三相变压器组；

2）三相变压器：用于三相系统的升、降压。

（3）按绕组形式分：

1）自耦变压器：用于联接超高压、大容量的电力系统；

2）双绕组变压器：用于联接两个电压等级的电力系统；

3）三绕组变压器：用于联接三个电压等级，一般用于电力系统的区域变电站。

（4）按铁心形式分：

1）心式变压器：用于高压的电力系统；

2）壳式变压器：用于大电流的特殊变压器，如电炉变压器和电焊变压器等；或用于电子仪器及电视、收音机等的电源变压器。

（5）按冷却方式分：

1）油浸式变压器：如油浸自冷、油浸风冷、油浸水冷、强迫油循环和水内冷等；

2）干式变压器：依靠空气对流进行冷却，一般用于负荷容量比较小的局部照明、动力、电子电路等；

3）充气式变压器：用特殊气体（SF_6）代替变压器油散热。

4）蒸发冷却变压器：用特殊液体代替变压器油进行绝缘散热。

128. 变压器的工作原理是什么？

变压器的作用是将某一等级的电压与电流变换为另一等级的电压和电流。它由绕在同一铁心上的两个或两个以上的绕组组成，绕组之间是通过交变磁场联系起来。

变压器的工作原理就是电磁感应原理。电源侧绕组称为一次绕组，负载侧称为二次绕组。当交流电压加到一次绕组后，交流电流流入该绕组并产生励磁作用，在铁心中产生交变磁通，这个磁通既通过一次绕组，又通过二次绕组，分别在两个绕组中产生感应电动势。这时如果二次绕组和外电路的负载接通，便有电流流入负载，于是就有电能输出。

感应电动势的公式为：

$$E_1 = 4.44 f N_1 B_m S \times 10^{-8} \text{ (V)}$$

$$E_2 = 4.44 f N_2 B_m S \times 10^{-8} \text{ (V)}$$

式中 E_1——一次绕组的感应电动势（V）；

E_2——二次绕组的感应电动势（V）；

B_m——铁心中最大的磁通密度；

f——电源频率（Hz）；

N_1——一次绕组匝数（匝）；

N_2——二次绕组匝数（匝）；

S——铁心截面积（cm^2）。

将两个公式相比得：

$$\frac{E_1}{E_2}=\frac{N_1}{N_2}$$

由此可见，变压器一、二次电动势之比等于一、二次绕组匝数之比。如果忽略变压器的内阻抗压降，即变压器一、二次电压比等于一、二绕组匝数之比。表达式为：

$$\frac{U_1}{U_2}=\frac{E_1}{E_2}=\frac{N_1}{N_2}=K$$

式中 U_1——一次绕组电压（V）；

U_2——二次绕组电压（V）；

K——变压器的变化。

若认为变压器内部没有损耗，即为理想变压器，激磁电流等于零，且一、二次绕组的电阻及漏抗都等于零，则

$$U_1 I_1 = U_2 I_2$$

式中 I_1——变压器一次绕组的电流（A）；

I_2——变压器二次绕组的电流（A）。

即可得

$$\frac{I_2}{I_1}=\frac{U_1}{U_2}=\frac{N_1}{N_2}=K$$

上式说明，变压器二次绕组的电流与一次绕组的电流之比，等于一次绕组匝数与二次绕组匝数的比。

所以，只要改变一、二次绕组的匝数，就可以实现将一种等级的电压和电流变换为另一等级的电压和电流。

这是变压器工作原理的简单叙述。当然实际变压器并非理想变压器，其工作原理亦可用等值电路图和向量图来进行分析。

129. 变压器的额定技术数据都包括哪些内容？它们各表示什么意思？

变压器的额定技术数据，是变压器在运行时能够长期可靠地

工作，并且有良好的工作性能的技术限额。它也是厂家设计制造和试验变压器的依据。其内容包括以下几个方面：

(1) 额定容量：是指变压器在额定状态下的输出能力。对于单相变压器是指额定电流与额定电压的乘积。对于三相变压器是指三相容量之和。单位以千伏安（kVA）表示。

(2) 额定电压：是指变压器在空载时端电压的保证值，以伏（V）或千伏（kV）表示。

(3) 额定电流：是根据额定电压和额定电流计算出来的线电流，以安（A）来表示。例如额定容量为100kVA，电压为10/0.4kV的三相变压器，其额定电流等于：

$$I_{N1}=S_N/\sqrt{3}U_{N1}=100/\sqrt{3}\times 10=5.77\text{A}$$

$$I_{N2}=S_N/\sqrt{3}U_{N2}=100/\sqrt{3}\times 0.4=144.3\text{A}$$

(4) 空载损耗（也叫铁损）：是变压器在空载时的功率损失，单位以瓦特（W）或千瓦（kW）表示。

(5) 空载电流：是指变压器在空载运行时的激磁电流占额定电流的百分数。

(6) 短路电压（也叫阻抗电压）：系指将变压器的一侧绕组短路，另一侧绕组达到额定电流时所施加的电压与额定电压的百分比。

(7) 短路损耗：一侧绕组短路，另一侧绕组施以额定电流时的损耗，单位以瓦（W）或千瓦（kW）表示。

(8) 联结组别：表示变压器原副绕组的联结方式及线电压之间的相位差，以时钟表示。

130. 变压器的构造和各部件的作用是什么？

变压器是由套在一个闭合铁心上的两个绕组组成的，铁心和绕组是变压器最基本的组成部分。此外，对于电力变压器（油浸式）还有油箱、油枕、呼吸器、散热器、防爆管、绝缘套管等等。

变压器各部件的作用如下：

（1）铁心：是变压器的导磁部分，变压器的一、二次绕组都绕在铁心上，铁心是用导磁性能很好的硅钢片叠压而成。

（2）绕组：是变压器的导电部分。有一、二次绕组，是由绝缘铜线绕成的多层线圈套在铁心上。

（3）油箱：是油浸变压器的外壳，内装铁心、线圈和变压器油，同时起一定的散热作用。

（4）油枕：油枕在变压器中起着储油及补油作用，以保证油箱内充满油。油枕还能减少油与空气的接触面，防止油被过速氧化和受潮。

（5）呼吸器：由一铁管和玻璃容器组成，内装干燥剂。油枕内的油是通过呼吸器与空气相通的，呼吸器内装干燥剂吸收空气中的水分及杂质，使油保持良好的电气性能。

（6）散热器：油经散热器进行冷却，起降低变压器温度的作用。

（7）防爆管：当变压器油温升高时，油剧烈分解产生大量气体，使油箱内压力剧增，这时防爆管玻璃薄膜破碎，油及气体从管口喷出，以防止变压器油箱爆炸或变形。

（8）绝缘套管：是变压器高、低压绕组的引线引到油箱外部的绝缘装置，起着固定引线和对地绝缘的作用。

（9）分接开关：是调整电压比的装置。

（10）瓦斯继电器：是变压器的主要保护装置。

（11）变压器还有温度计、热虹吸等附件。

131. 什么是变压器线圈的联结组？

对变压器的一、二次线圈采用不同的接法，可使一、二次线圈的线电势出现不同的相位，按一、二次线圈线电势的相位关系，把线圈的接法分成各种不同的组合，称为线圈的联结组。高低压绕组都可接成星形联结（Y）和三角形联结（△），使高、低压绕组对应接线端的线电压之间有不同的相位差，可组成不同的联结组别，Y/Y或△/△接法可组成 2、4、6、8、10、12 六种组别；Y/△或△/Y可组成 1、3、5、7、9、11 六种组别。我国采用Y/Y_0-12、Y/△-11 和 Y_0/△-11 三种作为电力变压器的标准联结组。

为了区别不同的联结组，采用时钟表示法，即把高压边线电势矢量作为时钟的长针，低压边线电势矢量作为短针，把长针指在 12 上，看短针指在哪一个数字上，就作为该联结组的组号。如长短针都指向 12，则组号为 12 或 0，如短针指在 11 上，则组号为 11。

变压器线圈的联结组是一个特殊的问题。对于电力变压器具有重要性。

新的联结组标号，相位差表示是用一、二次绕组对应端与中性点（三角形联结为虚设中性点）间的电压相量角度差。三相绕组变压器，相位差为 30°的位数，为 0、1、2、3…11 等 12 种。由于电力变压器绕组设计、制作的标准化，因此，联结组标号仅为 0 和 11 两种，见图 3-1。

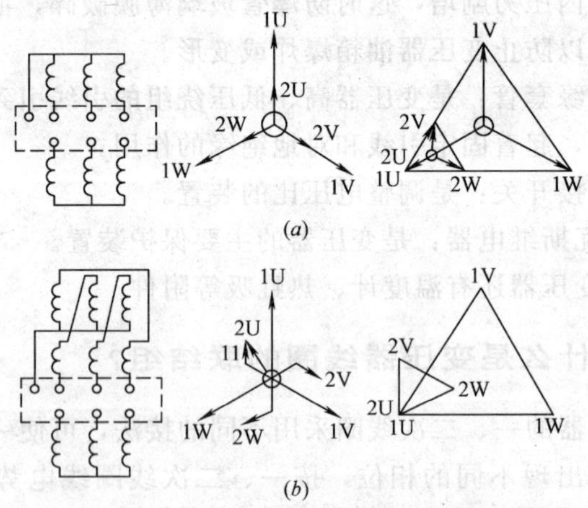

图 3-1　三相 10kV 常用变压器绕组联结和相量图

（*a*）Yyn0（Y/Y_0-12）联结、相量图

（*b*）Yzn11（Y/Z_0-11）联结、相量图

联结组标号，新旧对照见表 3-1。

新旧电力变压器标准联结组标号的区别　　表 3-1

名称	GB 1094—79			GB 1094—1996		
	高压	中压	低压	高压	中压	低压
星形接法 中性点引出	Y Y_0	Y Y_0	Y Y_0	Y YN	y yn	y yn
三角形接法	△	△	△	D	d	d
曲折形接法 中性点引出	Z Z_0	Z Z_0	Z Z_0	Z ZN	z zn	z zn

132. 电力变压器要进行哪些试验？

变压器试验的目的，是验证变压器的性能是否符合有关标准和技术条件的规定，是否存在影响正常运行的各种缺陷（如短路、断路、过热等）。另外，通过对试验结果的分析，从中找出改进设计和提高质量的方向。

变压器试验一般可分为半成品试验，出厂试验、新产品形式试验、用户验收试验及修后试验等。维修后试验的目的是检查修理部位的质量。

变压器常作试验项目及试验方法有：绝缘性能试验，变压比试验，变压器联结组的测定，空载试验，短路试验和温升试验等。

（1）绝缘性能试验

绝缘性能试验的目的是验证绝缘情况的好坏，以决定是否投入运行或继续运行。主要试验项目为：绝缘电阻的测量，吸收比的测量，介质损失角正切 tgδ 的测量，外施高压试验和感应高压试验等。

（2）电压比试验

电压比试验线路，见图 3-2。

（3）变压器联结组的测定

单相变压器有 Yy12 及 Yy6 两种联结组。三相变压器可接成

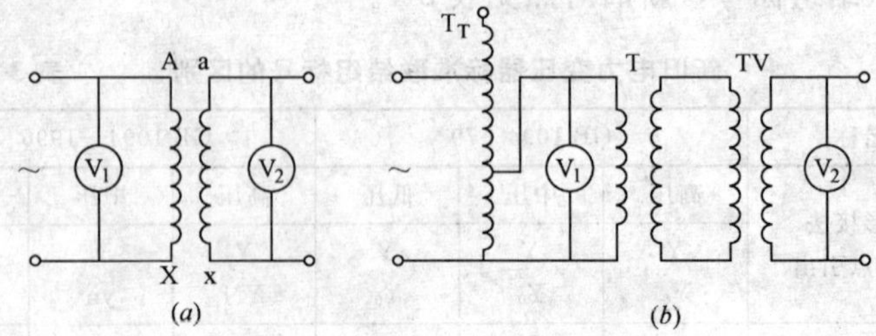

图 3-2 双电压表法电压比试验

(*a*) 原理图；(*b*) 试验线路图

的联结组是很多的，初级课本中，已介绍了用直流法辨别三相变压器是 Yyn0 还是 Yd11 联结组的方法。现介绍一种用双电压表法辨别单相和三相变压器各种联结组的方法。将变压器的 A 和 a 端用导线相连通，从高压侧施加不超过 250V 的三相或单相交流电源，然后测量 U_{Bb}、U_{Cb}、U_{Bc} 或 U_{Xx} 的电压值，测得结果与 $L \sim T$ 的计算值相比较，即可分别出联结组的钟时序。

(4) 线圈直流电阻的测定

通常用电桥法和电压降法进行直流电阻的测量，电桥法准确、灵敏，能直接读数。电阻值为 10Ω 以上时，用单臂电桥；电阻值为 10Ω 以下时，用双臂电桥。

测量电阻时，要准确地记录当时的温度。当测量未浸油的半成品时，以当时的室温作为试品的温度。对已经浸油的产品，以油面温度作为被试线圈的温度。测量出的电阻应换算到 75℃时的电阻。

(5) 空载试验

空载试验的目的是测量空载电流 I_0 和空载损耗 P_0，并以此判断铁心质量及线圈是否有短路。图 3-112 是变压器空载试验接线圈。试验时在低压线圈上施加额定频率、正弦波形的额定电压，高压线圈开路。当三相变压器所加的三相电压彼此相差不超过 2%时，电压和电流均取三相平均值。

测量时所用仪表不应低于 0.5 级，测量损耗要用低功率因数瓦特表，互感器不应低于 0.2 级，测得结果要减去仪表损耗，互感器的相角差要校正。

（6）短路试验

短路试验的目的是测量短路损耗 P_K 和阻抗电压 U_K，以检查线圈实际结构是否符合技术要求。试验时，将低压线圈短路，通过调压装置在高压线圈额定分接位置下通入额定频率的额定电流，测量此时高压侧所加电压，此电压就是阻抗电压 U_K，测量此时高压侧输入的功率，此功率就是短路损耗 P_K。

短路试验时的测量数据与线圈的平均温度有关，试验前要记录温度并要避免温度误差。试验后，要将测试结果换算到参考温度，如无相应规定，可换算到 75℃（对 A、E、B 级绝缘）或 115℃（对 C、F、H 级绝缘）。

（7）温升试验

在额定负载下，额定运行至温升稳定，测量各部分的温升，要求在规定数值内。

133. S9-10kV 系列电力变压器的数据是什么？

S9-10kV 系列变压器的主要技术数据，见表 3-2。

134. SCL 型环氧浇注干式变压器的技术数据是什么？

SCL 型环氧浇注干式变压器的技术数据，见表 3-3。

135. 电力变压器的铁心结构是怎样的？

铁心是变压器的基本部件，由导磁体和夹紧装置组成。磁导体是变压器的磁路，它把一次电路的电能转变为磁能，又由自己的磁能转变为二次电路的电能，是能量转换的关键部件。铁心的夹紧装置不仅使磁导体成为一个机械上完整的结构，而且在其上面套有带绝缘的线圈，支持着引线，几乎安装了变压器内部的所有部件。铁心的结构，见图 3-3。

S9-10kV及以下统一设计系列低损耗电力变压器的主要技术数据　　表 3-2

额定容量(kVA)	额定电压(kV)		联结组标号	阻抗电压(%)	损耗(W)		每匝电压(V)	重量(kg)			铁心				
	高压	低压			空载	负载		总重	油重	器身重	直径(mm)	心柱截面(cm^2)	心柱中心距(mm)	窗高(mm)	电工钢片重(kg)
30	10 6.3 6.0	0.4	Y yn0	4	120	600 575 585	23.1	340	90	165	100	66.88	215	245	91.5
50	10 6.3 6.0	0.4	Y yn0	4	155	855 850 865	2.9233	455	100	260	115	89.395	240	280	139
63	10 6.3 6.0	0.4	Y yn0	4	190	1030 990 1020	3.3	505	115	280	120	96.995	245	300	157
80	10 6.3 6.0	0.4	Y yn0	4	230	1250 1175 1215	3.85	590	130	340	130	114.19	260	305	193
100	10 6.3 6.0	0.4	Y yn0	4	280	1485 1405 1445	4.3574	650	140	380	135	123.88	265	310	215
125	10 6.3 6.0	0.4	Y yn0	4	320	1735 1725 1680	4.7142	790	175	440	140	132.91	275	345	245
160	10 6.3 6.0	0.4	Y yn0	4	390	2075 2040 2010	5.5	930	195	530	150	155.61	290	350	299
200	10 6.3 6.0	0.4	Y yn0	4	460	2495 2450 2355	6.243	1045	215	605	160	176.415	300	360	351

250	10 6.3 6.0	0.4	Y yn0	4	535	2945 2895 2880	7	1245	255	730	170	199.88	315	395	426
315	10 6.3 6.0	0.4	Y yn0	4	650	3420 3420 3265	7.9655	1430	280	855	180	225.34	330	410	502.5
400	10 6.3 6.0	0.4	Y yn0	4	775	4195 4095 4055	8.8846	1645	320	1010	190	250.8	340	445	591
500	10 6.3 6.0	0.4	Y yn0	4	945	4980 4940 4895	10.043	1890	360	1155	200	277.4	355	465	684
630	10 6.3 6.0	0.4	Y yn0	4.5	1145	5950 5840 5970	11	2825	605	1720	215	322.81	410	650	999
800	10 6.3 6.0	0.4	Y yn0	4.5	1340	7195 7095 7075	12.158	3215	680	1965	225	353.02	415	690	1136
1000	10 6.3 6.0	0.4	Y yn0	4.5	1675	9955 9750 9975	13.588	3945	870	2180	235	385.79	425	750	1313
1250	10 6.3 6.0	0.4	Y yn0	4.5	1800	11665 11610 11240	14.438	4650	980	2615	245	422.37	435	850	1554
1600	10 6.3 6.0	0.4	Y yn0	4.5	2320	13975 13915 13875	16.5	5205	1115	2960	255	458.185	445	880	1739

续表

高压线圈					低压线圈					油箱内部尺寸 长×宽×高(mm)	散热面积 (m^2)
导线		总匝数	并绕根数	导线净重(kg)	导线		总匝数	并绕根数	导线净重(kg)		
规格(mm)	型号				规格(mm)	型号					
φ1.06 φ1.4 φ1.4	QQ-2	2625 1650 1575	1	34.3 37.6 35.9	2.24×7.5	ZB-0.45	100	1	16.9	390×300×610	1.596
φ1.5 φ1.9 φ1.9	QQ-2	2074 1303 1244	1	60.6 60.7 58	2.24×11.2	ZB-0.45	79	1	22.5	470×300×660	2.07
φ1.45 φ1.9 φ1.9	QQ-2	1837 1154 1103	1	53.1 57.6 55	3.15×6.7	ZB-0.45	70	2	35.4	470×320×680	2.5
φ1.6 φ2.12 φ2.12	QQ-2	1575 990 945	1	58.7 64.5 61.9	3.35×8	ZB-0.45	60	2	41.7	500×330×705	2.912
φ1.7 φ2.24 φ2.24	QQ-2	1391 875 835	1	60.5 65.8 62.9	4×9	ZB-0.45	53	2	51.6	510×340×730	3.56
φ2 1.8×3 φ2.65	QQ-2 ZB-0.45 QQ-2	1086 809 772	1	79.7 80 84	3.35×11.2	ZB-0.45	49	2	54.5	890×340×760	4.322
φ2.12 1.6×3.75 1.6×4	QQ-2 ZB-0.45 ZB-0.45	1102 693 661	1	81.5 84 85.6	4.5×13.2	ZB-0.45	42	2	75.4	920×360×790	4.993
φ2.36 2.12×3.55 2.24×3.75	QQ-2 ZB-0.45 ZB-0.45	971 611 583	1	92.1 95 102	4.5×7.5	ZB-0.45	37	2×2	79.1	950×370×820	5.814

2×3.15 2×5 2.12×5	ZB-0.45	866 545 520	1	117.1 118.8 120.8	4×9.5	ZB-0.45	33	2×2	83	990×390×880	7.01
1.9×4 2.12×5.6 2.12×6.3	ZB-0.45	761 479 457	1	131 131.4 141	4.5×11.2	ZB-0.45	29	2×2	103.2	1040×400×910	8.224
2.24×4 2.65×5.6 31.5×5	ZB-0.45	682 429 409	1	146.4 153.7 155.6	5×9	ZB-0.45	26	2×3	132.2	1080×420×970	10.078
2.5×4.5 2.8×6.3 2.8×6.7	ZB-0.45	604 379 362	1	168.6 168.5 171.4	5×10.6	ZB-0.45	23	2×3	144.5	1110×440×1010	12.256
1.8×10 3×10 3×10	ZB-0.45	551 331 346	1	292 292 305	3.35×10	ZB-0.45	21	12	193	1280×520×1235	14.818
2×11.2 3.15×11.8 3.15×12.5	ZB-0.45	499 313 299	1	337.6 351 356	4×12.5	ZB-0.45	19	10	224.3	1300×540×1315	17.94
2.24×10 3.0×12.5 3.0×12.5	ZB-0.45	446 280 268	1	315 332 318	2.35×12.5	ZB-0.45	17	14	256.5	1370×550×1470	23.95
2.65×11.2 3.0×8 3.0×9	ZB-0.45	420 264 252	1 2 2	399.2 404 435	3×9	ZB-0.45	16	28	308.6	1400×570×1600	28.01
2.8×12.5 2.8×10 2.8×10.6	ZB-0.45	367 231 220	1 2 2	425.5 426.5 431	4.75×11.2	ZB-0.45	14	20	396.9	1440×610×1670	33.06

SCL 型环氧浇注干式变压器的技术数据 **表 3-3**

型号	额定容量(kVA)	额定电压(kV)		损耗(W)		阻抗压降(%)	空载电流(%)	联结组标号	总重(kg)	声压级分贝(A)(dB)
		初级	次级	空载	负载(75℃)					
SCL-30/6 SCL-30/10	30	6/10	0.4	250	620	4			300	
SCL-50/6 SCL-50/10	50	6/10	0.4	395	890	4	5		520	52
SCL-80/6 SCL-80/10	80	6/10	0.4	510	1150	4	4		630	52
SCL-100/6 SCL-100/10	100	6/10	0.4	620	1450	4	4		690	52
SCL-125/6 SCL-125/10	125	6/10	0.4	730	1700	4	4		810	55
SCL1-160/6 SCL-160/10	160	6/10	0.4	860	1950	4	4		880	55
SCL-200/6 SCL-200/10	200	6/10	0.4	970	2350	4	3		960	55
SCL-250/6 SCL-250/10	250	6/10	0.4	1150	2750	4	3		1180	55
SCL-315/6 SCL-315/10	315	6/10	0.4	1330	3250	4	3	Yy0 或 Dy11	1330	57
SCL-400/6 SCL-400/10	400	6/10	0.4	1600	3900	4	3		1530	57
SCL-500/6 SCL-500/10	500	6/10	0.4	1850	4850	4	3		1850	59
SCL-630/6 SCL-630/10	630	6/10	0.4	2100	5650	6	3		2100	59
SCL-800/6 SCL-800/10	800	6/10	0.4	2400	7500	6	2.5		2300	61
SCL-1000/6 SCL-1000/10	1000	6/10	0.4	2800	9200	6	2.5		2800	61
SCL-1250/6 SCL-1250/10	1250	6/10	0.4	3350	11000	6	2.5		3360	62
SCL-1600/6 SCL-1600/10	1600	6/10	0.4	3950	13300	6	2.5		4220	63
SCL-2000/6 SCL-2000/10	2000	6/10	0.4	4700	15700	6			5200	

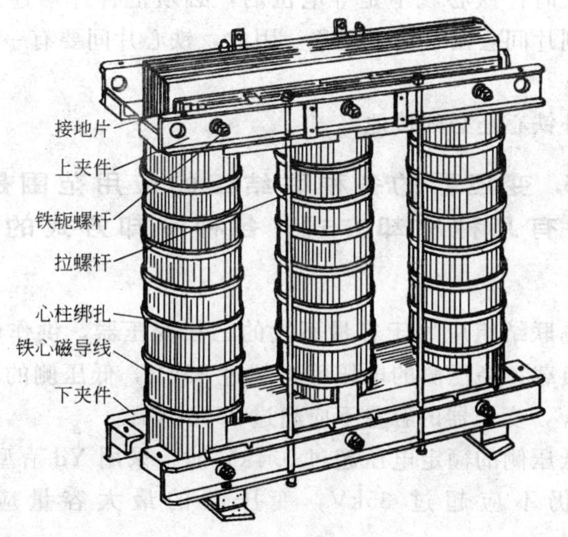

图 3-3　三相三柱心式变压器的铁心

铁心有壳式铁心和心式铁心两大类。铁轭包围了线圈的，称壳式铁心，否则称心式铁心。其中又分叠铁心和卷铁心两种，由片状电工钢片叠积而成的称叠铁心，由带状电工钢片卷绕而成的称卷铁心。用于单相变压器的称为单相铁心，用于三相变压器的统称为三相铁心。

铁心的夹紧装置，有无孔绑扎、拉螺杆的夹紧结构，无孔绑扎、拉板的夹紧结构，有孔铁轭螺杆、旁螺杆（或方铁）的夹紧结构等几种。

铁心的绝缘很为重要，铁心绝缘不良，将影响变压器的安全运行，分为铁心片间的绝缘、铁心片与结构件间的绝缘两种。

铁心片间的绝缘是把心柱和铁轭的截面分成许多细条形的小截面，使磁通垂直通过这些小截面时，感应出的涡流很小，产生的涡流损耗也很小。铁心片间无绝缘时，磁通垂直通过的截面很大，感应的涡流大。铁心片间绝缘过小时，片间电导率增大，穿过片间绝缘的泄漏电流增大，将增加附加的介质损耗。铁心片间绝缘过大时，铁心就不是等电位的，必须把各片均连接起来接地，否则片间会出现放电现象。因此，铁心片间要有一定的合适的绝缘。

另外铁心还必须接地。

136. 变压器的各种联结组的应用范围是什么？变压器有几种冷却方式？各种冷却方式的特点是什么？

Yy_{n0}联结组应用于容量不大的三相变压器，供作电力或照明混合负载，高压侧的电压不得超过35kV，低压侧的电压不超过0.4kV，变压器的容量不应超过2500kVA。

当低压侧的额定电压超过0.4kV时，采用$Yd._{11}$型联结组，高压侧仍不应超过35kV，变压器的最大容量应不超过5600kVA。

$Y_Nd._{11}$联接组主要应用于高压输电系统容量较大、电压较高的变压器。当高压在110kV及以上时，多采用这种联结组。这种变压器的最小容量为3200kVA；当容量在7500kVA以上时，这种变压器的低压侧的电压至少为6.3kV。

变压器在运行当中，由于绕组通过电流将产生铁心损耗和各种电阻损耗等，这些损耗将导致变压器发热，使绝缘劣化，影响变压器的出力和寿命。所以，用提高变压器的散热能力来提高变压器的容量，已成为一个重要措施。

目前，电力变压器常用的冷却方式一般分为三种：(1) 油浸自冷式；(2) 油浸风冷式；(3) 强迫油循环式。

油浸自冷式就是以油的自然对流作用将热量带到油箱壁，然后依靠空气的对流传导将热量散发，它没有特别的冷却设备。而油浸风冷式是在油浸自冷式的基础上，在油箱避或散热管上加装风扇，利用吹风机帮助冷却。加装风冷后，可使变压器的容量增加30％～35％。强迫油循环冷却方式，又分为强油风冷和强油水冷两种冷却方式。它是将变压器中的油，利用油泵打入油冷却器后，再复回油箱。油冷却器作成容易散热的特殊形状（如螺旋管式），利用风扇吹风或循环水作冷却介质，把热量带走。强迫油循环冷却方式，若把油的循环速度提高3倍，则变压器的容量可增加30％。

137. 变压器在运行前应检查些什么？变压器在运行中，应做哪些测试？

在变压器投运前，应进行下列项目的检查：

（1）检查试验合格证。如此试验合格证签发日期超过三个月的话，应重新进行测试绝缘电阻，其阻值应大于允许值，不小于原试验值的70％；

（2）套管完整，无损坏裂纹现象，外壳无漏油、渗油现象；

（3）高、低压引线完整可靠，各处接点符合要求；

（4）引线和外壳及电杆的距离符合要求，油位正常；

（5）一、二次保险符合要求；

（6）防雷保护齐全，接地电阻合格。

变压器在运行中，应经常对温度、负载、电压、绝缘状况进行测试，其方法和内容如下：

（1）温度测试：正常运行时，上层油面温度一般不得超过85℃（温升55℃）；

（2）负荷测定：为了提高变压器的利用率，减少电能损失，在变压器运行过程中，根据每一季节最大用电时期，对变压器的实际负荷进行测定，一般负荷电流应为变压器额定电流的75％～90％；

（3）电压测定：电压变动范围应在额定电压的±5％以内；

（4）绝缘电阻测定：变压器的绝缘电阻一般不作规定。应将所测得的电阻与以前所测的绝缘电阻值相比较，折算至同一温度下，应不低于前一次所测得的电阻值的70％，测变压器的绝缘电阻时，根据电压等级的不同，选用不同电压等级的摇表，并停电，进行测试；

(5) 每隔 1～2 年还应做一次预防性试验。

138. 变压器油有什么作用？具有哪些主要性能？运行中的变压器补油时应注意哪些事项？

变压器油在运行中主要起绝缘、灭弧和冷却作用。变压器的绝缘部分，如绕组的相间、层间和匝间的绝缘浸泡在变压器油中，这样可以大大提高变压器的绝缘性能。此外由于油在油箱内因温差而自然对流的作用，形成变压器油的自然循环，从而不断地排出热量，起到冷却的作用。

变压器油的主要性能和要求分述如下：

(1) 密度：变压器油的密度越小越好，因为油的密度越小，油的杂质和水分容易沉淀；

(2) 闪点：也叫闪光点，当变压器的油温增加到某一温度时，油大量蒸发为油蒸汽，若临近火源，则引起燃烧，这时变压器油所达到的温度被称之为闪点。油的闪点越高越好，一般不应低于 135℃；

(3) 黏度：为了发挥油的对流散热作用，一般黏度小一些为好，但黏度会影响闪点，所以，并非越小越好；

(4) 凝固点：油的黏度随温度而变化，温度越低黏度越大，当温度低到一定程度时，其黏度达到最大值，这时的温度称为凝固点。变压器的油凝固温度，如 25 号油为－25℃时凝固；45 号油为－45℃时凝固；凝固点越低越好；

(5) 灰分、酸、碱、硫：这些杂质对设备的线圈、绝缘物、导线、油箱等都有腐蚀作用，因此含量越低越好；

(6) 酸价：表示油的氧化程度，酸价出现表明油开始氧化，一般酸价用中和一克变压器油中的全部游离酸所需的氢氧化钾 (KOH) 的毫克数 (mg KOH/克油) 来表示，酸价越低越好；

(7) 安定度：安定度就是抗拒绝缘油的老化，保持其原有性质的能力。安定度越高越好。安定度通常以人工氧化后的酸价沉淀物的含量来表示。

运行中的变压器补油时应注意下列事项：

(1) 新补入的油应经试验合格；

(2) 补油前应将重瓦斯保护改接信号位置，防止误动作掉闸；

(3) 补油后要检查瓦斯继电器，并及时排出气体，24h 无问题再将重瓦斯改接回跳闸位置；

(4) 禁止从变压器下部截门处补油，以防止变压器底部污秽物质进入变压器内；

(5) 补油应适量。

139. 运行中变压器的温升过高有哪些原因？如何判断？

变压器在运行中，当发热与散热达到平衡状态时，各部分的温度趋于稳定。若在同样的条件下，油温比平时高出 10℃以上，或负荷不变，但温度不断上升，则可认为变压器内部发生了故障。一般故障原因如下：

(1) 分接开关接触不良

由于分接开关在运行中，其接触点的压力不够或接触处污秽等原因，使分接开关的接触电阻变大。接触电阻增大又会使接点的温度升高而发热。尤其是倒换分接头后和变压器过负荷运行时，更容易使分接开关接触不良而发热。

分接开关接触不良往往可以从轻瓦斯的频繁动作来判断；并通过取油样进行化验，可以发现分接开关接触不良使油的闪点迅速下降；此外还可以通过测量线圈的直流电阻值来确定分接开关的接触情况。

(2) 线圈匝间短路

由于线圈相邻几个线匝之间的绝缘损坏，将会出现一个闭合的短路环流。同时该相的线圈减少了匝数，短路环流产生高热使变压器的温升过高，严重时将会烧毁变压器。造成线圈匝间短路的原因很多，如线圈制造时，工艺粗糙使绝缘受到机械损伤；高温使绝缘老化；在电动力的作用下，使线匝发生轴向位移，将绝缘磨损等等，但发展成匝间短路的主要原因是过电压和过电流。严重的匝间短路使油温上升，短路匝处的油象沸腾似的，能听到“咕噜咕噜”音。取样油化验时油质变坏，并由轻瓦斯动作发展成重瓦斯动作。此时用测量直流电阻的方法测试也能发现匝间短路。

(3) 铁心硅钢片之间短路

由于外力损伤及绝缘老化等原因，使硅钢片之间的绝缘损坏，涡流增大，造成局部过热。此外穿心螺杆绝缘损坏也是造成涡流的主要原因，轻者造成局部发热，油温上升，轻瓦斯频繁动作，油的闪点下降；严重时重瓦斯动作。

以上说明了变压器局部发热使温度升的主要原因。但是要直接判断是哪个部位引发的故障，还需进行综合分析；并应监视结合变压器的油温、声音以及轻瓦斯的动作情况等进行具体分析。

140. 树脂浇注的干式变压器的特点是什么?

在宾馆、饭店、楼宇、大厦内常采用干式变压器，一般安装在地下变配电室内，其使用特点、安装场所、结构、技术数据均和油浸式电力变压器不同。树脂浇注的干式变压器是新型的干式变压器，随着城市里宾馆、饭店、楼宇、大厦的兴建，近年得到推广应用。

树脂浇注干式变压器有如下特点：

(1) 使用安全

作为浇注变压器绝缘材料的环氧树脂结合玻璃纤维具有难燃自熄特性，对使用场所无特别的防火要求。

(2) 安装经济

浇注变压器的安全特性使其可以安装在负荷的附近，可大大减少安装费用，并节省配电线路上的电能损失。

(3) 无污染、无需维护

浇注变压器不需要油作为冷却介质，因此不存在变压器油渗漏、污染环境的问题，同时也省去了油浸式变压器的大量的维护工作。

(4) 节能低耗、体积小、重量轻、节省安装空间。

(5) 耐潮湿，可在100％湿度下运行，停机后不经干燥处理即可投入运行。

(6) 绝缘性能好，局部放电量小，耐雷电冲击性能好。

(7) 机械强度高、抗温度变化、无开裂、短路性能好。

141. 什么是电子变压器?

电子变压器是在电子电路中应用的小型变压器。

电子变压器的种类很多，如各种小型电源变压器、输出输入变压器、脉冲变压器、中频变压器、音频变压器、线间变压器……等。

电子变压器有的侧重经济性的要求；有的侧重性能优越的要求；有的侧重可靠性的要求；还有三者兼顾或作适当的考虑。电子变压器在家用电器中应用广泛。

142. 电子变压器的特点是什么?

电子变压器和普通工业用变压器虽然在工作原理上是相同的，但是由于其应用条件不同，在性能、结构、制造工艺、装配和安置等方面还是有其特点的。

(1) 性能方面

电子变压器在性能方面的指标有：电压比、电压调整率、温升、效率、功率因数、空载电流、噪声、杂散磁场、合闸冲击电流、体积、重量和成本、可靠性、过载能力、防潮和防电晕放电性能等。

(2) 参数方面

电子变压器特别是中频、音频变压器，工作频率范围宽，要考虑电路和变压器的关系，甚至变压器也成为电路的一部分，所以从设计方面考虑要计算的参数除了和工业变压器相同的要计算匝数比、导线电阻等外，还要求计算自感、互感、漏感、分布电容、输入输出阻抗以及高、低频响应等参数。这样，自感、漏感、磁通密度、工作频率、音频功率就成为主要指标。磁化电流引起的输出电压波形的失真被设计者重视。

（3）屏蔽

屏蔽问题在工业变压器中不加考虑，因为电子电路和装置的特殊性，在电子变压器中，屏蔽问题是一个非常突出的问题。屏蔽不好，会使电子电路、装置产生许多复杂的不良影响，有时甚至会无规则，甚至使电子电路、装置不能正常工作。

电子变压器在实际应用中，所发生的故障和工业变压器有许多不同的特点，不再一一列举。

143. 自耦变压器的特点是什么？

自耦变压器和普通变压器的本质区别是：自耦变压器的一、二次线圈既有电路上的联系，又有磁路上的联系；而普通变压器线圈的一、二次线圈只有磁路上的联系，没有电路上的联系。自耦变压器只有一个线圈，用一次线圈的一部分兼作二次线圈（起降压作用），或者用二次线圈的一部分兼作一次线圈（起升压作用）。但是自耦变压器是从双线圈变压器演变而来的。

双线圈变压器接成自耦变压器后，容量可增加$\frac{1}{K}S_N$（K为变比、S_N是通过电磁感应从一次侧传递到二次侧的功率）。损耗小于同容量的双线圈变压器，空载电流可减少50%左右。自耦变压器的短路阻抗较小，因此短路时的电流较大。又由于一、二次线圈有电的直接联系，因此过电压保护比较复杂。

144. 电焊变压器的特点是什么？

电焊是靠电弧放电的热量来熔化金属，焊接时的起弧电压约在40～80V之间。起弧后始终要维持电弧放电，电弧压降约为35V左右。当二次侧短路时（即焊条和工作接触时），电流也不应太大。为了适应不同的焊条和工件，要求能在100～500A的范围内调节焊接电流的大小。

电焊变压器要求具有陡降的外特性，二次空载电压在 80V 左右，才能满足电焊的要求。为了具有陡降特性，就必须有大的电感，焊接回路必须有相当大的电抗以限制短路电流和使电弧稳定。可以采用外加电抗器、变压器和电抗器合为一体，或增加变压器本身的漏抗等方法来增加电抗。

145. 电炉变压器的特点是什么？

电炉有电弧炉、电阻炉及感应炉等，其变压器称为电弧炉变压器、电阻炉变压器及感应线圈。这都是向电炉供电的特种变压器，广泛应用在金属冶炼和热处理中。这种变压器具有低电压、大电流、电抗大、过载能力强等特点。变压器电力与电流的平方成正比，二次侧匝数少，导线并绕线数多、截面积大。

炼钢的电弧炉采用三相供电，装有三根用石墨电碳制成的、可上下移动的电极。电炉冶炼时，由电极与钢料之间的电弧发生热量，熔化金属。电炉变压器多数制成带有串联变压器的结构，即由一台三绕组的主变压器与一台双绕组的串联变压器连接而成，主变压器有一个原绕组和两个不同的副绕组，其中一个副绕组与串联变压器的副绕组串联，向电炉供电，另一个副绕组上有若干分接头，通过有载分接开关向串联变压器的原绕组供电。改变有载分接开关的接法，就可改变串联变压器原边电压的大小和极性，使输出电压改变，达到调压的目的。

炼钢的电炉变压器的输出电压为 110～250V，而输出电流则很大，高达几千安甚至几万安。电炉变压器的绕组一般采用交叠式绕组，因交叠式绕组的接线端引出方便，适宜于抽出较多的分接头和低电压大电流接线端的引出，同时还具有结构牢固、机械强度高等优点，从而能满足电炉变压器的需要。

146. 什么叫做电压互感器？它有什么作用？电压互感器与变压器有何不同？

电压互感器又称为仪用变压器（亦称之为 PT）。它是一种把高压变为低压并在相位上与原来保持一定关系的仪器。其工作原理、构造和接线方式都与变压器相同，只是容量较小，通常仅有几十或几百伏安。它的用途是把高压按一定比例缩小，使低压线圈能够准确地反映高压量值的变化，以解决高压测量的困难。同时，由于它可靠的隔离了高电压，从而保证了测量人员、仪表及保护装置的安全。此外，电压互感器的二次电压均为100V，这样可以使仪表及继电器标准化。

电压互感器实质上就是一种变压器。从工作原理讲，互感器和变压器都是将高电压降为低电压，但是由于用途不同，故在工作状态方面将有所区别。

电压互感器的特点是容量小，其负载通常很微小，而且恒定。所以，电压互感器的一次侧可视为一个电压源，它基本上不受二次负荷的影响。而变压器则不同，它的一次电压受二次负荷的影响较大。此外，由于接在电压互感器二次侧的负载都是测量仪表和继电器的电压线圈，它们的阻抗很大，因而二次电流很小。在正常运行时，互感器总是处于像变压器那样的空载状态，二次电压基本上是等于二次感应电动势的值，所以电压互感器能用来准确测量电压。再者，为了使电压互感器所允许的误差不超过规定值，必须限制其磁化电流。因此，其铁心要用质量较好的硅钢片来制造，而且应取较低的磁密，一般取$B \leqslant 6000 \sim 8000$Gs。而一般变压器的铁心磁密均在14000Gs以上。

147. 电压互感器的误差有几种？影响各种误差的因素是什么？什么是电流互感器的误差？影响互感器误差的主要因素是什么？

电压互感器的误差有两种：一种是电压误差，用ΔU表示，另一种是角误差，用δ表示。

电压误差是副绕组电压的实测值与额定变化的乘积（U_2K_N）与原绕组电压的实测值U_1的百分比，简称比差，即

$$\Delta U\% = (U_2 K_N - U_1)/U_1 \times 100$$

角误差是指电压互感器副边电压 U_2 向量旋转 180°后与原边电压向量之间的夹角，简称角误差。

造成电压互感器误差的原因很多，主要有：

(1) 电压互感器原边的电压的显著波动，致使磁化电流发生变化而造成误差；

(2) 电压互感器空载电流的增大，会使误差增大；

(3) 电源频率的变化；

(4) 互感器二次负荷过重或 $\cos\phi$ 太低，即二次回路的阻抗（仪表、导线的阻抗）超过规定，均使误差增大。

在理想的电流互感器中，励磁损耗电流为零，由于一次线圈和二次线圈被同一交变磁通所交链，则在数值上一次线圈和二次线圈的安匝倍数相等，并且一次电流和二次电流的相位相同。但是，在实际的电流互感器中，由于有励磁电流存在，所以，一次线圈和二次线圈的安匝数不相等，并且一次电流和二次电流的相位也不相同。因此，实际的电流互感器通常有变比误差和相位上的角度误差。

(1) 变化误差（比差）$\Delta I\%$：

$$\Delta I\% = (KI_2 - I_1)/I_1 \times 100\%$$

式中 K——电流互感器的变化（I_{1N}/I_{2N}）；

I_2——二次电流实测值；

I_1——电流互感器的一次额定电流。

(2) 相位角误差（角差）δ：

电流互感器的相位角度误差是指二次电流向量旋转 180°以后，与一次电流向量之间的夹角 δ。并且规定二次电流向量超前于一次电流向量时，角差 δ 为正，反之为负。δ 的单位为分（′）。

影响电流互感器误差的因素有以下几个方面：

1) 电流互感器的相位角度误差主要是由铁心的材料和结构来决定的，若铁心损耗小，导磁率高则相位角误差的绝对对值就小；采用带型硅钢片卷成圆环形铁心的电流互感器，则比方框形铁心的电流互感器的相位误差小，因此，高精度的电流互感器大多采用优质硅钢片卷成的圆环形铁心。

2）二次回路阻抗 Z（负载）增大会使误差增大。这是因为在二次电流不变的情况下，Z 增大将使感应电势 E_2 增大，从而使磁通 φ 增加，引起铁心损耗增加，故误差增大。负载的功率因数降低，则会使比差增大，而角差减小。

3）一次电流的影响。当系统发生短路故障时，一次电流会急剧增加，致使电流互感器工作在磁化曲线的非线性部分（即饱和部分），这种情况下，比差和角差都会增加。

148. 为什么电流互感器的二次线圈不能开路？

运行中的电流互感器其二次侧所接的负荷均为仪表或继电器的电流线圈等，阻抗非常小，基本上运行于短路状态。这样，由于二次电流产生的磁通和一次电流产生的磁通方向相反，故能使铁心中的磁通密度维持在一个较低的水平，通常在 1000Gs 之下。此时电流互感器的二次电压也很低。

当运行中电流互感器的二次线圈开路，一次侧的电流仍然维持不变，而二次电流等于零，则二次电流产生的去磁磁通也消失了。这样，一次电流就会全部变成励磁电流，使电流互感器的铁心骤然饱和，此时铁心中的磁通密度可高达 18000Gs 以上。由于铁心的严重饱和，将产生以下几种后果：

(1) 由于磁通饱和，电流互感器的二次侧将产生数千伏的高压，而且磁通的波形变成了平顶波，因此，使二次产生的感应电势出现了尖顶波，对二次绝缘构成了威胁，对于设备运行人员有危险；

(2) 由于铁心的骤然饱和使铁心损耗增加，严重发热，绝缘有烧坏的可能；

(3) 将在铁心中产生剩磁，使电流互感器的比差和角差增大，影响了计量的准确性；

所以，电流互感器在运行中是不能开路的。

实际上，有时发现电流互感器的二次开路后，并没有发现异常现象。这主要是因为一次负载回路中没有负荷电流或负载很轻，这时的励磁电流很小，铁心没有饱和，因此就不会发生什么异常现象了。运行中，如果发现电流互感器二次开路，则应立即停电进行处理。负荷不允许停电时，应先将一次侧的负荷电流减小，然后采用绝缘工具进行处理。

第四章　高低压电器

149. 熔断器的作用是什么？按结构分哪几类？其特点是什么？

熔断器是一种简单的保护电器，当电气设备和电路发生短路和过载时，能自动切断电路，从而对电气设备和电路起到安全保护作用。熔断器熔断时间和通过的电流大小有关，通常是电流越大，熔断时间越短。

熔断器按结构分为开启式、半封闭式和封闭式。开启式熔断器在熔体熔化时没有限制电弧火焰和金属熔化粒子喷出的装置。半封闭式熔断器的熔体装于管内，端部开启，使熔体熔化时的电弧火焰和金属熔化粒子的喷出有一定的方向。封闭式熔断器的熔体完全封闭在壳体内，没有电弧和金属熔化粒子的喷出。

150. 怎样确定熔断器熔体的额定电流？

对于照明和电热设备电路：①电路上总熔体的额定电流，等于电度表额定电流的 0.9～1 倍；②支路上熔体的额定电流，等于支路上所有电气设备额定电流总和的 1～1.1 倍。

对于交流电动机电路：①单台电动机电路中熔体的额定电流，等于该电动机额定电流的 1.5～2.5 倍，这是因为考虑到电动机的启动电流是电动机额定电流的 5～8 倍，熔断器在电动机启动时不应熔断；②多台电动机电路上总熔体的额定电流，等于电路中功率最大一台电动机额定电流的 1.5～2.5 倍，再加上其他电动机额定电流的总和。

系数 1.5～2.5 可以这样选取：若电动机是空载或轻载启动，或不经常启动且启动时间不长，则系数取小些，反之则取大些。

151. 什么叫熔体的熔断电流？熔断器的保护特性的含义是什么？

能使熔体在 30～40s 时间内熔断的电流称为熔体的熔断电流。

熔断器的保护特性又称安秒特性，是熔体熔断电流和熔断时间相互间的关系曲线，按着保护特性选择熔体就可获得熔断器的选择性。熔断器的保护特性与熔体截面大小有关，所以各类熔断器的保护特性曲线均不相同。6、10、35kV 熔丝的过负荷特性为：在 1.3 倍额定电流通过时，1h 内不熔断；在 2 倍额定电流通过时，1h 内熔断。

152. 怎样选用快速熔断器？

快速熔断器接入整流电路的方式有接入交流侧、接入整流桥臂、接入直流侧三种方式。

当熔断器接在交流侧时，确定熔体额定电流的经验计算式为：

$$I_{eR} > k_1 I_{Zhmax}$$

式中 I_{Zhmax}——可能使用的最大整流电流（A）；

k_1——与整流电路形式有关的系数（从 1.57～0.29，其中单相半波电路取 1.57；单相全波电路取 0.785；单相桥式取 1.11；三相半波取 0.575；三相桥式取 0.816；双星形六相取 0.29）。

如熔断器和整流元件串联时，熔体额定电流为

$$I_{eR} \geqslant 1.5 I_{eV}$$

式中 I_{eV}——硅整流元件的额定电流（平均值）。

如熔断器和晶闸管串联时，还应考虑晶闸管的导通角，导通角减小时，k_1 应增大。

153. 开关的用途及刀开关的种类、技术参数是什么？如何选用刀开关？

开关的作用是分合电路、开断电流。常有刀开关、负荷开关、转换开关（组合开关）、自动空气开关（空气断路器）等。

刀开关的技术参数有：额定电压、额定电流、通断能力、机械寿命和电寿命。

在选用刀开关时，刀开关的额定电压应等于或大于电路额定电压，其额定电流应等于或稍大于电路工作电流。若用刀开关控制小型电动机，则必须考虑电动机的启动电流比较大，应选用额定电流较大的刀开关。另外刀开关的通断能力和其他性能也要符合使用的要求。

154. 低压断路器有哪些结构元件，作用是什么？低压断路器采用的灭弧方法有哪些？

低压断路器的主要结构元件有：触头系统、灭弧系统、操作机构和保护装置。

触头系统的作用是实现电路的接通和分断。灭弧系统的作用是用以熄灭触头在方断电路时产生的电弧。操作机构是用来操纵触头闭合与断开。保护装置的作用是，当电路出现故障时，使触头断开、分断电路。

低压断路器采用的灭弧方法有：

（1）磁吹灭弧，将电弧拉长，使电压不足以维持电弧燃烧，从而使电弧熄灭。

（2）保证有足够的冷却表面，使电弧迅速冷却。

（3）磁栅灭弧，将电弧分割成短弧，使电弧的总压降增加，电源电压不能维持电弧，从而使电弧熄灭。

155. 交流接触器的用途和工作原理是什么？

交流接触器是用电磁铁带动动触头与静触头闭合和分离，实现对电路的接通和分断。接触器用途广泛，是电力系统和自动控制系统中应用最普遍的一种电器。和刀开关相比较，接触器具有远距离操作功能和失压保护功能；和自动开关相比较，接触器不能切断短路电流，无过载保护功能。接触器能控制电动机、电热设备、电焊机、电容器组等。

交流接触器的工作原理是：

将交流接触器电磁铁线圈接入控制电路中，当线圈通电后产生电磁吸力，使动铁心吸合，带动动触头使它与静触头闭合，接通主电路。当线圈断电后，线圈的电磁吸力消失，在复位弹簧的作用下，动铁心释放，带动动触头与静触头分离，分断主电路。

156. 交流接触器由哪几部分组成？各部分的作用是什么？

交流接触器由电磁系统、触头系统、灭弧装置和外壳、固定装置等部分组成。

电磁系统：电磁机构是测量机构，是接触器的感测部分，其功能是将电磁能变成机械能，控制触头动作，完成通断电路的作用。由吸引线圈和铁心、衔铁组成的磁路系统构成。

触头系统：它是执行元件，功能是接通和断开电路，要求导电性能好，其形式有桥式触头和指形触头两种。由主触头和辅助触头组成。主触头用来接通和分断主电路；辅助触头用来实现各种控制要求。

灭弧装置：起熄灭电弧的作用。

外壳、固定装置起元件的组成和固定作用。反作用弹簧使触头复位；压力弹簧片减小触头接触电阻；缓冲弹簧起保护外壳的作用。

157. 几种接触器的灭弧装置原理是什么？

电动力吹弧是利用双断口结构的接触器的电动力吹弧效应，是电弧电流受向外电动力的作用，又在交流电过零时出现150～250V的介质绝缘强度，从而使电弧熄灭。

串联磁吹灭弧装置是和主电路串联的磁吹线圈，产生磁场，磁通集中进入电弧空间，在触头处将电弧拉长，从而使电弧熄灭。

窄缝灭弧的简单原理是：引导电弧与灭弧室的绝缘壁接触，迅速冷却，产生去游离过程，提高弧柱压降，从而使电弧熄灭。并且装置引导电弧纵向吹出，防止相间短路。

栅片灭弧装置的作用是导出电弧的热量，提高弧柱压降，一组互相绝缘的金属片将电弧分割成多段，每一片又相当于一个电极，形成多个阳极压降和阴极压降，有利于灭弧。而且在交流灭弧时效果更好。

158. 从工作原理而言，直流接触器有哪些特点？

直流接触器的结构和工作原理和交流接触器基本相同。但直流接触器有下列特点：

（1）直流接触器的电磁系统为沿棱角转动的拍合式铁心，由整块铸钢或铸铁制成。

（2）直流接触器无铁心涡流，铁损坏，线圈匝数多，且阻值大，组圈本身发热是主要的。

（3）直流接触器主触头分断直流电路，产生的电弧比交流电弧难以熄灭，所以常采用磁吹式灭弧装置。

（4）直流接触器的吸引线圈，通以直流电流，工作时没有冲击的启动电流，不会产生对铁心的撞击现象，因而使用寿命长，并可用于频繁启动的场合。

159. 交流接触器的主要额定参数有哪些？使用时应注意什么？

交流接触器的主要额定参数有：额定电压、额定电流、吸引线圈的额定电压、电气寿命与机械寿命、额定操作频率等。

交流接触器启动电流大，线圈容易发热，若铁心气隙大，电抗小，启动电流更增大，可高达工作电流的十几倍；若机械卡死，线圈电流也会很大。另外，交流接触器的实际工作电压应在85％～105％额定交流电压时使用，若电压过高，磁路饱和；或电压过低，使电磁吸力不够，衔铁吸不上，或错接在直流电源上，都将导致线圈电流增大，轻者使温升升高，重则烧毁线圈。所以在使用时，应了解清楚额定参数，正确使用，才能保证接触器的正常运行，使电路正常工作。

160. 交流接触器噪声大的原因有哪些？如何消除？

交流接触器噪声主要由电磁铁的噪声产生，所谓电磁噪声，其原因和消除方法是：

（1）电源电压过低。应提高控制回路的电压。

（2）触点弹簧压力过大。应调整好弹簧压力。

（3）端面生锈或因异物浸入铁心端面。应清除锈蚀，清洗铁心端面。

（4）短路环断裂或失掉。应更换铁心或短路环。

在实际维修中，常常发生接触器产生吱吱连续不断的噪声，用一字旋具或片状工具蘸以少许机油，涂在铁心表面，噪声立即消除，是行之有效的实际方法。

161. 继电器有哪几部分组成？常见的继电器有哪些？

继电器是一种自动电器，它是当一次过程中任何一个参数达到一定的已知值时，能突然改变二次过程的自动装置元件，它由三部分组成：

（1）量测机构（或称感受接收机构）：它接受输入参数，并使输入参数转变为继电器工作时所必须的物理量。

（2）中间机构：把接受量与给定值比较，并把作用传递给执行机构上去。

（3）执行机构：专作控制过程用。

常见的继电器有时间继电器（或称延时继电器）、热继电器、中间继电器、电压、电流继电器等。

162. 什么叫电流继电器？什么叫电压继电器？它们在结构上有什么区别？

电流继电器是当继电器线圈中的电流达到规定值时动作的继电器。

电压继电器是当其线圈两端的电压达到规定值时动作的继电器。

电流继电器的线圈用来接受输入的电流信号，要求线圈产生的电压降尽可能小，流过线圈的电流则较大。故电流继电器的线圈匝数很少，导线较粗，电阻很小。

电压继电器的线圈是用来接受输入的电压信号。为了在继电器磁路中产生一定的安匝数，又不影响其他电路的正常工作，线圈的电流要尽可能小。所以，线圈有较大的电阻和较多的匝数，所用导线较细。

163. 继电器的主要参数有哪些？

继电器的主要参数有：

（1）继电器的灵敏度：当激励能量（电磁的、热力的和其他形式等），是与继电器的额定值有偏差时的感受能力。

（2）继电器的动作值：能使继电器动作的最大或最小的脉冲值。

（3）继电器的返回值：已动作的继电器使所有部件返回到原来位置的最大或最小的脉冲值。

（4）继电器的返回系数：即继电器的返回值对脉冲值的比。

（5）继电器的放大系数：是继电器所控制的功率和动作时需要功率之比。

（6）继电器的动作时间：是指从继电器所接受的参数达到动作时的瞬时到继电器动作的瞬时的一段时间。

164. 常见的几种继电器各应用在什么场合？

时间继电器作为时间控制元件用于电动机的起动、制动控制和各种生产工艺程序控制。

热继电器用于一般交流电动机的过载、断相运行及电流不平衡的保护。

电压继电器用于电动机失压或欠压保护以及制动和反转控制等。

电流继电器用于电动机的过载及短路保护、直流电机的磁场控制失磁保护。

温度继电器用于过热保护或温度控制。

中间继电器因触点数量多，用于增加控制回路数或信号的放大。中间继电器在各种自动控制线路中可以起信号传递、放大、翻转、分路、隔离和记忆等作用。将多个中间继电器组合起来，可组成具有计数功能和逻辑运算的电路。

165. 时间继电器分哪几类？各有什么特点？

时间继电器按照延时的工作原理不同可分为：电磁式、空气阻尼式、电动式、钟表式和半导体式等几种。

电磁式时间继电器结构简单、工作可靠、调节方便，但延时准确性差，且延时较短。

空气阻尼式时间继电器结构简单、延时范围比较大，但延时精度低。

电动式和钟表式时间继电器延时准确性高、延时调节范围大，但结构复杂、价格高、机械寿命短。

半导体式时间继电器延时范围和精度介于电动式和空气阻尼式两种时间继电器之间，采用电子电路，目前在使用方面越来越广泛。

166. JSMJ 型晶体管脉冲式时间继电器电路的工作原理是什么？

JSMJ 型晶体管脉冲式时间继电器的电路，见图 4-1。

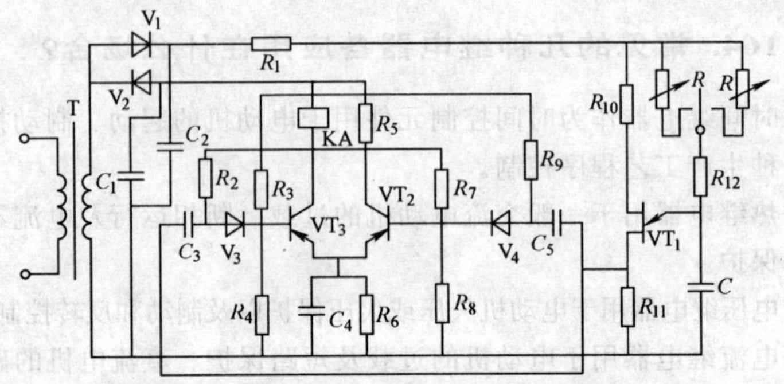

图 4-1 JSMJ 型晶体管脉冲式时间继电器

电路工作原理如下：

继电器由电源、RC 回路、单结晶体管脉冲发生器和晶体管双稳态触发器组成。接通电源后，由 RC 电路使电容器充电，达到单结晶体管电位峰值后，电容器迅速向发射极基极和 R_{11} 放电，脉冲信号使双稳态触发器触发，执行继电器动作。两旋钮可分别控制闭合与断开延时的长短，使继电器作往复动作，可作自动控制及转换延时。

167. JSB 型晶体管时间继电器电路的工作原理是什么？

JSB 型晶体管时间继电器的电路，见图 4-2。

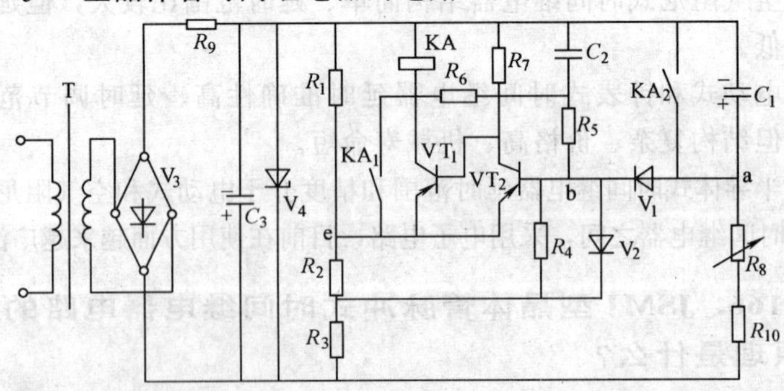

图 4-2 JSB 型晶体管时间继电器

延时电路由电源、分压器、定时器、触发器及继电器（执行元件）组成。通电后，V_3 和 T 组成桥式整流，R_9、C_3 为厂型滤波电路，经稳压向 RC 回路供电，a 点电位按指数曲线升高，当 b 点电位等于或略高于 e 点电位时，触发器被触发，如前所述，VT_2 截止，VT_1 导通，继电器 KA 动作，接通或断开外电路，同时将电容器放电，等待下次工作。

以上就是电路工作原理的叙述。

168. JSJ 型晶体管时间继电器电路的工作原理是什么？

JSJ 型晶体管时间继电器的电路有交流型和直流型两种，其电路，见图 4-3、图 4-4、图 4-5。图 4-5 为交流，图 4-4 为直流。

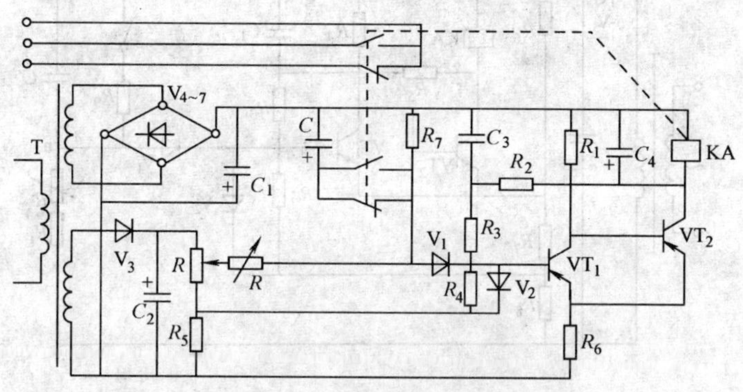

图 4-3 JSJ 型晶体管时间继电器电路（1）

JSJ 型晶体管时间继电器电路的工作原理如下：

电源变压器一次侧串接控制常开触点与交流电源相接，自变压器接通电源开始，至预置的时延时间继电器动作，接通或断开外电路。

电路由电源、RC 积分回路、触发器及执行继电器等部分组成。当外部控制触点闭合后，由变压器二次侧接整流器及电容滤波电路向 RC 回路供电，a 点电位按指数增长，当其电位等于或

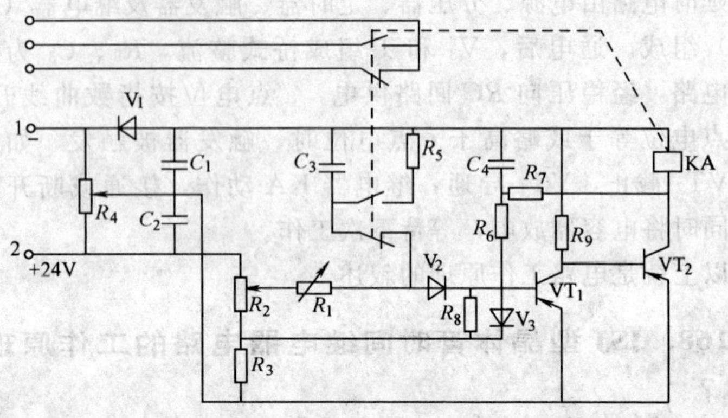

图 4-4 JSJ 型晶体管时间继电器电路（2）

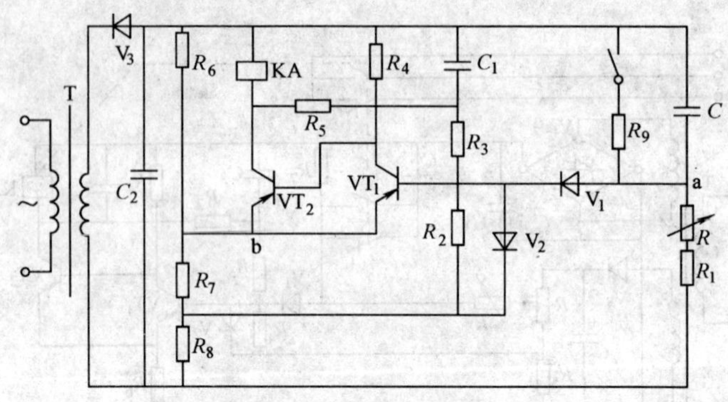

图 4-5 JSJ 型晶体管时间继电器电路（3）

略高于 b 点电位时，触发器被触发，输出电流吸引执行继电器，继电器的触点提供所需的时延，同时继开充电回路，并将电容 C 进行放电，以等待下次再工作。

外部控制触点断开后，时间继电器发出时延信号解除，即进入准备工作状态。

晶体管直流时间继电器，经外部控制触点后接 24V 直流电源，经分压滤波后向继电器供电。其他电路交直相同。

169. JSJ0 型晶体管时间继电器电路的工作原理是什么?

JSJ0 型晶体管时间继电器的电路，见图 4-6。

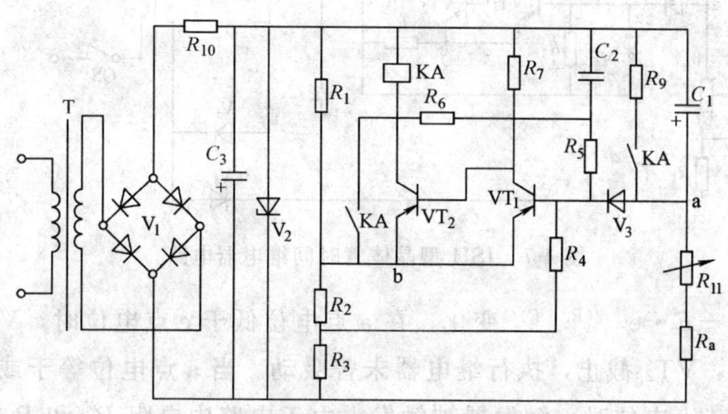

图 4-6 JSJ0 型晶体管时间继电器电路

继电器的工作原理如下：

继电器由整流电源、定时器、晶体管单稳态触发器和执行中间继电器等四部分组成。整流电源输出直流 24V 供继电器工作，由于定时器采用了电容量稳定的钽电解电容，又在定时器和触发器间采用了硅二极管做阀，因此，可以达到较高的延时精度。中间继电器将定时触发转换成触头的接通与断开，从而达到一定的功率控制。

170. JSJ1 型晶体管时间继电器电路的工作原理是什么?

JSJ1 型晶体管时间继电器的电路，见图 4-7。

继电器的工作原理如下：

电路由电源、*RC* 积分回路、触发器及执行继电器四部分组成。当外部接点 QS 闭合后，变压器工作，a 点电位按指数曲线

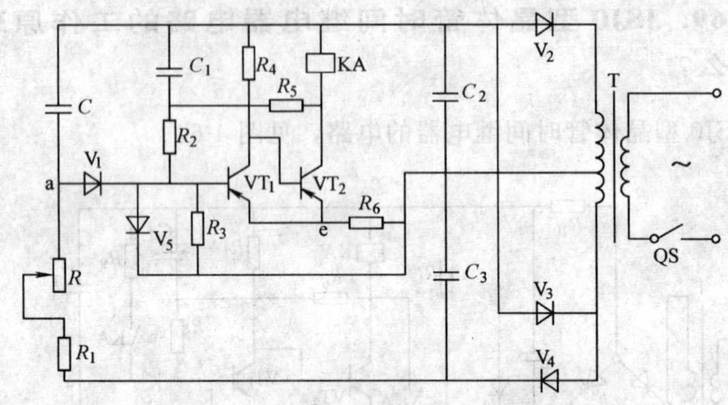

图 4-7　JSJ1 型晶体管时间继电器电路

$V_a=-E\cdot e^{-t/(R_1+R)C}$变化，在 a 点电位低于 e 点电位时，$VT_1$ 导通，VT_2 截止，执行继电器未曾吸动。当 a 点电位等于或略高于 a 点电位时，触发器被触发，由于电路中电阻 R_2 和 R_5 的正反馈作用，使两个三极管很快地翻转。VT_1 截止、VT_2 导通，吸引电磁继电器 KA，继电器的触点延时动作，调节电位器 R，可改变 a 点电位变化时间，即调节时间继电器的延时。断开 QS，电磁断电器 KA 释放，并使电容器 C 放电，以待下一次动作。

这类时间继电器的各种规格的延时范围从 10～180s。

171. JSDJ 型晶体管断电延时继电器电路的工作原理是什么？

JSDJ 型晶体管断电延时继电器的电路，见图 4-8。

继电器电路的工作原理如下：

电路由电源、RC 回路、触发器及执行元件组成。当电源接通后，执行继电器立即动作，通过预定的延时时间后，继电器触点复位，此电路是在 JSJ 型电路基础上增加第二阀门管 V_3 和第三晶体管 VT_3 组成带瞬动延时工作电路。可满足要求带瞬时动作延时自动控制系统的需要。

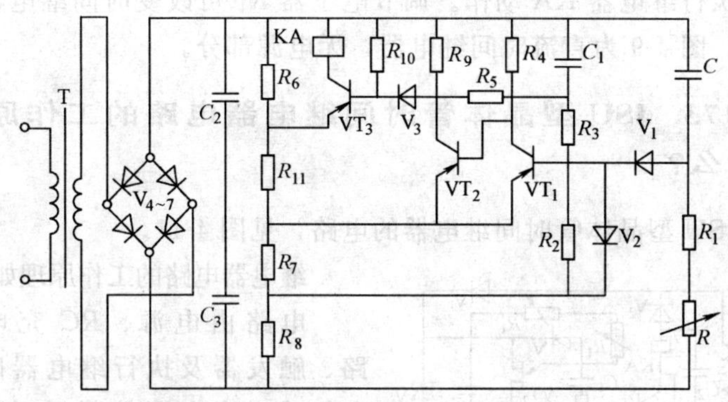

图 4-8 JSDJ 型晶体管断电延时继电器

172. JSKJ 型晶体管时间继电器电路的工作原理是什么？

JSKJ 型晶体管时间继电器电路有直流和交流两种，其电路见图 4-9 和图 4-10。

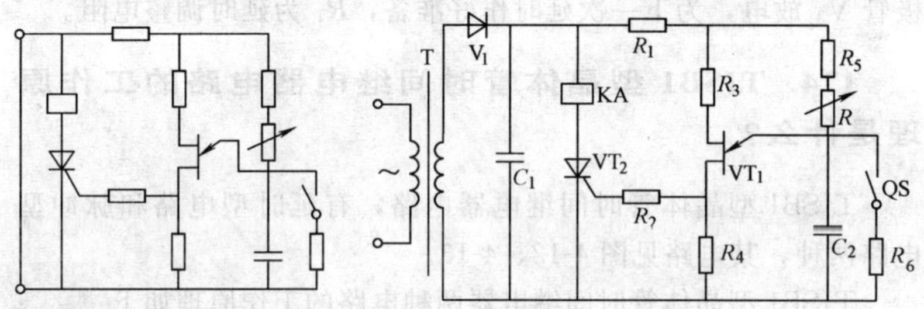

图 4-9 JSKJ 型晶体管时间继电器电路（直流）

图 4-10 JSKJ 型晶体管时间继电器电路（交流）

继电器电路工作原理如下：

电路由电源、*RC* 积分电路、单结晶体管、晶闸管及执行继电器等部分组成。当外部电源接通后，*RC* 网络充电，电容器 *C* 的电位达到单结晶体管 VJT_1 的峰值电压时，电容器迅速向单结晶体管的发射极、基极和 R_4 放电。触发晶闸管 SCR_2，使之导通，执行继电器 KA 动作。调节电位器 R_1 可改变时间继电器的延时。图 4-9 为直流时间继电器，无电源部分。

173. JSU 型晶体管时间继电器电路的工作原理是什么？

JSU 型晶体管时间继电器的电路，见图 4-11。

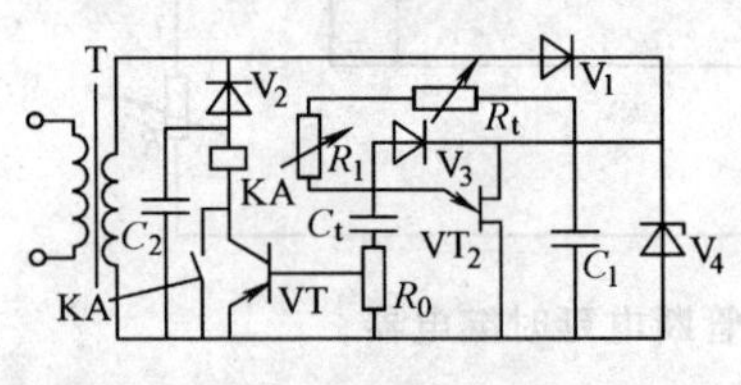

图 4-11 JSU 型晶体管时间继电器电路

继电器电路的工作原理如下：

电路由电源、RC 充电回路、触发器及执行继电器四部分组成。当电源接通后，经整流的稳压电源，经电阻 R_t 向电容 C_t 充电，当 p 点电位 E 达到单结晶体管峰点电压 U_p 时，单结晶体管触发，电容经 R_0 放电，R_0 上产生脉冲电压，三极管从截止转变为导通，使继电器工作，继电器触点提供需要的延时，并保证执行继电器自锁，当电源断开后，电容 C_t 上的电压经二极管 V_3 放电，为下一次延时作好准备，R_1 为延时调整电阻。

174. TJSB1 型晶体管时间继电器电路的工作原理是什么？

TJSB1 型晶体管时间继电器电路，有延时型电路和脉冲型电路两种，其电路见图 4-12、4-13。

TJSB1 型晶体管时间继电器两种电路的工作原理如下：

延时型电路中，控制电压经过降压、整流、滤波和稳压后，供一个单结晶体管和 RC 元件组成的脉冲发生器。A 点的电位，即单结晶体管发射极电压，由于电容 C 充电而逐渐升高，当达到单结晶体管的导通电压时，电容放电，产生一个正脉冲电压加到晶闸管的控制极上，触发晶闸管，并使之导通，此后，执行继电器动作。

脉冲型电路中，单结晶体管按第一种时间规律（R_1C）发出

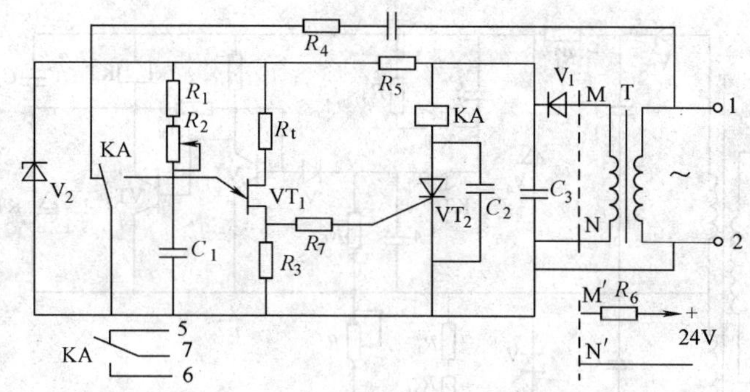

图 4-12　TJSB1 型晶体管时间继电器延时型电路

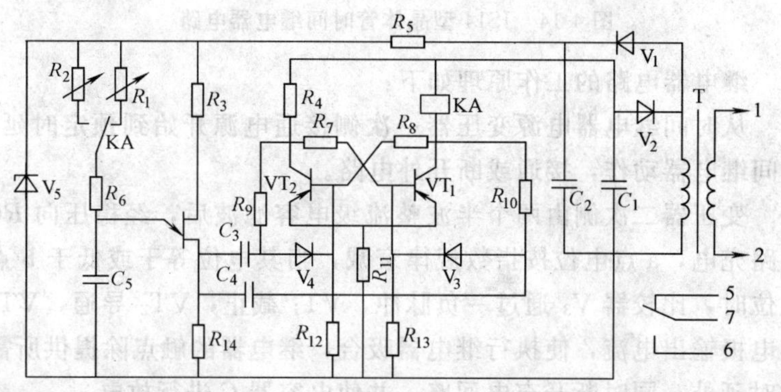

图 4-13　TJSB1 型晶体管时间继电器脉冲型电路

脉冲，触发双稳态触发器，使之翻转。接在触发器一侧的继电器线圈通电，继电器动作，同时，继电器的辅助触点转换了 *RC* 积分电路，单结晶体管又按第二种时间规律（R_2C）发出下一个脉冲，可使继电器复位，这样继电器就按两种时间规律往复动作。

175. JS14 型晶体管时间继电器电路的工作原理是什么？

JS14 型晶体管时间继电器的电路，见图 4-14。

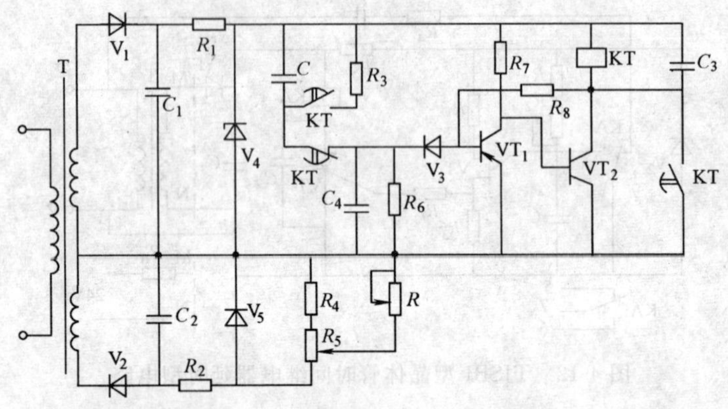

图 4-14　JS14 型晶体管时间继电器电路

继电器电路的工作原理如下：

从时间继电器电源变压器一次侧接通电源开始到预定时延，时间继电器动作，接通或断开外电路。

变压器二次侧由两个半波整流级电容滤波后，经稳压向 RC 回路充电，a 点电位按指数规律衰减，当其电位等于或低于 b 点电位时，比较器 V_3 通过一负脉冲，VT_1 截止，VT_2 导通，VT_2 集电极输出电流，使执行继电器吸合，继电器的触点除提供所需的时延外，同时断开充电回路，并使电容器 C 进行放电。

176. 时间继电器怎样分类？延时接点符号怎样表示？

时间继电器是一种控制电器，它在电路中起着控制动作时间的作用。当它的输入端接到信号以后，经过一段预先给定的延时，它会动作，给出输出信号，去接通和分断被控制的电路。时间继电器应用范围很广，从某些简单的机械设备到技术要求很高的宇宙航行、原子技术等领域都广泛使用，特别是在电力拖动系统、自动程序控制系统以及各种生产工艺的自动控制中，时间继电器都起着很重要的作用。

时间继电器的分类如下：

（1）按动作原理分

有气囊式、钟表式、电磁式、晶体管式等，具体如下：

（2）按延时方式分

1）通电延时型：通电时开始延时，一定时间后动作，去接通和分断控制电路。断电后，即恢复原来状态，以准备下次动作。

2）断电延时型：通电时，时间继电器速动，断电时延时一定时间后动作，恢复原来状态。

3）重复延时型：时间继电器通电后，以一定周期周而复始地连续动作。见图 4-15。

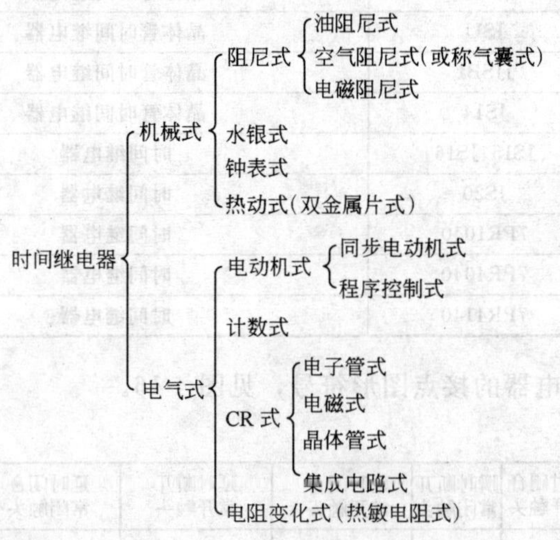

图 4-15　时间继电器的分类

时间继电器也是系列生产的电器，常用的各系列时间继电器，见表 4-1。

时间继电器的系列　　表 4-1

序号	系列代号	名　称
1	JS3	直流电磁式时间继电器
2	JS7-A	气囊式时间继电器

续表

序号	系列代号	名　称
3	JS7-B	气囊式时间继电器
4	JS10	电动式时间继电器
5	JS11	时间继电器
6	JS12	水银式时间继电器
7	JSMJ	晶体管脉冲式时间继电器
8	JSJ	晶体管时间继电器
9	JSJ_0	晶体管时间继电器
10	JSJ_1	晶体管时间继电器
11	JSDJ	晶体管断电延时的时间继电器
12	JSKJ	晶体管时间继电器
13	JSU	晶体管时间继电器
14	JJSB1	晶体管时间继电器
15	JS14	晶体管时间继电器
16	JS15、JS16	时间继电器
17	JS20	时间继电器
18	7PR1040	时间继电器
19	7PR4040	时间继电器
20	7PR4140	时间继电器

时间继电器的接点图形符号，见图 4-16。

	线　圈	瞬时闭合常开触头	瞬时断开常闭触头	延时闭合常开触头	延时断开常开触头	延时闭合常闭触头	延时断开常闭触头
1964年国标	SJ	SJ	SJ	SJ	SJ	SJ	SJ
1984年国标	KT	KT	KT	KT 或 KT	KT 或 KT	KT 或 KT	KT 或

图 4-16　时间继电器的图形符号

177. 对于时间继电器的图形符号，使用时应注意什么？

对于时间继电器的图形符号，使用时应注意的经验如下：

（1）以新国标为例，接点的常开和常闭，分别是左开右闭。

（2）半圆弧开口方向朝向那个方向，即表示向该方向延时。如，即是闭合时延时，而，即是表示打开时延时，也就是在线圈得电时，常闭接点打开，这时是延时的。

（3）要注意速动的动作，如，表示闭合时延时，也就是线圈得电，该接点由打开状态闭合，而此时要延时闭合。而线圈断电时，该接点恢复打开状态，而此时是速断的。又如，在线圈断电时，该接点恢复闭合，而此时是速闭的。只有，的接点，在闭合和断开时，即无论是恢复常开，还是恢复常闭，都是延时的。

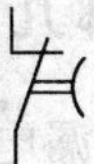

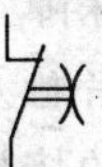

178. 热继电器使用时应注意哪些问题？

热继电器在使用时应注意下列问题：

（1）热继电器电流等级少，但热元件编号很多，使用时应使热元件的电流与电动机的电流相适应。

（2）热继电器可调成手动复位和自动复位时，对于重要设备，在热继电器动作之后，必须检查情况和原因后才能再扣时，宜采用手动复位；若可以认定是过载的可能性较大，或热继电器安装在远离操作地点时，则宜用自动复位方式。

（3）热继电器出线端的连接导线必须严格按规定选用。

（4）热继电器周围介质的温度，应和电动机周围介质的温度相同，否则会损坏已调整好的配合情况。

（5）热继电器应安装在其他电器的下方，以免其动作特性受到其他电器发热的影响。

（6）在使用中应定期去除污垢和尘埃。

（7）在使用中每年要对热继电器通电校验一次，并应注意在设备发生短路故障后，检查热元件和双金属片是否发生永久性变形，应进行通电校验，以保证热继电器动作的准确性，起到可靠的过载保证作用。

179. 漏电保护电器包括哪些？按其工作原理等分哪几类？

漏电保护电器包括漏电开关和漏电继电器，其主要用途在于保障人身安全，防止人体触及带电的电气设备金属外壳和构件或者触及火线而酿成触电伤亡事故，也用于防止因电路或电气设备的接地故障或严重的漏电故障而酿成的火灾或爆炸事故。有些漏电开关还兼具保护电气设备使之不为过载、短路故障所损坏以及不频繁地起动电动机和操作、转换电路的功能。

漏电保护电器按其工作原理可分为：电压型漏电开关；电流型漏电开关（有电磁式、电子式及中性点接地式之分）；电流型漏电继电器。还有按漏电动作的电流值分为：高灵敏度型漏电开关（额定漏电动作电流为5～30mA）；中灵敏度型漏电开关（额定漏电动作电流为50～1000mA）；低灵敏度型漏电开关（额定漏电动作电流为3～20A）。还可按动作时间分为：高速型（额定漏电动作电流下的动作时间小于0.1s）；延时型（0.2～1s）；1.4倍额定漏电动作电流下为0.1～0.5s；4.4倍额定漏电动作电流下的动作时间小于0.05s。

装设漏电保护电器只能是防止人身触电伤亡事故的一种有效安全技术措施，绝对不宜过分夸大其作用。所以必须有供电线路的维护及其他安全措施的紧密配合。

180. 电压型漏电开关有哪几部分组成？工作原理是什么？有什么缺点？

电压型漏电开关由主开关、试验回路、主弹簧、锁扣机构及高灵敏度继电器等组成。高灵敏度继电器的线圈接在电源变压器的中性点与接地极之间，被用作检测线圈。当线路发生严重漏电或触电故障时，便有一漏电电流经过接地电路或有一触电电流经过人体，再由大地、检测线圈返回变压器中性点。这样，在该中性点与大地之间就出现一个对地电压，后者加在检测线圈上，使衔铁吸合，锁扣机构脱扣，并最终使得主开关在主弹簧作用下断开，分断主回路。这样就避免了设备损坏或人身伤亡事故。

电压型漏电开关具有结构简单、价格低廉的优点，故在一定范围内获得了广泛应用。但是它只能用于变压器有不接地的中性点的系统，而这种系统很容易由变压器的高压侧的高电压所侵入，以致增大了发生过电压的可能性。其次是检测线圈匝数多，线径小，承受过电压及过电流的能力就差，易为单相落地、雷击过电压或操作过电压所损坏乃至烧毁。另外线路上因分布电容形成的漏泄电路的阻抗在量值上常与检测线圈相当，故通过人体的触电电流为该漏泄阻抗分路后，就难以使检测线圈产生足够的磁动势以吸引衔铁。为了保障人身安全，势必将继电器调得极为灵敏，引起漏电开关频繁动作，因而降低了供电的可靠性。

电压型漏电开关的这些缺点难以克服，因此它的应用范围受到限制。

181. 电磁式电流型漏电开关由哪几部分组成？其工作原理是什么？

电磁式电流型漏电开关由主开关、试验回路、电磁式漏电脱扣器和零序电流互感器组成。

电磁式电流型漏电开关的工作原理如下：

当电网正常运行时，不论三相负载是否平衡，通过零序电流互感器主电路的三相电流的向量和等于零，故其二次绕组中无感应电动势产生，漏电开关亦工作在闭合状态。一旦电网中发生漏电或触电事故，上述三相电流的向量和便不再等于零，而是等于漏电或触电电流。因为有漏电或触电电流通过人体和大地而返回变压器中性点。于是，互感器二次绕组中便产生一对应于漏电或触电电流的感应电压，加到漏电脱扣器上。当漏电或触电电流达到额定漏电动作电流时，漏电脱扣器就动作，推动主开关的锁扣，使主开关断开，分断主电路。

除此以外，还要电子式电流型漏电开关，这种漏电开关由主开关、试验回路、零序电流互感器、压敏电阻、电子放大器、晶闸管及脱扣器组成。还有集成电路漏电开关。电磁式漏电开关不需辅助电源、抗过电压及雷击能力强，可靠性较高，而电子式漏电开关灵敏度高、生产方便、易实现分级保护所需延时特性等，集成电路漏电开关又能克服因电子元件多所导致的可靠性降低的缺点。

182. 什么是主令电器？其作用是什么？常用的主令电器有哪些？

主令电器用于闭合和断开控制电路，以发布命令或信号，达到对电力传动系统和电气设备的控制。主令电器是根据控制人的动作来转换电路，是反映人的意志的。常见的主令电器有按钮、位置开关、接近开关、主令控制器等。

按钮开关又叫控制按钮，或简称按钮，是使用最为广泛的主令电器。位置开关又称行程开关或限位开关，尺寸甚小的位置开关又常称微动开关；位置开关一般不用人工操作，而是通过机械挡铁或撞块等的机械动作，将机械信号变换为电信号，借此实现对机械的电气控制。接近开关是一种非接触型的物体检测装置，它除可使行程开关等无触点化外，还可与电子电路配合，用于各种自动控制的系统中。

183. 接近开关的特点和原理是什么？

接近开关是一种非接触型的物体检测装置，它除可使微动开关、行程开关实现无接触、无触点化外，还可用作高速脉冲发生器、高速计数器等。由于它具有工作可靠、寿命长、消耗功率低、操作频率高以及能适应恶劣的工作环境等特点，所以在工业生产中得到广泛应用。

从作用原理分，接近开关有高频振荡型、电容型、感应电桥型、永久磁铁型、霍尔效应型等多种，其中以高频振荡型最为常用。高频振荡型接近开关的工作是以高频振荡电路状态的变化为基础的，其工作原理如下：

当有金属物体进入一个以一定频率稳定振荡的高频振荡器的线圈磁场时，由于该物体内部产生涡流损耗（如果是铁磁金属物体，还有磁滞损耗），使振荡回路电阻增大，能量损耗增加，以致振荡减弱，直至终止。因此，在振荡电路后面接上合适的开关，即能检测出金属物体的存在，并给出相应的控制信号。

184. 速度继电器的工作原理是什么？

以 JY1 型速度继电器为例进行说明：该型速度继电器由定子、转子、触头系统和动作机构等组成。转子是一块永久磁铁，与电动机轴联在一起，随电动机的转动而转动。定子在转子外面，也是活动的，在定子上装有短路导体。当转子随着电动机旋转时，它的磁场与定子中的短路导线相互切割，在定子短路导体中产生感应电动势和电流，因而产生了电磁转矩。转子转速越高，定子的转矩也越大。这个转矩则带动了动作机构推动触头，在电动机正常运转时，一对触头闭合，另一对触头断开。当电动机转速下降到低于 100r/min 时，定子转矩减小，在反力弹簧作用下，使两对触头复位。

这样，利用速度继电器对控制回路进行相应控制，可使电动机制动，并迅速停车。

185. 频敏变阻器的工作原理是什么？绕线转子异步电动机转子串频敏变阻器起动的优点是什么？

频敏变阻器实际上是一个特殊的三相铁心电抗器，它有一个三柱式铁心，每个铁心柱上绕有一个绕组，三相绕组的接线，以星形联结为基础，串联和并联后扩大电流范围和电压等级。

频敏变阻器的铁心用6～12mm厚的钢板叠成，厚钢板起导磁和导电二次绕组的双重作用。频敏变阻器，可看成是二次绕组为铁心所组成的单匝短路绕组变压器。交变磁通穿过铁心产生很大的涡流，铁心中磁通交变频率越高，铁心中的涡流越大，且集肤效应越严重，磁路就越饱和，频敏变阻器所呈现的等效阻抗就越大。

在电动机起动时，因为转子和定子磁场的相对速度大，切割磁力线快，转子电流频率很高，而随着转子速度的升高，转子电流频率降低，这里的转子电流，就是频敏变阻器产生交变磁通的电流。起动时，频敏变阻器呈现较大阻抗；起动完毕，呈现较小阻抗，阻抗还随转子的加速而自动降低，既满足了异步电动机起动的要求，又满足电动机的运行要求，而且是随着转子的起动自动达到的。

转子串入频敏变阻器起动的方法，起动电流小，起动转矩高，起动过程中转矩曲线平滑，起动平稳，电阻变化为无触点式，结构简单，可靠性好，使用寿命长，维护方便，且可以串并联，因此被广泛使用。为了提高功率因数，也可加感应圈。当然，频敏变阻器一定要在绕线转子异步电动机上采用。

186. 直流电磁铁与交流电磁铁在结构和性能上有什么区别？

直流电磁铁和交流电磁铁结构上的区别是：直流电磁铁的铁

心和衔铁是用整块软磁材料制成的；交流电磁铁是用硅钢片冲制成形后叠压而成，并在铁心端面（极面）嵌装有短路环。

直流电磁铁和交流电磁铁在性能上的区别是：

(1) 直流电磁铁的励磁电流大小只与线圈电压和电阻有关，与铁心和衔铁间的距离无关；交流电磁铁的励磁电流不仅与线圈电压和线圈几何尺寸、匝数有关，还与铁心和衔铁间的距离有关。

(2) 直流电磁铁的吸力在衔铁启动时最小，在吸合时最大；交流电磁铁吸力在衔铁吸合前后没有多大变化。

(3) 直流电磁铁可频繁操作，但交流电磁铁会因频繁操作使线圈过热而烧毁。

187. 低压断路器和熔断器如何配合使用？

低压断路器与熔断器都可作短路保护元件。由于它们的特性不同，两者配合使用可充分发挥两者的优越性。

一般采用低压断路器和熔断器串联使用方式。过载和较小短路电流范围内的保护，由低压断路器承担；较大短路电流范围的保护则由熔断器承担。这样，可达到既能自动保护又有较高分断能力的目的。

采用这种组合时，应保证这两种电器特性的交接电流不大于低压断路器的分断能力。交接电流是相应于熔断器熔断特性上限与低压断路器保护特性下限的交点电流值。当线路的短路电流大于交接电流时，必须保证熔断器在低压断路器之前分断。

188. 什么是高压隔离开关？其特点是什么？

高压隔离开关的功能主要是隔离高压电源，以保证其他电气设备（包括线路）的安全检修。因此它在结构上有这样的特点，即断开后有明显可见的断开间隙，而且断开间隙的绝缘及相间绝缘都是足够可靠的，能够充分保证人身和设备的安全。但是隔离开关没有专门的灭弧装置，因此不允许带负荷操作。然而可用来通断一定的小电流，如励磁电流不超过 2A 的空载变压器、电容电流不超过 5A 的空载线路以及电压互感器和避雷器电路等。

高压隔离开关按安装地点，分为室内型和室外型两大类。

189. 什么是高压负荷开关？室内压气式高压负荷开关有哪些特点？

高压负荷开关具有简单的灭弧装置，因而能通断一定的负荷电流和过负荷电流，但它不能断开短路电流，因此它必须与高压熔断器串联使用，以借助熔断器来切断短路故障。负荷开关断开后，与隔离开关一样具有明显可见的断开间隙，因此它也具有隔离电源、保证安全检修的功能。

室内压气式高压负荷开关上半部为负荷开关本身，很像一般隔离开关，实际上它也就是在隔离开关的基础上加一个简单的灭弧装置。负荷开关上端的绝缘子就是一个简单的灭弧室，它不仅起支持绝缘子作用，而且内部是一个气缸，装有由操动机构主轴传动的活塞，其作用类似打气筒。绝缘子上部装有绝缘喷嘴和弧静触头。当负荷开关分闸时，在闸刀一端的弧动触头与绝缘子上的弧静触头之间产生电弧。由于分闸时主轴转动而带动活塞，压缩气缸内的空气而从喷嘴往外吹弧，使电弧迅速熄灭。当然分闸时还有电弧迅速拉长及本身电流回路的电磁吹弧作用。但总的来说，负荷开关的灭弧断流能力是有限的，只能断开一定的负荷电流及过负荷电流。负荷开关绝不能配以短路保护装置来自动跳闸；其热脱扣器只用于过负荷保护。

190. SF_6 负荷开关有哪些特点？

SF_6 负荷开关具有良好的灭弧性能。GE 系列单元组合型 SF_6 开关柜中的负荷开关，在开关与母线之间无任何容易引导电弧的塑料部件，采用刀片式、不是插入式，因而结构简单可靠，电气性能好；开关刀片可通过垂直开关轴（不锈钢材料）的转动而移动，开关轴的密封是双层密封结构，另加一层密封油脂，密封性能好。动触头刀片面上的特殊触头铆钉一方面起干式润滑的作用，另外使触头在短路时不会被焊住。镀镍的铜母线固定在静触头上，由消电离栅片组成的灭弧室，从合到分的过程中在极短的灭弧时间内将电流切断。由分到合时开关刀片在安全距离比由分到接地大得多。因此，当配电线路发生过电压时，不会击穿到母线上去。这种负荷开关的机械活动件少，固定的灭弧室、自滑式触头等都是这种负荷开关的特点。

191. 高压断路器的特点、种类和技术参数有哪些？

高压断路器在高压开关设备中是一种最复杂、最重要的电器，它在规定的使用条件下，切合正常运行下的负荷电流；在短路故障情况下，在继电保护装置的作用下，自动地切断短路电流。高压断路器是一种能够实现控制与保护双重作用的高压电器。

高压断路器的种类很多，按照其安装场所不同，可分为户内式和户外式。按照其灭弧介质的不同，可分为油断路器、压缩空气断路器、真空断路器、六氟化硫断路器和固体产气断路器等。

高压断路器的主要技术参数有：额定电压、额定电流、额定开断电流、额定遮断容量、动稳定电流、热稳定电流、合闸时间、分闸时间等。

192. 什么是少油断路器？少油断路器的结构和特点是什么？

高压少油断器，以 SN10-10 型为例，它是三相户内高压断路器。其油箱的中部是绝缘筒和上、下出线板、出线板下方为油标管；绝缘筒内有纵横吹和机械油吹联合作用的灭弧室。静触头位于灭弧室的上部，导电杆位于静触头以下至油箱的下部并穿过灭弧室，导电杆的上端装有动触头。油箱的下部是用球墨铸铁制成基座底罩，底罩内有油缓冲器、拐臂、转轴、连杆、放油螺钉等。

少油断路器的灭弧系统包括有灭弧介质和灭弧装置，灭弧介质用变压器油。

少油断路器带负荷分断时，动触头迅速脱离静触头向下退出，在动静触头间燃起电弧，由于灭弧室内的压力升高，预排油先行吹弧，电弧拉长，高压气体及油蒸气以极高的速度对已被拉长的电弧进行横吹和纵吹，电弧更拉长并迅速冷却；导电杆继续下退，被排挤的变压器油进入灭弧室，形成机械油吹，使电弧熄灭。

油断路器因维修不便，所以渐被真空断路器和 SF_6 断路器取代。

193. 什么是真空断路器？其结构、工作原理和特点是什么？

真空断路器是利用真空作为灭弧与绝缘介质的断路器。真空介质的绝缘强度高，所以真空断路器体积小、动作快、寿命长、便于维护，无爆炸和火灾危险，适于频繁操作。真空断路器是三相联动的户内高压开关电器，可以作为配电开关，投切高压电容器、控制电炉变压器及高压电动机等。

真空断路器的结构特点是：它主要包括导电部分、真空灭弧室、绝缘部分、传动部分、框架和操作机构等。真空灭弧室是真空断路器的绝缘和灭弧元件，它由动触头、静触头、动导电杆、动静端跑弧面、动静端法兰、波纹管、屏蔽罩、瓷柱、不锈钢支持法兰、玻壳等零部件经清洗、沙打、玻璃封接、真空焊、氩弧焊、排气等工艺程序处理后封装而成。

在真空断路器分闸时，电弧因为热电子发射、金属蒸游离后形成真空电弧。在电弧电流较小时，阴极表面有很多斑点，当交流电流接近零值时，触头上阴极斑点只有一个，当电流过零时阴极斑点消失，真空灭弧室中弧隙间的介质绝缘强度得到恢复，使电流过零后电弧不再重新点燃。但聚集型电弧形成后，电弧不易熄灭，是断路器恶劣的工作状态。

194. 什么是高压六氟化硫断路器？其结构、工作原理、特点是什么？

高压六氟化硫断路器，是利用 SF_6 气体作灭弧和绝缘介质的一种断路器。

SF_6 是无色、无味、无毒且不易燃的惰性气体。这种不含碳元素的气体，对于灭弧和绝缘介质来说，是极为优越的特性；SF_6 又不含氧元素，因此不存在触头氧化问题，SF_6 还具有优良的电绝缘性能，且具有良好的高温导热性及捕捉电子的能力，SF_6 分子具有极强的负电性，可吸附电子形成惰性离子，其灭弧能力比空气大 100 倍。

SF_6 断路器的结构，按其灭弧方式分，有双压式和单压式两类。双压式具有两个气压系统，压力低的作为绝缘，压力高的作为灭弧；单压式只有一个气压系统，结构较简单，SF_6 的气流靠压气活塞产生。

SF_6 断路器与油断路器比较，具有下列优点：断流能力强、灭弧速度快、电绝缘性能好，适用于频繁操作；但缺点是：要求加工精度很高、密封要好，对水分和气体的检测控制要求更严，价格较贵，在要求较高的场合使用，而对于超高压系统，它是断路器的主要发展方向。

第五章　供　配　电

195. 什么叫动力系统、电力系统和电力网？什么叫配电系统？

电力系统和动力部分的总和称为动力系统。它包括发电机、变压器、电力线路、用电设备连在一起的电力系统和锅炉、汽轮机、热力网和用热设备、水库、水轮机以及原子能电厂的反应堆等组成的动力部分。

动力系统也可看成由以下两类元件联接而成。

1. 变换元件。其主要任务是将一种形态的能量变换为另一种形态的能量，如锅炉、汽轮机、水轮机、发电机、变压器、电动机、工作机械（水泵、风机、机床等）、照明及家用电器、整流器、逆变器和变频机等。

2. 输送元件。其主要任务是输送能量，如架空电力线路、电缆线路、发电厂或变电站的配电装置、管道及燃料输送设备等。

电力系统中除发电机和用电设备外的一部分称为电力网。它由所有变电站的电气设备和各种不同电压等级的线路组成，通过它将电能输送和分配到各用电单位。

配电系统是由配电区域内的配电线及配电设施组成。

电能的分配是通过把大容量馈线分支和再分支成容量越来越小的馈线的办法来实现的。在电力系统中电路容量的每一改变处都设有一个配置着电路保护和开关装置的分配中心。一般来说，从发电机到负荷，整个电力系统都是这样。工作电压600V及以下的电路用低压装置；600V以上的电路用高压装置。

196. 什么是负荷？什么是电量？

在电力系统中，电气设备所需用的电功率，称为负荷或电力。由于电功率分为视在功率、有功功率和无功功率，一般用电流表示的负荷，实际上是对应视在功率 S 而言，它们的关系为 $S=\sqrt{3}UI$。目前供电部门所规定的负荷指标，主要是指小时平均的有功负荷指标，而不是视在功率和无功功率。对于变、配电所中规定的负荷指标，主要是指电功率 S 的限额。

所谓电量，是指用电设备所需用电能的数量，电量的单位是度（kW·h）或万度。当然电量也分为有功电量和无功电量。无功电量的单位也是度，但是指 kvar·h。

197. 什么是最高负荷、平均负荷？什么是高峰负荷、低谷负荷？

由于电力负荷的大小是随时间而变化的，因此在某个时间间隔内必然会出现一个最大值，称为最高负荷或最大负荷。在 0～24h 内出现的最高负荷称为日最高负荷，最高有功负荷以符号 P_{max} 表示，单位是 kW 或 MW。

平均负荷系指在某一时间范围内电力负荷的平均值，平均有功负荷以符号 P_p 表示，单位是 kW 或 MW。即报告期用电平均负荷等于报告期实际用电量除以报告期日历小时数。

在一昼夜内出现的最大负荷，称为高峰负荷；出现的最小负荷称为低谷负荷。高峰负荷又有早高峰、午高峰、晚高峰等不同情况。

198. 什么是负荷率？什么是高峰定点负荷率？什么是月平均日负荷率？

负荷率是指平均有功负荷与最高有功负荷的比率，即为报告期用电平均有功负荷与报告期用电最高有功负荷的比值的百分数。如日负荷率以全天中出现最大负荷那一点的数值与月平均负荷的比率，其表达式为：

$$K_{p}=\frac{P_{p}}{P_{max}}\times 100\%$$

式中 K_{p}——月负荷率；

P_{p}——日平均有功负荷（kW）；

P_{max}——日最高有功负荷（kW）。

负荷率是一个小于1的数。它是衡量平均负荷与最高负荷之间差异程度的一个系数。从经济运行方面考虑，负荷率愈接近1表明设备利用程度越好，用电愈经济。

高峰定点负荷率，是指平均负荷与指定高峰时间内发生的最高负荷的比率。由于电力系统的需要，用电单位采取了一系列的调整负荷的措施，对某些行业的用电单位来说，高峰定点负荷率可能要大于1，即平均负荷大于定点的最高负荷。

月平均日负荷率，系指当月每日负荷率的总和除以当月天数。其表达式为：

月平均日负荷率＝∑日负荷率÷当月天数

199. 什么是计算负荷？确定计算负荷的意义是什么？

为了合理设计和选择工、企业供电系统中的电气设备和导线，需要根据用电设备的容量对有关的电力负荷进行统计计算，所得到的负荷称为“计算负荷”。计算负荷可按下式确定：

$$S_{js}=K_{x}K_{\Sigma}P_{s}$$

式中 S_{js}——计算负荷（kVA或kW）；

K_{x}——需要系数，是与用电设备台数、效率、工作性质等多种因素有关的计算系数，可从电工手册查出；

K_{Σ}——同时系数，对变、配电所来说一般取0.95～1；

P_{s}——计算需要的设备容量（kVA或kW）。

计算负荷确定得是否合理，直接关系到电气设备的选择是否合理。如果计算负荷确定过大，会增加投资和造成有色金属的浪费；而计算负荷确定得过小，又会造成电气设备和导线长期过热，这不仅增加了电能损耗，而且影响它的使用寿命和用电安全。因此，正确地确定计算负荷是非常重要的。

200. 用电负荷是如何分类的？各类负荷对供电方式有什么要求？

根据供电的重要性、用电设备、生产性质及突然中断供电所引起的损失程度等对供电可靠性的要求，用电负荷可分为以下三类：

（1）一类负荷。也称一级负荷，是指突然中断供电将会造成人身伤亡或会引起对周围环境严重污染的负荷；突然中断供电将会造成经济上的巨大损失的负荷，如重要的大型设备损坏，重要产品或用重要原材料生产的产品大量报废，连续生产过程被打乱且需长时间才能恢复生产；突然中断供电将会造成社会秩序严重混乱或产生政治上的严重影响的负荷，如重要的交通与通信枢纽、国际社交场所等的用电负荷。此类用电应由两个独立电源供电，当任一电源因故障停电时，另一电源继续供电。一级负荷不大的单位或车间也可采用柴油发电机、内燃机等作备用电源，也可将附近独立电源作为供电电源引入低压备用电源。

（2）二类负荷。也称二级负荷，是指突然中断供电，不致危及生命、设备严重损坏，但将造成较大的经济损失的负荷，如产品大量报废或减产，连续生产过程需较长时间才能恢复；突然中断供电将会造成社会秩序混乱或在政治上产生较大影响的负荷，如交通与通信枢纽、城市主要水源、广播电视、贸易中心等的用电负荷。此类负荷是否需要备用电源，应根据用户对国民经济的重要程度，经过技术、经济比较确定。一般考虑架设专线供电，如采用电缆供电时，则不得少于两根，如负荷较大，当地电源允许，也可从两处供电。

(3) 三类负荷。也称三级负荷，是指不属于上述一类和二类负荷的其他负荷，对这类负荷，突然中断供电不会发生一、二项危险和后果，其所造成的损失不大或不会造成直接损失。可根据负荷大小，采用专线或接用公用线供电。

综上所述，用电负荷的这种分类方法，其主要目的是为确定供电工程设计和建设的标准，保证使建成投入运行的供电工程的供电可靠性能满足生产、安全、社会安定的需要。

201. 什么是自然功率因数？什么是加权平均功率因数？怎样提高功率因数？

自然功率因数，就是指用电设备在没有安装专门的人工补偿装置（移相电容器、调相机等）的情况下的功率因数。

自然功率因数的高低，取决于负荷性质。对于电阻性负荷（电阻炉、电弧炉等）较多的用户，其功率因数较高；而电感性负荷（电焊机、感应电机等）较多的用户，其自然功率因数就较低。

加权平均功率因数，分为自然加权平均功率因数和总加权平均功率因数。一般所说的加权功率因数是指总加权平均功率因数，即考虑到采用补偿装置而确定的平均功率因数。加权平均功率因数通常是按月无功电能消耗量（度）A_Q 和有功电能消耗量 A_P 的比值来计算的，即按 $tg\phi=A_Q/A_P$，再查表得 $\cos\phi$ 值就是月加权平均功率因数。也可以用下式计算：

$$\cos\phi=\frac{\text{有功电度}}{\sqrt{(\text{有功电度})^2+(\text{无功电度})^2}}=\frac{A_P}{\sqrt{A_P^2+A_Q^2}}$$

提高功率因数的方法，基本上分为改善自然功率因数和安装人工补偿装置两种。安装人工补偿装置的方法，简便且见效快，因此不少单位大量安装了移相电容器，来提高功率因数。提高自然功率因数主要是将负荷较轻的电动机和变压器更换为较小容量的设备，并且加强电气设备的检修，以减少空载消耗来提高自然功率因数。

202. 为什么要安装移相电容器？它有什么优缺点？电力电容器分哪几类？

电力系统中，有许多根据电磁感应原理工作的设备，如变压器、电动机、感应炉等。它们都是具有电感性的负载，依靠磁场来传送和转换能量。因此，这些设备在运行过程中，不仅消耗有功功率，而且需用一定数量的无功功率。据统计，在电力系统中，感应电动机约占全部负荷的50%以上。可见，无功功率的数量是不能忽视的。如果不采取其他补偿措施，这些无功功率将由发电机供给，而发电机多发无功以后必将影响它的有功出力。这对于电源不足的电网，将使周波降低。送配电线路和变压器，由于传输无功功率也将造成电能损失和电压损失，设备利用率也相应降低。为此，除了设法提高用户的自然功率因数，减少无功消耗外，必须在用户处对无功功率进行人工补偿。移相电容器就是一种常用的无功补偿装置。

移相电容器与同步补偿机相比，因无旋转部分，所以它具有安装简单、运行维护方便以及有功损耗小（一般约占无功容量的0.3%～0.5%）等优点，所以，在电力系统中，尤其是在工业企业的供电网络中，得到了十分广泛的应用。

移相电容器的缺点是，使用寿命短，损坏后不便修复。另外，移相电容器的无功出力与电压的平方成正比。这样当系统电压降低，需要更多的无功功率进行补偿以提高系统电压时，而电容器却因电压低而降低了出力。反之，若系统不需要补偿无功功率时，电容器仍然作为电容性无功功率向电网补偿，使负载电压过分的提高，这也是它的一个缺点。

电力电容器包括移相电容器、电热电容器、均压电容器、耦合电容器、脉冲电容器等。移相电容器主要用于补偿无功功率，以提高电力系统的功率因数；电热电容器主要用于提高中频电力系统的功率因数；均压电容器一般并联在断路器的断口上作均压用；耦合电容器主要用于电力送电线路的通讯、测量、控制、保护及抽取电能等装置；脉冲电容器主要用于脉冲电路及直流高压整流滤波用。

203. 无功功率是什么意思？

无功功率在电力系统中占有很重要的地位，因为电力系统中许多根据电磁感应原理工作的设备，例如变压器和电动机等，都是具有电感的负载，它们要依靠磁场来传送和转换能量。通过磁场，变压器才能改变电压并且将能量传送过去，电动机才能转动并且带动机械负载。没有磁场，这些设备就不能工作。而磁场所具有的磁场能就是由电源供给的，我们用无功功率来说明电源向电感负载所提供的磁场能量的规模，因此，发电机必须向电感负载供给一定数量的无功功率。有时候，电力系统中甚至专门用一台或几台发电机（或同步补偿机）来供给系统中所需要的无功功率。

所以，“无功”不能从字面上理解为“无用”，无功功率绝对不是“无用”功率，它是具有电感的设备正常工作所必不可少的条件。

电动机、变压器等带有电感线圈的设备运行中，在进行“电”、“磁”转换或“电磁能”和“机械能”转换的过程中，建立交变磁场，在一个周波内吸收的功率和释放的功率相等，实际不消耗能量。这种功率叫做感性无功功率。

电容器等电容量较大的设备在交流电网中运行，在一个周波内（不考虑有功损耗），上半周波的充电功率和下半周波的放电功率相等，也就是说在一个周波内实际等于没有消耗能量。这种充、放电功率叫做容性无功功率。

感性无功功率的电流向量迟后于电压向量 90°，容性无功功率的电流向量超前电压向量 90°。故常用容性无功功率补偿感性无功功率以减少电网无功负荷。也就是普通所谓电动机、变压器“吸收”无功电流而移相电容器“发”无功电流的道理。

204. 电容器的爆炸事故是由哪些原因引起的？电力电容器的保护方式有哪些？

引起电容器损坏以致发生爆炸的主要原因是：

(1) 电容器内部元件击穿：主要是由于制造工艺不良所引起。

(2) 电容器对外壳绝缘的损坏：电容器高压侧引出线由薄铜片制成，如果制造工艺不良，边缘不平有毛刺或严重弯折，其尖端容易产生电晕，电晕会使油分解、箱壳膨胀、油面下降而造成击穿。另外，在封盖时转角处如果烧焊时间过长，将内部绝缘烧伤并产生油污和气体使击穿电压大大下降而损坏。

(3) 密封不良和漏油：由于装配套管密封不良，潮气进入内部，使绝缘电阻降低；或因漏油使油面下降，导致极对壳放电或元件击穿。

(4) 鼓肚和内部游离：主要是由于内部产生电晕、击穿放电和严重游离时，电容器在过电压的作用下，会使元件起始游离电压降低到工作电场强度之下，由此引起一系列物理、化学、电气效应，使绝缘加速老化、分解，产生气体，形成恶性循环，致使箱壳压力增大，造成箱壁外鼓以致爆炸。

(5) 带电荷合闸引起电容器爆炸：任何额定电压的电容器组均禁止带电合闸。电容器组每次重新合闸，必须在开关断开的情况下将电容器放电三分钟后才能进行。否则合闸瞬间的电压极性可能与电容器上残留电荷的极性相反而引起爆炸。为此一般规定容量在 160kVar 以上的电容器组，应装设无压时自动跳闸装置，并规定电容器组的开关不允许装设自动重合闸。

此外，还可能由于温度过高、通风不良、运行电压过高、电压谐波分量过大或操作过电压等而引起爆炸。

为了提高功率因数，经常在高压配电所或车间配电柜内装设电力电容器。为了使这些补偿设备安全可靠地运行，一般应考虑以下几种保护：

(1) 熔丝保护，每台电容器都要有单独的熔丝保护，当某一台电容器有故障时，其熔丝熔断，这样就可以保证其他电容器继续运行。熔丝的熔断电流可按1.5～2.5倍额定电流选择，同时要有足够的熔断容量。

(2) 一般400kVar以下的电力电容器组，可以采用一个或两个装于油开关操作机构内的直接动作式瞬动过电流脱扣线圈构成相间短路的速断保护。

(3) 馈电电压为10kV，容量600kVar以上的电容器组采用继电保护。

如某台电容器发生短路或单相接地时，由于回路中电流增大，过电流继电器GL磁铁吸合，同时接通执行机构回路内的跳闸线圈，使之断开电容器组的电源，以防事故的扩大。

205. 高压线路的接线方式有哪几种？

高压线路有放射式、树干式和环形等基本接线方式。

(1) 放射式接线。放射式线路之间互不影响，因此供电可靠性较高，而且便于装设自动装置，但是高压开关设备用得较多，且每台高压断路器必须装设一个高压开关柜，从而使投资增加。而且这种放射式线路发生故障或检修时，该线路所供电的负荷都要停电。要提高其供电可靠性，可在变电所高压侧之间或低压侧之间敷设联络线。要进一步提高其供电可靠性，还可采用来自两个电源的两路高压进线，然后经分段母线，由两段母线用双回路对用户交叉供电。

(2) 树干式接线。树干式接线与放射式接线相比，具有以下优点：多数情况下，能减少线路的有色金属消耗量；采用的高压开关数量少，因此投资少。但有下列缺点：供电可靠性低，当高压配电干线发生故障或检修时，接于干线的所有变电所都要停电；且在实现自动化方面，适应性也较差。要提高其供电可靠性，可采用双干线供电或两端供电的接线方式。

(3) 环形接线。环形接线，实质上是两端供电的树干式接线。为了避免环形线路上发生故障时影响整个电网，也为了便于实现线路保护的选择性，因此大多数环形线路采用“开口”运行方式，即环形线路中有一处开关是断开的。

实际上，高压配电系统往往是几种接线方式的组合，依具体情况而定。不过一般首先考虑采用放射式，因为其供电可靠性高，且便于运行管理，但投资较大，因此对于供电要求不高的地区，可考虑采用树干式或环形配电，这比较经济。

206. 什么叫负荷曲线？

负荷曲线是表征电力负荷随时间变动情况的一种图形。它绘在直角坐标上，纵坐标表示负荷（有功功率或无功功率），横坐标表示对应于负荷变动的时间（一般以小时为单位）。

负荷曲线按负荷对象分，有企业的、部门的或某类设备的负荷曲线。按负荷的功率性质分，有有功和无功负荷曲线。按所表示负荷变动的时间分，有年的、月的、日的或工作班的负荷曲线。

日有功负荷曲线可以有依点连成的负荷曲线或绘成梯形的图形。绘制年负荷曲线，应从最大负荷值开始，依负荷值递减的顺序进行。年负荷曲线，反映了全年负荷变动与负荷持续时间的关系，所以也称为年负荷持续时间曲线，一般简称为年负荷曲线。另一种年负荷曲线，是按全年每日的最大负荷（一般取为每日最大负荷的半小时平均值）绘制的，称为年每日最大负荷曲线。

从各种负荷曲线上，可以直观地了解负荷变动的情况。通过对负荷曲线的分析，可以更深入地掌握负荷变动的规律，并可从中获得一些对设计和运行有用的资料。因此负荷曲线对于从事供配电设计和运行人员来说，是非常有用的。

207. 什么是计算负荷的需要系数法？

用电设备组的计算负荷，是指用电设备组从供电系统中取用的半小时最大负荷 P_{30}，用电设备组的设备容量 P_e，是指用电设备组所有设备（不包括备用设备在内）的额定容量 P_N 之和，

即 $P_e = \Sigma P_N$。而设备的额定容量，是指设备在额定条件下的最大输出功率（出力）。但是用电设备组的设备实际上不一定都同时运行，运行的那些设备也不可能都满负荷，同时设备本身有功率损耗，配电线路也有功率损耗，因此用电设备组的有功计算负荷应为

$$P_{30} = \frac{K_{\Sigma} \cdot K_L}{\eta_e \cdot \eta_{WL}} \cdot P_e$$

式中　K_{Σ}——设备组的同时系数，即设备组在最大负荷时运行的设备容量与全部设备总容量之比；

K_L——设备组的负荷系数，即设备组在最大负荷时的输出功率与运行的设备容量之比；

η_e——设备组的平均效率，即设备组在最大负荷时的输出功率与取用功率之比；

η_{WL}——配电线路的平均效率，即配电线路在最大负荷时的末端功率（即设备组的取用功率）与首端功率（即计算负荷）之比。

令上式中 $K_{\Sigma} \cdot K_L / \eta_e \cdot \eta_{WL} = K_d$，这里的 K_d 称为需要系数。由上式可知需要系数的定义为

$$K_d \overset{def}{=\!=} P_{30} / P_e$$

即用电设备组的需要系数，就是用电设备组在最大负荷时需要的有功功率与其设备容量之比。由此可得按需要系数法确定三相用电设备组有功计算负荷的基本公式为

$$P_{30} = K_d \cdot P_e$$

实际上，需要系数不仅与用电设备组的工作性质、设备台数、设备效率和线路损耗等因素有关，而且与操作者的技术熟练程度和生产组织等多种因素有关，因此应尽可能通过实测分析确定，使之尽量接近实际。

需要系数值与用电设备的类别和工作状态有极大的关系，因

此在计算时首先要正确判明用电设备的类别和工作状态，否则将造成错误。

208. 什么叫计算负荷的二项式系数法?

需要系数法，计算简便，现仍普遍应用于供配电设计中。但需要系数法未考虑用电设备组中少数容量特别大的设备对计算负荷的影响，因而在确定用电设备台数较少而容量差别相当大的低压分支线和干线的计算负荷时，按需要系数法计算所得的结果往往偏小，于是在这种情况下采用二项式系数法。二项式系数法的基本计算公式是

$$P_{30}=b\cdot P_{e}+c\cdot P_{x}$$

式中 $b\cdot P_{e}$——表示用电设备组的平均负荷，其中 P_{e} 是用电设备组的设备总容量，其计算方法和需要系数法相同；

$c\cdot P_{x}$——表示用电设备中 x 台容量最大的设备投入运行时增加的附加负荷，其中 P_{x} 是 x 台最大容量的设备总容量；

b、c——二项式系数。

其余的计算负荷 Q_{30}、S_{30} 和 I_{30} 的计算与需要系数法相同。

由于二项式系数法不仅考虑了用电设备组的平均最大负荷，而且考虑了容量最大的少数设备运行时对总计算负荷的额外影响，所以此法比较适丁确定设备台数较少而容量差别较大的低压干线和分支线的计算负荷。但是，二项式计算系数 b、c 和 x 的值，缺乏足够的理论根据，而且这些系数，也只适用于部分行业，对其他行业，数据较少，因而使其应用受到一定的局限。

209. 怎样计算供配电系统的线路功率损耗?

线路的功率损耗包括有功和无功两大部分：

(1) 有功功率损耗

有功功率损耗是电流通过线路电阻所产生的，按下式计算：

$$\Delta P_{WL}=3I_{30}^2\cdot R_{WL}$$

式中 I_{30}——线路的计算电流；

R_{WL}——线路每相的电阻。

电阻 $R_{WL}=R_0\cdot l_0$。这里 l_0 为线路长度，R_0 为线路单位长度的电阻值。

（2）无功功率损耗

无功功率损耗是电流通过线路电抗所产生的，按下式计算：

$$\Delta Q_{WL}=3I_{30}^2\cdot X_{WL}$$

式中 I_{30}——线路的计算电流；

X_{WL}——线路每相的电抗。

电抗 $X_{WL}=X_0\cdot l_0$。这里 l_0 为线路长度，X_0 为线路单位长度的电抗值，X_0 不仅要根据导线截面，而且要根据线间几何均距。所谓线间几何均距，是指三相线路各相导线之间距离的几何平均值。

210. 怎样计算单台和多台用电设备的尖峰电流？

单台用电设备的尖峰电流就是其启动电流，因此尖峰电流为

$$I_{pk}=I_{st}=K_{st}\cdot I_N$$

式中 I_N——用电设备的额定电流；

I_{st}——用电设备的启动电流；

K_{st}——用电设备的启动电流倍数：笼型电动机为5～7，绕线型电动机为2～3，直流电动机为1.7，电焊变压器为3或稍大。

多台用电设备的线路上的尖峰电流按下式计算：

$$I_{pk}=K_{\Sigma}\cdot\sum_{i=1}^{n-1}I_{N\cdot i}+I_{st\cdot max}$$

或

$$I_{pk}=I_{30}+(I_{st}-I_N)_{max}$$

式中 $I_{st\cdot max}$和$(I_{st}-I_N)_{max}$——分别为用电设备中启动电流与额定电流之差为最大的那台设备的启动电流与额定电流之差；

$\sum_{i=1}^{n-1}$——将启动电流与额定电流之差为最大的那台设备除外的其他 $n-1$ 台设备的额定电流之和；

K_{Σ}——$n-1$ 台设备的同时系数，按台数多少选取，一般为 0.7～1；

I_{30}——全部设备投入运行时线路的计算电流。

211. 电力系统发生短路故障的原因有哪些？

供配电系统要求正常地不间断地对用电负荷供电，以保证生产和生活的正常进行。但是由于各种原因，也难免出现故障，而使系统的正常运行遭到破坏。系统中最常见的故障就是短路。短路就是不同电位的导电部分之间的短接。

造成短路的主要原因，是电气设备载流部分的绝缘损坏。这种损坏可能是由于设备长期运行、绝缘自然老化，或由于设备本身不合格、绝缘强度不够而被正常电压击穿，或设备绝缘正常而被过电压（包括雷电过电压）击穿，或者是设备绝缘受到外力损伤而造成短路。

工作人员由于未遵守安全操作规程而发生误操作，或者误将较低电压的设备接入较高电压的电路中，也可能造成短路。

鸟兽跨在裸露的相线之间或相线与接地物体之间，或者咬坏设备导线电缆的绝缘，也是导致短路的一个原因。

在三相系统中，可能发生三相短路、两相短路、单相短路、接地短路等。有对称性短路和不对称短路之分。突然短路会引起瞬变过渡过程。

212. 电力系统发生短路故障有哪些影响？

由于短路后，电路的阻抗比正常运行时电路的阻抗小得多，所以短路电流比正常电流一般要大几十倍甚至几百倍。在大的电力系统中，短路电流可达几万安培甚至几十万安培。这样大的短路电流对供电系统将产生极大的危害：

(1) 短路时要产生很大的电动力和很高的温度，而使故障元件和短路电路中的其他元件损坏；

(2) 短路时电压要骤降，严重影响电气设备的正常运行；

(3) 短路时要造成停电事故，而且越靠近电源，短路引起停电的范围越大，给国民经济造成的损失也越大；

(4) 严重的短路要影响电力系统运行的稳定性，可使并列运行的发电机组失去同步，造成系统解列；

(5) 单相对地短路，其电流将产生较强的不平衡磁场，对附近的通信线路、信号系统及电子设备等产生干扰，影响其正常运行，甚至使设备发生误动作。

由此可见，短路故障的后果和影响是非常严重的，因此必须尽力设法消除可能引起短路故障的一切因素。同时需要进行短路电流的计算，以便正确地选择电气设备，使电气设备具有足够的动稳定性和热稳定性，以保证在发生可能有的最大短路电流时不致损坏。为了选择切除短路故障的开关电器、整定短路保护的继电保护装置和选择限制短路电流的元件（如电抗器）等，也必须考虑短路电流的大小。

213. 二次回路的定义和分类是什么？二次回路包括哪几部分？

二次回路是现代发电厂和工业企业中电力设备不可缺少的一部分，用于监视测量表计、控制操作信号、继电保护和自动化装置的全部低压回路均称为二次回路接线。

二次回路接线依照电源及用途可分为以下几种回路：

(1) 电流回路：由电流互感器供电给测量仪表及继电器的电流线圈。

(2) 电压回路：由电压互感器供电给测量仪表和继电器的电压线圈以及信号电源等。

(3) 信号回路：包括光字牌回路，音响回路（音响又包括警铃和蜂鸣器）。信号回路是由信号继电器到中央信号屏或操作机构到中央信号屏构成的。

（4）操作回路：由操作电源到断路器操作机构的跳、合闸线圈以及断路器的备用电源自动合闸等。

二次回路按照电源的性质和回路的用途来分一般包括以下几个部分：

按电源的性质来分：

1）交流电流回路：由电流互感器（TA）的二次侧提供电源的全部回路；

2）交流电压回路：由电压互感器（TV）的二次侧及开口三角提供电源的全部回路；

3）直流回路：直流系统的全部回路。

按回路的用途分：

1）测量回路；

2）继电保护回路；开关控制及信号回路；

3）断路器和隔离刀闸的电气闭锁回路；

4）操作电源回路。

214. 主变压器的差动保护动作后怎样判断、处理与检查？

主变压器的差动保护动作的原因有：

（1）主变及其套管引出线故障；

（2）保护的二次线故障；

（3）电流互感器开路或短路；

（4）主变压器内部故障。

当差动保护动作以后，首先根据主变及其套管和引出线有无故障痕迹或异常现象进行判断。如无所发现，可回忆本站的直流系统是否有不稳定接地的隐患，或曾经带接地运行。如果有的话，可再看一下差动保护动作以后继电器的接点是否打开，如接点全部打开，这时可用万用表的直流电压档检查出口继电器 BCJ 线圈两端是否有电压，如果有，就是直流两点双接地引起的误动。

如果本站的直流绝缘良好，而BCJ线圈两端有电压，同时差动的接点已返回，则为差动跳闸回路，和保护二次回路短路造成的差动误动作。

另外，高低压电流互感器，开路或端子接触不良也会造成差动保护误动作，可详细检查。

如经上述检查，电流互感器没有开路，BCJ两端没有电压，变压器的外部也没有发现故障的痕迹，则可初步判断为主变内部故障，因此，需要经过高压试验、油化验预以鉴定。

差动保护动作以后的处理：

（1）故障明显可见：

1）变压器故障，停止运行；

2）引出线故障，应及时更换。

（2）故障不明显，按上边检查出口继电器BCJ线圈两端也没有电压，可能是变压器内部故障，要停运待试；

（3）如为直流两点接地造成保护的误动作，应及时地消除接地点；

（4）如为保护二次回路短路造成的误动，应及时的消除短路点。

215. 微机保护装置的硬件系统通常包括哪几部分？微机保护屏应符合哪些要求？

微机保护装置的硬件系统通常包括四个部分：

（1）数据处理单元，即微机主系统；

（2）数据采集单元，即模拟量输入系统；

（3）数字量输入/输出接口，即开关量输入输出系统；

（4）通讯接口。

微机继电保护屏应符合以下要求：

（1）微机保护屏（柜）的电流输入、输出端子排列应与电力工业部规定的“四统一”原则相一致；

（2）同一型号的微机保护组屏（柜）时，统一零序电流和零序电压绕组的极性端，通过改变微机保护屏（柜）端子上的联线来适应不同电压互感器接线的要求；

（3）为防止由交流电流、交流电压和直流回路进入的干扰引起微机保护装置不正常工作，应在微机保护装置的交流电流、交流电压回路和直流回路电源的入口处，采用抗干扰措施；

（4）微机保护组屏（柜）应设专用接地铜排，屏（柜）上的微机保护装置和收发讯机中的接地端子均应接到屏（柜）上的接地铜排上，然后再与控制室接地线可靠地连接接地；

（5）与微机保护装置出口继电器接点连接的中间继电器线圈两端应并联消除过电压的回路。

216. 对供电主结线的基本要求及主要电器的作用是什么？

供电主结线（或称一次接线）是指由各种开关电器，电力变压器、母线、电力电缆、移相电容器等电气设备以一定次序相连接的接受和分配电能的电路。电气主结线图通常以单线图表示其接线形式（即用一相表示三相对称电路）。当三相电路中设备显得不对称时，可部分采用三线图来表示。它主要由三部分组成：电源进线，变配电母线及馈电回路。主结线的确定与变配电所电器设备的选择、配电装置的布置以及运行的可靠性和经济性有很密切的关系。

在确定主结线前，首先必须明确主结线的基本要求和主结线中各种电器设备的作用。

（1）对供电主结线的基本要求

主结线的基本要求有以下四条：

1）可靠性——根据用电负荷的等级，保证在各种运行方式下提高供电的连续性。根据用电设备对供电可靠性的要求，将工业企业电力负荷分为三个等级：

① 一级负荷：突然停电将危及人身安全，或使重大设备损

坏且难以恢复，给国民经济带来重大损失的用电负荷。一级负荷应由两个独立电源供电，按照生产需要和允许停电时间采用双电源自动或手动切换的结线，或双电源对多台一级用电设备分组同时供电的结线。对特殊重要的一级负荷应采用两个独立电源点供电的结线。

② 二级负荷：突然停电将产生大量废品，大量原材料报废，大量减产，或将发生重大设备损坏但采取适当措施能够避免者。二级负荷应由二回线路供电。

③ 三级负荷：所有不属于一级及二级负荷的用电设备。对供电方式无特殊要求。

2）灵活性——主结线应力求简单，明显，没有多余的电气设备，投入或切除某些设备或线路的操作方便。

3）安全性——保证在进行一切操作切换时工作人员和设备安全，以及能在安全条件下进行检修工作。

4）经济性——应使主接线的初期投资与运行费用达到经济合理。

（2）主结线中主要电器的作用

1）高压断路器（或称高压开关）：在电路正常工作时，用来接通或切断负荷电流；在电路发生故障时，用来切断大的短路电流。

断路器具有可靠的灭弧装置，有很强的灭弧能力。高压油开关用绝缘油作灭弧介质，高压空气开关用压缩空气作灭弧介质。

2）负荷开关：在电路正常工作时，用来接通或切断负荷电流；但在电路短路时不能切断大的短路电流。

负荷开关灭弧装置简单，灭弧能力有限，仅能熄灭断开负荷电流及过负荷电流产生的电弧，不能熄灭短路时产生的电弧，在断开后有可见的断开点。

3）隔离开关（或称高压闸刀）：在电气设备需停电检修时，用来隔离电源电压，造成一个明显断点，以保证工作人员的安全。

隔离开关的灭弧能力较弱，仅可将已由断路器切断、没有负荷电流流过的电路接通或切断，不能用来接通或切断负荷电流。

4）高压熔断器：在短路或过负荷时利用熔丝来断开电路，但在正常工作时不能用来切断和接通电路。

熔断器的价格在各种开关电器中最便宜，可以节约投资。

5）电流互感器：将电路中流过的大电流变换成小电流，供给测量仪表和继电器的线圈。

6）电压互感器：将高电压变换成低电压，供给测量仪表和继电器的线圈。

217. 单回路供电的高压变电站接线方式有哪些？

（1）单回路供电的适用范围

1）用于只有一台变压器、属于二、三级负荷性质的工业企业；

2）只有单回路 6、10、35～110kV 的电源进线；

3）如能由临近的工厂或供电点取得低电压备用电源或采用其他安全保证措施时，也可对小容量的一级负荷用户供电。

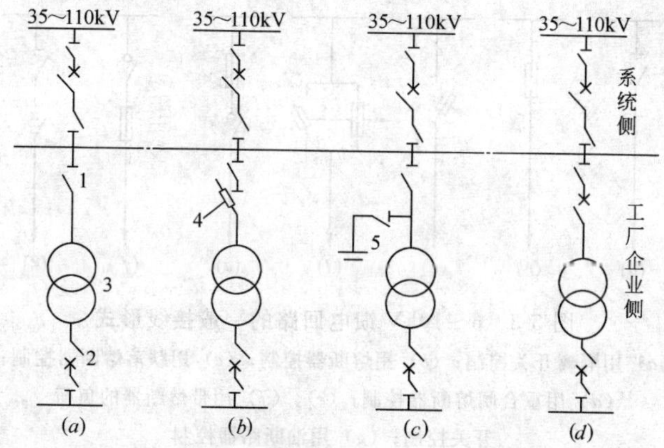

图 5-1　单回路供电的高压变电站接线

(*a*) 变压器一次侧装设一组隔离开关；(*b*) 变压器一次侧装设一组跌落式熔断器；(*c*) 变压器一次侧装设一组隔离开关和一组接地开关；(*d*) 变压器一次侧装设一组断路器

1—隔离开关；2—断路器；3—变压器；4—跌落式熔断器；5—接地开关

(2) 单回路供电的高压变电站接线方式

单回路 35～110kV 供电的高压变电站接线方式见图 5-1。

单回路 6～10kV 电源进线并以同级电压进行配电时，一般称为配电站或开关站。其电气设备回路，见图 5-2。

6～10kV 馈电回路的一般接线形式，见图 5-3。

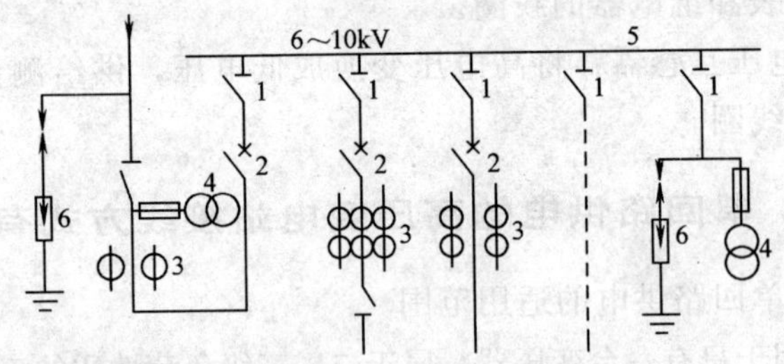

图 5-2 6～10kV 配电所电气设备回路

1—隔离开关；2—断路器；3—电流互感器；4—电压互感器；5—母线；6—避雷器

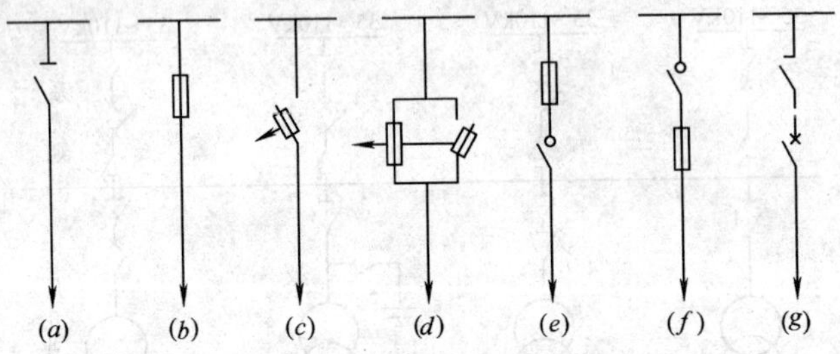

图 5-3 6～10kV 馈电回路的一般接线形式

(*a*) 用隔离开关控制；(*b*) 用熔断器控制；(*c*) 用跌落熔断器控制；(*d*) 用重合闸熔断器控制；(*e*)、(*f*) 用带熔断器的负荷开关控制；(*g*) 用油断路器控制

当工厂内部有两种不同高压的用电设备时，则常采用有不同二次电压的主变压器（三绕组变压器）分别进行馈电。一般接线形式，见图 5-4。

单回路 35kV 供电的高压变电站接线形式，见图 5-5。

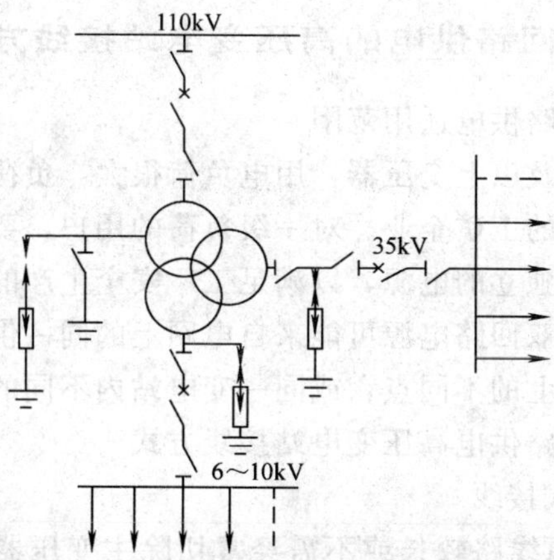

图 5-4 有两种馈电电压的变电站接线

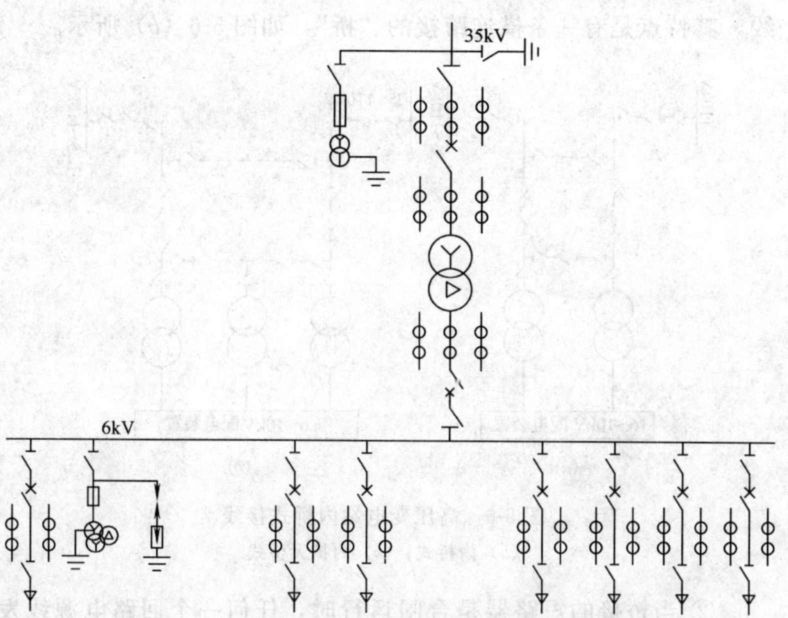

图 5-5 单回路 35kV 供电的变电站接线

(采用整流操作方式，在 35kV 断路器一次侧安装有一台站用变压器，以供给整流器交流电源)

218. 双回路供电的高压变电站接线方式有哪些?

(1) 双回路供电适用范围

用于两台及以上变压器，用电负荷很大，负荷性质比较重要的一二级负荷的工矿企业。对一级负荷的用户，要求双回路电源来自两个完全独立的电源，以满足工厂安全生产的需要。对二级负荷的用户，双回路电源可能来自电网上的同一供电点，但多数要求接自电网上的不同点，或同一变电站内不同的变压器。

(2) 双回路供电高压变电站接线方式

1) 内桥式接线

① 当电源线路较长或不需经常切除主变压器时采用内桥式接线如图 5-6 (*a*) 所示；当有三台变压器时采用扩大内桥式接线，其特点是有一条横连跨接的“桥”，如图 5-6 (*b*) 所示。

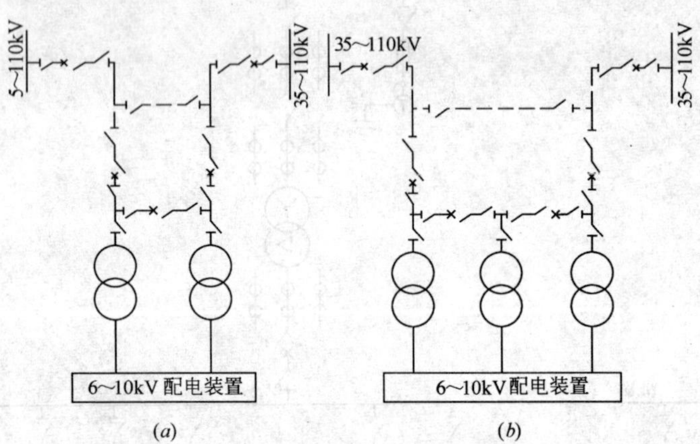

图 5-6 高压变电站内桥式接线

(*a*) 内桥式；(*b*) 内扩大桥式

② 当桥接的短路器是合闸运行时，任何一个回路电源线发生故障，继电保护将其相应的回路上的短路器断开，并不影响所有的变压器的正常运行。

③ 当桥接的短路器是断开运行时，如一个回路电源线发生

故障，可采用自动投入装置将桥接的短路器合闸，使原接于故障电源回路的变压器继续投入运行。

④ 为了在检修线路短路器时保证不中断供电，可在线路短路器的外侧增设带两组隔离开关的跨接线条，见图 5-7。

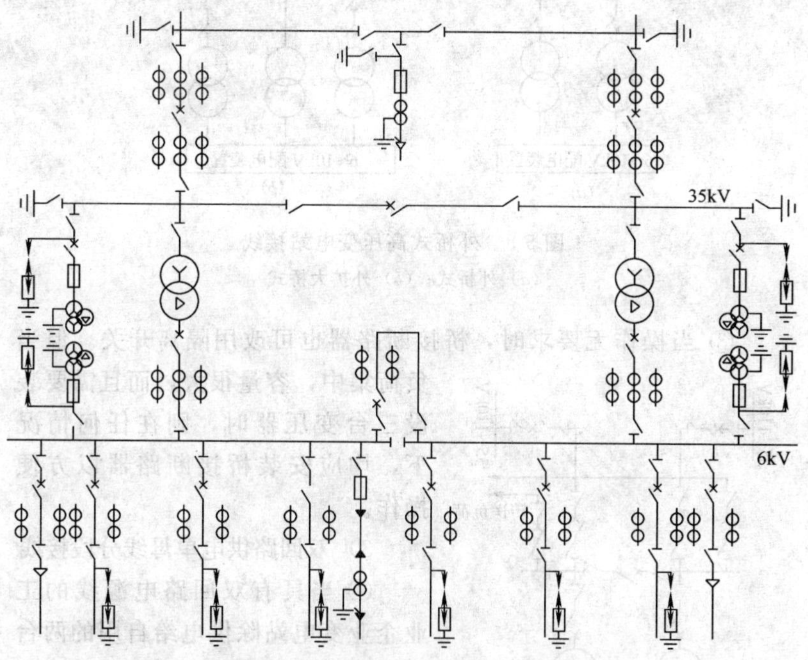

图 5-7　具有两台变压器的内桥式 35kV 变电站主接线

（在 35kV 侧安装 35kV 电压互感器；在 35kV 受电断路器外侧安装站用变压器一台；6kV 侧馈出线中有架空线出线）

2）外桥式接线

① 电源线路较短，或连接桥上有功率，或需要经常切除变压器以适应昼夜负荷变化较大时，可采用外桥式接线或扩大外桥式接线，如图 5-8 所示。

② 当一个回路电源线发生故障时，短时间内将停止对一台变压器供电。

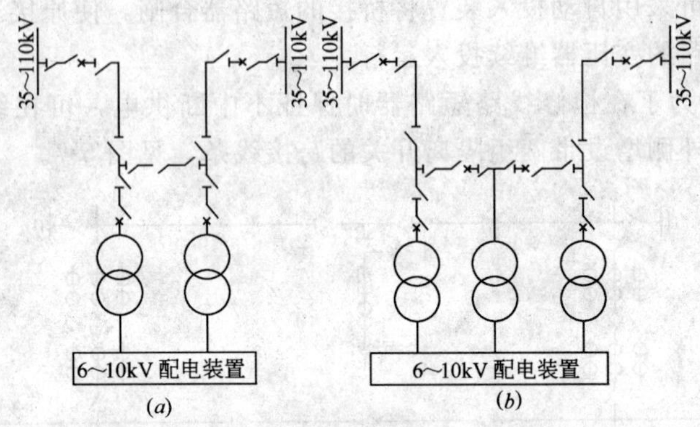

图 5-8　外桥式高压变电站接线

(*a*) 外桥式；(*b*) 外扩大桥式

③ 当操作无要求时，桥接断路器也可改用隔离开关。但当负荷集中，容量很大，而且需要装设三台变压器时，则在任何情况下，均应安装桥接断路器以方便操作。

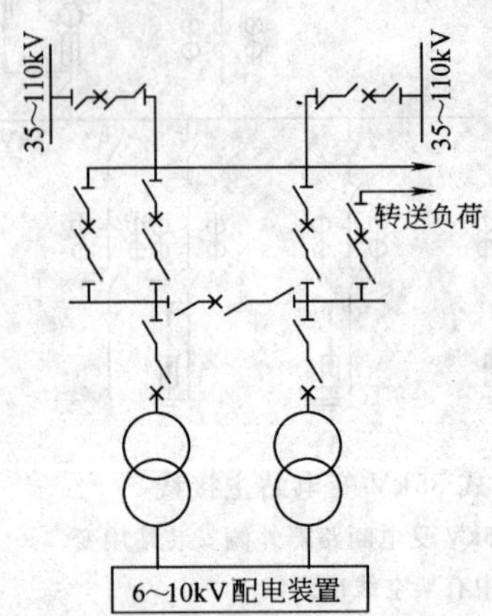

图 5-9　单母线分段的变电站接线

3) 双回路供电单母线分段接线

① 当具有双回路电源线的工业企业变电站除供电给自用的两台主变压器外，同时还必须以同级电压转送一二级回路作为其他用户的电源时，可采用单母线分段的接线方式。见图 5-9。

② 母线检修时，接在该母线上的电源线路和转送线路要停止运行，因此对其他重要用户应由两段母线分别转送。

219. 多回路供电的高压变电站接线方式有哪些?

(1) 单母线分段接线

如果电源线路是两个以上，则母线分段也应是两段以上，各分段应有转送到其他用户的电源线。

（2）双母线接线

1）在负荷很重要，进出线较多，须经常检修母线及有特殊要求的大型工矿企业中的变电站，可采用双母线接线方式。见图5-10。

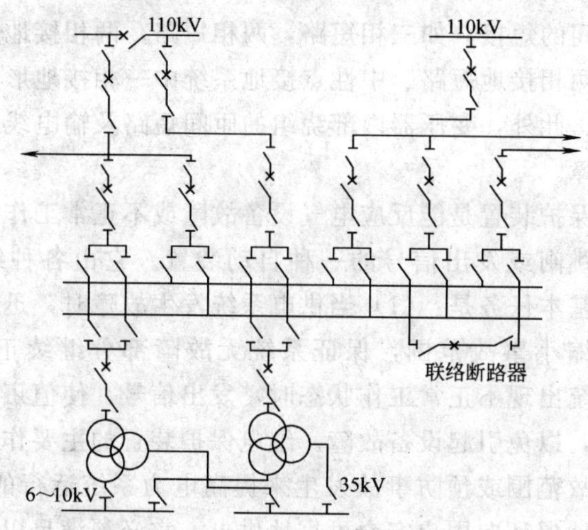

图 5-10　双母线接线的变电站

2）当一组母线检修工作开始以前，可在不中断供电的情况下，将该母线所接的各回路切换到另一母线上，然后对停电后的母线组进行检修。

3）便于扩充发展，调度负荷灵活，供电可靠性高。

4）接线比较复杂，投资大，操作比较烦琐。当母线和断路器之间发生单相接地时，须进行大量的切换操作找接地的故障点。

（3）带旁路母线接线

为提高供电可靠性和方便检修母线断路器，可采用单母线分段加装旁路母线的接线方式，通过切换隔离开关的操作方法，可保持原回路继续供电。在同样回路数的情况下，这种接线方式比双母线投资小。

220. 继电保护的作用和基本要求是什么?

供电系统和电气设备由于绝缘老化，损坏或外界如雷电、外力破坏等原因，可能发生各种故障和不正常工作状态。其中最常见的是短路故障。所谓短路，是指正常运行情况以外的相与相或相与地之间的短接，如三相短路，两相短路，两相接地短路，不同地点的两相接地短路、中性点接地系统中一相接地形成的单相接地短路。此外，变压器内部绕组的匝间短路及输电线路的断线也属于故障。

继电保护装置是能反应电气设备故障或不正常工作状态并作用于开关跳闸或发出信号的一种自动装置。它由各种继电器组成。它的基本任务是：(1) 当供电系统发生故障时，迅速切除故障部分，缩小事故范围，保证系统无故障部分继续正常运行；(2) 当系统出现不正常工作状态时，发出信号，使值班人员及时进行处理，以免引起设备故障。继电保护装置的主要作用是：通过缩小事故范围或预防事故发生来提高电力系统运行的可靠性，最大限度地保证向用户安全可靠地供电。它必须满足以下四个基本要求：选择性，快速性，灵敏性和可靠性。

(1) 选择性

当系统发生故障时，继电保护装置应能有选择性地将故障部分切除，同时保证无故障部分继续运行，不允许越级跳闸。图5-11是一个单端供电的系统短路示意图，线路及变压器的油开关都装有继电保护装置。如图示当 d 点发生短路故障时，开关

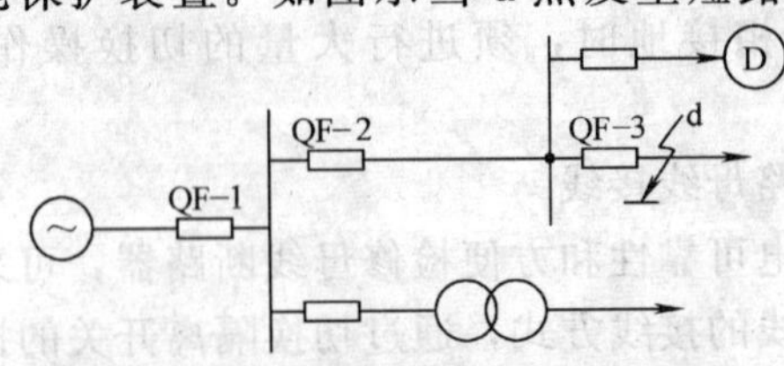

图 5-11 单端供电系统短路示意图

QF-1，QF-2 和 QF-3 有短路电流流过，根据选择性的要求，只有开关 QF-3 的保护装置动作于跳闸，将故障线路从系统中切除，而系统其他部分仍正常运行。

（2）快速性

短路时快速切除短路故障可以缩小故障范围，减轻短路电流引起的损坏，加速恢复供电系统正常运行的过程，减小对用户的影响。所以在可能的情况下，继电保护装置应力求快速动作。

故障切除时间等于继电保护装置动作时间与断路器跳闸时间之和。目前油断路器跳闸时间约为 0.1～0.15s，空气断路器跳闸时间约为 0.05～0.06s。一般快速保护装置的动作时间约为 0.08～0.12s，高压电网中的快速保护装置的最小动作时间约为 0.02～0.03s，所以切除故障的最短时间为 0.07～0.09s，可以满足快速性的要求。但是当快速性和选择性有矛盾时，应在保证选择性的前提下力求快速性。

（3）灵敏性

继电保护装置的灵敏性是指对被保护电气设备可能发生的故障和不正常运行方式的反应能力。继电保护装置应很灵敏的感受和动作。继电保护装置的灵敏性用灵敏系数 K_1 来衡量。

1）过电流保护的灵敏系数为

$$K_1=\frac{I_d}{I_{dz}}$$

式中 I_d——保护范围运行方式最小二相短路电流；

I_{dz}——继电保护装置动作电流。一般的电流保护装置，要求 $K_1=1.2\sim1.5$；仅时限电流保护，则要求 K_1 为 1.5 以上。

2）低电压保护的灵敏系数为

$$K_{lm}=\frac{U_{dz,j}}{U_{D,max}}$$

式中 $U_{dz,j}$——保护装置动作电压的二次值；

$U_{D,max}$——保护区末端短路时，在保护安装处母线上的最大残余电压二次值。

（4）可靠性

继电保护装置应可靠动作，既应该动作时不拒绝动作，不应该动作时不误动。拒绝动作和误动作都将使事故扩大。

要保证继电保护装置的可靠性应注意以下几点：

1）要求选用的继电器质量好，结构简单，工作可靠；

2）简化接线，包含的接点数目越少，动作越可靠；

3）正确使用继电器的整定值。保护的整定值应是在保护的计算值上再乘一个可靠系数。可靠系数用 K_k 表示：

$$K_k = \frac{I_{dz}}{I_{FM}}$$

式中 I_{dz}——继电保护装置动作电流；

I_{FM}——最大负荷电流。

4）安装质量高，定期检验和维修继电器。

221. 继电保护的基本原理是什么？

电力系统发生故障时，会引起电流的增加和电压的降低，以及电流电压间相位角的变化，因此，利用故障时这些基本参数与正常运行时的差别可以构成各种不同原理的继电保护。由于供电方式和对继电保护要求不同，继电保护通常有级联差动保护，电流速断保护，瓦斯保护，过电流保护和过负荷保护等类型。对6～10kV设备的继电保护一般采用过电流保护类型，继电保护装置安装在开关柜的面板上，所保护的有电力变压器、高压电动机、高压电容器和架空电缆等。

继电保护装置一般由三大部分组成，即测量部分、逻辑部分、执行部分。测量部分的作用是测量被保护对象工作状态的一个或几个物理量；逻辑部分的作用是根据测量元件的输出量判断被保护对象工作状态是正常工作、不正常工作还是故障状态，以决定继电保护装置是否应该动作；执行部分的作用是根据逻辑部分作出的判断，执行继电保护装置的任务，给出跳闸信号或信号脉冲。

现以过电流保护为例，介绍继电保护的基本原理。通常把电流互感器一次侧绕组电流流入的一端与二次侧绕组电流流出的一端称为同一极性，以“＊”标记（图 5-12），即一次电流 I_1 与二次电流 I_2 同相位。

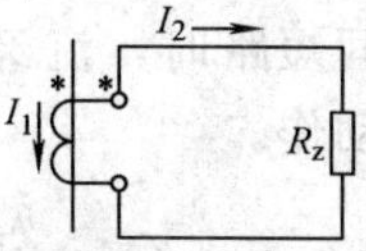

图 5-12　电流互感器的极性

（1）三相星形连接方式　由三只互感器与三只继电器对应联结起来（图 5-13），这样不论发生何种故障，流过继电器线圈中的电流 $I_a I_b I_c$ 总是与一次侧电流 $I_a I_b I_c$ 成比例（即电流互感器的变化），接线系数为 1。

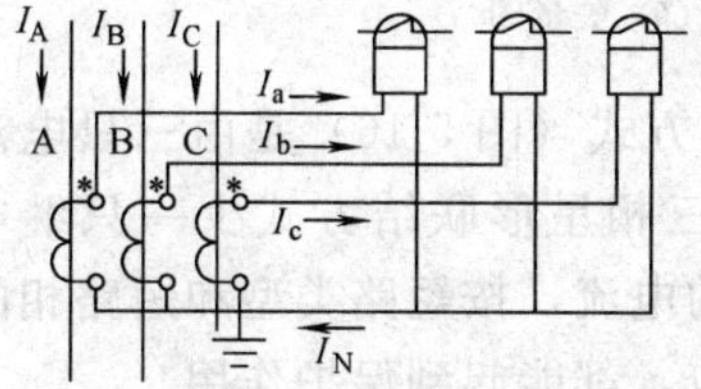

图 5-13　三相星形联结方式

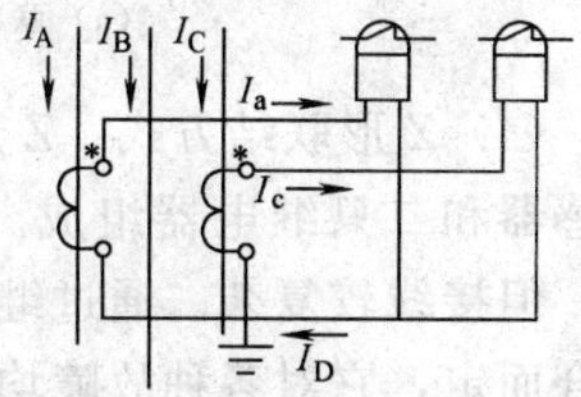

图 5-14　不完全星形联结方式

三相星形联结方式对各种故障如三相或两相，单相接地等短路都能动作，起到保护作用。

（2）不完全星形联结方式　不完全星形联结方式（图 5-14）是由两只电流互感器与两只继电器在 AC 两相上对应的联结起来。它与三相星形联结方式的差别是 B 相少一只电流互感器和一只继电器。如相间（AB，AC 或 BC）短路时，两只继电器都能动作；当 B 相短路时，A，C 相继电器中没有短路电流，所以不起保护作用。但因为它比三相星形联结方式设备少，而且 6～10kV 中性点不接地系统中单相接地不立即跳闸可允许运行两个小时，因此该接线方式在 6～10kV 中性点不接地系统中的过电流保护装置中得到广泛应用。

（3）两相电流差接线方式　两相电流差接线方式（图 5-15）是由两只互感器和一只继电器组成。正常工作时，通过继电器电流 $I_P = I_c - I_a = \sqrt{3} I_a$；即流经继电器的电流时 C 相电流和 A 相电流的矢量差，其数值是电流互感器二次侧电流的$\sqrt{3}$倍。当相间短路时，流经继电器的电流只有正常工作的 1/3 倍，使其动作。

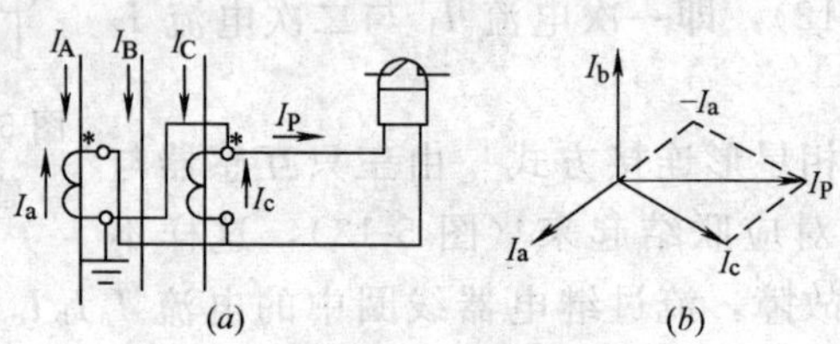

图 5-15　两相电流差联结方式

（a）联结方式；（b）矢量图

（4）Z 形联结方式　Z 形联结方式（图 5-16）是由三只电流互感器和二只继电器组成。它比三相星形联结方式少一只继电器，但接线较复杂。通过继电器的电流，按短路类型和短路相的组合而定，它对各种故障均能反应，都能起到保护作用。

（5）二相过流一相漏地联结方式　二相过流一相漏地联结方式（图 5-17）是由三只电流互感器和三只继电器组成。这种联结方式与三相星形联结方式的不同之处在于有一只继电器不是接在 B 相上而是接在星形的中性线上，相间短路保护与不完全星形联结方式一样，而接在中性线上的继电器反映零序电流 I_0 作为单相接地保护。

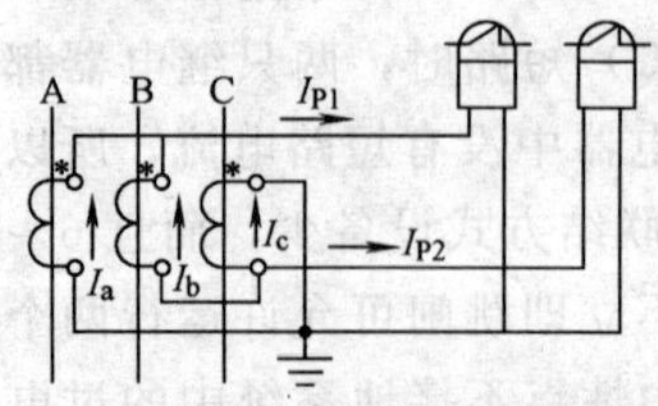

图 5-16　Z 形联结方式

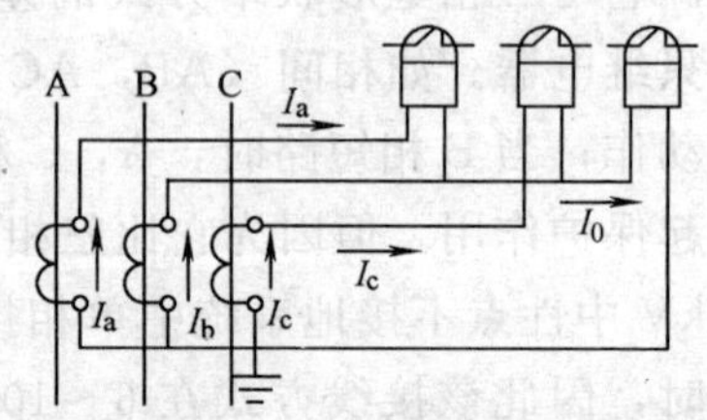

图 5-17　两相过流一相漏地联结方式

（6）采用旁路熔丝的过电流保护　采用旁路熔丝的过电流保护（图 5-18），它是在正常情况下，旁路熔丝将操作机构的脱扣器短路，电流不流入脱扣器线圈。当发生短路故障时，电流增大，使旁路丝熔断，短路电流流入脱扣器线圈，而使脱扣器动作，开关跳闸。

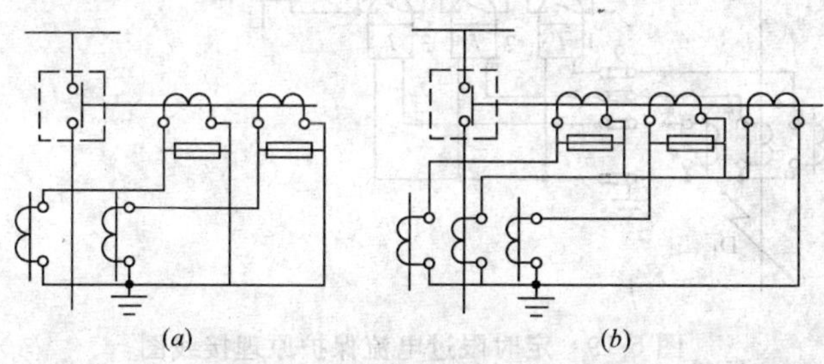

图 5-18　采用旁路熔丝的保护

(*a*) 中性点接地；(*b*) 又一种中性点接地

222. 输电线路的电流保护线路是怎样的？

输电线路发生故障时，电流突然增大。利用这一特点，可以构成反映电流上升而动作的保护，这就是输电线路的电流保护。

定时限过电流保护：

定时限过电流保护原理接线图，见图 5-19。

它由电流继电器、时间继电器、信号继电器、出口中间继电器、连接片组成。

动作过程如下：当发生短路故障时，短路电流经电流互感器 TA 流入电流继电器 1、2、3，在短路电流数值大于电流继电器的动作电流时便启动。因为三只电流继电器的触点是并联的，所以只要任一只电流继电器的触点闭合，便可使时间继电器 4 的线圈带电启动，按预先整定的时间，其触点闭合，并启动信号继电器 6 及出口中间继电器 5。信号继电器启动后发出信号。出口中间继电器启动后，接通跳闸回路，使 QF 断路器跳闸切除故障。

可见，动作时间只决定于时间继电器的动作时间，因此称这

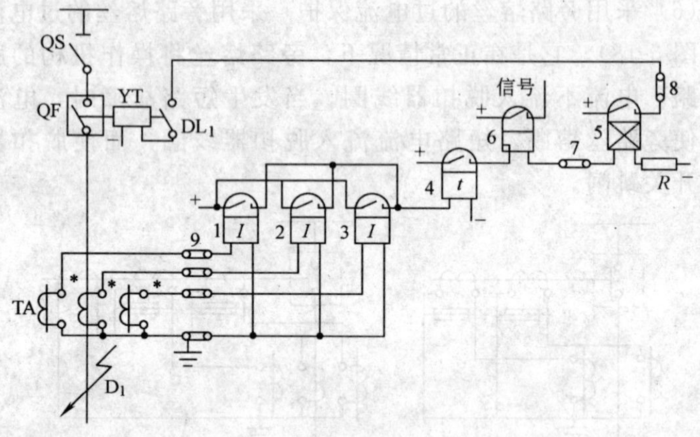

图 5-19 定时限过电流保护原理接线图

QS—隔离开关；QF—断路器；TA—电流互感器；YT—跳闸线圈；1、2、3—电流继电器 DL-11 型；4—时间继电器 DS-112/220 型；5—出口中间继电器 DZ-17/110 型，串电阻 R20 瓦、2000 欧；6—电流信号继电器 DX-11/0.025 型；7、8—连接片；9—电流试验端子

种保护为定时限的过电流保护。

定时限过电流保护的整定计算：

(1) 定时限过电流保护的动作电流

保护相间短路的过电流保护的动作电流选择的出发点是：只有在被保护线路故障的情况下才启动，而在最大负荷电流时不应该动作。因此必须满足两个条件：

① 在最大负荷电流 $I_{fh,max}$时保护装置不动作，即

$$I_{dz}>I_{fh,max}$$

式中 I_{dz}——定时限过电流保护继电器的一次动作电流；

$I_{fh,max}$——最大负荷电流。

② 保护装置在外部短路被切除后应能可靠返回。

定时限过电流保护电流继电器的动作电流 $I_{dz.j}$为

$$I_{dz,j}=\frac{K_k K_{jx}}{K_f n_{lh}}I_{fh,max}$$

式中　K_k——可靠系数，考虑到继电器动作电流的误差和负荷电流计算的不准确性等，一般取1.15～1.25；

K_{jx}——电流互感器接线系数，三相星形连接方式和不完全星形连接方式时为1，三角形和两相电流差连接方式时为$\sqrt{3}$；

K_f——返回系数，等于返回电流和动作电流之比；

n_{lh}——电流互感器的变比。

（2）定时限过电流保护的灵敏度

定时限过电流保护的灵敏度是校验在被保护范围内短路时保护装置能否可靠地动作。通常用灵敏度系数K_{lm}表示。

（3）定时限过电流保护的动作时限

图5-20为单侧电源辐射形电网定时限过电流保护装置的时间配置图。

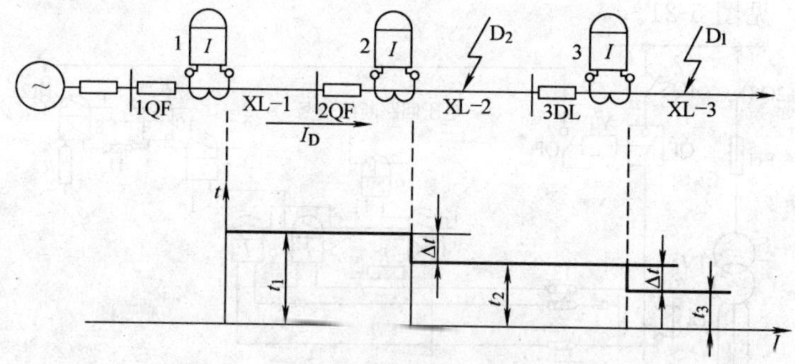

图5-20　单侧电源辐射形电网定时限过电流保护的时限配合

设被保护线路XL-1、XL-2、XL-3的电源侧分别装有定时限过电流保护。为了保证单侧电源辐射形电网定时限过电流保护装置动作的选择性其动作时间的整定必须满足以下条件：

$$t_1 < t_2 < t_3 \quad ①$$

$$t_2 = t_3 + \Delta t \quad ②$$

$$t_1 = t_2 + \Delta t = t_3 + 2\Delta t \quad ③$$

式中　Δt——时间级差，一般取 0.5～0.7s。

定时限过电流保护的动作时间是以从负荷向电源侧逐级增加的原则整定的。

定时限过电流保护接线简单、工作可靠，对单端供电的辐射电网能保证有选择性的动作，因此在辐射电网中应用广泛，一般在 35kV 以下网络中作为主保护。

223. 低电压闭锁的过电流保护线路是怎样的？

过电流保护的动作电流是按通过最大的负荷电流来整定的。在某些情况下不能满足灵敏度的要求，所以为了提高过电流保护的灵敏度和改善通过负荷电流的条件，采用低电压闭锁的过电流保护。

低电压闭锁的过电流保护（也称低压过流保护）原理接线图，见图 5-21。

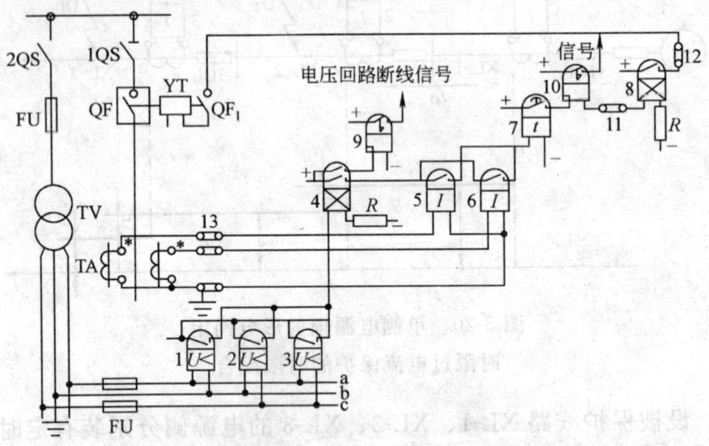

图 5-21　低电压闭锁过电流保护原理接线图

1、2、3—电压继电器 DJ-122/160 型；4—中间继电器 DZ-17/110 型，串电阻 20 瓦、2000 欧；5、6—电流继电器 DL-11/20 型；7—时间继电器 DS-122/220 型；8—出口中间继电器 DZ-17/110 型，串电阻 20 瓦、2000 欧；9—电压信号继电器 DX-11 型；10—电流信号继电器 DX-11/0.025 型；11、12—连接片；13—电流试验端子；RD—熔断器它由低电压继电器、中间继电器、信号继电器组成低电压闭锁回路，由电流继电器、时间继电器、信号继电器组成过电流保护。

动作过程如下：正常情况下电压正常，且无过负荷，低电压继电器 1、2、3 和电流继电器 5、6 触点都处于打开位置，保护不动作。若由于大型电动机的启动，启动电流使最大负荷电流超过电流继电器的整定值，虽然电流继电器动作，但由于母线电压不会明显下降，所以低电压继电器触点不会闭合，中间继电器 4 不会动作，也不会起动出口中间继电器 8，保护装置不动作。只有当保护线路发生短路故障，既产生大电流，又使母线电压显著下降时，低电压继电器 1、2、3 闭合，中间继电器 4 触点闭合，电流继电器 5、6 也闭合，经一定时限后，时间继电器 7 的触点闭合，启动出口中间继电器 8，使其触点闭合，发出跳闸脉冲，将断路器 QF 跳闸。

低电压闭锁过电流保护的整定计算：

(1) 低电压闭锁元件的动作电压

低电压继电器在系统最低工作电压时应不动作，在外部短路故障切除后，低电压继电器应能可靠返回，所以低电压继电器的返回一次电压应小于最低工作电压，即：$U_f < U_{g,min}$

低电压继电器的返回电压 U_{fj} 应是

$$U_{fj}=\frac{U_{g,min}}{K_k n_{YH}}$$

式中 K_k——可靠系数，取 1.1～1.25；

n_{YH}——电压互感器的变化。

低电压继电器的返回电压与动作电压之比成为返回系数 K_f，即

$$K_f=\frac{U_{f,j}}{U_{dz,j}}$$

其中，低电压继电器的返回系数 $K_f=1.25$。

低电压继电器的动作电压 $U_{dz,j}$ 为：

$$U_{dz,j}=\frac{U_{g,min}}{K_k K_f n_{YH}}$$

实际上选系统的最低工作电压 $U_{g,min}=0.95U_e$（额定电压），取 $K_k=1.1\sim1.25$，$K_f=1.25$ 时，低电压继电器的动作电压为 $(0.6\sim0.7)U_e$，即 60～70V。

(2) 低电压闭锁过电流保护的动作电流

低电压闭锁过电流保护的动作电流可以不躲过最大负荷电流，而按正常的持续负荷电流 I_{fh} 整定，即

$$I_{dz,j}=\frac{K_k K_{JX}}{K_f n_{LH}} I_{fh}$$

224. 反时限的过电流保护线路是怎样的?

这种保护的特点是在同一线路不同点短路时，由于短路电流不等，保护具有不同的动作时限，在线路靠近电源端短路时短路电流较大，动作时限较小。这种反时限的特性主要是利用 GL 型感应式电流继电器来实现的。

6～10kV 线路的反时限过电流保护的原理接线图，见图 5-22。

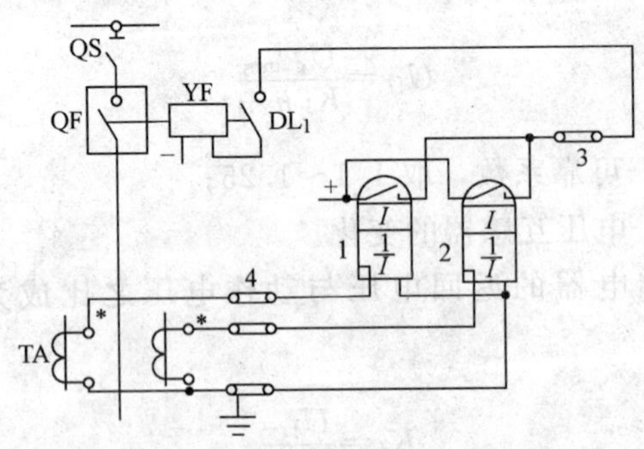

图 5-22　反时限过电流保护原理接线图

1、2—感应型电流继电器 GL-21；3—连接片；4—电流试验端子

感应型电流继电器本身既是启动元件，又是时间元件，且触点容量大，可实现直接跳闸，不需中间继电器，继电器本身还带有机械掉牌信号装置，不需信号继电器，保护装置简单。

反时限过电流保护的整定计算和定时限过电流保护相同。但由于感应型电流继电器的动作时限和线路电流的大小有关，所以相邻线路之间的配合比较困难。因此，反时限过电流保护主要用于较低电压的线路保护和电动机保护上。

225. 电流速断保护线路是怎样的？

定时限过流保护简单可靠，但存在当线路段数较多时越靠近电源侧保护时限越长，不能满足动作速动性的缺点。采用电流速断保护可克服这一缺点，迅速切除靠近电源侧的故障。

电流速断保护的动作电流大于下一线路首端短路时的最大短路电流。因为它的选择性是靠增大动作电流的整定值来实现的，不必加时限，可以实现瞬动保护。

电流速断保护的原理接线图，见图 5-23。

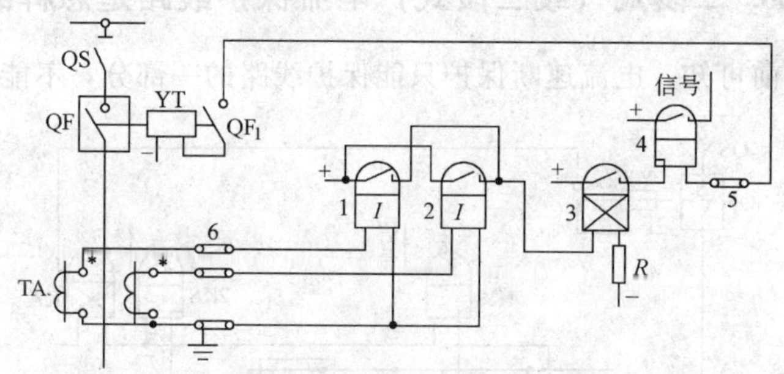

图 5-23 电流速断保护原理接线图

1、2—电流继电器 DL-11 型；3—中间继电器 DZ-17/110 型，串电阻 20 瓦、2000 欧；4—信号继电器 DX-11/1 型；5—连接片；6—电流试验端子

电流速断保护是按不完全星形的两相两继电器接线方式构成的，可防止相间短路。

电流速断保护的动作过程比较简单，在被保护范围内发生故

障且 $I_j > I_{dj}$ 时，电流继电器 1、2（或任何一个动作），接通回路，触点闭合，中间继电器线圈得电，触点闭合，接通回路，使断路器跳闸。同时，信号继电器通电动作发出信号。

(1) 电流速断保护的动作电流

电流速断保护的动作电流要大于本线路末端 D_B 点最大短路电流 $I_{DB,max}$，即

$$I_{dz} = K_k I_{DB,max}$$

式中 K_k 是可靠系数，对电流速断保护取 1.1～1.3。

(2) 电流速断保护的灵敏度

电流速断保护的灵敏度用保护区占被保护线路全长的百分数来表示。在最大运行方式下，灵敏度为 50%时认为具有良好的效果；在最小运行方式下 15%～20%即可装设。

电流速断保护不能保护全线，但能加速切除线路首端的故障，因此，它不能作为主保护，但可作为主保护的辅助保护。

226. 二段式（或三段式）电流保护线路是怎样的？

由前可知，电流速断保护只能保护线路的一部分，不能作为

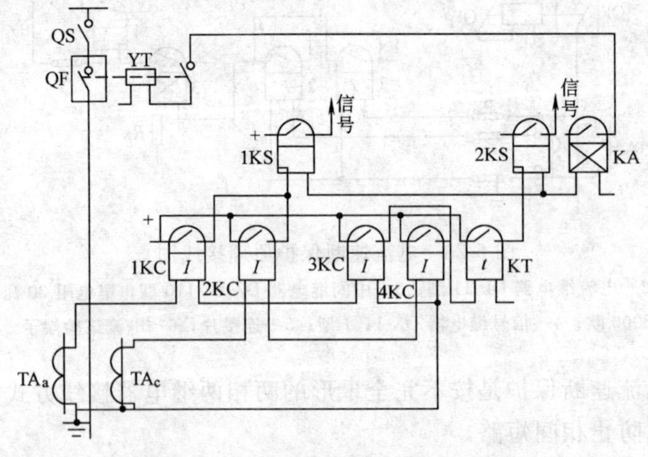

图 5-24　二段式电流保护原理接线图

线路的主保护，只能作为加速切除线路首端故障的辅助保护：过电流保护既可作本线路的后备保护，又可做下一级线路的后备保护，但切除故障的时间较长。通常情况下，为了对线路进行可靠的保护，把电流速断保护和过电流保护相配合构成二段式电流保护。二段式电流保护的原理接线图，见图 5-24。

图中第一段是电流速断保护，由电流继电器 1KC、2KC 和信号继电器 1KS 组成；第二段是定时限过电流保护，由电流继电器 3KC、4KC，时间继电器 KT 和信号继电器 2KS 组成。中间继电器 KA 是二段电流保护公用的出口继电器。

二段式电流保护广泛地应用于 10～35kV 电网中。

227. 电流闭锁电压速断保护线路是怎样的？

电流速断保护在被保护线路始端和末端短路电流差别不大时或电力系统运行方式大小相差很大时都很不灵敏，不能很好地起保护作用，此时可采用电压速断保护装置。

电压速断保护是利用线路故障时当线路电压下降至预先整定的数值时，低电压继电器触点闭合，作用与跳闸，瞬时切除故障。

电压速断保护装置工作原理图，见图 5-25。

由图可知，短路点越接近母线，母线残余电压越低。由于在电力系统最小运行方式下发生断路故障时母线上的残余电压越低，电压速断保护的动作电压是按最小运行方式下线路末端短路时母线上的残余电压来整定的，即

$$U_{dz}=\frac{U_{cy,min}}{K_k}$$

式中 U_{dz}——电压速断保护动作电压；

K_k——可靠系数 1.1～1.2；

$U_{cy,min}$——最小运行方式下，被保护线路 XL-1 末端短路时母线上的残压。

图中 L_N 和 L_M 分别为电力系统最大和最小运行方式下的保

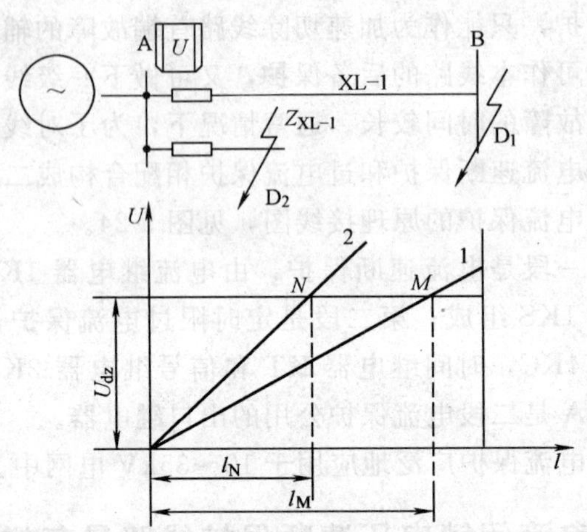

图 5-25 电压速断保护装置工作原理

护范围，电压速断保护在最大运行方式下的保护范围最小，此外电压速断保护范围不可能下降到零。

单纯的电压速断保护是不能使用的，由于与母线相连的其他线路发生短路时也会引起母线电压的下降导致线路跳闸，所以电压速断保护必须加装电流继电器作为闭锁元件，以判断故障线路。此时如果短路发生在其他线路，虽然电压元件动作，但电流元件不会动作，保证了选择性，这种保护称为电流闭锁电压速断保护。

228. 电流电压连锁速断保护线路是怎样的?

如果按某一经常出现的运行方式下，使电流闭锁电压速断保护装置中的电流元件和电压元件有相同的保护范围，就形成了电流电压连锁速断保护。

电流电压连锁速断保护原理图，见图 5-26。

图 5-26 中，电压继电器 1KV、2KV、3KV 分别接于母线电压互感器二次侧的相间电压，三角形连接。电流继电器 1KC、2KC 是两相二继电器式的连接。

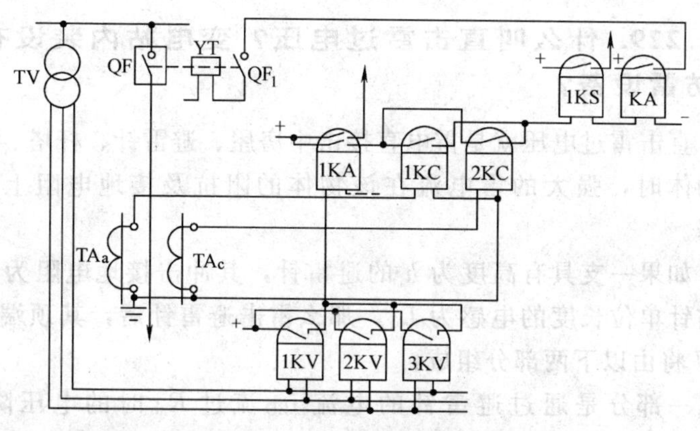

图 5-26 电流电压连锁保护原理图

动作过程：在正常情况下，母线为额定电压，1KV、2KV、3KV 的触点是打开的，在正常负荷电流下，1KC、2KC 的触点也是打开的。当被保护范围内发生短路时，相应的低电压继电器动作，触点闭合，启动中间继电器 1KA，其触点闭合。故障电流使相应的电流继电器动作，启动出口中间继电器 KA，KA 动作发出跳闸脉冲，使断路器跳闸。当其他线路发生故障时，虽然 KV 动作，但 KC 不动，故不会启动 KA。1KA 会动作发出信号，但当故障切除后，母线电压恢复正常，KV 和 1KA 立刻自动返回。如果电压回路断路，引起 KV 和 1KA 动作发出断线信号，但 KC 不动，保护也不会误动，待值班人员处理后，KV 和 1KA 才返回。

电流元件和电压元件的整定：

电流元件的动作电流为

$$I_{db}=\frac{E_{xl}}{Z_{xl}+Z_l}$$

式中 E_{xl}——系统相电势；

Z_{xl}——某经常运行方式下的系统阻抗；

Z_l——被保护线路的阻抗，且 $Z_l=0.8Z_{xl}$（Z_{xl}为保护装置保护范围内的阻抗）。

229. 什么叫直击雷过电压？变电站内装设有哪些防雷设备？

直击雷过电压就是雷电直接击中房屋、避雷针、杆塔、树木等物体时，强大的雷电流在该物体的阻抗及接地电阻上的电压降。

如果一支具有高度为 h 的避雷针，其冲击接地电阻为 R_{sh}，避雷针单位长度的电感为 L_0，那么雷击避雷针后，其顶端的电位 U 将由以下两部分组成：

一部分是通过避雷针的电流 i_{LD} 流过 R_{sh} 时的电压降 $i_{LD}R_{sh}$；另一部分是通过避雷针本身的电感形成的，即 $L_0 h \mathrm{d}i_{LD}/\mathrm{d}t$（式中 $\mathrm{d}i_{LD}/\mathrm{d}t$ 为雷电流的上升速度）。所以避雷针顶端的电位为：

$$U = i_{LD}R_{sh} + L_0 h \mathrm{d}i_{LD}/\mathrm{d}t$$

由上式可以看出，雷击避雷针以后，其顶端电位 U 的大小就是直击雷过电压的数值。

【例题】

设避雷针高度 $h=30\mathrm{m}$，$i_{LD}=100\mathrm{kA}$，$R_{sh}=10\Omega$，雷电流上升速度 $\mathrm{d}i_{LD}/\mathrm{d}t=32\mathrm{kA}/\mu\mathrm{s}$，$L_0=1.5\mu\mathrm{h}$，求雷击避雷针后顶端的直击雷过电压为多少伏？

【解】

将已知数据代入上式得：

$$U = 100\times10+1.5\times10\times30\times32=2440\mathrm{kV}$$

就是说，雷击避雷针以后，其顶端的直击雷过电压为2440kV。

为了防止直击雷对变电所的侵害，在变电站内都装有避雷针或避雷线，但是，我们常用的是避雷针。为了防止电波的侵害，按照相应的电压等级装设阀型避雷器、磁吹避雷、与此相配合的进线保护段，即架空线、管型避雷器或火花间隙。在中性点不直接接地系统装设消弧线圈，能减少线路雷击掉闸次数。为了防止感应过电压，旋转电机还装设有保护电容器。为了可靠的防雷，所有以上设备都必须装设可靠的接地装置。

230. 微电脑消谐装置的工作过程如何？

微电脑谐振消除装置是一种利用微型计算机进行谐波判断、监测、治理和报告结果的新型产品。它借助于微电脑的智能化分析能力，可以准确的判断出发生谐振的频率、地点及谐振得程度，并以此为依据来决定加入阻尼量的多少。该装置具有抗干扰能力强，消谐频率范围宽，调试维护简单方便等优点，是消除谐振（主要是铁磁谐振）过电压的较好产品。微电脑谐振消除装置的核心部件是单片微机——即 CPU。由 CPU 来控制并联在电压互感器二次侧开口三角绕组上的可控硅的运行状态。也就是说，该装置是利用了计算机的快速、准确的数据处理分析能力，对于电压互感器的运行状态进行循环监测，不断地对电网的有关参数进行适时采集，并实现快速的傅氏分析，因此，它能够在极短的时间内准确无误地判断出故障的类型（是单相接地、过渡过程还是电网谐振等），然后才决定投入其执行元件——可控硅。在正常情况下，电压互感器开口三角绕组输出的零序电压为零或接近于零，这时可控硅处于阻断状态，对于电力系统不会造成任何影响。但是当该电压不为零时，则说明电网发生故障或处于不对称运行状态，这时 CPU 则会根据它所采集到的零序电压的大小和频率的高低，来进行计算、分析和判断。如果是单相接地故障，消谐器便会给出接地故障报警显示；如果是系统谐振的话，则装置在发出声光信号的同时，起动执行元件可控硅，并使之在瞬间短路进行强阻尼，而谐振频率会在这一强烈的阻尼下迅速消失。当谐振消除后，装置能够作出相应的记录和显示，以便进行事故分析与处理。至此，消谐装置便完成了一个巡检周期，又重新回到了初始状态，继续对互感器的运行情况执行下一个周期的循回监测。如此循环往复，装置对电力系统进行“测量—分析—判断—故障—消谐—测量”等循环过程。

231. 什么叫接地？什么叫接零？为什么要进行接地和接零？什么是接地保护？什么条件下采用接地保护？

在电力系统中，将电气设备和用电装置的中性点、外壳或支架与接地装置，用导体作良好的电气连接叫做接地。将电气设备和用电装置的金属外壳与系统零线相接叫做接零。

接地和接零的目的，一是为了电气设备的正常工作，例如工作性接地；另一个目的是为了人身和设备的安全，例如保护性接地和接零。虽然就接地的性质来说，还有重复接地，防雷接地和静电屏蔽接地等，但是其作用都不外乎是上述两种作用。

为防止因电气设备绝缘损坏而遭受触电的危险，将电气设备的金属外壳与接地体相连接，称为接地保护。

在中性点不接地的低压系统中，当电气设备绝缘损坏，使相线碰到设备的外碰壳时，人误碰到带电的设备外壳后，接地电流 I_d 则通过人体、接地体和电网对地绝缘阻抗形成回路，流过每一条通路的电流值将与其电阻大小成反比，即

$$I_r : I_d = R_d : R_r$$

式中 I_r——流经人体的电流；

I_d——流经接地体的电流；

R_d——接地体的接地电阻；

R_r——人体的电阻。

从上式可以看出，接地体的接地电阻 R_d 愈小，流经人体的电流就愈小。这时漏电设备对地的电压主要取决于接地保护的接地体电阻 R_d 的大小。

由于 R_d 和 R_r 并联，而且 $R_d < R_r$（通常接地体的电阻要比人体的电阻小数百倍），故可以认为漏电设备外壳对地电压为

$$U_d = 3U_{xg}R_d/(3R_d + Z_c)$$

式中 U_d——漏电设备外壳对地电压（V）；

U_{xg}——电网的相电压（V）；

R_d——接地体的接地电阻（Ω）；

Z_c——电网对地的绝缘阻抗（有电网对地分布电容和对地的绝缘电阻组成）。

又因 $R_d < Z_c$，所以，漏电设备对地电压大为降低，只要适当控制 R_d 的大小（一般不大于 4Ω），就可以避免人体触电的危险，起到保护的作用。

接地保护适用于三相三线或三相四线制的电力系统。在这种电网中，凡由于绝缘破坏或其他原因而可能呈现危险电压的金属部分，例如变压器、电动机以及其他电器等的金属外壳和底座均可采用接地保护。

232. 地下变电所的特点是什么？

地下变电所全部装置（包括电力变压器、高低压配电柜）设在地下。因此，散热条件较差，湿度较大，建造费用较高，但相当安全。一般不采用油断路器，常采用真空断路或 SF_6 断路器，也不采用油浸变压器，而采用干式变压器，室内通风散热需要采取措施。地下变电所在国外普遍采用，国内在高层建筑中采用较多，但逐步在推广。

233. 什么是三相五线制？实行三相五线制有什么好处？

现行三相四线制，在许多用户，特别是单相有地线装置的用电设备，往往在零线断了以后，用电设备外壳就带电，所以非常不安全，甚至比无地线装置时更危险。所以实行三相五线制，零、地分开，再加三相火线，共五条线供电，称为三相五线制，这样就解决了三相四线制存在的问题，从安全角度看，三相五线制比三相四线制优越得多。一般在建筑物地下预埋好地线，地线和零线都独立布线。这样，施工自然要费事一些，投资也大一些，但这是为了保证安全。

234. 高压熔断器在运行和检修时，应注意什么？

高压熔断器在运行和检修时的注意事项如下：

（1）应正确选择熔体，保证其工作的选择性。

（2）熔断器内所装熔体的额定电流，只能小于或等于熔断器的额定电流。

（3）熔体熔断后，应更换相同尺寸和材料的熔体，不能任意加粗和减小，更不能用不易熔断的其他金属丝去更换，以免造成事故。

（4）装配熔断器熔体时，应使其两端接触良好。并注意不要将熔体碰伤，以免造成在正常工作电流时熔断，发生不必要的停电事故。

（5）更换熔体时，应切断电源，并且不允许在带电情况下卸下熔断器，以保证安全。操作人员还必须带绝缘手套和穿绝缘鞋。

高压熔断器是高压电器，运行和检修高压熔断器，属于高压作业，所以必须按高电压作业规程进行，以保障设备和人身的安全。

235. 高压隔离开关运行中常见的故障有哪些？其原因是什么？

高压隔离开关在运行中常见的故障有：接触部分过热和隔离开关拉不开。

发生接触部分过热现象，是由于压紧弹簧松弛或接触部分表面氧化而造成。这种故障发生时，因为发热，就促使氧化越来越严重，氧化加剧后接触电阻迅速增加，又使发热更加严重，恶性循环，甚至产生电弧、接地短路和相间短路。

发生隔离开关拉不开的故障，是由于传动机械和刀闸转轴处生锈或动、静触头接触处熔焊而造成，户外隔离开关也可能是由于雨淋和冰雪结冻而造成。隔离开关的最小拉出力，见表 5-1。

隔离开关的最小拉出力　　表 5-1

序　号	隔离开关的额定电流 (A)	隔离开关闸刀拉出时的最小拉出力 (N)
1	400	100
2	600	200
3	1000	400
4	2000	400
5	3000	800
6	4000	800

236. 高压断路器常见的故障有哪些？其故障原因是什么？

高压断路器常见的故障有：断路器拒绝合闸、断路器拒绝跳闸、断路器误跳闸、油断路器缺油、油断路器着火等。

高压断路器在远距离操作时，常常发生断路器不能合闸，大多数是由于操作人员对操作机构的结构和使用不大了解、维护不好造成，只有在少数情况时，是由于操作机构本身的原因而造成。在发生这种故障时，应首先检查操作电源的电压值，是否符合规定，应检查操作开关的手柄置于合闸位置时信号灯的指示情况，跳闸信号是否消失等。

断路器拒绝跳闸的原因有：

(1) 操作机构的机械部分有故障；

(2) 继电保护系统有故障；

(3) 操作机构的跳闸线圈无电压或跳闸回路断路，或者是熔断器熔断等。

所以，对高压断路器操作机构应作定期检查，操作前应对机构进行检查，对熔断器以及各种指示装置应进行查明。

如果运行设备的保护装置未动作，线路系统中未发生短路或接地，而断路器自行跳闸，称为误跳闸。若不是操作人员误操作造成，则可能是由于断路器的挂钩有问题或操作回路中的导线绝缘损坏而造成，应当查明具体原因，但在检查断路器时，应将已跳闸的开关用隔离开关与电源隔开，以保证安全。

油断路器缺油，也是常见的故障现象，在油断路器缺油时，断路器将失去灭弧能力，使得断路器不能安全地断开负荷电路，由于电弧的产生，容易扩大事故，引起母线短路，甚至发生爆炸，以及造成其他设备的损坏等。所以发生这种故障现象时，应立即断开油断路器的操作电源，并在手动操作机构上悬挂警告牌，将缺油的断路器倒至备用母线上，由母联油断路器或单独电源供电。调整母线联络油断路器或另一电源的保护装置，使它们符合原断路器应有的保护条件，并抓紧进行加油。若不能将缺油断路器所联接的线路，经由母线联络的断路器所连接的线路经由母线联络的断路器另行供电，或不能由另一电源供电时，则应将缺油断路器所连接的电力网中的负荷断开，使缺油断路器仅断开线路的充电电流（充电电流值一般与隔离开关允许断开的充电电流值相同），限于电压在 35kV 及以下而长度在 10km 以下的架空线路，或电压在 10kV 及以下而长度在 5km 以内的地下电缆，并限于此该路中无接地及其他故障的情况，若不符合这些规定时，用户应停止用电。并将缺油断路器所连接的母线停电，用隔离开关将断路器断开，然后再重新向母线供电。

油断路器着火的原因，常有：

（1）油断路器外围套管油污或受潮，因而造成油断路器对地闪络，或短路；

（2）断路器中的油严重不清洁或有水分，而造成断路器内部闪络；

（3）断路器切断时动作过于缓慢或切断容量不够；

（4）油面上缓冲空间太小；

（5）切断强大电流时，油箱内压力过大。

油断路器发生着火事故时，应立即切断电源，用四氯化碳干粉灭火器灭火，如不能扑灭，在没有带电情况下，再用泡沫灭火器灭火。

237. 在 SN10-10 系列少油断路器检修时，怎样拆卸油断路器？

油断路器的拆卸过程，如下：

（1）首先拆下引接线，拧开放油阀，拆除传动轴拐臂与绝缘杆的连接，对于 SN10-10Ⅲ$\left/\frac{2000}{3000}\right.$40 型油断路器还应再拆下副油箱。

（2）然后拧开顶部的四个螺丝，卸下上帽、油气分离器和逆止阀。

（3）取下静触头和绝缘套筒。

（4）拧开螺纹压圈，顺序取出灭弧片。

（5）松开下压圈的紧固螺钉，取下下压圈的绝缘筒、下出线座，对于 SN10-10Ⅰ型断路器，还需拆下出线座与基座间的四个内六角螺钉，才能取下下出线座。

（6）取出滚动触头，提起导电杆，并拔出导电杆尾部与连板连接的销钉，才可取下导电杆。

全部零件应用变压器油清洗干净，摆放有次序，再行检修，检修以后再进行重新装配。

238. 怎样检修油断路器？

油断路器的检修项目，如下：

（1）检查上帽侧壁上的排气孔是否有脏物或其他异物堵塞，应进行清理。

（2）检查逆止阀密封是否良好，如不严密，可用小锤敲击里面的钢珠，使其具有可靠的密封线，以保证逆止阀良好的密封性能。

（3）检查隔弧片和绝缘套筒有无烧伤起层、断裂、受潮等情况。若零部件受潮，应进行烘干处理，烘干温度为 90±5℃。若零部件有烧伤伤痕，不严重时，可用 0# 砂布轻轻擦磨烧伤弧痕，若烧伤严重时，则应予以更换。

(4) 检查弧触指导电接触面，若烧伤较为轻度时，如上方法，用 $0^{\#}$ 砂布擦拭；若烧伤面积达 30%，且深度大于 1mm 时，应予以更换。

(5) 检查导电杆表面是否光滑，有无变形、烧伤、动触头和导电杆的连接是否松动，烧伤不严重时，仍可用砂布打磨；导电杆的弯曲度大于 0.15mm 时，应予以校直；若铜钨合金部分烧伤深度大于 2mm 时，应予以更换。

(6) 油断路器本体的支持绝缘子基座若有裂纹、破损时，应予以更换。

(7) 若油标有裂纹，各密封圈已不能密封等，应予以更换。

(8) 检查传动系统的各拐臂有无开焊现象，若有问题，应予以补焊，补焊后应打磨光滑，严重时，应予以更换。

(9) 检查各绝缘拉杆表面有无放电痕迹，应擦拭干净和必要的处理。

总之，油断路器是一种高压电器，因其使用时要满足高电压的运行要求，所以它的检修是一个非常严细的工作，丝毫不能马虎。

(10) 检修以后的断路器的各个零部件，要冲洗干净，并挥发后，摆放整齐、有次序，等待重新装配。

重新装配的顺序，和拆卸顺序相反，一定要精细的进行组装，不能碰撞和强烈敲击。要注意绝缘零部件的良好绝缘性能。并保证灭弧室横吹道方向与上出线的方向相反；V 相上帽排气孔的方向与上出线的方向也相反；U、W 两相的上帽排气孔与 V 相夹角成 45°角。

断路器在组装完成后，正式投入运行时，应手动合闸和分闸试验几次，检查各部分的连接是否正确，操作是否完好。

试验操作正常好，再将断路器负荷运行。

239. 油断路器怎样进行调整？

油断路器的调整方法，如下：

(1) 一般的油断路器绝缘拉杆两端孔中心距应调至 315mm，而 SN10-10Ⅲ/3000 型断路器的副油箱拉杆两端孔中心距应调至 115mm。用深度尺进行测量（先手动合闸），可以调整绝缘拉杆和副油箱拉杆长度，且三相尺寸的差值应不大于 2mm（也常常测量三相分闸的不同期性），在手动合闸调整好后，尚需电动合闸，再重复调整。

(2) 测量电动分闸后的导电杆行程，可以增减分闸限位器的垫片数量，也可以调整绝缘拉杆和副油箱拉杆的长度，使导电杆的行程符合技术要求。

(3) 测量断路器的刚合速度和刚分速度，可以调整合闸缓冲弹簧的预压缩长度和分闸弹簧的预拉伸长度。预压缩长度的调整应使合闸后合闸缓冲弹簧处的间隙为 2～6mm，刚合、刚分的速度测量以后，应将测速相的逆止阀装好。

(4) 对于 SN10-10 $\Big/\begin{matrix}2000\\3000\end{matrix}$ 40 型断路器应测量主筒触头分开与副筒触头分开时的时间差，使其满足技术要求。

(5) 电动合闸后，应测量导电回路的直流电阻、测量时，可以电动分闸、合闸操作 10 次，以免油膜和氧化膜对电阻值的影响，可用电压降法来进行测量。

(6) 采用调整三相导电杆行程的方法，来保护 U、V、W 三相动作时间的同期性，并测量合闸时间和固有分闸，使其符合规定。

240. 油断路器在检修和调整后应作哪些试验，常采用哪几种试验方法？

油断路器在检修和调整后，应如同电力变压器的试验方法，应进行绝缘电阻测量、介质损耗角、泄漏电流测量，以及进行耐压试验。常用的试验方法，有：

(1) 灯泡法　这种方法只能试验三相是否同期，不能测得动作时间。试验时，每相分别串联两只普通灯泡，接在 12～110V

的低压电源上，手动操作断路器合闸和分闸，观察各相灯泡的点亮和熄灭情况，以判断断路器三相的周期性。

（2）周波计法　此种方法可以测量每相的动作时间，从而可以判断油断路器的三相是否同期。

（3）示波器法　用示波器可以测量断路器每相的固有分闸时间。同时，也可在示波器上观察到断路器三相的不同期情况。

241. 什么是真空断路器的截流现象，怎样预防？

真空断路器在开断小电流时，常发生截流现象，也就是当小电流电弧从峰值下降到一定数值时，电弧呈现不稳定畸变现象，这是由于灭弧能力过强，使真空电弧电流在自然过零前就被强迫切断，尤其在切断小电感电流时，除产生截流现象外，还产生截流过电压，对真空断路器和电力系统产生不利的影响。

截流过程主要和触头电极材料的特性有关，预防的方法，如下：

（1）采用避雷器以限制切断时的截流过电压；

（2）采用氧化锌非线性压敏电阻与切断间隙并联；

（3）采用 *RC* 串联元件组成的过电压抑制器；主要选用合适的触头材料铜铬合金以降低截流水平。

242. 真空断路器最常见的两个故障是什么？故障原因是什么？如何检查？

真空断路器常见的两个故障，一是真空度降低，二是触头磨损。

真空断路器灭弧室的真空度，影响了灭弧性能的好坏。但是真空度不能直接检查，只能用工频耐压实验法间接检查。对10kV的真空断路器，在其触头断口间加38kV的工频电压一分钟，灭弧室内应不产生闪络现象。如发生闪络现象，说明灭弧室内发生闪络现象，说明真空度已下降，需要更换新的灭弧室。使用时应经常观察灭弧室内真空度是否下降。

触头严重磨损时，则可认为真空断路器损坏。触头的磨损主要由于电弧引起。而触头的电磨损量，可以用灭弧室动导电杆与动法兰面的相对位置的变化来测定，也可以通过超行程的变化大致了解触头的电磨损量。真空断路器触头电磨损量共 4mm，即动、静触头各 2mm，超过磨损量时应更换灭弧室。当超程不符合技术要求时，应及时进行调整，一般规定：正常的超行程值不应小于额定超行程的 60%～70%。触头的磨损会影响触头的接触压力，进而影响空气断路器的使用寿命。

第六章 电工材料

243. 电工材料是怎样分类的?

电工材料的分类如下:

常见的分类法:将电工材料分成导电材料、导磁材料、绝缘材料和结构材料四大类。

按工程材料分类,可分为:金属材料(包括黑色金属材料和有色金属材料)、非金属材料(包括气体材料、固体材料和胶质材料)。

依材料化学成分,可分为:无机材料、有机材料和无机有机复合材料。

用拼音文字的国家或材料名称的第一位字母顺序分类,这种分类法便于管理。

按材料的功能分类,可分为导电材料、电阻材料、磁性材料、绝缘材料、润滑材料和构筑材料。

也有把电工材料分为八大类:钢铁类、非铁金属类、矿物及其制品类、动植物森林及其制品类、化学材料、颜料、染料、漆类和塑料类、电器配件类、机件配件类和工具、量规及仪器类等等……

各种分类法都有其一定的道理;而本书按导电材料、导磁材料、绝缘材料和结构材料来分类。

244. 导电材料的特点是什么?

导电材料为电工材料中的主要类属材料。按其功能常分为:导体材料、电阻材料和电接触材料。在每一种电气设备和电气系统中,都要使用导体,材料是否选择适当,用料是否节省,常关系着整个电气设备与电气系统的性能及其经济价值。导电材料在性能和使用方面，都有比较完整的理论和计算方法，这大大方便了从事电工工程各专业的设计施工和使用。

导电材料中的主要部分为金属材料。

导电材料中含有固体和液体，在特殊情况下，也有气体。在常温中，金属材料除水银外皆为固体，是导电材料的主要部分。

金属材料中，可分为高电导系数与高电阻系数两大类。高电导系数的材料用于导线、电缆以及电机电器的线圈上；高电阻系数的金属与合金，则用在电热装置、电灯、变阻器及标准电阻上。

液体导电材料中，包含有熔化的液体金属以及一般酸性、碱性和盐类的溶液。一般地说，金属的熔点很高，但水银例外，水银的熔点仅为－39℃。故在常温下，导电的液体金属，仅水银一种；其他金属，只在高温时才呈液体状态。

固体金属和液体金属的导电能力，都是由自由电子的运动所产生的，这种导电现象，称为第一种导电现象。第二种导电现象为电离性的导电，存在于酸类、碱类及盐类的溶液中，它是因电离作用，溶液中的离子的移动所产生的。

自由电子导电对于离子导电来说，其主要不同的地方是：

(1) 温度增加时，电阻增大；

(2) 在导电的过程中，材料的品质无变化。

所有的气体和蒸气；包含金属气体在内，在低的电场强度之下，都不是导体。但是当电场强度超过了一定的数值后，则气体变成了电离性与电子性的导电物质。气体的导电现象，从理论上讲，较为复杂。

245. 导电材料的参数和性能是什么？

导电材料的主要参数和性能，如下：

(1) 电阻系数和电导系数

在截面积为 S，长度为 l 的均匀截面导体中，其电阻系数计

算式，为

$$\rho = R\,\frac{S}{l}$$

式中　ρ——导体材料的电阻系数（或称比电阻）（$\Omega \cdot \mathrm{mm}^2/\mathrm{m}$）；

电阻系数的倒数称为电导系数。

（2）电阻系数的温度系数

当温度升高时，电子自由运动的平均时间要缩短，所以电阻系数值要增加，反映这一特性的材料电阻的温度系数，为

$$\alpha_{\mathrm{R}} = \frac{1}{R} \cdot \frac{\mathrm{d}R}{\mathrm{d}t}$$

而电阻系数的温度系数，为

$$\alpha_{\rho} = \frac{1}{\rho} \cdot \frac{\mathrm{d}\rho}{\mathrm{d}t}$$

式中　t——温度。

一般来说，α_{R} 和 α_{ρ} 比较接近的，合金的电阻系数温度系数比纯金属低。在金属熔化时，其电阻系数是突然增加的，仅有少数金属，如锑、铋和铋等是例外的。

（3）趋表效应和导体的交流电阻

当导体中通过电流时，在导体的四周及其内部产生磁场，因而有磁通存在。在导体的同一截面积上，其内部电流所交链的磁通量大，而边缘部分电流所交链的磁通量小。假若电流为直流，电流不变化，磁通量不变化，此时导体上不会产生反电势，故截面上电流密度的分布是均匀的。假若电流为交流，那么因电流变化，磁通量也变化，则在导体内部与边缘部分，因所交链的磁通量不同，所产生的反电势也将不同，遂使导体截面上电流密度的分布产生不均匀的现象，其内部的密度小，边缘部分的密度大。这种现象，称为趋表效应。

在交流电情况下，趋表效应增加了导体的电阻，设 R' 为导体在交流电流下的电阻，R 为导体的直流电阻，则

$$R' = KR$$

式中　K——趋表系数。K 的值与材料的本身性质有关，还与导体的形状有关。

(4) 金属与合金的导热系数

若设导体具有均匀一致的截面积 S，长度为 l，则其热阻为

$$R_{\mathrm{m}} = \rho_{\mathrm{m}} \frac{l}{S} = \frac{1}{k_{\mathrm{m}} \cdot S}$$

其热导为

$$G_{\mathrm{m}} = k_{\mathrm{m}} \cdot \frac{S}{l} = \frac{S}{\rho_{\mathrm{m}} \cdot l}$$

式中　ρ_{m}——热阻系数；

k_{m}——导热系数，$\rho_{\mathrm{m}} = \frac{1}{k_{\mathrm{m}}}$。

金属的导热系数与电导系数的关系，为

$$\frac{k_{\mathrm{m}}}{\lambda} = aT = \frac{\rho}{\rho_{\mathrm{m}}}$$

式中　λ——电导系数；

ρ——电阻系数；

a——常数；

T——绝对温度。

(5) 接触电位差和热电势

当两种不同的金属接触时，则在接触处产生电位差。在各种金属中，其自由电子的密度是不相同的，因此不同金属内的自由电子，又比喻成为充满在金属分子间的自由气体，将受到不同的压力。在两种不同的金属相接触时，电子将由一种金属向另一种金属扩散，结果一定数目的电子，就由一种金属移至另一种金属中。电子减少了的金属常正电，而在另一金属中电子的数目增多了，所以常有负电。此种电子的移动将一直维持下去，直到接触面上产生适当的电位差和电场为止。

各种不同的金属或合金接触制成热电偶时，在两接触点不同的温度差下，产生热电势。电路中的热电势是两接触面温度差的函数。热电势的方向，在冷接点处，是使电流从热电偶名称的前一种合金流向后一种合金；而在热接点处电流的方向则由后一种合金流向前一种合金。

（6）导电材料的机械性能

导电材料的机械性能在实用上的意义很大，在某些应用的场合，如架空电线等，材料的机械性能与其电性能同样重要。导电材料的机械性能中重要的为抗张强度 σ_ρ 及裂断时的相对伸长 $\frac{\Delta l}{l}$。

（7）金属的氧化作用

金属中除铂和某些不与氧化合的贵金属外，都有与氧化合而成氧化物的特点，各种金属的氧化速度各不相同；温度升高时，氧化速度也增加。氧化速度以在某一定的时间内金属的单位面积上所吸收的氧量来表示。

形成的氧化物的性能，对金属氧化速度的影响很大。若氧化物是挥发性的，则它们从金属表面消失后，其余的金属仍然要继续氧化。这些金属在流通的氧气中，不能在白炽状态下工作。若金属的氧化物是非挥发性的，那么金属在氧化后，氧化物在其表面形成一层薄膜。当形成的氧化物的容积比原来形成氧化物的容积大时，则所得氧化层是整片的，使氧气穿过这一层薄膜的扩散作用遭到困难，故氧化层形成后，将能防止内部金属的继续氧化。当形成的氧化物的容积，比原来形成氧化物的金属的容积小时，则氧化层将不是整片的，它不能堵塞氧气通到氧化层深处金属地方去的通路，故氧化作用还在继续进行。

氧化物的容积与原来形成氧化物的金属的容积的比，称为氧化容积系数，此系数 K 可用下式来计算，即

$$K=\frac{M\cdot\delta}{n\cdot A\cdot\gamma_0}$$

式中 A——金属的原子量；

n——金属变为氧化物分子时所需的原子数；

M——氧化物的分子量；

δ——金属的相对密度；

γ_0——氧化物的相对密度。

246. 什么是电碳材料？其特性是什么？

电碳制品的主要成分是碳。由于结构不同，碳有结晶碳和无定形碳两种类型。结晶碳主要有石墨，无定形碳主要有焦炭、木炭、碳黑等。日常用的煤则是一种不纯的无定形碳。

石墨具有六方晶系的晶体结构。它由无数平行的层面叠合而成，每一层面的碳原子分布在正六角平面的顶角上。构成三维空间的有序排列。由于石墨晶体层面之间的距离（3.35Å）比层面上碳原子间的距离（1.42Å）大得多，因此石墨有明显的各向异性。当有外力作用时，石墨的层面容易发生滑移，因此表现为自润滑特性。在高纯石墨晶体中，价带与导带重叠，所以表现有类似金属的高导电能力。

无定形碳的碳原子排列是杂乱无章的，不如石墨的层面容易发生滑移，其硬度要比石墨高4～5倍。无定形碳如经过2200～2500℃高温处理（石墨化后），可使杂乱的结构转变为三维空间的有序排列，并表现为石墨所具有的特性。

碳和石墨具有以下特性：

(1) 具有良好的导电、导热能力；

(2) 具有优良的耐高温特性，在无氧条件下，能工作到3000℃，且在高温下仍有良好的机械强度和耐热冲击特性；

(3) 化学稳定性好，在高温下不与液态金属沾黏，仅与强烈氧化剂有作用；

(4) 石墨有很好的自润滑特性。

电碳的生产工艺为，首先将碳素基体材料的粉末与胶粘剂（煤焦油，煤焦油沥青等）混合压型，然后再送入炉内高温烧结，最后形成的电碳制品。不同用途有不同的品种。根据用途电碳品种分为：

（1）滑动接触的各种电机电刷用的碳滑板和碳滑块等；

（2）大功率开关、继电器等设备用的各种碳和石墨触头；

（3）弧光照明、碳弧气刨、光谱分析及电弧炉等用的各种碳棒；

（4）电真空器件用的各种高纯石墨电极、隔热和支撑元件；

（5）干电池和电解池用的各种电极；

（6）利用碳的电阻效应，制成各种电阻片、柱、通信用送话器碳砂、电阻发热元件等。

247. 电刷怎样选用和维护以及故障处理？

（1）电刷的选用

正确选择和使用电刷，与电机的正常运行有密切关系，通常电刷在工作时应满足以下要求：①使用寿命长，同时，对换向器或集电环的磨损小；②电刷的电功率损耗和机械损耗小；③在电刷下不出现对电机有危害的火花；④噪声小。

选用电刷时要综合考虑电机对电刷的技术要求和电刷的技术特性，在原材料、工艺不变的情况下，控制理化特性是为了使电刷具有某些相应的接触特性，同时可判断电刷本身的质量均匀程度。从电机运行的角度考虑，电刷的接触特性较理化特性更为重要。

（2）电刷的维护与故障处理

① 电刷的安装与更换　同一台电机应选用同一种型号的电刷，并应将电刷引出线均匀地紧固在刷杆上，使每块电刷的电流分布均匀，以免个别电刷产生过热和火花现象。经过长期运行后的电刷刷体、导线和其他金属附件，如出现氧化、腐蚀、刷体磨耗长短不一等现象，应一次全部更新。在更换前，先将换向器磨光研平，并检查换向器的偏摆度，使之达到要求；然后用细玻璃砂纸，沿电刷运转方向研磨电刷；研磨后，先以20%～30%的

负荷运转数小时，使电刷与换向器表面磨合，并形成适宜的表面薄膜，再逐步提高电流至额定负荷。

② 电刷运行中常见故障与其处理方法　电刷运行中常见故障与其处理方法见表 6-1。

电刷运行中常见故障与处理方法　　表 6-1

序号	故障现象	产生故障的原因	处理方法
1	电刷磨损异常	1. 电刷选型不当； 2. 换向器偏摆偏心； 3. 换向片、绝缘云母凸起等	1. 应根据电机的运行条件，选配合适的电刷； 2. 车削并研磨换向器等
2	电刷磨损不均匀	1. 不同品种电刷混用； 2. 同一种电刷的质量不均匀； 3. 弹簧压力不均匀； 4. 电刷有卡紧现象	1. 更换电刷； 2. 调整弹簧压力； 3. 检查电刷与刷盒是否配合良好，检查有无油污或碳粉卡塞
3	电刷下出现有害的火花	1. 机械原因：换向器偏摆、偏心，换向片、绝缘云母凸起，电机或电刷振动； 2. 电气原因：负荷变化迅速；电机换向困难；换向极磁场太强、太弱；电刷选型不当；弹簧压力不适当不均匀；电刷承受的电流密度过大	1. 车削并研磨换向器或集电环，排除外部机械故障； 2. 调整气隙，移动换向极位置，调整弹簧压力，选用换向性能好的电刷，调整电刷负荷
4	电刷导线烧坏或变色	1. 电刷导线装配不良； 2. 弹簧压力不均； 3. 电刷接触不良； 4. 电刷的电流分布不均匀	1. 更换新电刷； 2. 调整弹簧压力
5	电刷导线松脱	1. 振动大； 2. 电刷导线装配不良	1. 排除振源； 2. 更换新电刷
6	换向器或集电环表面拉成沟槽	1. 电刷工作表面有研磨性颗粒； 2. 长期轻载，严重油污，有害气体等损害接触点间表面薄膜的形成	1. 更换新电刷； 2. 清扫换向器或集电环与电刷的工作面； 3. 选择适合运行条件的电刷

续表

序号	故障现象	产生故障的原因	处理方法
7	电刷或刷握过热	1. 弹簧压力太大或不均匀； 2. 通风不良或电机过载； 3. 电刷的摩擦系数大； 4. 电刷安装不良； 5. 电流分布不均	1. 调整弹簧压力； 2. 改善通风或减小电机负荷； 3. 选用合宜的电刷； 4. 正常安装电刷； 5. 排除电刷下的气垫现象
8	刷体碎裂边缘碎裂	1. 振动大； 2. 电刷跳动； 3. 电刷材质太脆	1. 排除振源； 2. 车削或研磨换向器或集电环； 3. 采取增加缓冲压板等防振措施； 4. 选用韧性好的电刷
9	电机运行中出现噪声	1. 电刷的摩擦系数大； 2. 电机及刷握振动大； 3. 空气湿度低	1. 选用摩擦系数小的电刷； 2. 排除振源； 3. 选用适合于低湿度的电刷； 4. 调整周围湿度
10	电刷表面“镀铜”	1. 由于电刷与换向器间接触不好而产生电镀作用，在电刷表面粘附铜粒； 2. 由于产生火花，使铜粒脱落，并积聚在电刷面上； 3. 局部电流密度过高	1. 排除换向器偏摆，电刷跳动，弹簧压力低而不均等故障； 2. 调整空气湿度； 3. 消除产生火花的原因； 4. 排除电流密度不均的故障
11	换向器表面膜过厚或过薄	1. 过厚：电刷品种不合适，温度过高，湿度过高； 2. 过薄：电刷品种不合适，温度过低，湿度过低	1. 采用带研磨性的电刷，调整温度与湿度； 2. 采用易于形成氧化膜的电刷，调整温度与湿度

248. 导磁材料的特性是什么？

导磁材料的特性，归纳起来，有如下各项：

（1）相当高的导磁系数——导磁系数的定义是：

$$\mu=\frac{B}{H}$$

式中 B——磁感应；

H——磁场强度。

在非磁性材料中，μ之值都在1的附近；在导磁材料中，则μ之值甚高，可达数万，甚至百万。所以导磁材料较其他材料容易磁化，用小的磁化力可以得到高的磁感应。

（2）相当高的磁感应——在导磁材料中，有磁饱和现象，所以磁感应有一定限制，不能无限制地增加。相当于磁饱和后的磁感应，称为饱和磁感应。

（3）导磁材料的磁化曲线为一曲线，即在磁化的过程中，磁感应与磁场强度（磁化力）是非线性的。导磁系数μ的值是随磁感应变化的，而在高度饱和时，μ的值渐近于1。

（4）磁感应和磁场强度的关系，在磁化时和去磁时不相同，当磁化力移去后（即磁场强度为零时），材料中还存在磁感应。这种现象，称为剩磁。在经过一次磁化后，材料有反对再在相反方向磁化的趋势，称为矫磁力。

（5）衰老作用——材料因受温度和时间的关系，其磁性发生变化，这种性质称为磁的衰老。在软磁材料中，以连续加热100℃，经600小时后，材料中的铁心损耗的变化来代表其衰老的性质。

（6）居里温度——铁加热至753℃时，即失去磁性，此一温度，称为居里温度。其他磁性元素，如镍的居里温度为376℃，钴为1137℃。也有人认为，居里温度应视为一温度范围，而不为某一定温度。

（7）不等方向性——铁的磁性为不等方向性，在其单结晶体中，各方向所易磁化的程度各不相同；这种现象，也适用在复晶体结构的材料中。硅钢片和其他薄片材料的生产时，常设法严格地控制结晶颗粒排列的方向，以增加导磁性能。

（8）磁伸缩性——导磁材料的单晶体在磁化时，它的线性长度也发生变化，这种现象叫做磁伸缩。铁的单晶体的磁伸缩程度，在各个方向也各不相同。磁伸缩现象也存在于复结晶体中。

249. 什么是磁滞回线和磁化曲线？

（1）磁滞回线。材料的磁感应，在磁化与去磁的过程中，对磁场强度的关系是不相同的，曲线的上升过程和下降过程是不重合的，这一图形称为磁滞回线。磁滞回线的形状和大小，视材料的性质与所用最大磁感应有关。

磁滞回线是导磁材料的重要特性。在软磁材料中，希望剩磁和矫顽磁力之值小。因为磁滞回线内所包含的面积，即代表变化一周期后，在材料中所产生的磁滞损耗；假若剩磁和矫顽磁力的值小，则磁滞回线所包含的面积小，材料的磁滞损耗也小。在软磁材料中，希望最大磁感应大，因为此时才能用小的磁场强度，得到高的磁感应。在硬磁材料中，在材料经过磁化后，希望它能永久保持一部分磁感应，并且希望这种保持力，能稳定不变，不受外界的影响，所以此时希望剩磁和矫顽磁力之值甚大。在硬磁材料的应用中，是很少接受交变磁场的变化的，所以用不着考虑磁滞损耗问题。

（2）磁化曲线。磁化曲线也是导磁材料的主要特性之一，它代表磁化时，所得到的磁感应和磁场强度变化的关系。当磁场强度增加时，先是呈接近线性的变化，然后磁场强度再增加时，磁感应变化不大，即趋于饱和状态。

250. 影响导磁材料特性的因素有哪些？

影响导磁材料特性的因素较多，归纳起来，有下列几种主要的因素。

（1）化学成分与结晶结构的影响。导磁材料中的主要化学成分有铁、钴、硅，有的还含有铜、锰、铝，以及含有铁、钴等的氧化物。化学成分不同，磁化性能也就不同。

材料的结晶结构，对磁化性能影响也很大，即使成分相同，若结晶结构不同，磁性能可能相差很大。

（2）杂质的影响。杂质对导磁材料的磁化性能影响也很大。如碳在铁中可以增加电阻系数，减低导磁系数，减低饱和磁感应，增加矫顽磁力和剩磁，增加磁滞损耗，增加磁衰老的性质。氮在铁中可以增加磁衰老的性质。少量的镁的影响不大，当含量超过12%时，能使物质失去磁性。当含硅在0～6%时，可增加磁性，但超过3%后，严重地影响磁性能。砷与锡与硅有相似的作用。铝在铁中的作用与硅相似，但不如硅好。少量的铜，可增加铁的抗腐性；含铜量在0.5%以下时，对铁的磁性能影响较小。锌、硫、磷、氧等，对铁的磁性能均有害处，其含量应尽量地减少。

（3）温度的影响。温度对于导磁系数和其他磁性能均有明显的影响。对铁而言，当磁场强度甚弱时，其导磁系数随温度增加而增加。在中等的磁场强度时，导磁系数随温度增加到一定程度后，再急骤减少，到居里温度后，导磁系数即变到1，材料的磁性消失。当磁场强度甚强时，最初导磁系数不受温度的影响，但在过了某一定的温度后，导磁系数急骤地随温度增加而减少，以达居里温度为止。

（4）热处理和机械加工对磁性能也有影响，有时能增进导磁性，而一般的机械加工使磁性能变差，也有在气体中的热处理，可以去掉所含杂质，使磁性增加。

（5）电源频率对磁性能也有影响，会增加铁心损耗和因趋表效应以致材料内部的磁感应分布不均匀。

251．永磁材料的用途有哪些？

铝镍钴系永磁材料的用途，见表6-2。

稀土钴永磁材料的用途和永磁材料的用途举例，见表6-3和表6-4。

铝镍钴系永磁材料名称、代号及用途　　表 6-2

类　别	牌号名称	代　号	特　征	主要用途
铸造铝镍钴系永磁材料	铝镍 8	LN8	各向同性	一般磁电式仪表,永磁电机、磁分离器、微电机、里程表
	铝镍 10	LN10		
	铝镍钴 13	LNG13		
	铝镍钴 20	LNG20	热磁处理 各向异性	精密磁电式仪表、永磁电机、流量计、微电机、磁性支座、传感器、扬声器、微波器件
	铝镍钴 32	LNG32		
	铝镍钴 32H			
	铝镍钴 40	LNG40		
	铝镍钴钛 32	LNGT32		
	铝镍钴钛 40			
	铝镍钴 52	LNG52	定向结晶 各向异性	精密磁电式仪表、永磁电机、微电机、地震检波器、磁性支座、扬声器、微波器件
	铝镍钴 60			
	铝镍钴钛 56	LNGT56		
	铝镍钴钛 70			
	铝镍钴钛 72	LNGT72		
	铝镍钴钛 85			
粉末烧结铝镍钴永磁材料	烧结铝镍 9		各向同性	微电机、永磁电机、继电器、小型仪表
	铝镍钴 25		热磁处理 各向异性	
	铝镍钴钛 28			

稀土钴永磁材料品种、化学成分和用途　　表 6-3

牌号名称	特性	化　学　成　分	主要用途
铈钴铜 60	各向异性	32%Ce、51%Co、10%Cu、余 Fe	低速转矩电机、启动电机、力矩电机、传感器、磁推轴承、助听器、电子聚焦装置
混合稀土钴 95		32%混合稀土,6%Sm,余 Co	
混合稀土钴 110		15%混合稀土,22%Sm,余 Co	
钐钴 125		37%Sm,余 Co	

永磁材料用途举例　　表 6-4

永磁材料品种	用　途　举　例
铝镍 10 铝镍类	扬声器、磁电机、温度计、高温毫伏计、磁通表、检流器、ZC10 欧姆表、袖珍万用电表、500 型万用电表、61C1-$\frac{A}{V}$表、AC5 型电表、17C1-V 表、检流计、DD14 单相电度表、直流电压电流表……

续表

永磁材料品种		用途举例
铝镍钴类	铝镍钴 13	TKmc 转速表、636 转速表、2500V 兆欧表、61C5-$\frac{A}{V}$表、三相三线有功电度表、微型电机、G75-200 汽车发电机、8500 型示速发电机、示波器转子……
	铝镍钴 20 铝镍钴 32	CD-Z1 话筒、MF_{15}^{14}型万用电表、单相标准电度表、电压、电流表、C41 电表、C32 电压表、ZY_{04}^{03}长型电机、磁电机、消防泵磁电机、双线笔式记录仪、质谱仪……
	铝镍钴 40	扬声器、200W 扬声器组、手提 3W 扬声器、人 2B-3 双线笔式记录仪，SC60 示波器……
铝镍钴钛 56		59C2 $\frac{A}{V}$表、PPC2 电表、C32 $\frac{A}{V}$表……
粉末烧结铝镍钴系 铝镍钴 9 铝镍钴 25		解放牌汽车电流表、曝光表、电器灭弧触头、受话器、301-X 型机踏两用车里程表、GL-20 直流继电器、ZY02-1 直流电机、1C2-$\frac{A}{V}$表、T301 钳形表……
钡铁氧体		仪表阻尼元件、扬声器、磁电机、磁性软水器……

252. 绝缘材料的作用是什么？怎样分类？

绝缘材料又称电介质材料，在直流电压作用下仅有微弱的泄漏电流通过，一般可以认为是不导电的，其电阻率在 $10^9 \sim 10^{22}$ $\Omega \cdot cm$，是电工中应用极广的一类材料。主要作用有：

（1）使导电体与其他部分相互绝缘；

（2）把不同电位的导体分隔开；

（3）提供电容器储能的条件；

（4）改善高压电场中的电位梯度；

（5）某些绝缘材料还起着机械支撑和固定、防潮和防霉的作用。

绝缘材料的种类很多，按化学成分可分为：无机绝缘材料和有机绝缘材料；按来源可分为：天然绝缘材料和合成绝缘材料；按物理状态可分为：气体绝缘材料、液体绝缘材料和固体绝缘材料。

253. 绝缘材料的耐热等级是怎样划分的?

当温度很高时，绝缘材料的性能恶化，绝缘电阻降低，耐电及机械强度降低，介质损耗、应力变形增大。因此，提高绝缘材料的耐热性能对保证电机安全运行、延长使用寿命有重要意义。

为保证绝缘材料安全和长久地可靠地工作，规定了各种材料的最高允许温度。

耐热性能可分为：Y、A、E、B、F、H、C 七级。各级的最高允许温度分别为：90、105、120、130、155、180、180℃以上。

耐热等级及所属的绝缘材料见表 6-5。

绝缘材料的耐热等级 表 6-5

耐热等级	允许长期使用的最高温度(℃)	相当于该耐热等级的绝缘材料
Y	90	用未浸渍过的棉纱，丝及纸等材料或其组合物所组成的绝缘结构，木质板及有机填料的塑料
A	105	用浸渍过的或者浸在液体电介质中的棉纱、丝及纸等材料或组合物所组成的绝缘结构
E	120	用合成有机薄膜、合成有机瓷漆等材料或其组合物所组成的绝缘结构
B	130	用合适的树脂粘合或浸渍、涂覆后的云母、玻璃纤维、石棉等，以及其他无机材料、合适的有机材料或其组合物所组成的绝缘结构
F	155	用合适的树脂粘合或浸渍、涂覆后的云母、玻璃纤维、石棉等，以及其他无机材料、合适的有机材料或其组合物所组成的绝缘结构
H	180	用合适的树脂(为硅有机树脂)粘合或浸渍涂覆后的云母，玻璃纤维、石棉等材料或组合物所组成的绝缘结构
C	>180	用合适的树脂粘合或浸渍、涂覆后的云母、玻璃纤维等，以及未经过浸渍处理的云母、陶瓷、石英等材料或其组合物所组成的绝缘结构。 C 级绝缘的极限温度应根据不同的物理、机械、化学和电气性能来确定

254. 绝缘材料的性能是什么？

绝缘材料的性能主要指电气性能、物理化学性能和机械性能三个方面。

（1）击穿强度

击穿强度是指绝缘被“击穿”而丧失绝缘能力时的电场强度，单位为 kV/mm。击穿强度是考核绝缘材料电气性能的一项重要指标。相应于击穿时所施加的电压，称为击穿电压。

影响绝缘材料击穿强度的因素很多，除了绝缘材料本身的成分和结构外，温度，水分、电压作用的时间，电场的均匀性，交流电压的频率等都会影响绝缘材料的击穿强度，其中温度和水分的影响最大。温度越高，击穿强度越低；水分越多，击穿强度也越低。

（2）绝缘电阻

绝缘材料的导电能力很低，电阻率很高，但不存在绝对不导电的物体，在一定电压 U 的作用下，总有一些微小电流流过，通常把这种电流称为泄漏电流 I。这时绝缘电阻为：

$$R_{\mathrm{L}}=\frac{U}{I}$$

由于绝缘电阻的数值一般都很大，因此采用兆欧（MΩ）作单位。

泄漏电流 I 由两部分组成，一部分流经绝缘材料内部（I_{V}），另一部分沿着绝缘材料表面流动（I_{S}），因此：

$$I=I_{\mathrm{V}}+I_{\mathrm{S}}=\frac{U}{R_{\mathrm{V}}}+\frac{U}{R_{\mathrm{S}}}$$

式中 R_{V}——体积电阻，$R_{\mathrm{V}}=\frac{U}{I_{\mathrm{V}}}$；

R_{S}——表面电阻，$R_{\mathrm{S}}=\frac{U}{I_{\mathrm{S}}}$。

由于 R_{V} 和 R_{S} 是并联的，因此绝缘电阻

$$R_L = \frac{R_V \cdot R_S}{R_V + R_S}$$

绝缘电阻与材料的种类、形状、尺寸等都有关系。为了更清楚地表明材料的绝缘性能，通常用表面电阻率和体积电阻率两项指标，对各种不同的绝缘材料进行比较。

同一种绝缘材料，由于温度不同或表面状态（水分、污物等）不同，绝缘电阻值也会有很大的差异。随着温度的升高，材料内离子的活动加剧，体积电阻值将下降；由于水是导电体，因此绝缘材料受潮后，体积电阻值和表面电阻值都会降低；污物大部分也是导电体，因此绝缘材料表面积污，其表面电阻值也要下降。

（3）耐热性

电机在运行过程中，由于本身不断消耗能量而发热，因此电机内部的绝缘材料长期在热态下工作，使其逐渐老化而降低甚至完全丧失应具有的电气性能和机械强度，电机就因此而损坏。所以选用的绝缘材料必须具有一定的耐热性能。根据各种绝缘材料的耐热性能，规定了它们在使用过程中的最高温度（即绝缘材料的极限温度），以免使用时温度过高而加速绝缘材料的老化过程，保证电工产品的使用寿命。

（4）吸水性

绝缘材料内部的水分对其绝缘性能影响很大。绝缘材料的吸水能力与材料的种类和结构有关，通常用吸水率来表示：将一定标准的被试材料放在20±2℃的蒸馏水中浸泡24小时后，测定其吸水水分的重量。假定被试材料浸水前的重量为G_1，浸水后的重量为G_2，则其吸水率为：

$$W = \frac{G_2 - G_1}{G_1} \times 100\%$$

（5）黏度、固体含量、酸值及干燥时间

绝缘漆是以高分子化合物为基础的液态绝缘材料，它能在一定的条件下固化成漆膜成固态绝缘材料。对于绝缘漆，除了规定它固化后的极限温度外，还对黏度、固体含量、酸值及干燥时间等指标作了具体规定。

1）黏度

黏度是指绝缘漆的黏稠程度，它反映绝缘漆的流动性。黏度太大，流动性很差，使用时（如浸漆时）漆不易渗透到隙缝及微孔中去；而黏度太小，则漆流动太快，线圈（或其他零件）浸好漆取出时，大部分漆都流掉，不能在其表面形成足够厚的漆膜，影响它们的绝缘性能。

2）固体含量

绝缘漆一般是以合成或天然树脂等为漆基，并掺入适量的溶剂、稀释剂、颜料和填料等制成（无溶剂漆则由合成树脂，固化剂和适量的活性稀释剂制成）。线圈（或其他零部件）浸漆烘干后，绝缘漆中的溶剂和稀释剂几乎全部挥发，剩下的漆基固化并附着在线圈表面，形成坚韧的漆膜。因此，对各种绝缘漆中的固体含量要作为一项指标考核。固体含量用百分值表示。

3）酸值

酸值是表示绝缘漆中含酸量的多少。因为一般的绝缘漆都是有机化合物，在固化以前，容易在外界因素（如光、热、电等）的作用下起化学变化而产生有机酸，尽管酸性很弱，但对金属和其他的绝缘材料有一定的腐蚀作用，从而影响电气性能。所以，绝缘漆的酸值必须控制在一定的数值以内。酸值是以中和1g被试物的有机酸含量所需氢氧化钾（KOH）的mg数来表示，单位是mg KOH/g。

4）干燥时间

干燥时间为绝缘漆在规定的温度下干燥固化漆所需的时间，单位是h。根据绝缘漆干燥固化所需的温度不同，可分为晾干漆和烘干漆两种。前者能在室温条件下干燥固化，后者则需要加热到一定的温度后才能干燥固化。一般耐热等级较高的绝缘漆都是烘干漆，而且耐热等级越高，烘干的温度也越高。

（6）机械强度

根据各种绝缘材料的具体要求，相应规定抗张、抗压、抗弯、抗剪、抗撕、抗冲击等各种机械强度指标。

各种不同的绝缘材料还有各种不同的活性指标，如渗透性、耐油性、伸长率、收缩率、耐溶剂性、耐电弧性等。

255. 电工新材料有哪些？

电工新材料常见的有：电工用塑料、无机绝缘新材料；信息存储功能材料—磁记录材料、磁光材料；磁性微粒子功能材料—磁流体材料、特殊磁性材料、光电材料、发光材料、压电材料，以及半导体新材料和超导材料等。

(1) 电工用塑料

电工用塑料是由合成树脂、填料和各种添加剂等配制成的粉状、粒状或纤维状材料，按照合成树脂的特性，塑料可分为热固性和热塑性两大类。

常见的有酚醛塑料、氨基塑料、密胺聚酯塑料、邻苯二甲酸二烯丙酯塑料、聚酰亚胺塑料、环氧模塑料、聚苯乙烯塑料、ABS 塑料、聚甲基丙烯酸甲酯塑料、聚酰胺塑料、聚碳酸酯塑料、聚砜塑料等。

(2) 无机绝缘新材料

常用的无机绝缘新材料有电工玻璃材料、绝缘陶瓷材料，以及具有高耐热性、耐电弧性、耐电晕性的云母、石棉、玻璃和陶瓷制品。

(3) 磁记录材料

磁记录材料是用于记录、储存和再现信息的磁性材料，常见的有磁头材料、磁记录介质、颗粒涂布型介质、连续薄膜型介质等，常应用在磁盘、磁鼓、磁卡、磁光盘上。

(4) 磁光材料

目前正在使用的磁光材料有石榴石薄膜、非晶薄膜、复合膜、MnBi 系列薄膜、MnMGe 系列薄膜、氧化物薄膜、人工晶格多层膜以及其他合金和化合物材料。广泛应用在磁光盘及磁光记录系统中。

(5) 磁流体材料

磁流体由磁性微粒、表面活性剂和基载液组成的，磁性微粒在基载液中高弥散、稳定胶体状，具有强磁性和流动性的材料。广泛应用于医疗、磁性分离显示、磁带、磁泡检验，以及用于扬声器及步进电机中。磁流体材料还有着许多特殊的用途，如磁密封、传感器中，还制作成磁性流体制动器中。

(6) 特殊磁性材料

常用的特殊磁性材料有非晶态软磁合金材料、恒导磁合金材料、磁温度补偿合金材料、低膨胀合金材料、磁滞伸缩合金材料、磁屏蔽合金材料、高饱和磁感应强度合金（铁钴合金）材料、矩磁合金材料等。

(7) 光电材料

光电材料中最常见的是光电阴极材料广泛应用于光电倍增管、摄像管、变像管等光-电转换器件。另外还有光敏电阻、光电导探测器材料及红外光电探测器材料等。

(8) 发光材料

常见的发光材料有半导体发光材料、荧光粉材料、磷光体材料、激光材料等。

(9) 压电材料

压电材料有压电晶体（如石英和铌酸锂、钽酸锂等)、压电陶瓷、高分子压电材料等。

压电材料常应用在电-机转换、机-电转换和电路元件中。

(10) 半导体材料

导电性能介于绝缘体和导体之间，像锗、硅、砷化镓和大多数的金属氧化物以及金属硫化物等，统称为半导体或半导体材料。

半导体材料有元素半导体、化合物半导体、固溶体半导体、半导体超晶格和有机半导体等五大类。

(11) 超导体材料

零电阻和完全抗磁性是超导体材料的两个相互独立的基本特征。

根据在磁场中不同的磁化特性，超导体可分为Ⅰ类超导体和Ⅱ类超导体，Ⅱ类超导体又分为理想和非理想的超导体（硬超导体）。

超导体材料应用在超导电机、磁流体发电、大容量输电、远距离信号传送、天线小型化、天文学、地震预报、导航高速大容量电子计算机等许多方面。

256. 磁卡的种类和用途是什么？

磁卡的发展非常迅速，应用广泛，市场广阔。作为“货币”使用时，携带方便，安全可靠、普遍欢迎。磁卡的主要种类和用途，见表6-6。

磁卡的主要种类及用途 　　**表6-6**

应用领域	名　称	使　用　系　统
金融	现金卡	现金自动存取系统
	信用卡	购物或赊物等系统
	加油卡	加油站系统
	有价证券	证券售购系统
	集资卡	简易保险集资
交通运输	磁性车月票	自动检票系统
	购票卡	自动售票系统
	高速公路卡	自动收费系统
	航空机票	机票发售系统
通信	电话磁卡	磁卡式公用电话
	数据电话磁卡	简易数据通信终端
管理	程序卡	小型计算机
	原始凭证	电子会计机
	调度卡	生产管理系统
	OA卡	办公自动化系统
	识别卡	公共管理系统
	医疗卡	医疗管理系统
家用	菜谱卡等	电子烹调机等
其他	钥匙卡、会员卡、工作卡等	现金库、门锁系统、会员俱乐部等

磁卡的磁性区域磁条内有2～3个磁道、记录属于纵向磁饱和记录方式，磁迹是平行于长边的，数据编码技术采用双频相位相干记录法。磁卡使用环境恶劣，所以要有良好的物理化学特性和力特性、耐磨性和稳定性，良好的磁记录的电磁特性，并要求满足可靠性和保密性的要求。初期，用提高磁介质的矫顽力来解决，但是单纯提高矫顽力仍有问题，近期采用不同矫顽力的双层磁卡：用高矫顽力磁层记录永久的暗码信号；用低矫顽力磁层记录可变信号，从而满足较高的要求。但是因为实用的原因，目前通常是采用独特的信息编码技术和识别技术及适当的电磁性能的配合来满足使用要求。

磁卡主要分为两大类：直接涂布型和磁层转移型。目前，主要使用材料是氧化铁磁粉。

257. 什么是磁光材料？怎样选用？

磁光技术飞速发展，典型产品是磁光盘，使科学技术、人类的视野以及人们的生活出现了一个崭新境界。磁光盘广泛应于广播电视系统和计算机系统。通信、电视和计算机是人类的重大发明，磁光材料又起到了锦上添花的作用。

（1）磁光材料的种类及特点

磁光材料种类很多，各有其重要的特性，主要的磁光材料及特点，有如下几种：

1）单晶石薄膜　其化学稳定性好，法拉第旋转角大，但 H_c 不太大，且需要在价格昂贵的GGG基片上制作，大面积制作有困难。

2）非晶薄膜　可以选择 T_c 或 T_{comp} 来记录。H_c 很大，位码直径很小，但是化学稳定性不太好，Q_k 较小，是现在主要的实用磁光材料。含Nd、Pr、Ce的合金膜在短波有大的 Q_k。发展中的是氧化物和氟化物非晶薄膜产品。

3）复合膜　可以增强克尔效应，石榴石/CrO_2 复合膜和石榴石/R-TM膜是利用石榴石薄膜来提高磁光性能的；R-T/R-

TM 复合膜是为直接重写或 MRS 技术使用的；PtMnSb/Tb-Fe 复合膜能增大克尔效应，但得到垂直磁化膜较为困难。

4）多晶 MnBi 系薄膜　有很大的 H_c 和 Q_k，但晶界引起的噪声大，而 MnBiCu 就改进了 MnBi 的缺点。

5）多晶 MnMGe 系列薄膜　正方结构，用蒸发或溅射法制备。T_c 分别为 190～230℃、120～250℃，Q_f 不太大，但有介质噪声问题存在。

6）多晶氧化物薄膜　用溅射等方法制备，$Bi_3Fe_5O_{12}$ 有较大的 Q_f，被期望为新型磁光材料。$CoFe_2O_4$ 是尖晶石型铁氧体。T_c 为 520℃，H_c 和制备工艺有较大的关系，三层复合膜的表观 Q_f 为 8°。但是，因为是多晶，也有介质噪声问题存在。

7）多晶人工晶格多层膜　Pt/Co，Pd/Co，Pt/Fe 等在短波范围（$\lambda \approx 300$nm）有较大的 Q_k，用溅射和蒸发等方法可以制出垂直磁化膜，用蒸发法制备的垂直各向导性和矫顽力比较大，被期望为新型的磁光材料。

8）多晶其他合金和化合物　UCo_5 和 $CuCrSe_{4-x}Br_x$ 在室温下、红外波长范围有较大的 Q_k，但是制成垂直磁化膜有困难，USe、CeSbTe 在低温下有很大的 Q_k。

（2）磁光记录薄膜材料的选择

磁光记录薄膜材料选择的原则如下：

1）薄膜材料的易磁化方向必须垂直膜面，在垂直膜面方向具有单轴各向导性，又称垂直各向导性。因此，薄膜的垂直各向导性常数 K_u 应该大于磁矩垂直膜面排列时产生的退磁场能（$2\pi M_s^2$）。

2）为了得到稳定的、尺寸较小的磁畴，以保证高密度记录，要求材料的磁化强度 M_s 与矫顽力 H_c 的乘积比较大。

3）材料应具有大于室温但又不是太高的居里温度 T_c 或补偿温度，以便在室温下可以进行记录，一般要求温度在 200～300℃之间。

4）材料应在室温下有较大的矫顽力 H_c，以保证存储信息的温度稳定性。

5）由于磁光记录材料在使用中将反复加热，所以材料应具有良好的热稳定性。

6）因为再生信息的信噪比正比于克尔效应和反射率，所以材料在磁光记录波长范围内应有较大的、且受温度影响较小的克尔角和反射率。

7）希望材料表面均匀，无气孔和杂质等，以免再生信号时产生噪声。

8）从实用角度出发，还必须考虑材料的力学性能，希望材料易于大面积又均匀地制备。

9）价格适当。

258. 什么是磁流体材料？

磁流体材料是磁性微粒子功能材料。磁性流体是指吸附有表面活性剂的磁性微粒在机载液中高度弥散分布而形成的稳定胶体体系。顾名思义，磁性流体不仅有强磁性，还具有液体的流动性。在重力和电磁力的作用下，它能够长期保持稳定，不会出现沉淀或分层现象。

(1) 磁性流体的组成和特点

磁性流体由磁性微粒、表面活性剂和基载液组成。其磁性微粒有铁氧体、金属和铁的氧化物等粉末，磁性微粒很小，只有纳米级大小，具有单畴磁性结构，常用的有 Fe(α)、Co(α)、Co(β)、Ni(α) 和 Fe_3O_4 等。用于 Fe、Co 等金属粉的磁化强度高于铁氧体，所以采用金属粉末的磁性流体的饱和磁化强度较高。

磁性流体中的磁性微粒表面吸附了一层称为表面活性剂的长链分子。这些长链分子的一端吸附在磁性微粒的表面，另一端自由地在磁性流体中作热摆动。表面活性剂有油酸、亚油酸、氟醚酸、硅烷偶联剂和苯氧基十一烷酸等。

基载液是磁性流体体积比例最大的组成部分。基载液是否导电等性能和硫流性的应用密切相关。基载液常采用水、酯、二酯、硅酸盐酯、碳氢化合物、氟碳化合物、聚苯基醚、水银。水银是导电的磁性流体的基载液。

不同的基载液，与其相适应的表面活性剂不同。常用的如下：

1）水　适用基载液是水的表面活性剂有不饱和脂肪酸。

2）酯及二酯　适应的表面活性剂有油酸、亚油酸、亚麻酸或相应的酯酸。

3）碳氢基　适应的表面活性剂有油酸、亚油酸、亚麻酸以及其他非离子界面活性剂。

4）氟碳基　适应的表面活性剂有氟醚酸、氟醚磺酸以及它们相应的衍生物，全氟聚异丙醚等。

5）硅油基　适应的表面活性剂有硅烷偶联剂、羧基聚二甲基硅氧烷等。

6）聚苯基醚　适应的表面活性剂有苯氧基十一烷酸、邻苯氧基甲酸。

（2）磁性流体的应用

磁性流体既是液体、又是磁体，所以广泛应用在各个领域，给许多难解决的问题提供了新的解决途径。其应用的范围如下：

1）利用磁流体的性能在磁场中的变化。如利用投射光的变化做成光传感器、磁强计；利用黏度在磁场中的变化，做成惯性阻尼器；利用液面在磁场中的变化做成压力信号发生器、电流计等。

2）利用外加磁场和磁流体作用力。应用最广泛的是磁流体密封，或称磁性动态密封，简称磁密封。密封性能好、对转轴的表面粗糙度及偏轴转动的要求低、磨损小等。利用磁性流体在梯度磁场中产生的悬浮效果可制成密度计、加速度表等。

3）利用磁场控制磁流体的运动。如利用其流动性可制备药物吸收剂、治癌剂、造影剂、流量计、控制器等。利用流体的热交换可制成能量交换机、液体金属发电机等。

磁流体的具体应用还很多，而且解决了许多难题。如在扬声器的磁铁和音频线圈的间隙中注入磁流体，解决了线圈的发热问题，使扬声器能够实现大功率、高质量，正是大型音响设备所急需；作成温度传感器，为温度的测量提供了新方法；利用磁场控制磁流体的运动作成制动器。

第七章　电 工 测 量

259. 测量的意义是什么？

测量，就是确定各种量的数值，对各行各业具有极大的意义，在国民经济建设中也具有特别重大的意义。

科学研究、生产产品，几乎所有的工程建设、施工、运行和维修都离不开测量。测量技术的进步是科研、生产的保证；反之，科学技术的进步和生产的发展，又会促进新的仪器仪表的产生，促进测量技术水平的提高。自动控制、流水线生产，全部自动化过程，几乎都配合了测量手段。

电工测量是传统的测量，常采用机电式手段，但仍然采用，仍然是一种基本测量方法，先进的电子测量技术、无线电测量技术乃至智能仪表，都是在传统的基本测量的基础上发展起来的。

测量的三要素是测量对象、测量方法和测量设备。测量对象有电量和非电量，因而产生电量的测量技术和非电量的测量技术。测量的形式有直接测量、间接测量和组合测量三种。测量方法有直接估值法和比较法两大类，比较法又分为差值法或微差法、零值法、替代法和重合法四种。

260. 怎样测量直流电流？

直流电流的测量采用直流电流表串联在被测电路内，接线时要注意“正”“负”极性，正确接线，还要正确选择量程，估计被测电流应是满刻度的75％左右。

为了扩大量程，也常采用分流器，测量时，应将分流器串联在被测电路中，表头并接在分流器的电位端钮上，仍然要注意极性。一般外附定值导线是和仪表、分流器一起配套的。如果外附定值导线长度不够，可用不同截面和长度的导线代替，但应该使替代导线的电阻等于 0.035Ω。

电流表直接接入法，见图 7-1。

带有分流器的电流表接入法，见图 7-2。

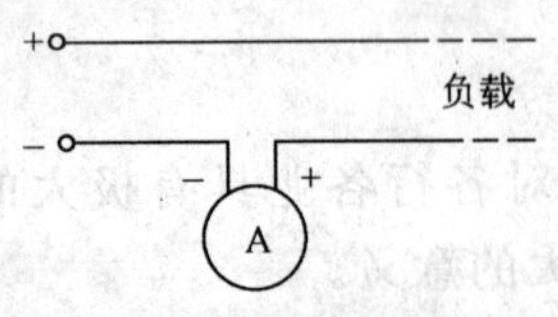

图 7-1 电流表直接接入法

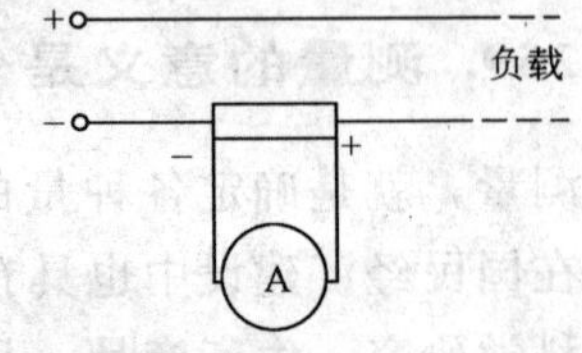

图 7-2 带有分流器的电流表接入法

261. 怎样测量交流电流？

交流电流的测量分单相交流电流的测量和三相交流电流的测量两大类。

(1) 单相交流电流的测量

单相交流电流测量时，宜采用交流电流表（或交直流两用的电流表）串联在被测电路中，其接线见图 7-3。

为了扩大量程可采用电流互感器，并注意互感器不允许开路。带有电流互感器的接线，见图 7-4。

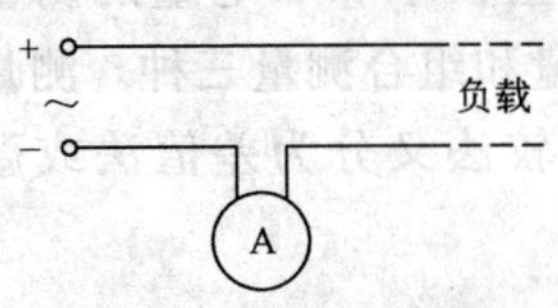

图 7-3 交流电流表直接接入法

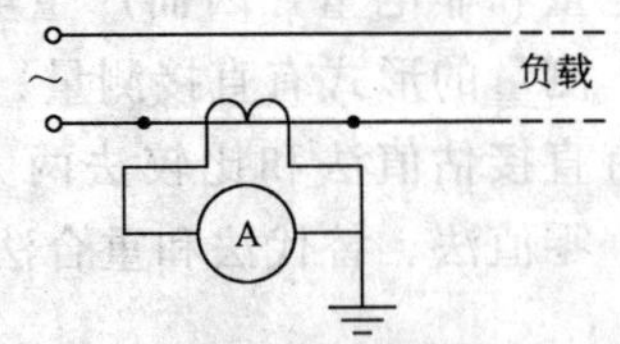

图 7-4 带有电流互感器的接入法

(2) 三相交流电流的测量

三相交流电流的测量，可以采用三块电流表直接串入电路进行测量，若测量电动机的电流，则在电动机启动时，应采取封表措施，以免损坏仪表。

实际测量中还常采用电流互感器，有利用三只电流互感器三

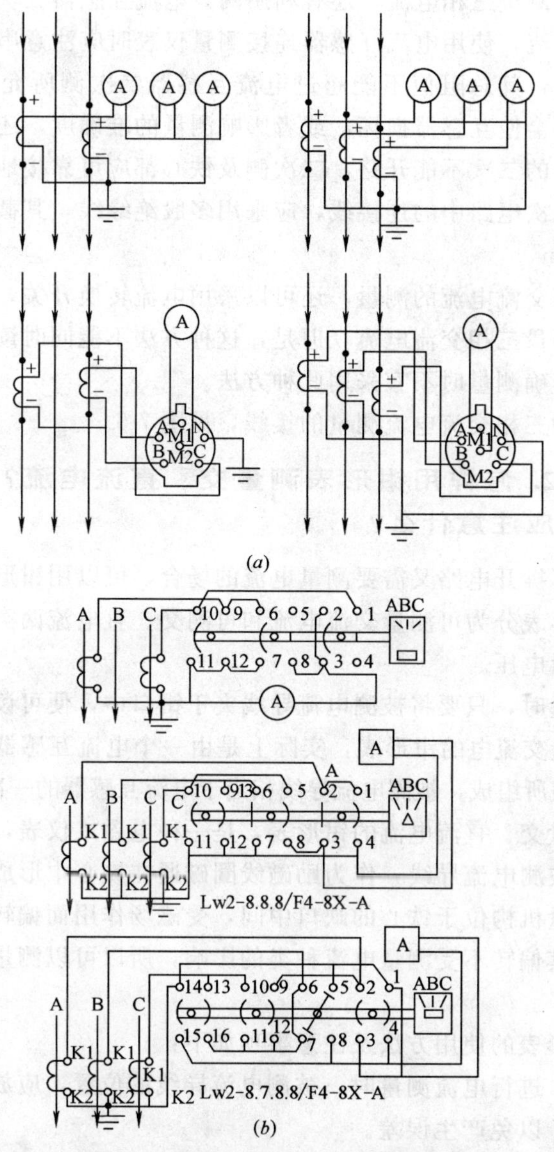

图 7-5　三相交流电流的测量接线

（*a*）电流测量的各种连接；（*b*）电流测量的实际接线

块电流表测量三相电流，还有利用两只电流互感器三块电流表测量三相电流，使用电流互感器连接测量仪表时应注意串入电路的电流线圈，其总阻值不能超过电流互感器二次侧所允许的电阻值，否则会使互感器损坏，或者影响测量的准确度，还应注意电流互感器的二次不能开路，二次侧及铁心都应可靠接地，并且所有连接二次电路中的连接线，应采用多股绝缘线，其截面不应小于 $1.5mm^2$。

三相交流电流的测量，还可以采用电流转换开关，用一只电流表来测量三相交流电流，但是，这种方法不能同时读取三相电流，在精确测量时不宜采用此种方法。

各种三相交流电流测量的接线，见图 7-5。

262. 怎样用钳形表测量交、直流电流？使用钳形表时应注意什么？

在不拆开电路又需要测量电流的场合，可以用钳形表进行测量。钳形表分为可测量交流电流和可测交、直电流两类，有的还可以测量电压。

测量时，只要将被测电流导线夹于钳口中，便可读数。

测量交流电的钳形表，实际上是由一个电流互感器和一个整流式仪表所组成，被测电流导线相当于电流互感器的一次侧绕组。

测量交、直流电流的钳形表，是一种电磁式仪表，放置在钳口中的被测电流导线，作为励磁线圈磁通在铁心中形成回路，电磁式测量机构位于铁心的缺口中间，受磁场作用而偏转，获得读数。因其偏转不受测量电流种类的影响，所以可以测量交、直流电流。

钳形表的使用方法及注意事项如下：

(1) 进行电流测量时，被测电流导线的位置，应放置在钳口的中央，以免产生误差。

(2) 测量前先估计被测电流（或测量电压时的电压）的大小，选择合适的量程；或者先选用较大量程试测，然后再视电流

（或电压）大小，减小量程正式测定。

（3）为使读数准确，钳口的两个面应保证很好接合。如有杂音，可将钳口重新开合一次；如果声音依然存在，可检查接合面上是否有污垢存在，如有污垢，可用汽油擦洗干净，再进行测量。

（4）测量后，一定要把调节开关放在最大量程位置，以免下次使用时，由于粗心未经选择量程，而造成仪表损坏。

（5）测量小于5A以下电流时，为了得到较准确的读数，可把导线多绕几圈放进钳口进行测量，但实际电流的结果，应为读数除以放进钳口内的导线圈数。

（6）使用完毕后，应将钳形表放在保护套（盒）内，进行保存。

263. 怎样测量直流电压？

直流电压的测量，宜采用直流电压表，接线时，将电压表并联（跨接）在被测电路上，进行直流电压测量时，要注意仪表的正负极性和量程。为了扩大量程，可以采用附加电阻，应用欧姆定律可以计算出应附加的电阻值。在带有附加电阻测量时，如果电源有接地的话，应将仪表接在近地端。

电压表的直接接入法，见图7-6。

带有附加电阻的接法，见图7-7。

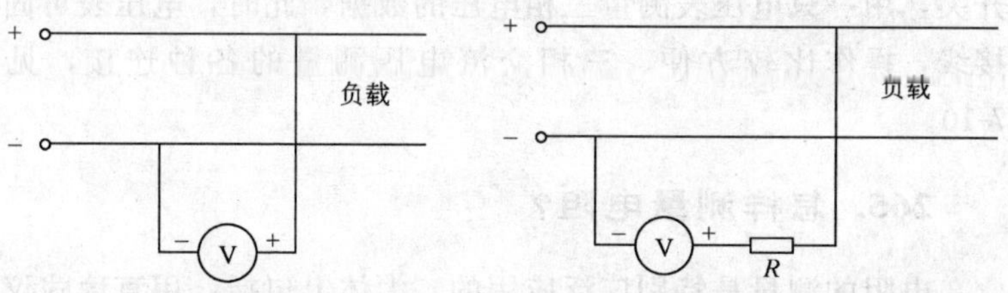

图7-6 电压表的直接接入法　　图7-7 带有附加电阻的接法

264. 怎样测量交流电压？

测量交流电压分单相交流电压的测量和三相交流电压的

测量。

(1) 单相交流电压的测量

单相交流电压测量通常采用交流电压表，并接在被测电路上，也要注意量程的选择，但没有极性问题。

测量时，可以用电压表直接接入；为了扩大量程，常采用电压互感器，但互感器不应二次侧短路，以确保安全。

电压表的直接接入法，见图 7-8。

带有电压互感器接入法，见图 7-9。

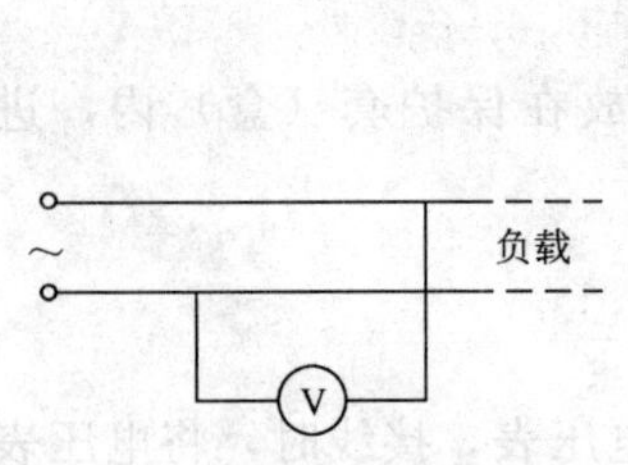

图 7-8 电压表的直接接入法

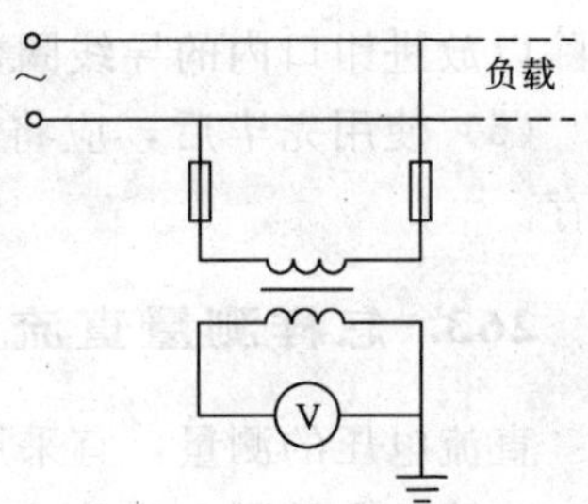

图 7-9 带有电压互感器接入法

(2) 三相交流电压的测量

三相交流电压测量，可以采用三只电压表，三只表同时读取测量数据，测量准确度较高，但是为了节省起见，通常采用一只电压表，作三次测量，获得三相电压的数据，又常采用电压转换开关，用一只电压表测量三相电压的数据，此时，电压表可固定接线，操作比较方便。三相交流电压测量的各种连接，见图 7-10。

265. 怎样测量电阻？

电阻的测量是特别广泛应用的，大体上包括：用直读式仪表测量电阻、用补偿器测量电阻、绝缘电阻的测量、接地电阻的测量、电缆和线路中故障地点的测定等几个方面。

常用测量电阻的方法有：电压、电流表法、万用表法、单臂电桥、双臂电桥测量法，用兆欧表测量绝缘电阻，用桥式测量电

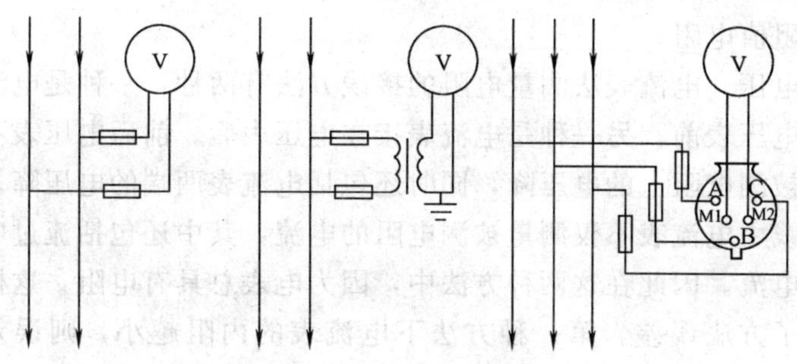

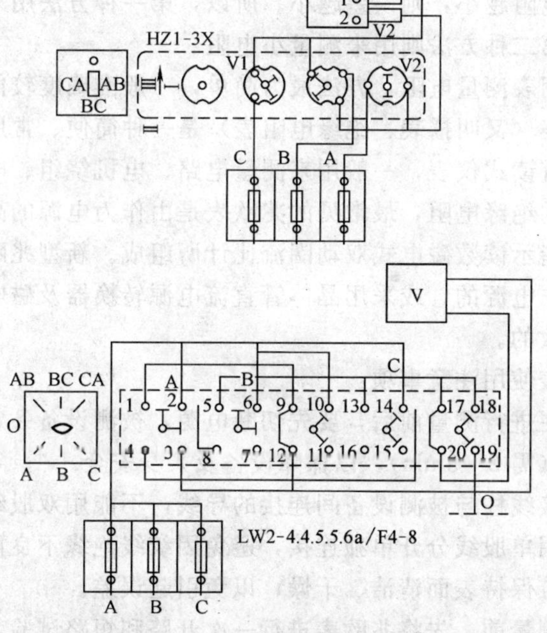

图 7-10 电压测量的各种连接

路和补偿方法测量接地电阻，近年来还用单片机作为测量手段。

常用测量电阻的电桥有单臂电桥、双臂电桥和单、双臂两用电桥。单臂电桥（习惯称惠斯登电桥），适用于测量 1Ω～10MΩ

的电阻；双臂电桥（习惯称凯尔文电桥），适用于测量 1Ω 以下的低阻值电阻。

电压、电流表法测量电阻的接线方法有两种：一种是电流表接在电压表前；另一种是电流表接在电压表后。前后电压表不仅测得被测电阻上的电压降，同时还包括电流表两端的电压降；后者接线中电流表不仅测量被测电阻的电流，其中还包括流过电压表的电流。因此在这两种方法中，因为电表总具有电阻，这样便造成了方法误差。第一种方法下电流表的内阻越小，则误差越小；而在第二种方法下电压表的内阻越大，则误差越小。另外，在第一种方法时，被测电阻越大，误差越小；而在第二种方法下，被测电阻越小，则误差越小。所以，第一种方法用来测量大电阻，而第二种方法则用来测量小电阻。

用万用表测量电阻，方法最为简单，一般准确度较低。

兆欧表（又叫摇表、绝缘电阻表）是一种简便、常用的测量高电阻的直读式仪表，一般用来测量电路、电机绕组、电缆、电气设备等的绝缘电阻，最常见的兆欧表是由作为电源的高压手摇发电机和指示读数磁电式双动圈流比计所组成。新型兆欧表，有用交流电作电源的，或采用晶体管直流电源转换器及磁电式仪表来指示读数的。

兆欧表使用注意事项：

(1) 在进行测量前后，要先切断电源，被测设备一定要进行充分放电（需 2～3min），以保障设备及人身安全。

(2) 接线柱与被测设备间连接的导线，不能用双股绝缘线或绞线，要用单股线分开单独连接，避免因绞线绝缘不良而引起误差。同时应保持表面清洁、干燥，以免引起误差。

(3) 测量前，先将兆欧表进行一次开路和短路试验，检查兆欧表是否工作正常。若将两连接线开路，摇摇手柄，指针应指在“∞”（无穷大）处；这时如再把两连接线短接一下，指针应指在“0”处，说明兆欧表工作正常，否则兆欧表是有误差的。

(4) 摇转手柄时，应由慢渐快，当出现指针已指零时，就不能再继续摇转手柄了，以防表内线圈发热损坏。

(5) 为了防止被测设备表面泄漏电阻的影响，使用时应将被测设备的中间层接于保护环 (G) 端，如图 7-11 (*c*) 所示。

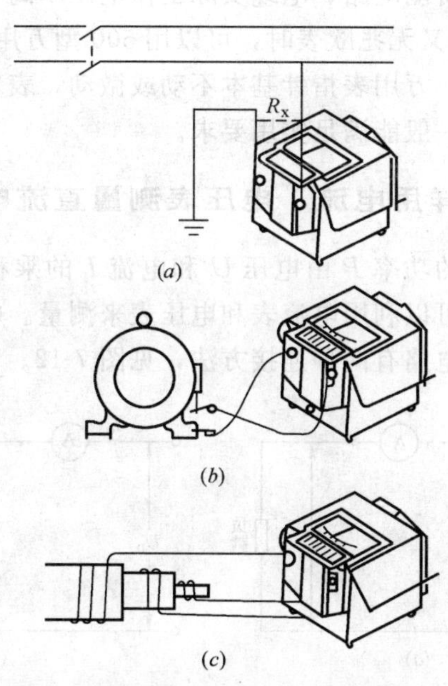

图 7-11　用兆欧表测量绝缘电阻的接法

(*a*) 测电路绝缘电阻；(*b*) 测机壳对地电阻；(*c*) 测电缆芯对缆壳的绝缘电阻

(6) 兆欧表电压等级的选用，一般额定电压在 500V 以下的设备，选用 500V 或 1000V 的兆欧表；额定电压在 500V 以上的设备，选用 1000～2500V 的兆欧表。量程范围的选用，一般应注意不要使其测量范围过多地超出所需测量的绝缘电阻值，以免使读数产生较大的误差。例如，一般测量低压电器设备绝缘电阻时，可选用 0～200MΩ 量程的表；测量高压电器设备或电缆时，可选用 0～2000MΩ 量程的表。刻度不是从零开始，而是从 1MΩ 或 2MΩ 开始的兆欧表，一般不宜用来测量低压电器设备的绝缘电阻。

（7）禁止在雷电时或在邻近有带高压导体的设备处，使用兆欧表进行测量。只有在设备不带电又不可能受其他电源感应而带电时，才能进行测量。

（8）如果所测电路、电缆实际工作电压不高（例如：几伏或十几伏），手头又无兆欧表时，可以用500型万用表×10kΩ档代替兆欧表测量，万用表指针基本不动或微动，表示绝缘电阻很大（或无穷大），一般能满足实用要求。

266. 怎样用电流、电压表测量直流电路功率？

直流电路的功率 P 由电压 U 和电流 I 的乘积来表示。因而为了测量功率可以利用电流表和电压表来测量。电流表和电压表的测量功率的电路有两种连接方法，见图 7-12。

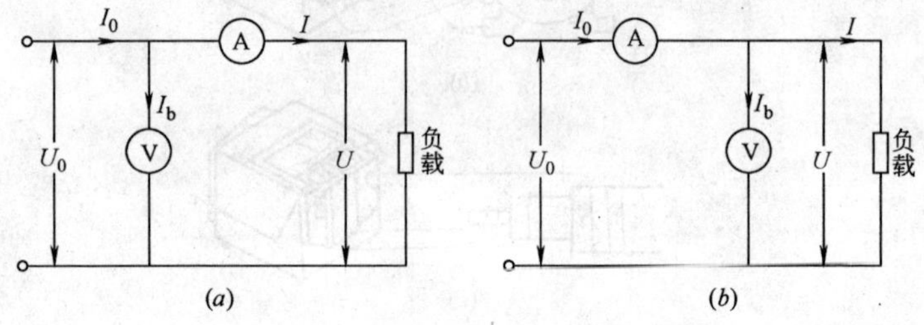

图 7-12 用电流表和电压表测量功率

（a）包括电流表消耗的功率；（b）包括电压表消耗的功率

对于图 7-12（a）测量的功率，即是电压表指示的 U_b 和电流表指示的 I_a 的乘积，即

$$P_1=U_bI_a=I_a(U+U_a)=IU+I_aU_a=P+P_a$$

式中 U_a——电流表两端的电压降，因而 U_aI_a 便是电流表所消耗的功率 P_a。

图 7-12（b）的电路所测量的功率为

$$P_2=U_bI_a=U_b(I+I_b)=UI+U_bI_b=P+P_b$$

式中 I_b——电压表电路中的电流；

$U_b I_b$——电压表所消耗的功率。

所以，在上述两种测量电路中，甚至用理想的精密电压表和电流表来测量，其结果也大于负载实际的消耗的功率，因为电流表和电压表总有一定的电阻值，所以就产生了误差。图 7-12（*a*）中误差是由于电流表消耗功率所致；而在图 7-12（*b*）中是由于电压表消耗功率而引起。

按照图 7-12（*a*）的电路，测量相对误差等于比值$\frac{P_a}{P}$，即

$$\gamma_1=\frac{P_a}{P}=\frac{I^2 r_a}{IU}=\frac{I r_a}{U}$$

所以，图 7-12（*a*）电路所测量的误差随负载电流的减小而减小。

按照图 7-12（*b*）测量电路所产生的误差为

$$\gamma_2=\frac{P_b}{P}=\frac{UI_b}{UI}=\frac{I_b}{I}$$

所以，图 7-12（*b*）电路所测量的误差随负载电流的减小而增大。因此，当测量电网电压不变的功率时，选用图 7-12（*a*）的测量电路。

若测量的目的不是决定负载所消耗的功率 P，而要决定电网供给的功率 P_0，则采用图 7-12 所得到的测量结果如下：

$$P_1=UI_a=U_0(I_0-I_b)=U_0I_0-U_bI_b=P_0-P_b$$

和
$$P_2=U_bI_a=I_0(U_0-U_a)=U_0I_0-U_aI_a=P_0-P_a$$

若电流表电压表的内阻已知，则可以在指示数值中引入减去 P_a 和 P_b 的校正值。但一般测量误差等于电流表和电压表误差之和，例如取对数得到

$$\ln P_1=\ln U_b+\ln I_a$$

由此
$$\frac{dP_1}{P_1}=\frac{dU_b}{U_b}+\frac{dI_a}{I_a}$$

或
$$\frac{dP_1}{P_1}=\frac{dU_b}{U_{bn}}\times\frac{U_{bn}}{U_b}+\frac{dI_a}{I_{an}}\times\frac{I_{an}}{I_a}$$

式中　U_{bn} 和 I_{an}——电压表和电流表的读数。

因为 $\frac{dU_b}{U_{bn}}=\gamma_{bn}$ 和 $\frac{dI_a}{I_{an}}=\gamma_{an}$ 是电压表和电流表的引用误差，而 $\frac{dP_1}{P_1}$ 是功率测量的相对误差，则

$$\gamma_p=\gamma_{bn}\frac{U_{bn}}{U_b}+\gamma_{an}\frac{I_{an}}{I_a}$$

但比值 $\frac{U_b}{U_{bn}}=\lambda_b$ 和 $\frac{I_a}{I_{an}}=\lambda_a$ 是电压表和电流表的指示相对值，因此

$$\gamma_P=\frac{\gamma_{bn}}{\lambda_b}+\frac{\gamma_{an}}{\lambda_a}$$

从此可以看出，为减小测量误差需要在选择电压表和电流表的量限时，应使它们的指示尽可能的接近刻度盘末端，这时 λ_b 和 λ_a 接近于 1，当 $\lambda_b=1$ 和 $\lambda_a=1$ 时，误差 γ_P 最小，将等于电流表和电压表误差的代数和。

267. 怎样测量单相交流电路中的功率？误差情况又怎样？

测量单相交流电路的功率和电能，常采用功率表，功率表或电能表具有串联线圈（又称电流线圈）和并联线圈（又称电压线圈），这样，其原理就和电流、电压表测量功率的原理是相同的。功率表的测量电路，见图 7-13。

测量的方法误差由功率表（或电能表）线圈之一所消耗的功

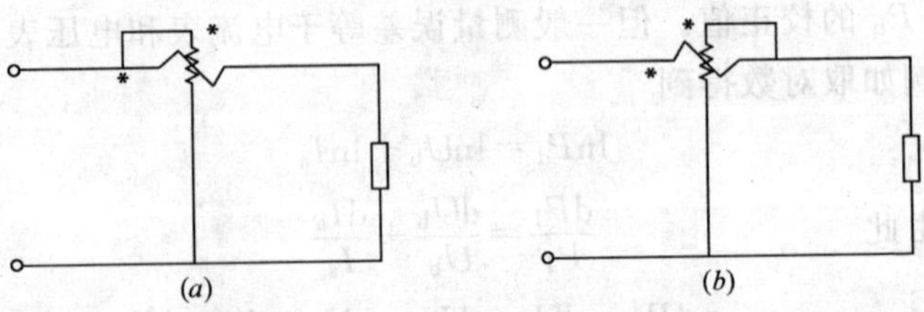

图 7-13　用功率表测量功率

率来决定，而这个线圈中的损耗则取决于选取图中的哪一个电路。按照图 7-13（*a*）的测量电路，在交流时功率表的指示为

$$P_1 = U_a I_a \cos(U_b I_a)$$

这时，电路中负载常包含有无功分量，所以功率表串联线圈中的电流 I_a 和并联线圈端子上的电压 U_b 相差一个角度，表达式可以认为是电流 I_a 和电压 $\dot{U}_b$ 在电流 $\dot{I}_a$ 上投影之乘积，即 $U_b\cos$（U_b、I_a），而 U_b 在 $\dot{I}_a$ 上的投影是 $\dot{U}U_a$ 在同一相量 $\dot{I}_a$ 上的投影之和，因此得到

$$\cos(\dot{U}_b \dot{I}_a) = U\cos\varphi + U_a\cos\varphi_a$$

因为 $I_a = I$，所以得到

$$P_1 = UI\cos\varphi + U_a I_a \cos\varphi = P + P_a$$

图 7-13（*a*）测量电路的相对测量误差随负载电流的减小而减小。而在图 7-13（*b*）电路中，当电流 I 值很小时，误差可增长到很大，在使用功率表时常常引入校正值。另外在分析测量误差时，还必须考虑功率因数（$\cos\varphi$）的变化。所以，在许多实际应用场合又常常采用低功率因数功率表。

268. 怎样测量三相交流电路中的功率？

三相交流电路的功率测量有多种方法，一是采用一块三相功率表测量三相功率，方法简单，费用少，但精度低，宜用于三相负载平衡的系统；二是三表法，即采用三块单相功率表，各测一相的功率，三相总功率为三表之和，比较适用于三相四线制和三相五线制系统，见图 7-14。

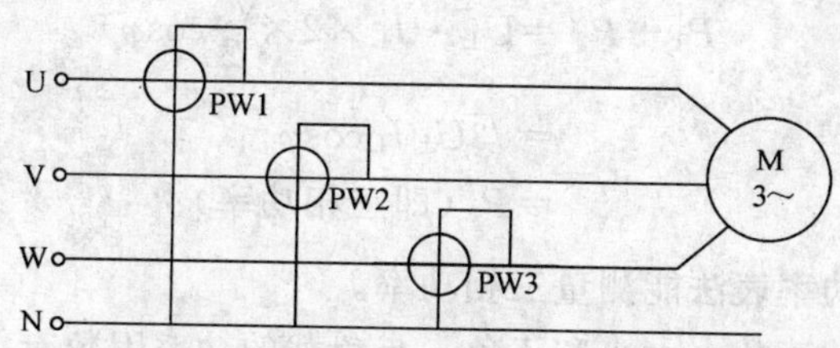

图 7-14　三表法测量三相功率

但是，在实际使用常常采用两功率表测量三相功率，其接线方法和相量图，见图 7-15。

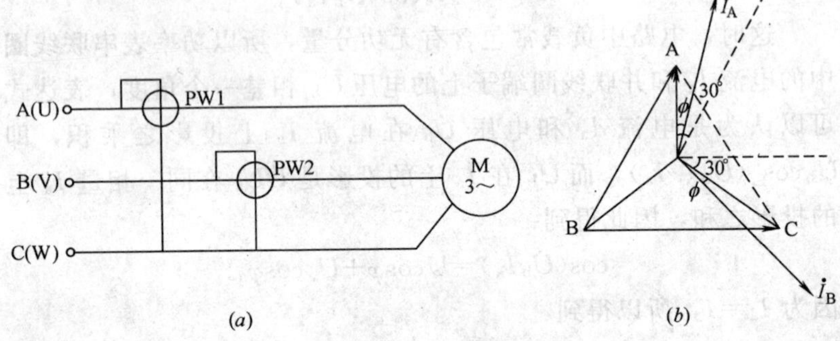

图 7-15　两功率表法测量三相功率

(a) 接线图；(b) 相量图

两功率表法测量三相功率的原理，见下列推导：

因为三相功率 $P=3U_{pn}\cdot I_{pn}\cos\varphi=\sqrt{3}U_L\cdot I_L\cos\varphi$

而　$P_1=U_{AC}\cdot I_A\cdot\cos\angle\dot{U}_{AC},\dot{I}_A=U_L\cdot I_L\cdot\cos(30°-\varphi)$

$P_2=U_{BC}\cdot I_B\cdot\cos\angle\dot{U}_{BC},\dot{I}_B=U_L\cdot I_L\cdot\cos(30°+\varphi)$

所以　$P_1+P_2=U_L\cdot I_L[\cos(30°-\varphi)+\cos(30°+\varphi)]$

$=U_L\cdot I_L\times 2\cos30°\cos\varphi$（见三角函数和差化积公式）

又因　$\cos30°=\frac{\sqrt{3}}{2}$

所以　$P_1+P_2=U_L\cdot I_L\times 2\times\frac{\sqrt{3}}{2}\cos\varphi$

$=\sqrt{3}U_L I_L\cos\varphi$

$=P$（即三相功率）

所以，两功率表法能测量三相功率。

两表的读数（大小和正负）与负载的功率因数有关，其关系见表 7-1。

负载 $\cos\varphi$ 和两表读数的关系表　　表 7-1

负载 $\cos\varphi$	两表读数 P_1、P_2 之间的关系
1	$P_1=P_2\geqslant 0$
0.5	有一块表为零，另一块表大于零
<0.5	绝对值小的为负值

269. 怎样测量三相电路中的无功功率和电能？

用两个正弦功率表可以测量在任何负载条件下和当电路任意不对称时，三相电路中的无功功率。当完全对称时正弦功率表的指示为

$$P_1=U_L I_L \sin(30°+\varphi)$$
$$P_2=U_L I_L \sin(\varphi-30°)$$

功率表指示之和

$$P_1+P_2=U_L I_L[\sin(30°+\varphi)+\sin(\varphi-30°)]$$
$$=\sqrt{3}U_L I_L \sin\varphi$$

但是在三相电路中，按照特殊的连接电路，也可以用一般的非正弦功率表测量无功功率，见图 7-16。

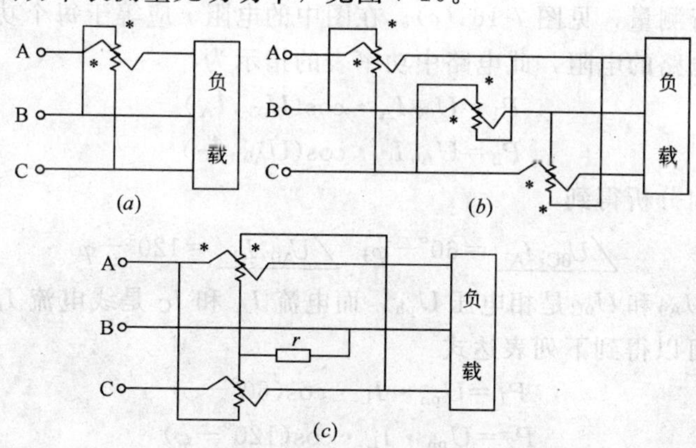

图 7-16　三相电路中测量无功功率的功率表连接图

(a) 一个功率表；(b) 三个功率表；(c) 两个功率表

图 7-16（a）是一个功率表的最简单的测量电路，这个功率表的指示为

$$P=U_{BC}I_A\cos(\dot{U}_{BC},\dot{I}_A)$$

电压相量 $\dot{U}_{BC}$ 和电流相量 $\dot{I}_A$ 间的角度为 $90°-\varphi$，因此

$$P=U_{BC}I_A\sin\varphi$$

当三相电路对称时，即 $U_{BC}=U_L$ 和 $I_A=I_L$，则

$$P=U_L I_L\sin\varphi$$

负载的无功功率 Q 为

$$Q=\sqrt{3}P=\sqrt{3}U_L I_L\sin\varphi$$

图 7-16（b）的测量电路在简单不对称时有正确的指示，所以不对称系统中得到广泛应用。在这个电路中，三个功率表之和再乘以 $\frac{1}{\sqrt{3}}$ 为无功功率，即

$$Q=\frac{1}{\sqrt{3}}(P_1+P_2+P_3)=\sqrt{3}U_L I_L\cdot\sin\varphi$$

对于简单的不对称也可应用人工中性点的两功率表测量电路来进行测量，见图 7-16（c）。在图中的电阻 r 应等于每个功率表并联电路的电阻，此电路中功率表的指示为

$$P_1=U_{0C}I_A\cdot\cos(\dot{U}_{03},\dot{I}_A)$$

$$P_2=U_{A0}I_C\cdot\cos(\dot{U}_{A0},\dot{I}_C)$$

在相向分析得到

$$\angle\dot{U}_{0C},\dot{I}_A=60°-\varphi;\quad \angle\dot{U}_{A0},\dot{I}_C=120°-\varphi$$

并且 U_{A0} 和 U_{0C} 是相电压 U_{ph}，而电流 I_A 和 I_C 是线电流 I_L，这样，可以得到下列表达式

$$P_1=U_{ph}\cdot I_L\cdot\cos(60°-\varphi)$$

$$P_2=U_{ph}\cdot I_L\cdot\cos(120°-\varphi)$$

由三角函数知识，可知

$$P_1=U_{ph}\cdot I_L\cdot\sin(30°+\varphi)$$

$$P_2 = -U_{ph} \cdot I_L \cdot \sin(30° - \varphi)$$

当 $\varphi = 90°$（即 $\sin\varphi = 1$）时，每个功率表指示相同并为正值，而当 $\varphi < 30°$ 时，第二个功率表的指示为负值。两个功率表指示之和为

$$P_1 + P_2 = \sqrt{3} U_{ph} I_L \cdot \sin\varphi$$

因为 $\sqrt{3} U_{ph} = U_L$，所以

$$P_1 + P_2 = U_L \cdot I_L \cdot \sin\varphi$$

功率表指示之积乘以 $\sqrt{3}$，即得到无功功率。

当利用图 7-16（c）电路时，为了用两个单元件电能表或者用一个两元件电能表测量电能，组成中性点的电阻 r 应等于电能表并联电路电阻。由于在感应式电能表中并联电路有很大的电感，为了组成人工中性点要应用与电能表并联电路比值 $\frac{r}{x}$ 相等的电感线圈。由于这点很难实现，所以图 7-16（c）不采用与感应式仪表组合。用两元件电能表的测量电路，每个元件的串联电路由两个有相同匝数的线圈组成，其测量电路见图 7-17。

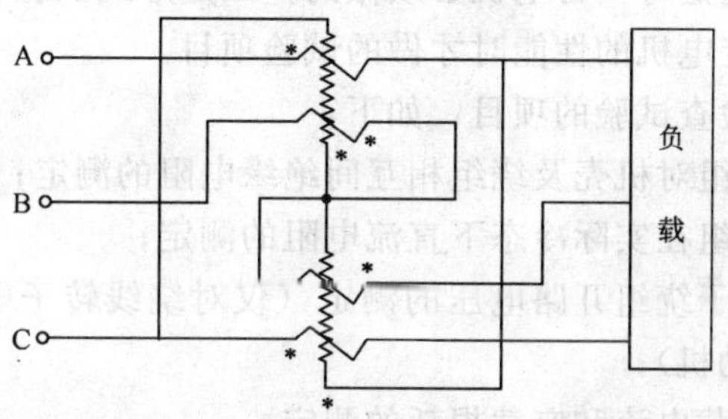

图 7-17　有附加串联线圈的无功双元件电能表的连接

上元件磁通是由电流 $\bar{I}_A - \bar{I}_B = \bar{I}_b$ 的几何差所产生，而下元件磁通是由电流 $\bar{I}_C - \bar{I}_B = \bar{I}_H$ 几何差产生，这些电流的相量滞后于加到电能表并联电路的电压 $\dot{U}_{BC}$ 和 $\dot{U}_{AB}$，滞后角度各为 $120° - \varphi$ 和 $60° - \varphi$。因此，电能表的上元件转动力矩（M_1）和下元件转动力矩（M_2）相等，即

$$M_1 = kU_{BC}I_b\cos(120° - \varphi) = -kU_{BC}I_b\sin(30° - \varphi)$$

$$M_2 = kU_{AB}I_H\cos(60° - \varphi) = kU_{AB}I_H\sin(30° + \varphi)$$

式中 k——比例系数。

考虑到 $I_b = I_H = \sqrt{3}I_L$ 和 $U_{BC} = U_{AB} = U_L$

所以得到

$$M_1 + M_2 = kU_LI_L[-\sin(30° - \varphi) + \sin(30° + \varphi)] = k3U_LI_L\sin\varphi$$

或者 $$M_1 + M_2 = k\sqrt{3}Q$$

所以力矩之和比例于无功功率。在选择积算机构的传递数时考虑到 $3\sqrt{3}$，因此无功能量可直接由电能表指示读得，而不引入任何附加乘数。两元件电能表在简单不对称情况下可正确地计算电能。但当复杂不对称时，即电压系统不对称时，它的指示是不正确的。

270. 三相异步电动机的测量和试验项目有哪些？试画出一个最简单的电机试验线路，其特点是什么？

三相异步电动机的测量和试验项目分为两大类，一是检查试验项目，这是每一台电机必须做的；二是形式试验项目，这是需要全面鉴定电机的性能时才做的试验项目。

(1) 检查试验的项目，如下：

1) 绕组对机壳及绕组相互间绝缘电阻的测定；

2) 绕组在实际冷态下直流电阻的测定；

3) 转子绕组开路电压的测定（仅对绕线转子电动机和交流换向器电动机）；

4) 空载电流和空载损耗的测定；

5) 堵转试验；

6) 超速试验（对笼型铸铝转子电动机仅在形式试验时进行）；

7) 振动的测定；

8) 匝间冲击耐电压试验；

9) 短时升高电压试验，（如第 (8) 项已做，则此项目可不再进行）；

10）耐电压试验。

（2）形式试验的项目，如下：

1）全部检查试验的项目；

2）温升试验；

3）效率、功率因数和转差率的测定；

4）短时过转矩试验；

5）最大转矩的测定；

6）启动过程中，最小转矩的测定；

7）噪声的测定；

8）转动惯量的测定。

常见的三相异步电动机试验线路有很多类型，生产厂家备有试验站、中心试验室，其试验线路通常是比较复杂的，一般的修理部门不具备这种条件，条件较差的修理部门可采用最简单的试验线路，现举一种例子，见图 7-18。

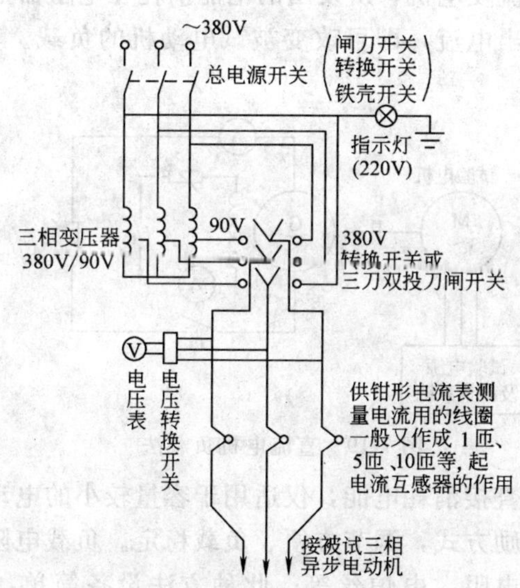

图 7-18　最简单的试验线路

从图 7-18 中可以看出，通过电压转换开关，电压表可以测量电动机三相电压；用一种转换开关转换，可以供给电动机两种试验电压，即 380V 和 90V；用钳形电流表通过测量线圈，可以测量电动机三相电流，测量线圈可以更换，作成一匝、五匝、十匝等，这样可以对不同大小规格的电机进行试验测量。这种装置简单、投资小，而且模拟了电动机的额定电压（380V）下的空载试验，以及额定电流下的短路试验（定电压法），所以具有一定的准确度，对电机修理部门和条件较差的乡镇企业作电机简易试验，特别适用。

271. 电机试验的方法有哪几种？其特点是什么？

电机试验的方法很多，常用的有直流电机负载法、带轮回馈法、直流发电机组回馈法、变频机组回馈法。

(1) 直流电机负载法

直流电机负载法的被试电动机用带轮（变速）或联轴器（不变速）拖动直流发电机，所发出的电能消耗在电阻器上。调节直流发电机的输出电流，即可改变被试电动机的负载。其示意图，见图 7-19。

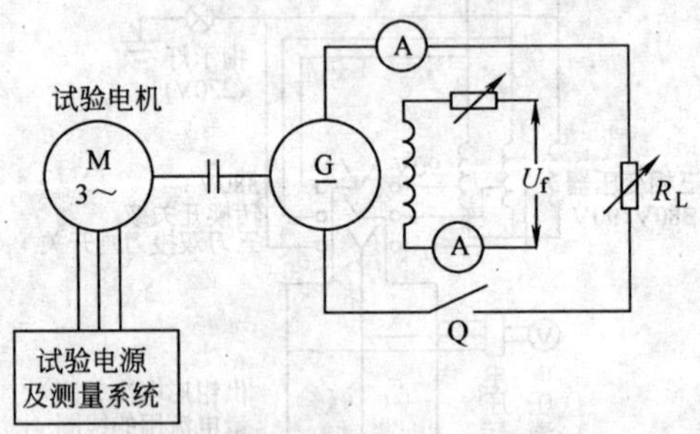

图 7-19 直流电机负载法

此种方法直接消耗电能，仅适用于容量较小的电动机，直流发电机采用他励方式，调节方便、负载稳定。负载电阻可使用铸铁电阻器、水电阻、电炉丝等。此种方法设备简单，调节也方便，但是消耗较多。对于 5kW 以下电机较为适用。

(2) 带轮回馈法

带轮回馈法的试验原理示意图，见图 7-20。

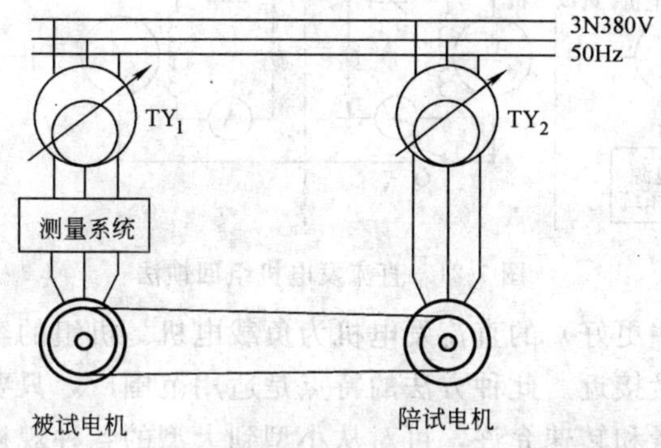

图 7-20　带轮回馈法

此种试验方法，选用与被试电机转速相同，功率相同或接近的三相异步电动机为陪试电机。两电机用带轮相对拖动，被试电机安装大轮，陪试电机安装小轮，被试电机与陪试电机的最大转速比为 1∶1.2（轮直径比为 1.2∶1）。当被试电机在额定频率下运转时则带动陪试电机超同步转速运行，此时陪试电机呈异步超同步转速运行，陪试电机呈异步发电机状态，电能反馈给电网，给被试电机加上了负载。试验时，两台电机转向相同，调节两台电机上传动带的松紧，可调节被试电机负载的大小。带越紧，陪试电机转速越高，负载也越重。在没有试验机组设备的情况下，使用这种方法，可以使大部分电能回馈给电网，消耗的电能仅为两台电机的总损耗，可以节约用电。此种方法设备简单，调节也比较方便。适用于转速较低（1500r/min 及以下）、功率在 30kW 以下的电机进行性能的测试。

(3) 直流发电机组回馈法

直流发电机组回馈法的原理示意图，见图 7-21。

这种试验方法，被试电机与负载电机（直流发电机）用联轴器相连接，用被试电机拖动负载电机运行，负载电机的电能经直流电源机组反馈给电网。这种方法用被试电机的容量去选择容量

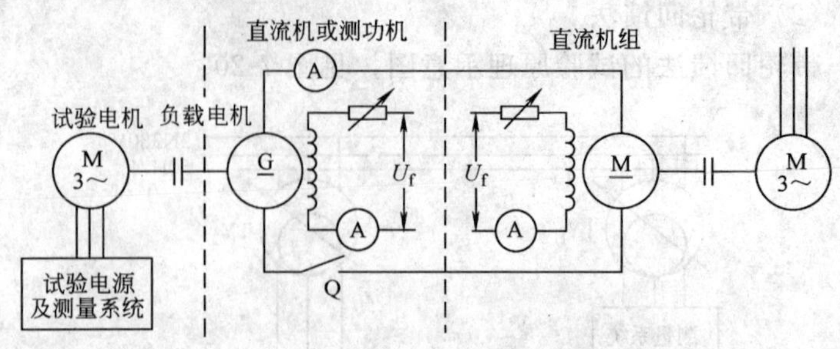

图 7-21　直流发电机组回馈法

近似（大些更好）的直流发电机为负载电机。机组的容量应与负载电机容量接近。此种方法的特点是适用范围广，只要负载电机和机组容量和转速允许，可对从小型到大型的各种规格的电机进行负载试验。此种方法回馈电能，调节方便，适用性强，尤其适用于试验单台的三相异步电动机。

(4) 变频机组回馈法

变频机组回馈法的原理示意图，见图 7-22。

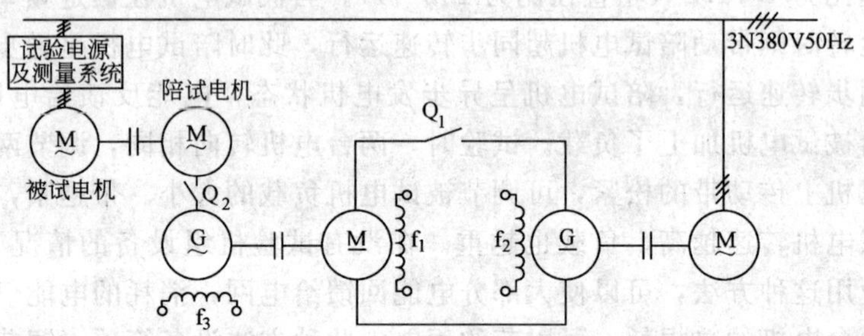

图 7-22　变频机组回馈法

这是一种为异步电动机加负载的最通用的方法，普遍使用于各专业工厂企业。由于该方法使用两套机组，所以设备投资较大。但是，其优点很多，如调节方便，负载平稳，节约电能，并适用于试验 50～60Hz 的电动机。电路由直流机组和同步机组组合成变频发电机组。变频机组为陪试电机提供一个频率低于其额定频率的交流电源，使陪试电机在被试电机的拖动下，以额定转速运行时，处于异步发电状态，给被试电机带上负载。应指出的是，无论是陪试电机还是机组的异步发电的电动机，其发出的电流频率取决于励磁频率，与其当时的转速无关。

操作时，首先启动直流机组，交流电动机 M 拖动直流发电机 $\underline{G}$ 发电，闭合 Q_1，直流电动机 $\underline{M}$ 运转，拖动交流发电机$\underset{\sim}{G}$，调节交流发电机$\underset{\sim}{G}$的发电电压为陪试电机的额定电压，调节直流电动机 $\underline{M}$ 转速使交流发电机$\underset{\sim}{G}$的发电频率为陪试电机的额定频率。当陪试电机容量较大时，先降压启动，后调至额定值。再合被试电机的电源开关，由调压器或另一套变频机组为被试电机供电，使两电机转向相同。此时，观察被试电机的负载电流，调节同步发电机的频率，频率越低负载电流越大，一直调到被试电机的额定电流为止，再调节被试电机与陪试电机的电压至额定值。此时陪试电机处在发电状态，其后的机组电机的运行状态也向相反变化，如交流发电机$\underset{\sim}{G}$变为同步电动机，直流电动机 $\underline{M}$ 变成直流发电机，直流发电机 $\underline{G}$ 变成直流电动机并拖动交流电动机$\underset{\sim}{M}$，使交流电动机$\underset{\sim}{M}$发电，将电能反馈给电网。

用这种方法试验电机，调节的元器件较多，测量系统比较复杂，所占场地较大，不便照应，需要试验人员头脑清醒，概念清楚、操作熟练、严格遵守操作规程。多人操作时，要有指挥，几人应相互配合。否则，试验目的达不到，准确度保证不了，还容易出现各种各样的事故。

第八章　典型控制电路

272. 画出单向启动控制电路，电路工作过程是怎样的？

单向启动控制电路，见图 8-1。

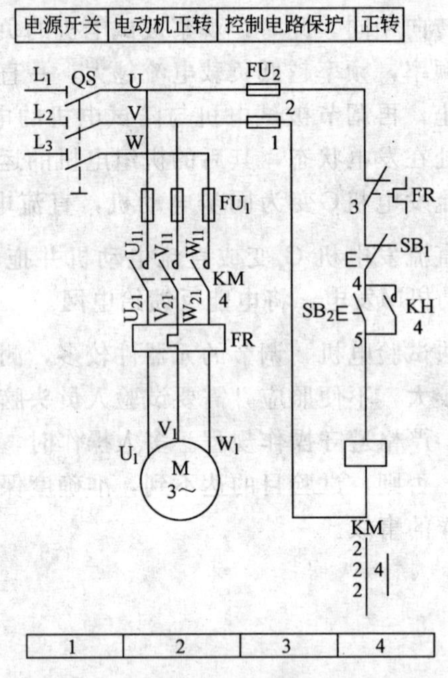

图 8-1　单向启动控制电路

单向启动控制电路是最简单、最常用的一种控制电动机单方向运转的电路。

按下按钮 SB_2 时，接触器 KM 线圈通电吸合，主电路接通电路，电动机 M 旋转。这时，松开按钮 SB_2 时，因 KM 辅助触点闭合而使接触器不会释放，电动机 M 连续运转。若要停止电动机时，需按下按钮 SB_1，这时接触器 KM 释放，电动机 M 断电而停止转动。为下次启动作好准备。

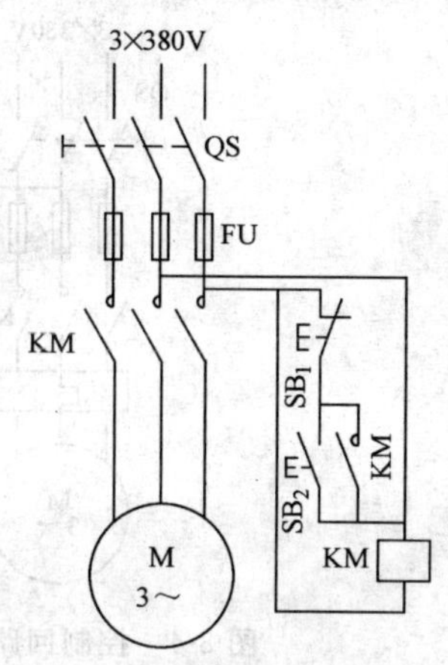

图 8-2　错误的单向启动电路

SB_2 为启动按钮，SB_1 为停止按钮，KM 的辅助触点为自保触点，FU_1、FU_2 起短路保护作用，FR 起过载保护作用。

电气制图时，往往容易出错，错误的单向启动电路的画法，见图 8-2。

施工时，常需要画接线图，接线图根据原理图绘制，但接线图更接近实物。

无过载保护的单向启动控制电路的接线图，见图 8-3。[图中（*a*）是和接线图对应的原理图]

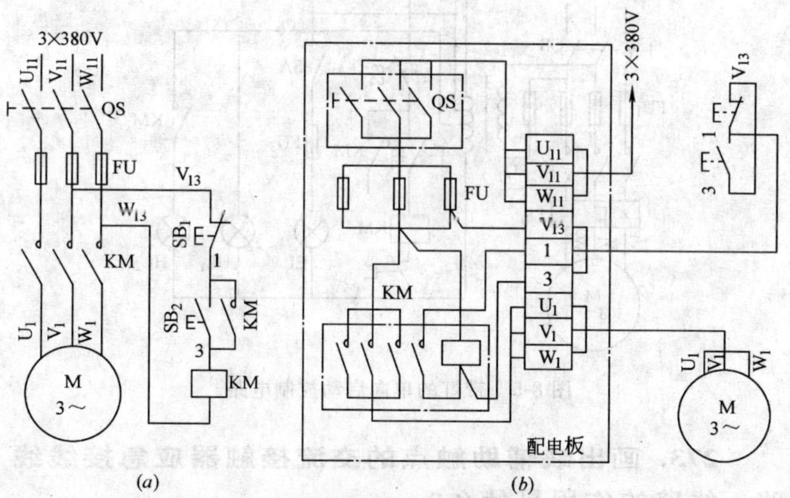

图 8-3　无过载保护的单向启动控制电路

（*a*）电气原理图；（*b*）电气接线图

新标准规定，为了安全起见，控制回路需有变压器隔离，控制回路带变压器的单向启动控制电路，见图 8-4。

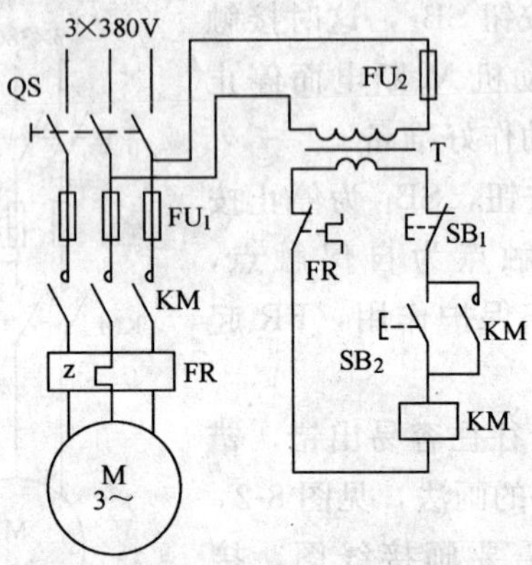

图 8-4　控制回路带变压器的单向启动控制电路

在采用变压器后，就可以设置照明灯和指示灯，以供照明和指示使用。带灯的单向启动控制电路，见图 8-5。

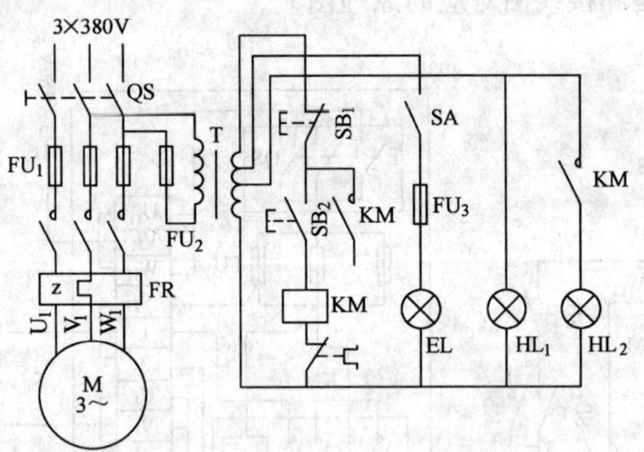

图 8-5　带灯的单向启动控制电路

273. 画出缺辅助触点的交流接触器应急接线线路，线路的作用是什么？

缺辅助触点的交流接触器应急接线线路，见图 8-6。

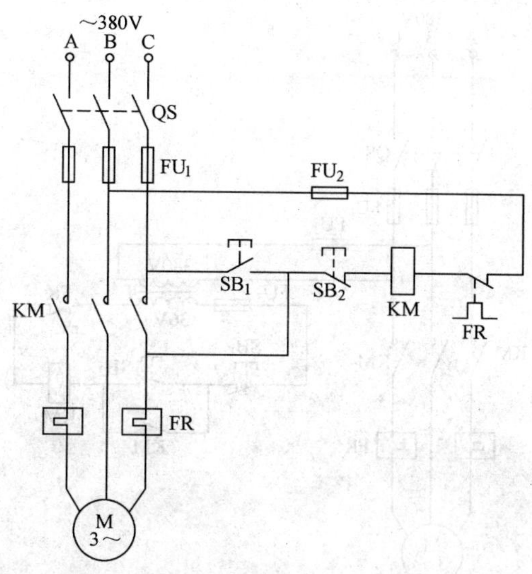

图 8-6　缺辅助触点的交流接触器应急接线线路

当交流接触器的辅助触点损坏无法修复而又急需使用时，采用图中接线方法，可满足应急使用要求。在图中可以看到，接触器一个主触头既作主电路接通电源用，又兼作自保触点，在启动按钮松开后，接触器仍保持吸合。

但停止运转时，按动停止按钮时间需长一些，这是因为电动机转子惯性转动，感应电动势会使接触器再次吸合，电动机又继续运转。

274. 画出安全电压控制电动机电路，电路的作用是什么？

安全电压控制电动机的电路，见图 8-7。

图中所示电路应用很广泛，主要用于操作环境条件极差、潮湿易发生漏电的工作场所，为了保证人体在接触按钮时，即使按钮漏电，也不会造成触电的危险。这个电路采用一台照明变压器给控制电路供电，当然在此接触器和继电器线圈电压应选为低电

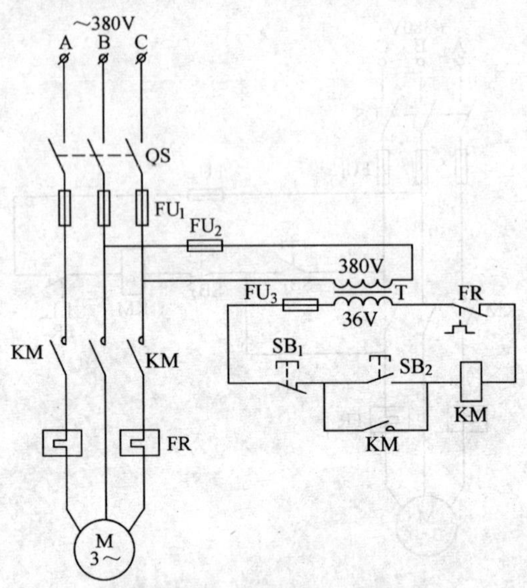

图 8-7　安全电压控制电动机电路

压的线圈，例如 36V。在此，变压器还起到控制电路和主电路的隔离作用。

275. 画出一个不用变压器的交流接触器低压启动电路，电路的作用和简单原理是什么？

交流接触器低压启动电路，见图 8-8。

从图中可以看出，电路没有采用变压器，而是用了一个二极管。

在供电电压低于交流接触器线圈额定电压的 85％时，启动接触器衔铁会跳动不止，不能可靠吸合。若在交流接触器线圈回路中串联一只二极管，改为直流启动交流运行，就可避免上述问题。压下启动按钮时，经二极管半波整流的直流电压加在交流接触器线圈上，使接触器吸合。其辅助触点又将二极管短接，交流接触器投入交流运行。因启动电流大，不适于操作频繁场合，且二极管耐压应选用大于 400V 的二极管。

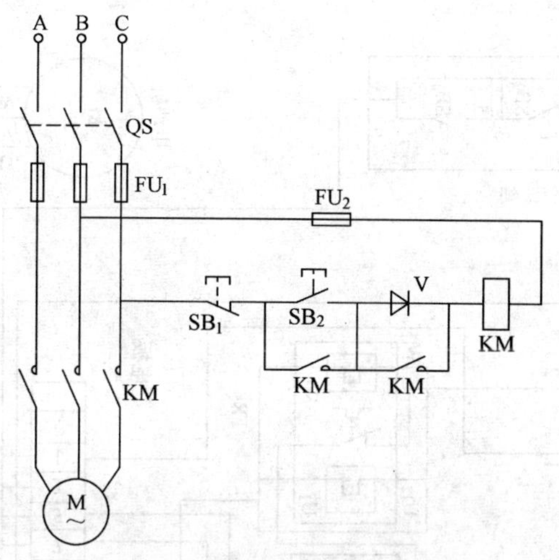

图 8-8 交流接触器低压启动电路

276. 画出一个两地操作单向启动的电路，其特点是什么？

两地操作单向启动的电路，见图 8-9。

从图 8-9（*a*）中可以看出，两地操作由两个常开按钮控制电机 M 的启动，由两个常闭按钮控制电机 M 的停止。其特点是两个常开按钮是并联的，两个常闭按钮是串联的。一个地方设置一个常开按钮和常闭按钮，在该处控制电机 M 的启和停，另一个地方设置另一个常开按钮和另一个常闭按钮，在另一个地方控制电机 M 的启动和停止，从而实现了在两地都可以控制电机的启动和停止。

图 8-9（*b*）是图 8-9（*a*）的接线图，接触器 KM、熔断器 FU_1、FU_2，以及起过载保护作用的热继电器 FR 集中在配电板上，而按钮 SB_1、SB_3 在配电板外、同样按钮 SB_2、SB_4 也在配电板外，且和 SB_1、SB_3 不在同处，以作两地操作，当然电源开关 QS 和电机 M 也在配电板外。需要说明的一点是，在配电板上

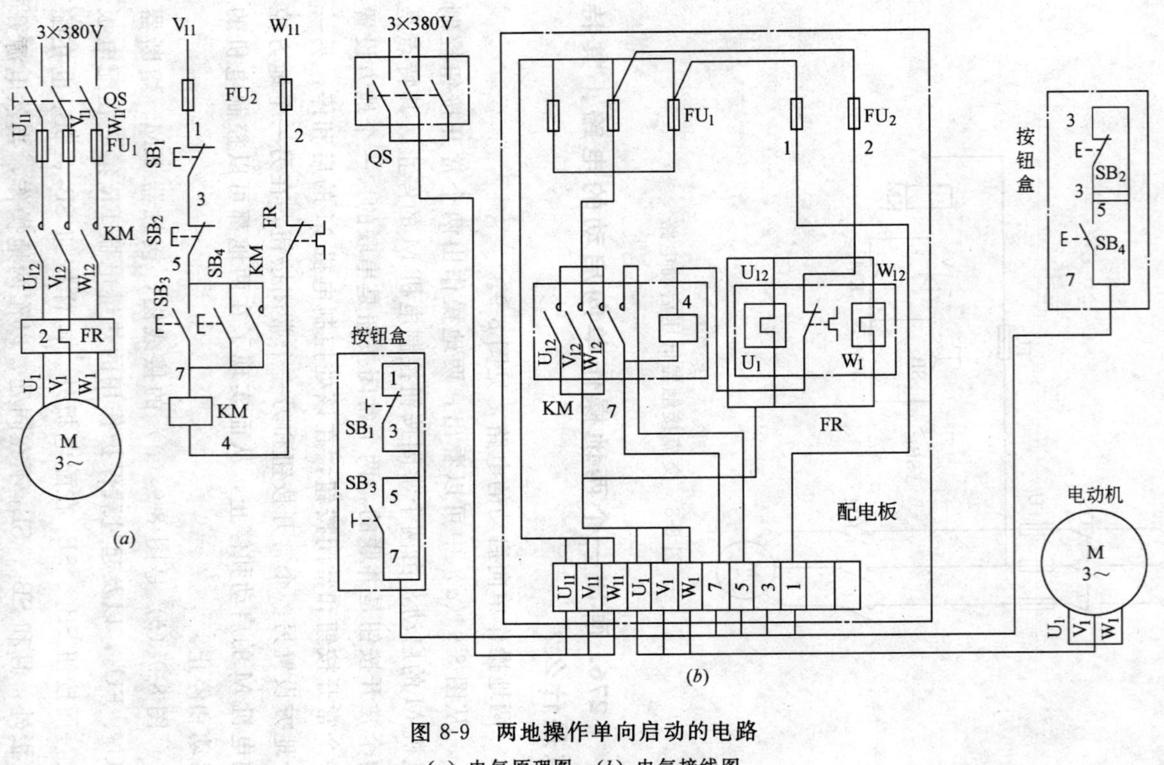

图 8-9　两地操作单向启动的电路

(*a*) 电气原理图；(*b*) 电气接线图

为了引接导线，应设有接线端子板，在接线图明白显示，但在原理图上是看不到接线端子板的，这也是接线图的一个特点。

277. 画出单按钮控制电动机启停电路，电路的工作原理是什么？

单按钮控制电动机启停电路，见图 8-10。

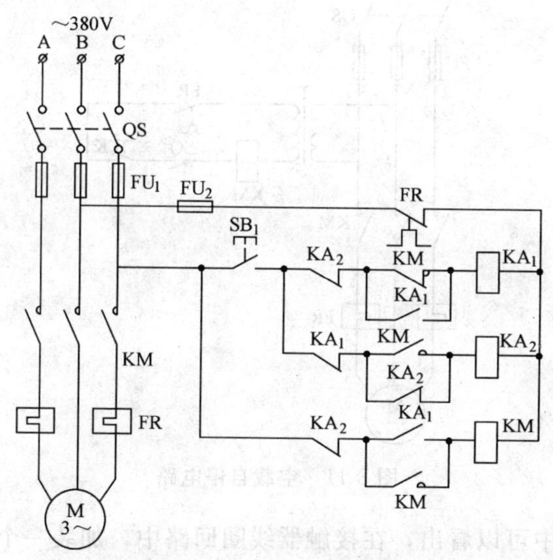

图 8-10　单按钮控制电动机启停电路

从图中可以看出，启动时，按下按钮 SB_1，继电器 KA_1 线圈吸合，同时交流接触器得电吸合并自锁，电动机启动，此时继电器 KA_2 不通电，松开按钮时，因接触器已自锁而仍吸合，电动机连续运转，而按钮松开后，继电器 KA_1 释放，其常闭触点恢复闭合，为接通继电器 KA_2 作好了准备。

当第二次按下按钮时，因为继电器 KA_1 线圈通路被接触器 KM 的常闭触点切断，所以 KA_1 不吸合，而 KA_2 通电吸合。其常闭触点断开 KM 的线圈电源，接触器断电释放，电动机断电停转。

278. 画出一个简单的空载自停电路，电路的作用是什么？

一个简单的空载自停电路，见图 8-11。

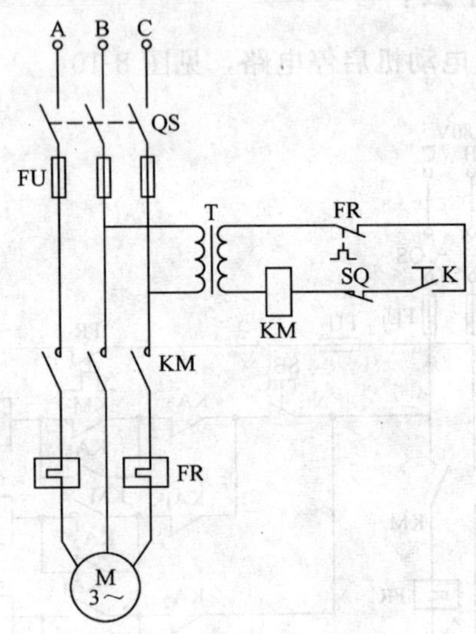

图 8-11 空载自停电路

从图中可以看出，在接触器线圈回路中，加装一个限位开关 SQ，设备停车的机械设备去压限位开关，使其常闭触点断开，而交流接触器的线圈立即断电，使电动机停止运行。这个电路是空载立即自停的电路，若限位开关利用其常开触点给一个时间继电器线圈供电，时间继电器触点延时断开接触器线圈的通路，就可以得到设备空载延时自动断电停止运转的空载停运电路。

279. 画出一个单线远程电动机启动停止的控制电路，电路工作过程是怎样的？

单线远程启停控制电路，见图 8-12。

从图中可以看出，在启动电动机时，按下远程控制按钮 SB_3，远地的 C 相电源给交流接触器线圈供电，并吸合，电动机

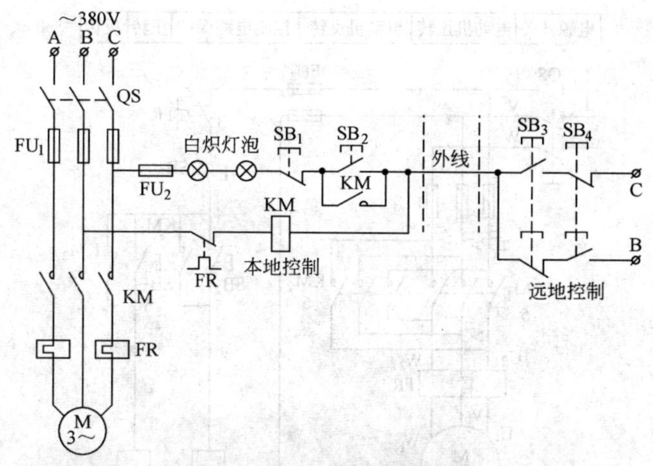

图 8-12　单线远程启停控制电路

启动，当放松按钮时，本地 L_3 相电源通过两个灯泡继续给交流接触器供电。远地停车时，只需按下按钮 SB_4，接触器线圈两端部为 L_2 相电源，此时接触器释放，电动机停止。实现远程控制，两地连接只用一根导线，可以节约大量导线。

灯泡的功率随着接触器功率的增加而选用较大功率的。安装时要注意电源的相序，且只适于同一的三相四线制电力系统。

280. 画出一个没有连锁的可逆启动控制电路，电路的工作原理是什么？

没有连锁的可逆启动控制电路，见图 8-13。

图中所示电路的工作原理如下：

当按下按钮 SB_2 时，接触器 KM_1 线圈得电，KM_1 通过 4、5 自锁，同时 KM_1 主触点闭合，电动机正转。当按下按钮 SB_3 时，接触器 KM_2 线圈得电，KM_2 通过 4、6 自锁，同时 KM_2 主触点闭合，电动机反转，按下停止按钮 SB_1，无论是电动机正方向运转或反方向运转，均停止旋转。但是这控制电路虽能完成正、反转控制。在实际电路设计中，是一定要采取连锁保护的，以免发生相间短路。

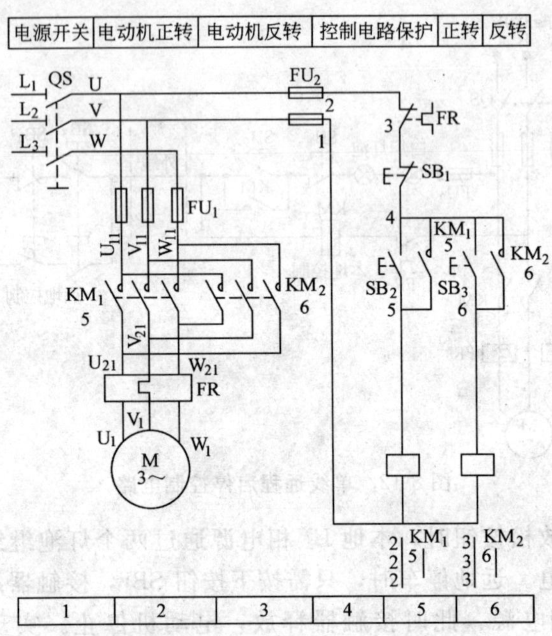

图 8-13 可逆启动控制电路

281. 画出一个辅助接点连锁的可逆启动控制电路，电路的工作过程和作用是什么？

辅助接点连锁的可逆启动控制电路，见图 8-14。

从图中可以看出，控制电路 KM_1、KM_2 两对常闭触点为连锁触点。当接触器 KM_1 动作后，其常闭触点打开，将 7、8 之间的 KM_1 断开，保证了这时如果按下 SB_3，KM_2 不能吸合，同理如 KM_2 吸合时，KM_2 断开 5、6KM_1 也不会吸合，所以它能避免主电路相间短路。

282. 画出一个按钮连锁的可逆启动控制电路，电路的工作过程和作用是什么？

按钮连锁的可逆启动控制电路，见图 8-15。

从图中可以看出，用两个复合按钮的常闭触点，实现按钮作

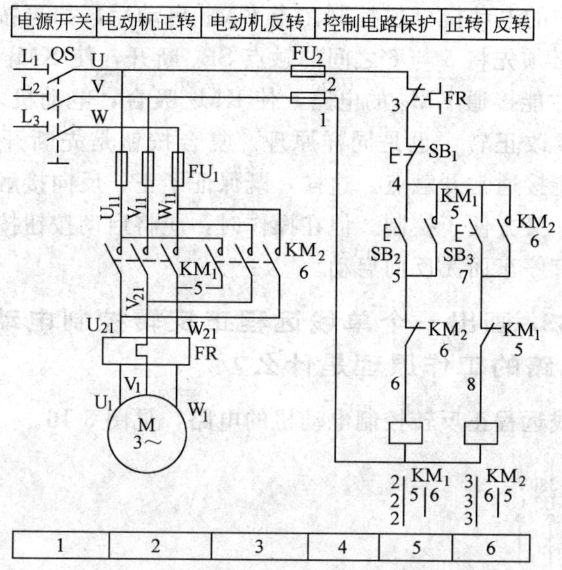

图 8-14 辅助接点连锁的可逆启动控制电路

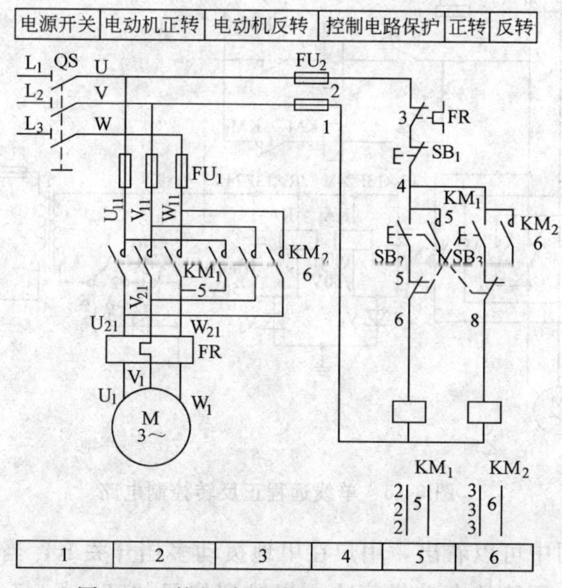

图 8-15 按钮连锁的可逆启动控制电路

连锁保护的电动机可逆控制。当 KM_1 启动后，如再按 SB_3，那么 SB_3 必须先将 5 与 6 之间的触点 SB_3 断开，使 KM_1 释放，这时 SB_3 才能接通 KM_2 的电路，使 KM_2 吸合，电动机才能反转。反转若要改正转，也是同样原理。复合按钮是先断开常闭触点后，才能接通常开触点。这样，既保证了正、反向接触器不会同时通电，又方便了控制。但在操作时，应将启动按钮按到底。否则，只有停车而无反向启动。

283. 画出一个单线远程正反转控制电动机的电路，电路的工作原理是什么?

单线远程正反转控制电动机的电路，见图 8-16。

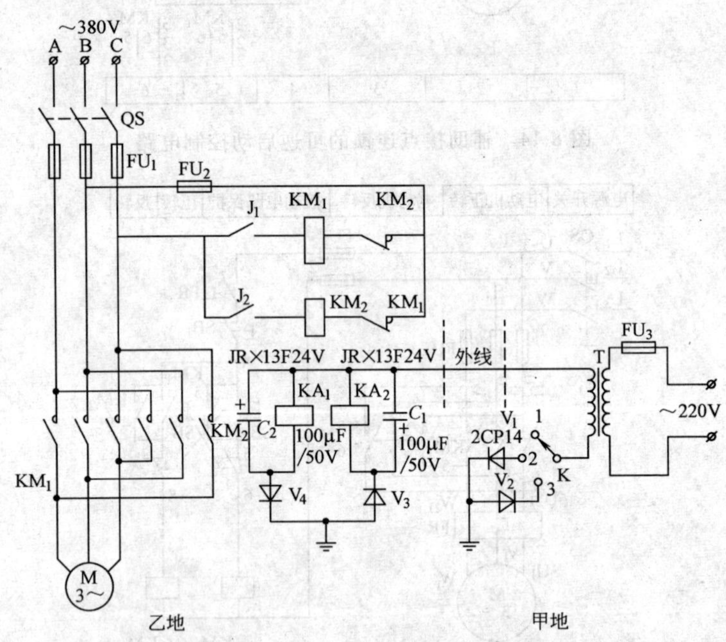

图 8-16　单线远程正反转控制电路

从图中可以看出，用户在甲地拨动多档开关 K，当拨到位置“1”时，乙地的电动机停止；当拨到位置“2”时，乙地的电动机因交流电 36V 通过二极管 V_1，再经过地线、大地使二极管 V_3 成通路，使继电器 KA_1 吸合，接触器 KM_1 也吸合，电动机 M 正转。当拨到位置“3”时，此时 V_2、V_4 成通路，KA_2 吸合，KM_2 吸合，电动机反转。

此电路适于远程控制，甲乙两地只需一根导线，可节约大量导线，所以得到广泛应用。

284. 画出一个单向启动反接制动控制电路，电路的工作过程是怎样的？

单向启动反接制动控制电路，见图 8-17。

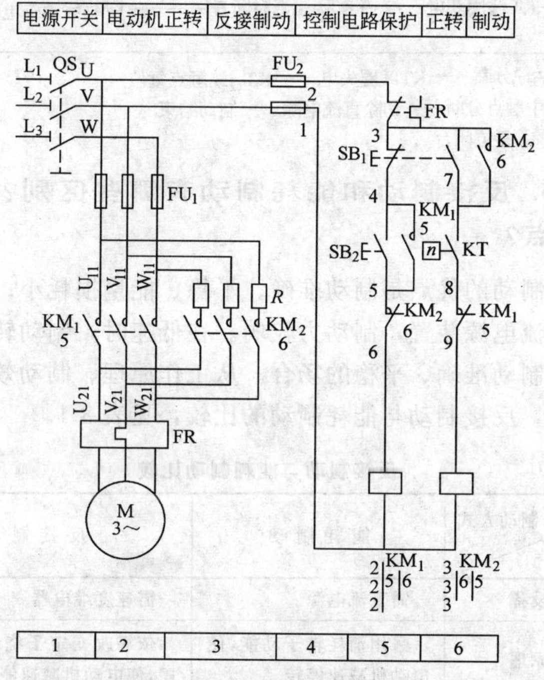

图 8-17　单向启动反接制动控制电路

从图中可以看出，当合上总电源开关 QS 后电路的工作原理分析如下：

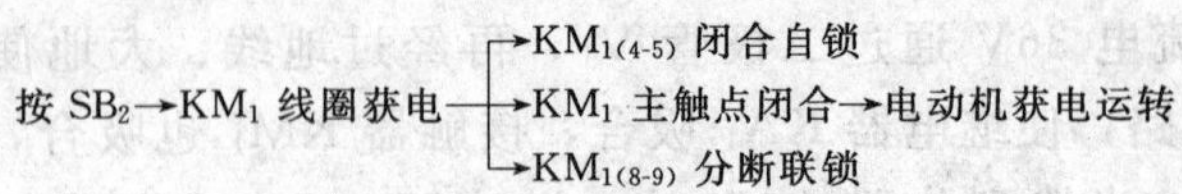

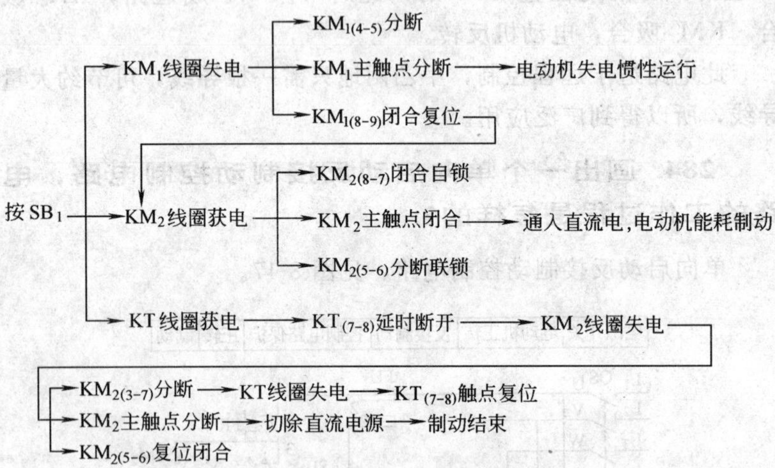

285. 反接制动和能耗制动有哪些区别？各有哪些优缺点？

能耗制动的优点是制动准确、平稳、能量损耗小；缺点是需要附加直流电源装置，制动力较弱。在低速时，制动转矩小。适用于要求制动准确、平稳的场合。从工作原理、制动效果、优缺点等方面，反接制动与能耗制动的比较，见表 8-1。

反接制动与能耗制动比较　　表 8-1

比较项目＼制动方式	能耗制动	反接制动
制动设备	需直流电源	需速度继电器
工件原理	采用消耗转子动能，使电动机减速停转	依靠改变定子绕组中电源相序，使电动机减速停转
制动效果	制动准确、平稳	制动力强、准确性差，冲击强烈
优缺点	能量损耗小，低速时制动效果不好	制动迅速，但冲击强烈，易损坏传动零件，不宜经常制动

286. 画出一个手动串联电阻启动控制的电路，电路的简单工作原理是什么？

手动串联电阻启动控制电路，见图 8-18。

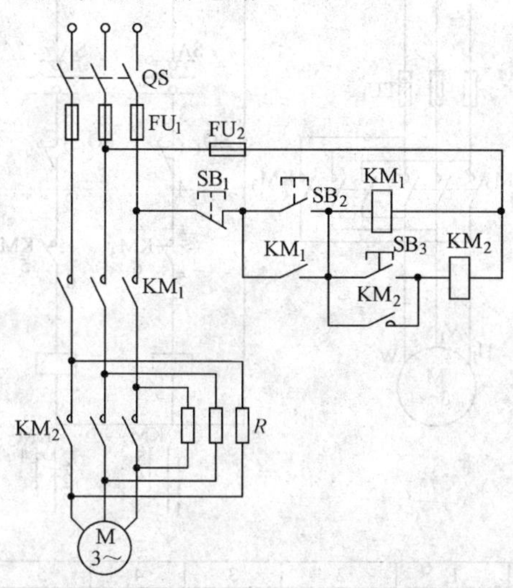

图 8-18 手动串联电阻启动控制电路

从图中可以看出，当启动电动机时，按下按钮 SB_2，接触器 KM_1 吸合并自锁，而接触器 KM_2 不吸合，所以电动机定子中串联电阻 R 并减压启动，这时可降低启动电流。待电动机转速升高达到额定转速后，再按下按钮 SA，这时接触器 KM_2 吸合并自锁，而 KM_1 继续供电，接触器 KM_2 将电阻 R 短接，电动机以额定电压正常运转。

这电路适于 220/380V（△/Y）的接线的电动机，因为不能用Y-△减压启动的方法，故而称用电阻或电抗器串联，从而减压启动。

287. 画出一个升降限位控制电路，电路的简单工作原理是什么？

升降限位控制电路，见图 8-19。

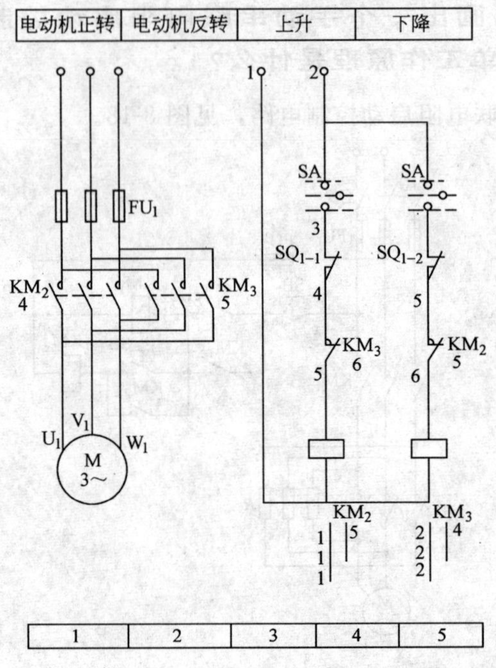

图 8-19　升降限位控制电路

行程开关作为限位控制时，可把行程开关安装在行程的两个终端处，并将这两个行程开关的常闭触点串接在电动机的控制电路中，就可达到控制行程的目的或作终端保护之用。

在图中，SA 为十字开关，将 SA 扳向上方时，$SA_{(2\text{-}3)}$ 接通 KM_2 线圈获电，电动机正转，机械机构上升，若到达极限位置时，常闭触点 $SQ_{1\text{-}1}$ 断开；接触器 KM_3 线圈失电，电动机停转，机械机构停止上升；同样，当机械机构下降到下极限位置时，$SQ_{1\text{-}2}$ 分断，使 KM_2 线圈失电，使机械机构停止下降，保证了安全。

288. 画一个自动往返的控制电路，电路的工作原理是什么？

有些生产机械要求工作台在一定距离内能自动往返，以便对工件连续加工，采用行程开关自动控制电动机的正反转来达到目的。自动往返的控制电路，见图 8-20。

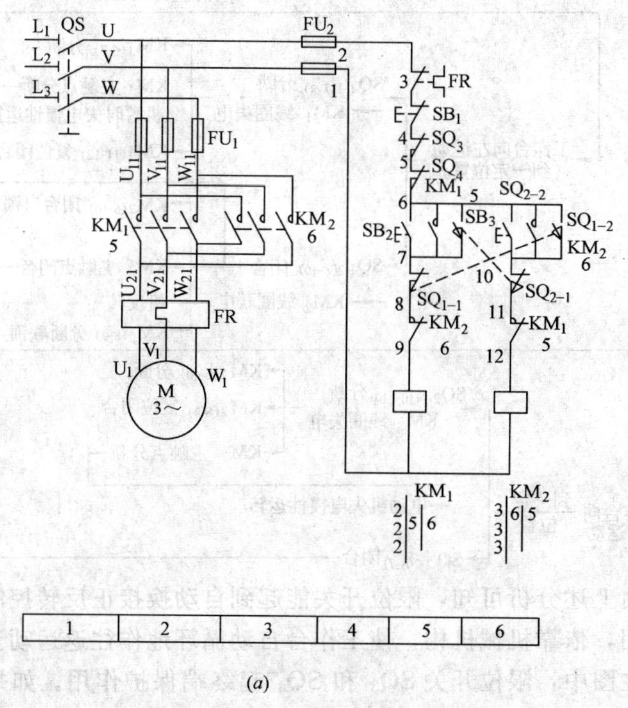

(a)

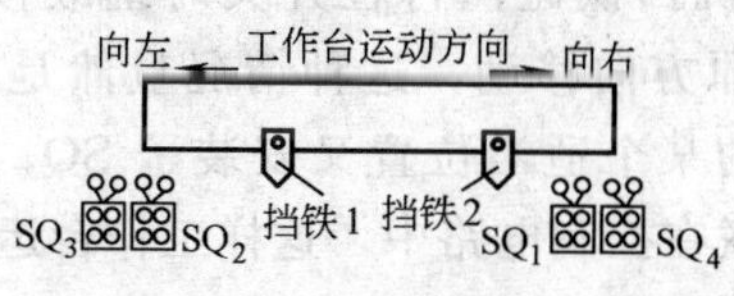

(b)

图 8-20　自动往返的控制电路

(a) 控制线路；(b) 行程开关安装位置示意图

图中所示的电路的工作原理如下：合 QS，工作台先向左再往返运动。

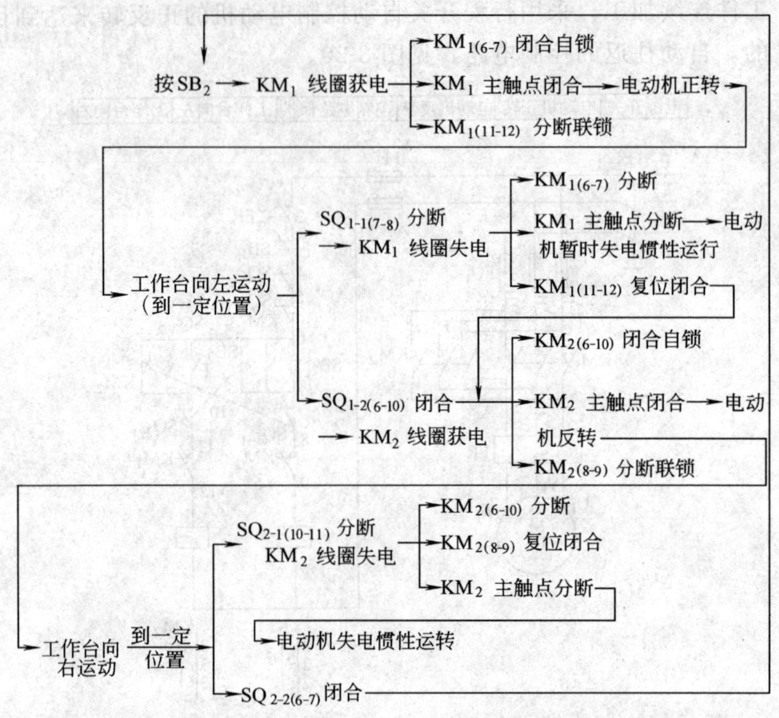

由上述分析可知，限位开关能起到自动换接正反转控制电路的作用，依靠机械机构，使工作台自动循环地作往返运动。

在图中，限位开关 SQ_3 和 SQ_4 起终端保护作用。如果 SQ_1 或 SQ_2 失灵，电动机挡铁碰撞行程开关时继续按原方向运转，工作台也将继续按原方向移动，这种情况显然是不允许的。为此，在左、右两端的某个适当位置又安装了 SQ_3 和 SQ_4，并把它们的常闭触点串联在控制电路中，这样工作台运动到某个极限位置时，即使 SQ_1 或 SQ_2 失灵，SQ_3 或 SQ_4 也将动作，从而切断控制电路，电动机断电停转。又因 SQ_3 和 SQ_4 起到终端保护作用，所以也称为终端开关。

289. Y-△减压启动的原理是什么？

对于正常运转三角形联结的电动机可采用星-三角（Y-△）

减压启动，它是指电动机在启动时，其定子绕组以星形联结，即 U_2、V_2、W_2 联结于一点；U_1、V_1、W_1 接电源，待转速上升到一定值、电流下降后，再将电动机以三角形联结，即 U_1、W_2；V_1、U_2；W_1、V_2 并头后接电源。电动机便在额定电压下正常运行。其Y-△减压启动原理线路，见图 8-21。

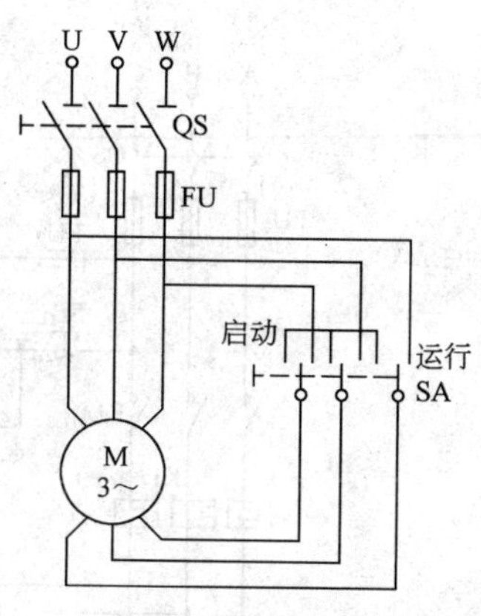

图 8-21 Y-△减压启动原理线路

原理分析如下：

启动时，先合上电源开关 QS，再将开关 SA 推到“启动”位置，电动机定子绕组便以星形联结；待电动机转速上升到接近额定值时，将开关 SA 推到“运行”位置，使定子绕组以三角形联结，电动机正常运行。

Y-△减压启动方式可分手动控制和自动控制两大类。自动控制以时间继电器控制为主，有采用气囊式时间继电器、晶体管继电器等，前者又分通电延时型线路和断电延时型两种。总之，Y-△减压启动的控制电路的设计是多种多样的。

290. 画出一个用电流继电器作电动机Y-△节电转换电路，电路的工作原理是什么？

用电流继电器作电动机Y-△节电转换电路，见图 8-22。

图中所示电路的工作原理如下：

当按下按钮 SB_2 时，接触器 KM_1、KM_2 吸合，电动机星形联结启动。限位开关 SQ 受主轴操纵杆控制，主轴在运转时，SQ 压下闭合，时间继电器 KT 吸合，如空载或轻载时，电流继电器 KI 不动作，电动机以星形联结运行不变；如重载时，KI 吸合，这时 KA 随之吸合，切断 KM_2 线圈电路，KM_2 断电释放，KM_3 得电吸合，电动机以三角形联结运行。工作结束时，主轴

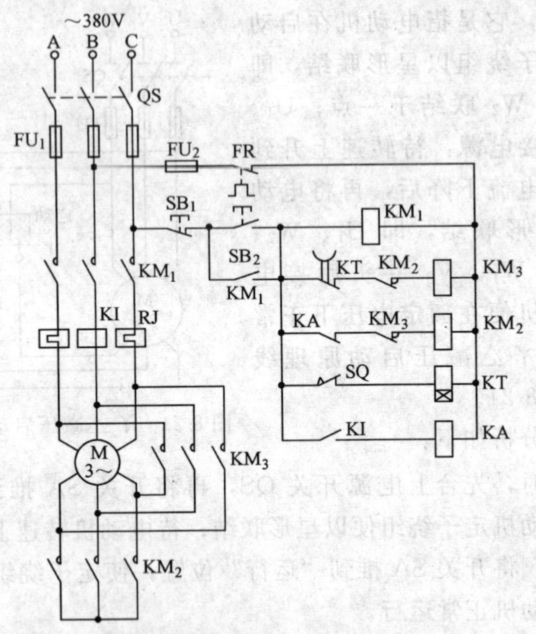

图 8-22　用电流继电器作电动机Y-△节电转换电路

操纵杆使 SQ 断开，KT 释放，KM_3 释放，KM_2 吸合，于是电动机改为Y形联结运行。

291. 画出一个用晶体管延时电路自动转换Y-△启动控制电路，电路的工作原理是什么？

用晶体管延时电路自动转换Y-△启动控制电路，见图 8-23。

图中所示电路的工作原理如下：

当按下起动按钮 SB_2 时，交流接触器 KM 和 KM_Y 同时得电吸合，电动机定子绕组在星形联结情况下启动，同时 KM 的常开辅助触点把晶体管延时电路接通。继电器 KA 延时动作，KA_1 常闭触点断开，切断 KM_Y 的线圈回路，而常开触点 KA_2 闭合，使接触器 $KM_\triangle$ 吸合，电动机在三角形联结情况下正常运行。调节电容 C_2 和电位器 W，可改变延时时间。这个用电子元件组成的延时电路，具有体积小、价格低廉等优点，得到广泛应用。

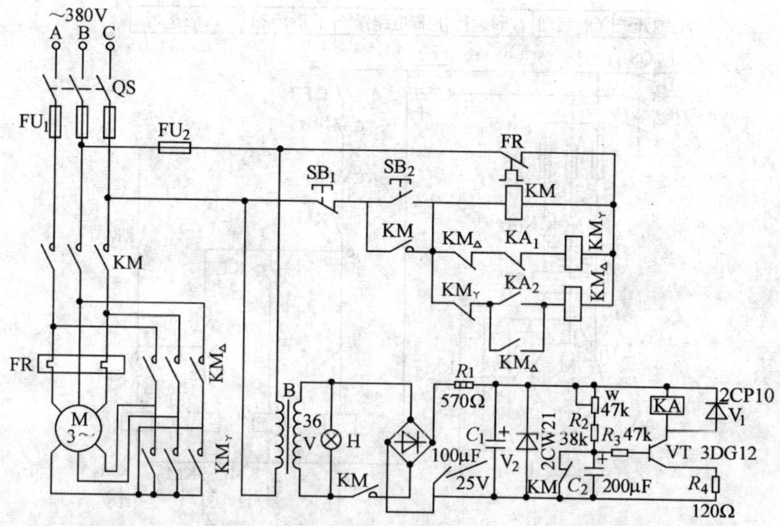

图 8-23　用晶体管延时电路自动转换Y-△启动控制电路

292. 画出一个时间继电器控制的Y-△减压启动的电路，电路的工作原理是什么？

时间继电器控制的Y-△减压启动的电路，见图 8-24。

图中所示的电路的工作原理分析如下：

合上总电源开关 QS

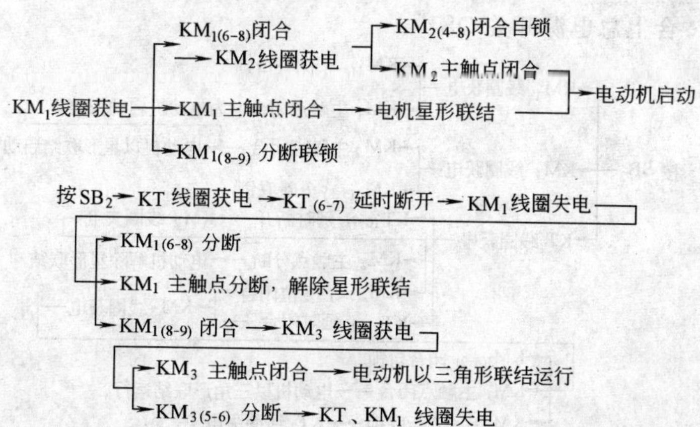

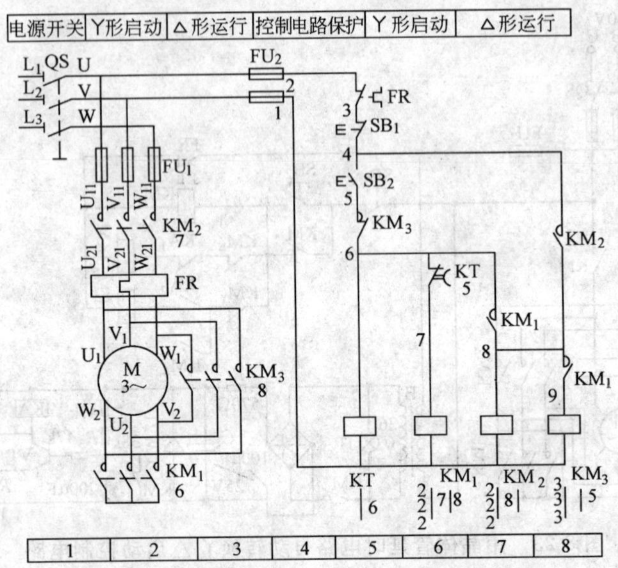

图 8-24　时间继电器控制Y-△减压启动的电路

293. 再画一个自动Y-△启动器电路，电路的工作原理是什么？

自动Y-△启动器电路，见图 8-25。

图中所示电路的工作原理分析如下：

合上总电源开关 QS

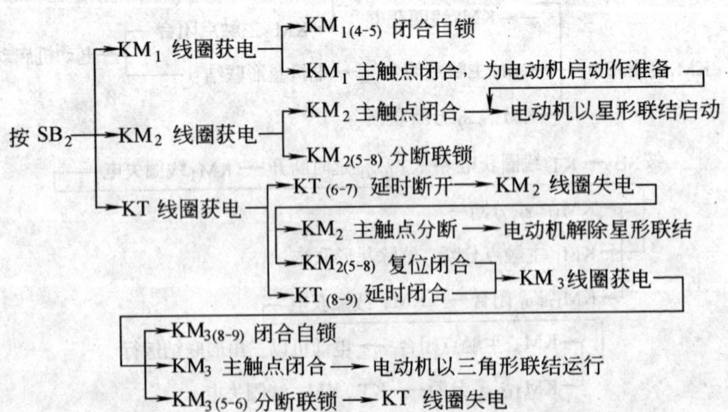

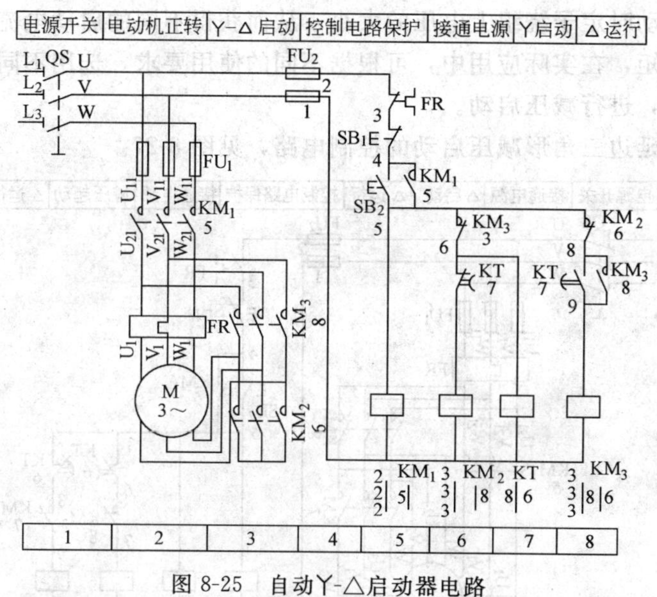

图 8-25 自动Y-△启动器电路

294. 画出一个延边三角形减压启动的控制电路，其电动机绕组怎样联结，电路工作原理是什么？

为了提高启动转矩，又在一定程度上降低启动电流，所以采用延边三角形联结，即电机绕组一部分以三角形联结，一部分以星形联结，电动机绕组的联结方式，见图 8-26。

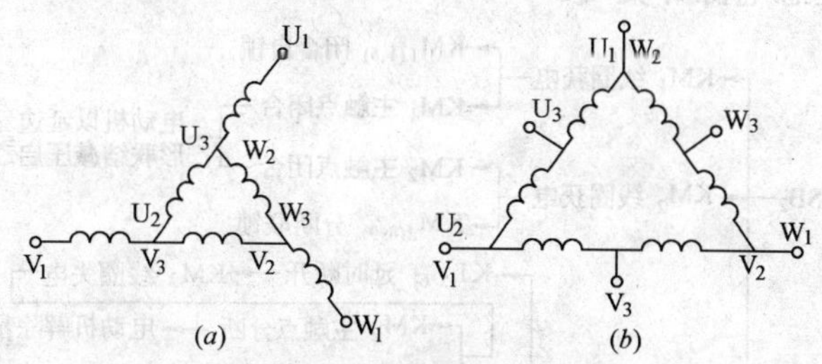

图 8-26 电动机绕组联结图

（a）延边三角形联结；（b）三角形联结

若电动机有更多的抽头，改变定子绕组的抽头比例，就能调节启动时定子绕组上电压的大小，从而获得不同的启动电流和启动转矩，在实际应用中，可根据不同的使用要求，选用不同的抽头比，进行减压启动。

延边三角形减压启动的控制电路，见图 8-27。

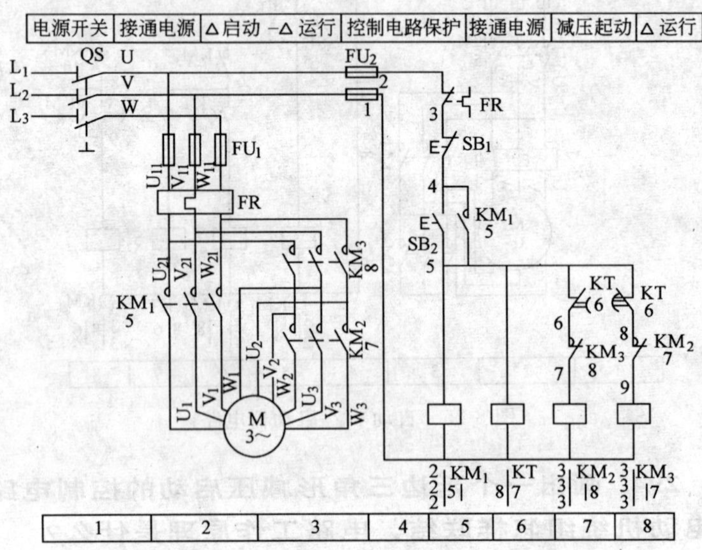

图 8-27　延边三角形减压启动控制电路

图中所示电路工作原理的分析如下：

合上总电源开关 QS

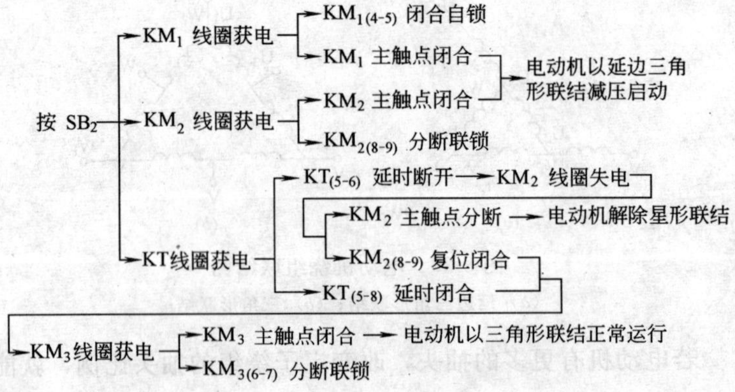

295. 画出一个转子串电阻启动的控制电路，电路的工作原理是什么？

转子串电阻启动的控制电路，见图 8-28。

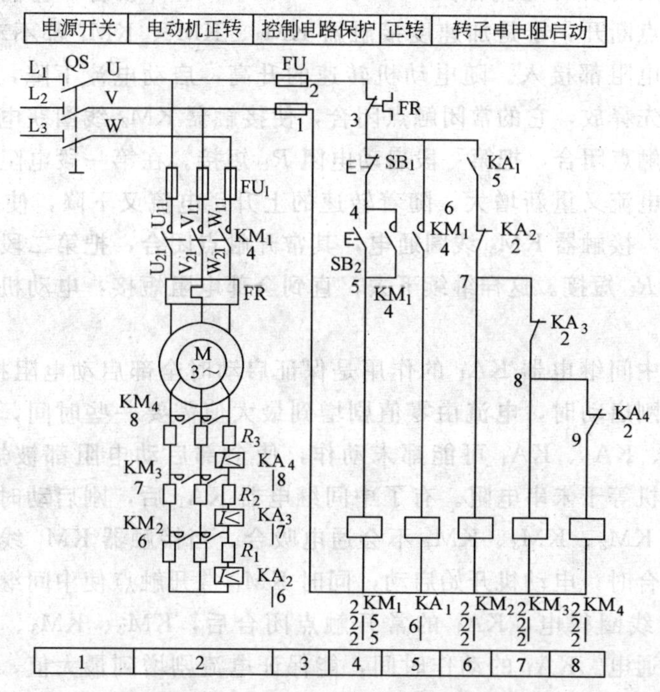

图 8-28 转子串电阻启动控制电路

对于绕线转子异步电动机，转子可以串电阻和频敏变阻器启动，较其他几种减压启动方法，这种启动方式启动电流大大降低，而且可以获得较高的启动转矩，特别是启动过程又比较平稳。图中所示控制电路是利用电动机转子电流大小的变化来控制电阻的切除。当电流大时电阻不切除，当电流小到某值时，短接一段电阻，电流又重新增大，这样便能控制启动电流在一定的范围内。图中 KA_2、KA_3、KA_4 是欠电流继电器，其线圈串接在电动机转子电路里。这三个继电器的吸合电流都一样，但释放电流不同。KA_2 的释放电流最大，KA_3 次之，KA_4 最小。

电路的工作原理分析如下：

刚启动时电流很大，KA_2、KA_3、KA_4 都吸合，它们的常闭触点断开，于是加速度接触器 KM_2、KM_3、KM_4 都不动作，全部电阻都接入。随电动机转速的升高，启动电流下降，KA_2 便首先释放，它的常闭触点闭合，使接触器 KM_2 线圈获电，其常开触点闭合，把第一段启动电阻 R_1 短接。在第一段电阻短接时，电流又重新增大，随着转速的上升，电流又下降，使 KA_3 释放，接触器 KM_3 线圈通电，其常开触点闭合，把第二段启动电阻 R_2 短接。这样继续下去，直到全部电阻短接，电动机启动完毕。

中间继电器 KA_1 的作用是保证启动时全部启动电阻接入。因为刚启动时，电流由零值剧增到最大值需要一些时间，因此 KA_2、KA_3、KA_4 可能都未动作，使全部启动电阻都被短接，电动机等于未串电阻。有了中间继电器 KA_1 后，刚启动时，接触器 KM_2、KM_3、KM_4 不会通电吸合。当接触器 KM_1 线圈得电吸合时，电动机开始启动，同时 KM_1 常开触点使中间继电器 KA_1 线圈得电，KA_1 的常开触点闭合后，KM_2、KM_3、KM_4 方能通电。KA_1 的动作时间，能保证电流剧增到最大值，这时 KA_2、KA_3、KA_4 全已动作，这样就保证了电动机在串入电阻下启动。

296. 绕线转子异步电动机串电阻调速，为什么要采用不平衡截出法?

改变转子回路电阻时，当转子电阻 R_2 增加时，转矩—转速曲线保持最大转矩 T_{max} 不变，并向左移。如在调速过程中，机械负荷转矩 T_F 不变，在不同的转子回路电阻时，得到不同的速度，也即不同的转差率 S。所以，绕线转子异步电动机改变转子电阻调速，又叫变转差率调速。

转子电路串入附加电阻 R_f 的计算公式为：

$$R_f=\frac{n-n'}{n_1-n}R_2$$

式中 n_1——同步转速；

n——调节前的转子转速；

n'——调节后的转子转速；

R_2——转子电阻。

一般仅作启动用的附加变阻器是设计成短时工作的，而调速用的变阻器作启动用同时主要考虑调速用，必须长期连续工作。另外启动用附加电阻器和调速用的在数值上是有很大区别的，调速使用时，必须设计成转矩—转速曲线拉开较大距离。这样，变动电阻时，转差也即转速才有明显变化。

附加电阻的调节，常采用短接切除的方法来实现，而电阻器的短接切除的方法有平衡短接法和不平衡短接法，又叫平衡截出法和不平衡截出法两种。

平衡截出法，就是电动机的转子外接电阻在短接过程中，三相电阻是同时等量的切除和接入。不平衡截出法，是电动机的转子外接电阻在短接过程中，是按单相逐档切除，因而各相电阻阻值不等，三相是不对称的。

绕线转子异步电动机串电阻调速，在实际使用中常采用不平衡截出法的原因是这样的：在三相附加电阻的级数增多时，变阻器和鼓型控制器的触头势必增多，体积增大，制造复杂，成本增加。而不平衡截出法的电阻不是每次从三相中同时截出，而是每次轮流从一相中截出一段电阻，直至全部电阻截出为止。这样可以大大减少触头数，使鼓型控制器制造简化，成本降低，变阻器和鼓型控制器的接线也可节省。

不平衡截出法虽然使转子电流有一些不平衡，但不平衡的程度并不大。因为是在三相中轮换进行的，同时时间也很短，对电动机本身和供电系统的影响都不大，所以不平衡截出法得到广泛应用。但是对电动机来说，还是三相对称为好。采用不平衡截出法时，三相电阻的分布应保持等比关系。在一相内截出一段电阻后，留在该相中的电阻和其他两相中的电阻，也应保持等比关系，这样转子中每相的等效电阻将等于等比级数的中项，并且按着等比关系逐级变化。

转子电路电阻器的逐级切除情况，见图 8-29。

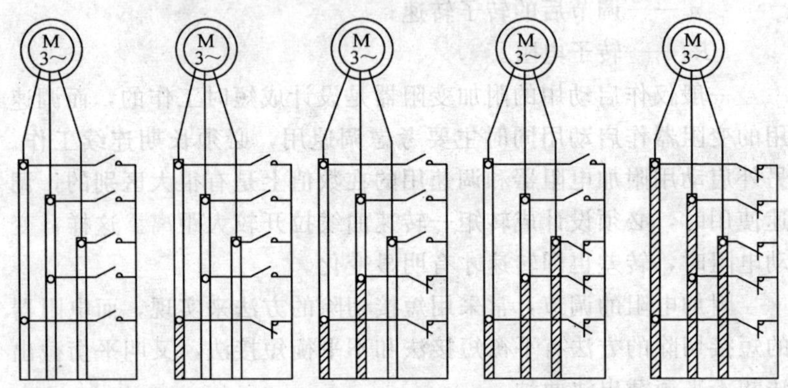

图 8-29　不平衡截出法示意图（多级）

例如在起重机上使用的绕线转子异步电动机，在转子串接附加电阻，为了调速，调节起重机的大车、吊钩或小车的速度，其电阻的切除，是不平衡截出法的实例。

297. 交流整流子机为什么能调节转速？

三相交流整流子电动机，具有调速范围广，能无级变速，功率因数比普通三相异步电动机高等优点。在印染、造纸、水泥、制糖、纺织以及机床上广泛使用。交流整流子机结构比较复杂，其结构原理图，见图 8-30。

从图中可见，此种交流整流子机采用转子供电式结构，转子槽内嵌有两套绕组，一套是主绕组，嵌在槽的下部，它与普通的异步电动机定子绕组相同，是双层短距绕组，可接成Y联结或△联结，也有和调节绕组按一定方式串联的；另一套是调节绕组，嵌在槽的上部，它与直流电动机的电枢绕组相似；有的在转子槽

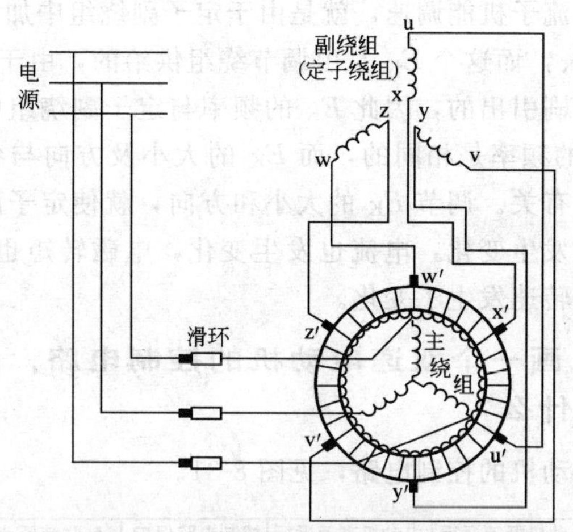

图 8-30　调速交流整流子机原理图

顶上还嵌有放电绕组，它的作用是改善换向；定子槽内嵌有一套副绕组，它是多相双层短距绕组，每相头尾分别接在整流子的一对电刷引线上。定子副绕组的相数一般有：3 相、4 相、5 相、6 相、7 相等。

交流整流子的结构外形与直流机相似，有整流、电刷等装置。但是它的供电电源为三相交流电，所以调速交流整流子机仍属交流调速的范围。

交流整流子机的调速机构，主要由一个手轮，两个可作相反方向移动的炭刷转盘，及一套联动齿轮所组成。所有各相电刷分别装在两块转盘上；转动手轮，可以使同相炭刷同时移开或靠拢，就可以调节电动机的转速和功率因数。

交流整流子机的转子主绕组上施加三相交流额定电压时，就产生一个旋转磁场，此旋转磁场的磁力线与定子副绕组及转子调节绕组相互切割，因而在定子副绕组和转子调节绕组中分别感应电动势。由于定子副绕组是与转子调节绕组相短接的，所以在定子副绕组中就产生电流。带电流的定子导体与旋转磁场作用产生转矩，使电动机转子旋转。

交流整流子机能调速，就是由于定子副绕组中加入了一个附加电动势 E_K，而这个 E_K 是由调节绕组供给的，由于 E_K 是通过整流子由炭刷引出的，因此 E_K 的频率与定子副绕组中感应电动势（SE_2）的频率是相同的，而 E_K 的大小及方向与各相每对炭刷间的位置有关。调节 E_K 的大小和方向，就使定子副绕组中的合成电动势发生变化，电流也发生变化，电磁转矩也相应变化，因此电动机转速发生了变化。

298. 画一个双速电动机的控制电路，电路的工作原理是什么？

双速电动机的控制电路，见图 8-31。

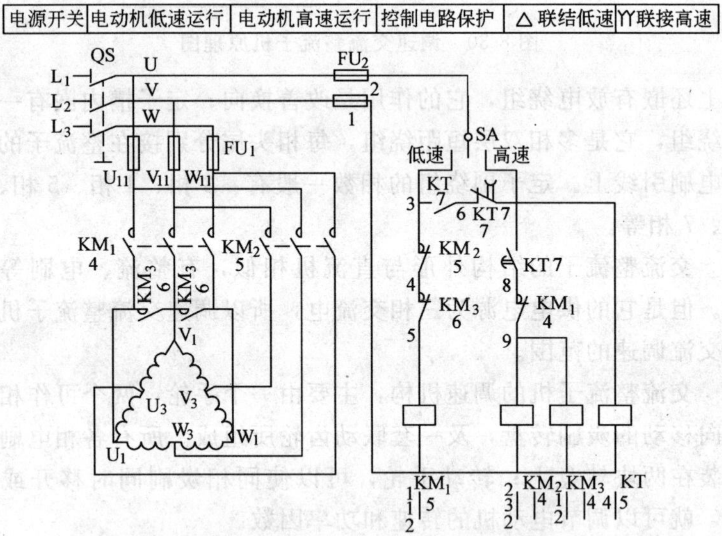

图 8-31 双速电动机控制电路

图中所示电路的工作原理分析如下：

低速运行：

将开关 SA 扳向“低速”位置，接触器 KM_1 获电动作，电动机定子绕组 U_1、V_1 和 W_1 出线端与电源连接，电动机定子绕组以三角形联结，低速运行。

高速运行：

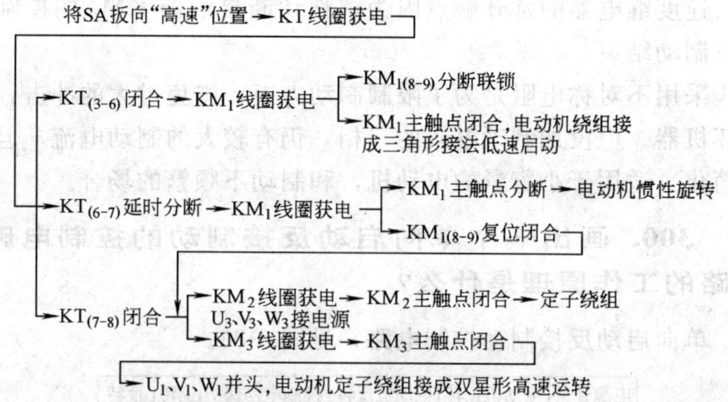

299. 画出一个不对称电阻反接制动电路，电路的简单工作原理是什么？

不对称电阻反接制动电路，见图 8-32。

从图中所示电路可以看出，当按下停止按钮 SB_1 时，接触

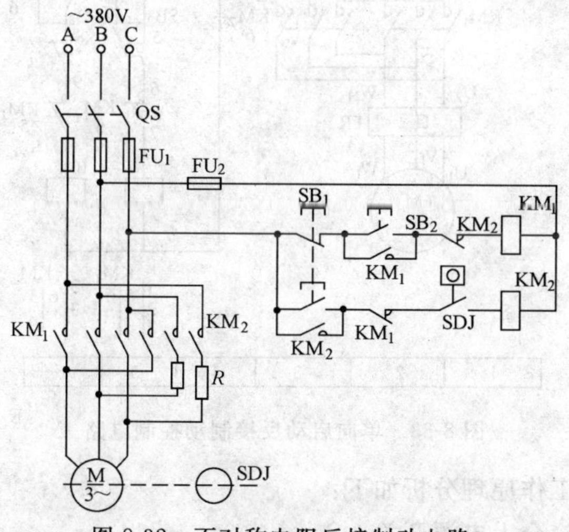

图 8-32　不对称电阻反接制动电路

器 KM_1 失电，其常闭触点接通，这时接触器 KM_2 动作，电动机 M 反接，原正方向旋转的速度很快下降，直至停止转动。此时，速度继电器的常开触点因为惯性切断接触器 KM_2 的控制电源，制动结束。

采用不对称电阻是为了限制制动力矩，避免过大的冲击，而损坏机器。但没加制动电阻的一相，仍有较大的制动电流，但线路简化。适用于小容量的电动机，和制动不频繁的场合。

300. 画出一个单向启动反接制动的控制电路，电路的工作原理是什么？

单向启动反接制动控制电路，见图 8-33。

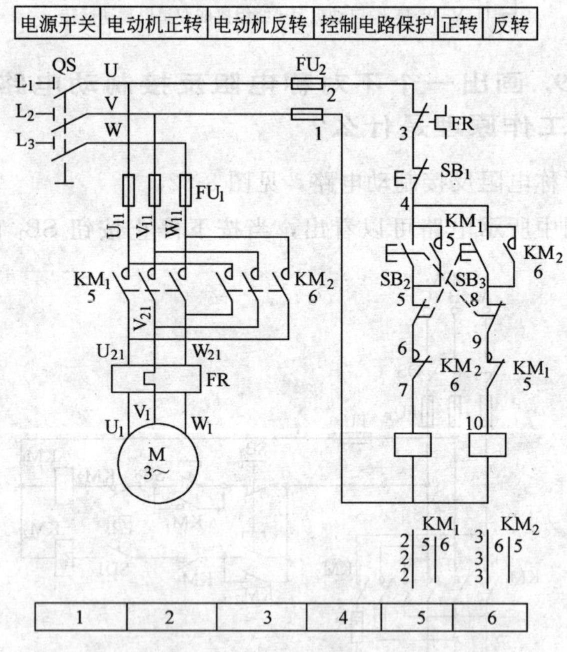

图 8-33　单向启动反接制动控制电路

电路工作原理分析如下：

启动：合上电源开关 QS，

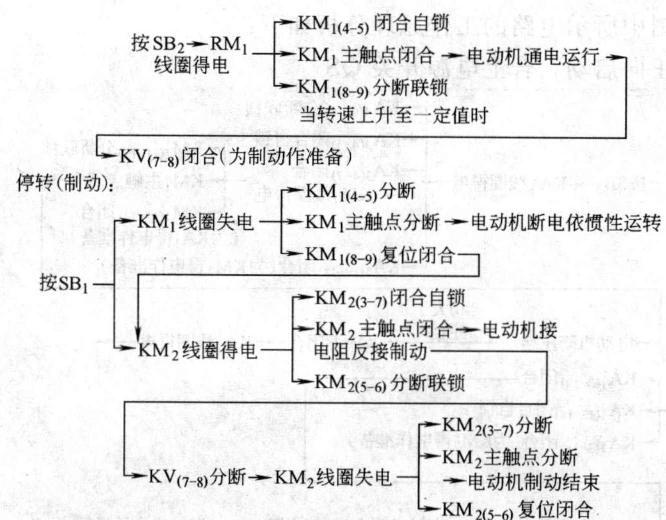

301. 画出双向启动反接制动控制电路，电路的工作原理是什么？

双向启动反接制动控制电路，见图 8-34。

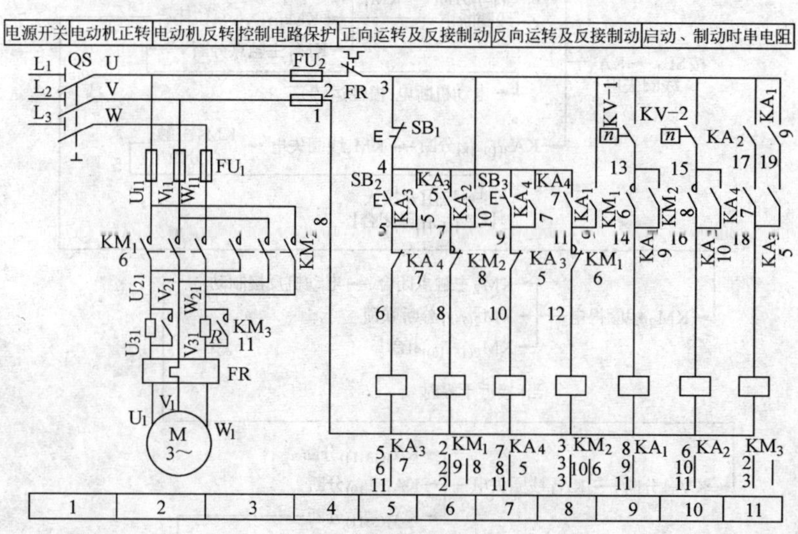

图 8-34 双向启动反接制动控制电路

图中所示电路的工作原理分析如下：

正向启动，合上电源开关 QS

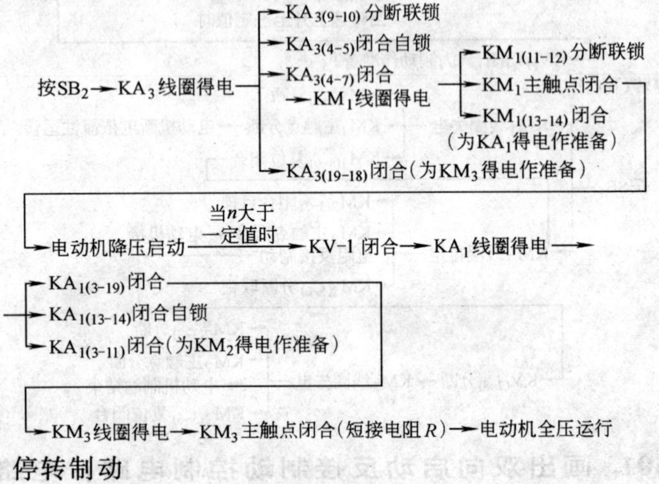

停转制动

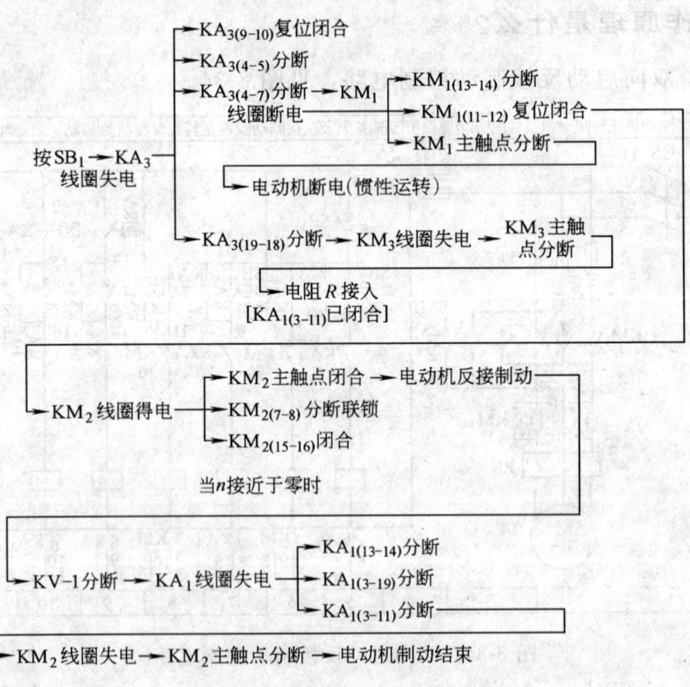

302. 画出一个可逆转动反接制动的电路，其简单工作原理是什么？

可逆转动反接制动，其制动力矩较大，在一些精度不高的机械上使用，电路见图 8-35。

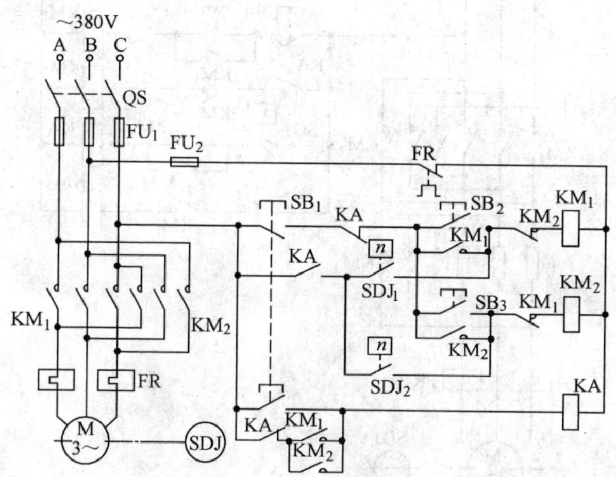

图 8-35　可逆转动反接制动电路

从图中可以看出，当按下按钮 SB_2，接触器 KM_1 得电动作，电动机 M 正方向旋转，速度继电器 SDJ_2 闭合，为制动作好准备。在按下停止按钮 SB_1，KM_1 释放，同时 SB_1 常开触点闭合，使中间继电器 KA 得电吸合，其常开触点闭合，使反转接触器 KM_2 得电吸合，电动机反接制动，当转速接近零时，速度继电器 SDJ_2 触点断开，KM_2 失电释放，制动结束。反向转动时的反接制动过程和正转时类同。速度继电器和电动机同轴运转。

303. 画出一个串电阻降压启动及反接制动的电路，电路的工作原理是什么？

串电阻降压启动及反接制动电路，见图 8-36。

图中所示电路，一方面限制了启动电路，另一方面又降低了

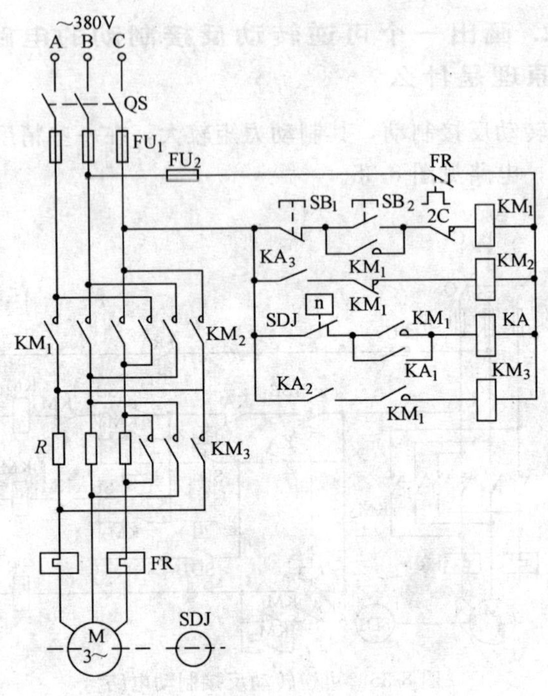

图 8-36　串电阻降压启动及反接制动电路

制动力矩。其工作原理分析如下：

按下按钮 SB_2，接触器 KM_1 得电吸合并自锁，电动机串电阻 R 降压启动，当转速大于 100r/min 时，速度继电器的触点闭合，中间继电器 KA 得电吸合并自锁，KA_3 闭合，为 KM_2 线圈接通作好准备，同时 KA_2 闭合，使 KM_3 得电吸合，短接电阻 R，使电动机全压运行。当需要停机时，按下按钮 SB_1，接触器 KM_1 断电释放，同时 KM_3 也释放，由于 KM_1 联锁闭合，接触器 KM_2 得电吸合，使电动机反接串电阻进行制动。待电动机转速迅速下降小于 100r/min 时，速度继电器的触点 SDJ 打开，中间继电器 KA 释放，其触点 KA_3 断开接触器 KM_2 的线圈通路，KM_2 释放，电动机脱离电源，制动过程结束。

304. 画出一个简单的可逆点动控制的短接制动电路，电路的工作原理是什么？

可逆点动控制的简单短接制动电路，见图 8-37。

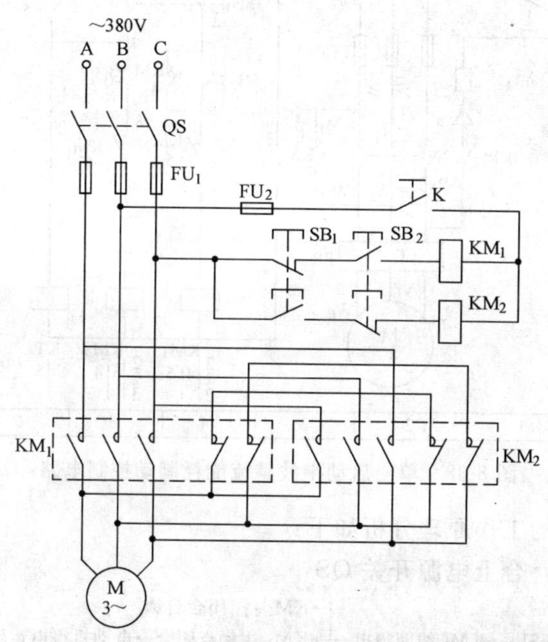

图 8-37 可逆点动控制的简单短接制动电路

图中所示电路，虽比较简单，但仅适用于制动要求不高的可逆运行的工作场合，且一般在电动机功率较小时应用。

当按下按钮 SB_2 时，接触器 KM_1 吸合，从而断开制动短接点，电动机正方向旋转，当松开按钮 SB_2 时，接触器 KM_1 释放，在主触点断开的同时，辅助触点接通制动短接点，电动机制动。反转时，按按钮 SB_1，运行和制动情况和正转时类同。

305. 画出一个单向启动半波整流能耗制动控制电路，电路的工作原理是什么？

单向启动半波整流能耗制动的控制电路，见图 8-38。

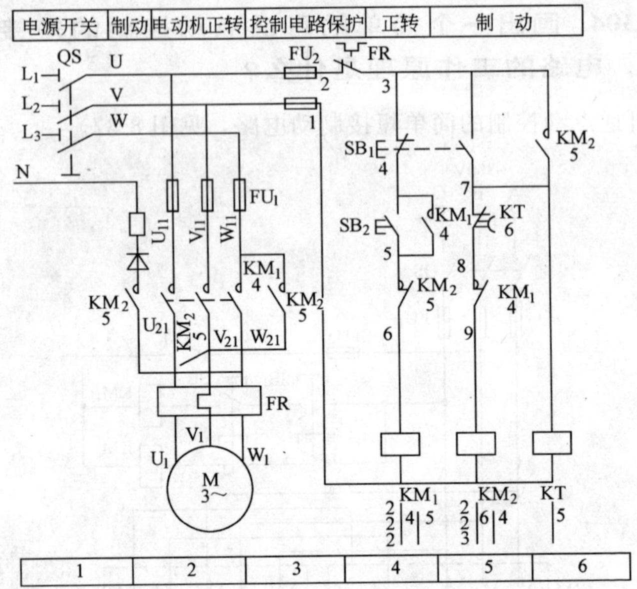

图 8-38 单向启动半波整流能耗制动控制电路

电路的工作原理分析如下：

启动，合上电源开关 QS

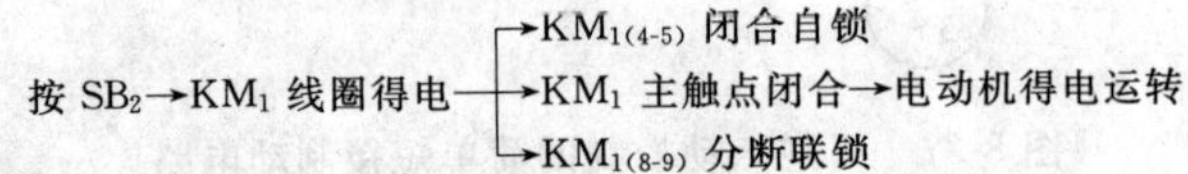

停转（制动）

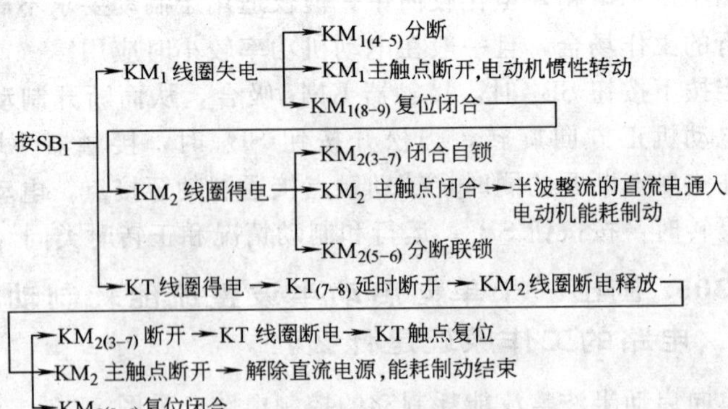

306. 画出单向启动全波整流能耗制动的控制电路，电路的工作原理是什么？

单向启动全波整流能耗制动的控制电路，见图 8-39。

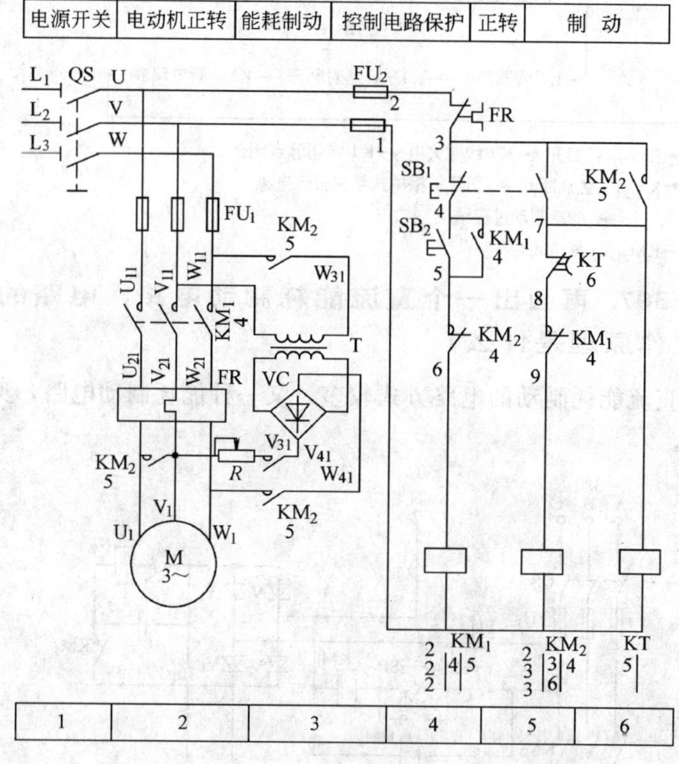

图 8-39　单向启动全波整流能耗制动控制电路

图中所示电路的工作原理分析如下：

启动

按SB_2→KM_1线圈得电→$KM_{1(4-5)}$闭合自锁；→KM_1主触点闭合→电动机得电旋转；→$KM_{1(8-9)}$分断联锁

停转（制动）

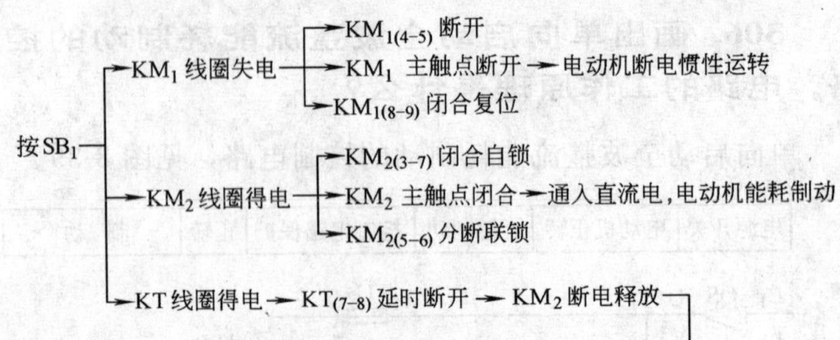

307. 再画出一个直流能耗制动电路，电路的简单工作原理是什么？

直流能耗制动的电路方式较多，又一种能耗制动电路，见图8-40。

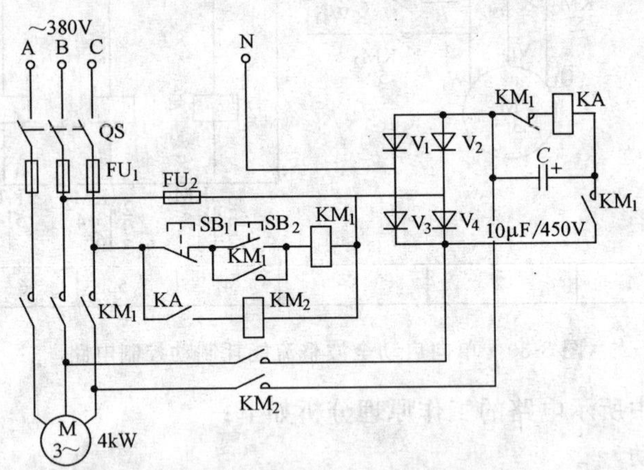

图 8-40 直流能耗制动电路

从图中可以看出，当合上电源开关 QS 后，按下按钮 SB_2，接触器 KM_1 吸合，电动机得电运转，同时电容器 C 充电。当按下停止按钮 SB_1 时，接触器 KM_1 释放，电容 C 向继电器 KA 的线圈放电，使继电器吸合，KA 的常开触点闭合使接触器 KM_2 吸合，桥式整流的直流电通入电动机定子绕组，进行能耗制动。经过一段时间后，电容 C 放电结束，继电器 KA 释放，KM_2 释放，能耗制动结束。改变电容 C 的容量，可以改变能耗制动时间的长短。

308. 画出电容—电磁制动电路，简单工作原理是什么？电容制动还有哪些电路形式？

电容—电磁制动电路，见图 8-41。

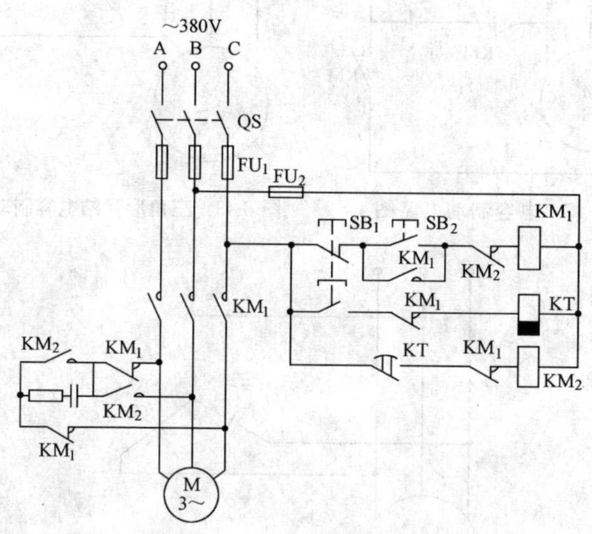

图 8-41　电容—电磁制动电路

从图中电路可以看出，在制动时，按下停止按钮 SB_1，接触器 KM_1 断电释放，其常闭辅助触点恢复闭合，电容器接入定子绕组进行电容制动。同时 SB_1 常开触点闭合，使时间继电器 KT 获电动作，其延时断开的常开触点速合，使制动接触器 KM_2 获电吸合，其主触点闭合将三相绕组短接进行电磁制动，加速了电动机停止转动。制动完毕，时间继电器随着按钮 SB_1 松开，线圈失电，其触点延时打开，接触器 KM_2 释放。

电容制动的电路形式比较多，有采用一个电容器和多个电容器等，如三只电容器可以构成星形联结和三角形联结的方式，见图 8-42～8-44。

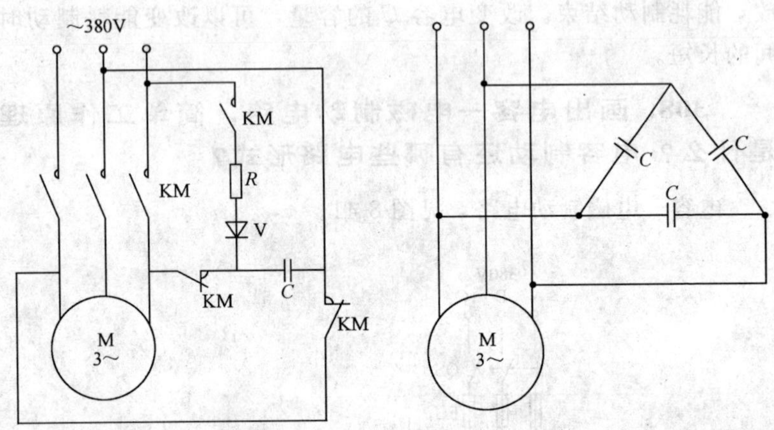

图 8-42　电容制动电路图　　图 8-43　三角形联结电容制动示意图

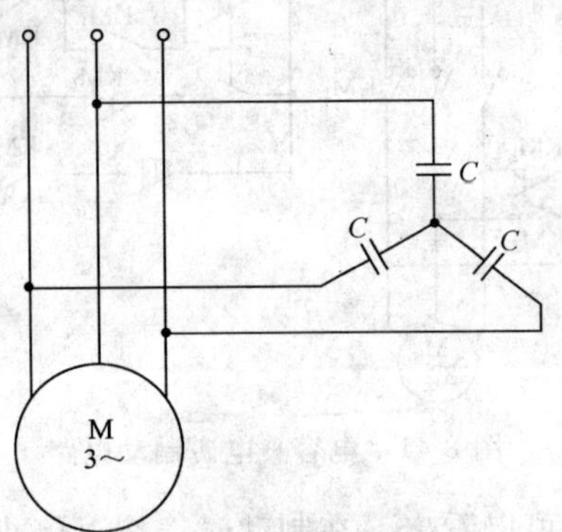

图 8-44　星形联结电容制动示意图

309. 画出一个电动机保安接零电器，这个电路的作用是什么?

电动机保安接零电路，见图 8-45。

为了保证人身安全，将电动机的金属外壳与三相四线制的零

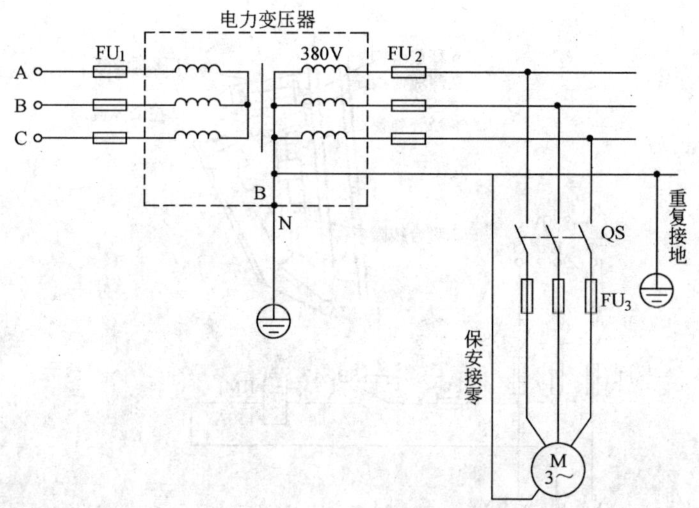

图 8-45　电动机保安接零电路

线连接，称为保安接零。从图中所示电路可以看出，一旦电动机线圈绝缘被破坏，外壳发生漏电现象，则在相线、电动机金属外壳和中性线间产生短路，迅速熔断电动机的保险，把电源隔开，从而保护人身安全。

这种方法适用于同一三相四线制电力系统中，且不允许一部分电气设备采用接零保护，而另一部分电气设备采用接地保护。

310. 画出一个交流接触器无压运行装置的电路，电路的作用和工作原理是什么？

交流接触器无压运行装置的电路，见图 8-46。

一般的交流接触器在正常运行时，其吸合线圈是长期带电的，因此不但消耗能量，有时还会因过压而烧坏线圈，并在运行时发生噪声。图中所示电路是交流接触器无压运行装置电路图。由于在运行时吸引线圈是不带电的，因此可以避免上述缺点，有时把这类电路又称作无声运行电路。

电路的工作原理分析如下：

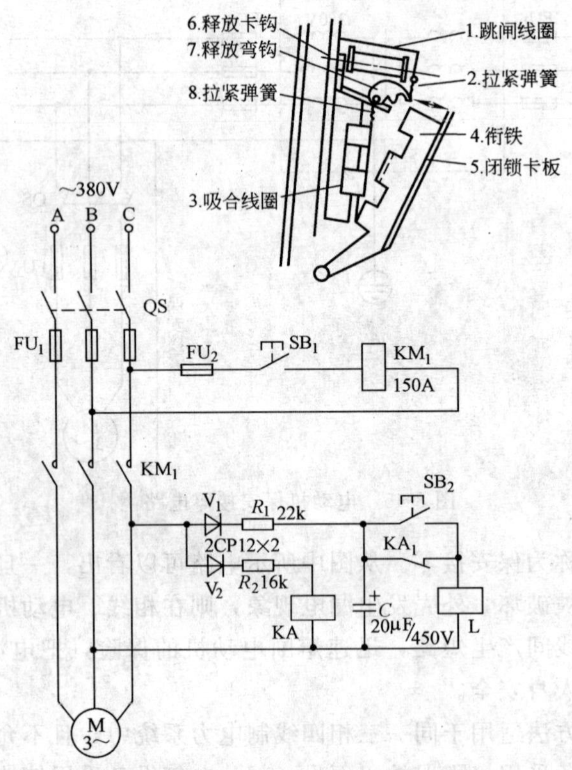

图 8-46　交流接触器无压运行装置电路

当按下按钮 SB_1 时，吸引线圈 KM_1 得电，吸合衔铁 4，同时闭锁卡板 5，被释放弯钩 7 勾住，使交流接触器在线圈 3 无电压作用下处于运行状态。

这时，电路中的电容器 C 经二极管 V_1、电阻 R_1 充电，继电器 KA 经二极管 V_2、电阻 R_2 受电动作，其接点 KA_1 断开，为电源无电压释放作准备。当电源停电时，继电器释放，接点 KA_1 闭合，电容器 C 向跳闸线圈 L 放电吸动释放卡钩 6，释放弯钩 7 脱开，衔铁 4 释放，使开关触点分断，交流接触器无电自动断开。在运行时，如按按钮 SB_2，跳闸线圈 L 经 V_1、R_1 受电动作，交流接触器随即断开。

311. 画出一个简单星形零序电压断相保护电路，电路的简单工作原理是什么？

简单星形零序电压断相保护电路，见图 8-47。

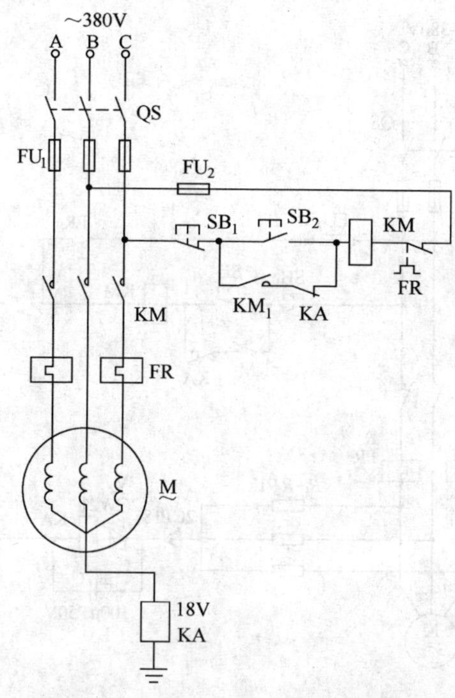

图 8-47　简单星形零序电压断相保护电路

图中所示电路是简单可行的方法，其工作原理如下：

因星形联结的电动机中性点对地电压为零，在此点与地之间串一个 18V 的继电器，即可起到电动机的断相保护作用。因为当电动机缺相时，会造成中性点与地存在电位差，从而使继电器动作，继电器的触点切断接触器 KM 的自锁回路，使接触器释放，电动机即断电停转，保护了电动机不会因缺相而烧毁，起到断相保护作用。

312. 画出一个三角形电动机零序电压继电器断相保护电路，这个电路的原理是什么？

三角形联结的电动机零序电压继电器断相保护电路，见图 8-48。

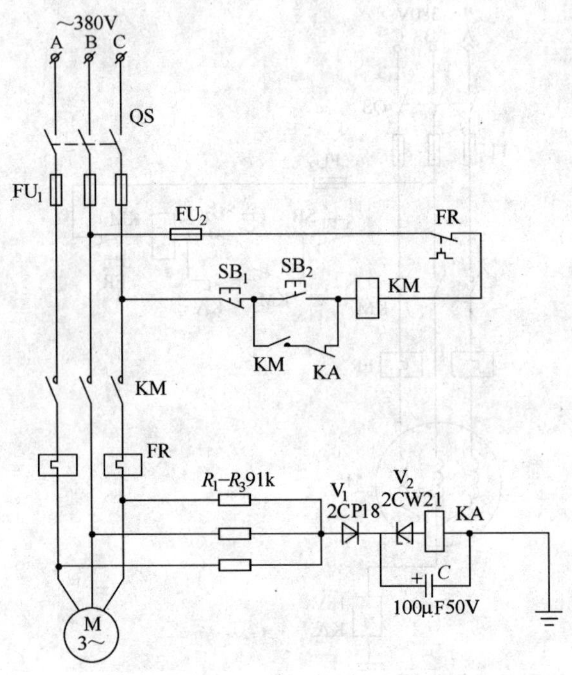

图 8-48 三角形电动机零序电压继电器断相保护电路

三角形联结的电动机自身没有中性点，从图中所示电路可以看出，利用三个电阻 R_1—R_3 接成一个人为中性点，在中性点和地之间串接一个继电器 KA。当电动机缺相时，因为人为中性点电位发生偏移，同样也能产生零序电流，使继电器动作，继电器的常闭触点切断接触器的自锁回路，使接触器 KM 释放。随后，电动机断电停转，从而保护了电动机不因缺相而烧毁，起到了电动机断相保护的作用。

313. 再画出一种星形联结的电动机断相保护电路，电路的简单原理是什么？

又一种星形联结的电动机断相保护电路，见图 8-49。

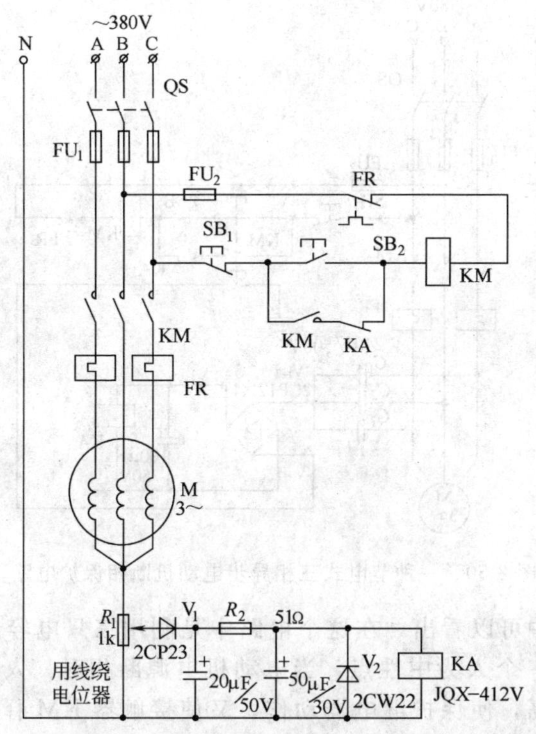

图 8-49 又一种星形联结的电动机断相保护电路

图中所示电路，在接触器 KM 的自锁回路中串接了一个保护继电器的常闭触点；保护继电器线圈没有直接接在电动机的中性点和地之间，而是采用了二极管和稳压器。所以在电动机电源缺相时，电动机中性点和地之间有电位差时，此电压经过整流和稳压后，使保护继电器动作，其常闭触点断开接触器 KM 的自锁回路，使接触器释放，电动机断电停转，从而保护了电动机。

314. 画出一种节电式三相异步电动机断相保护电路，电路的特点是什么？

一种节电式三相异步电动机断相保护电路，见图 8-50。

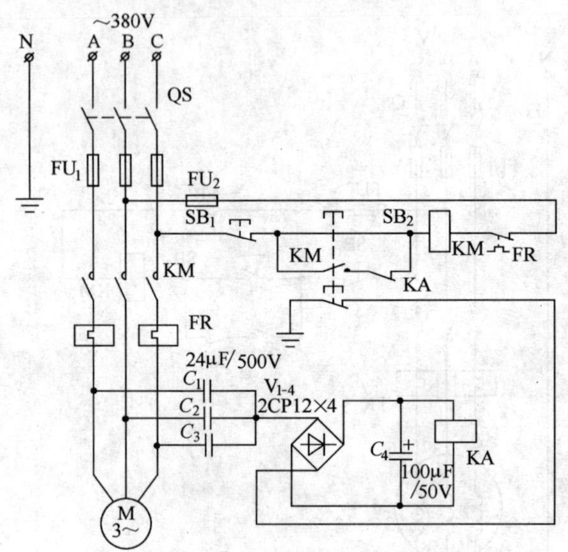

图 8-50　一种节电式三相异步电动机断相保护电路

从图中可以看出，在这个电路中是利用三只电容器（C_1～C_3）组成一个人为中性点，当电动机电源断相时，人为中性点的电位升高，使保护继电器动作，又使接触器 KM 释放，电动机断电停转，而起到断相保护作用。

因为采用了电容器，起到无功功率补偿作用，提高了功率因数，电路动作又较灵敏，所以断相保护器在正常工作时，起到节电的效果。为了防止启动电机时保护继电器误动作，采用了双连按钮作启动按钮。

315. 画出晶体管零序电压电动机断相保护器电路，电路工作原理是什么？

晶体管零序电压电动机断相保护器电路，见图 8-51。

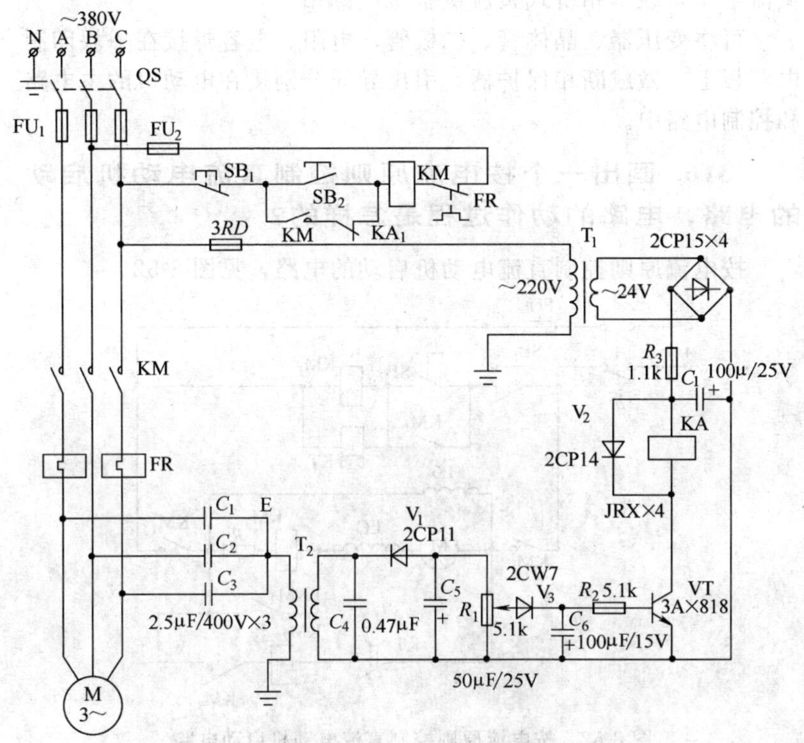

图 8-51　晶体管零序电压电动机断相保护器电路

图中所示电路的工作原理分析如下：

电动机正常运行时，三相电源平衡，人为中性点 E 的电位为零，变压器 T_2 无输出信号，晶体管 VT 截止，继电器 KA 不动作，其常闭触点 KA_1 闭合，电动机正常运行。当三相电源断相时，由于三相不平衡，E 点的电位会升高，通过变压器耦合，经二极管 V_1 整流，电容 C_5 滤波，又经稳压管 V_3、电容 C_6 和电阻 R_1 延时加到晶体管 VT 的基极，使 VT 导通，发射极电流使继电器 KA 动作，其常闭触点 KA_1 断开，接触器的自锁回路断开，使接触器 KM 释放，电动机断电停转，从而起到断相保护作用。控制器的电源电压为 24V，它是由变压器 T_1 供给 24V

交流电压，经单相桥式整流供整机电源用。

可将变压器、晶体管、二极管、电阻、电容焊接在一块印制电路板上，做成断相保护器，引出导线分别接在电动机的主电路和控制电路中。

316. 画出一个按电流原则控制直流电动机启动的电路，电路的动作过程是怎样的？

按电流原则控制直流电动机启动的电路，见图 8-52。

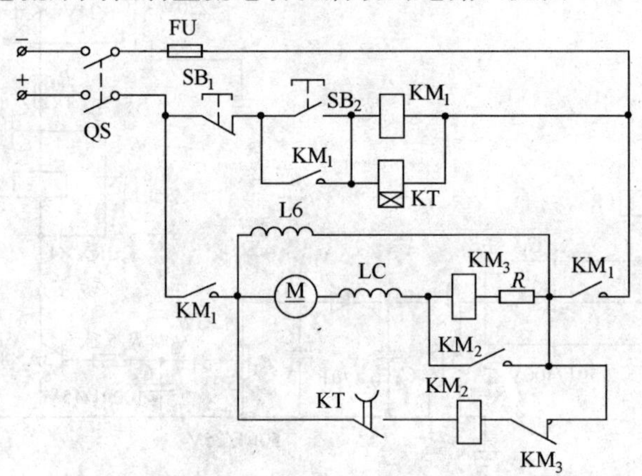

图 8-52　按电流原则控制直流电动机启动电路

从图中可以看出，当合上电源开关 QS 时，按下启动按钮 SB_2，接触器 KM_1 得电吸合并自锁，其常开主触点闭合，直流电动机 M 电枢回路中串入电阻 R 启动，同时 KM_3 也吸合，其常闭触点断开，这时 KM_2 不动作。当直流电动机转速升高，其电枢电流下降，使 KM_3 释放，其常闭触点恢复闭合，延时触点 KT 又闭合时，KM_2 获电动作，KM_2 的常开触点闭合，并将电阻 R 短接，电动机正常运转。时间继电器 KT 防止了启动开始时，电阻 R 被短接。

317. 画出按时间原则控制直流电动机启动的电路，电路的工作过程是怎样的？

按时间原则控制直流电动机启动的电路，见图 8-53。

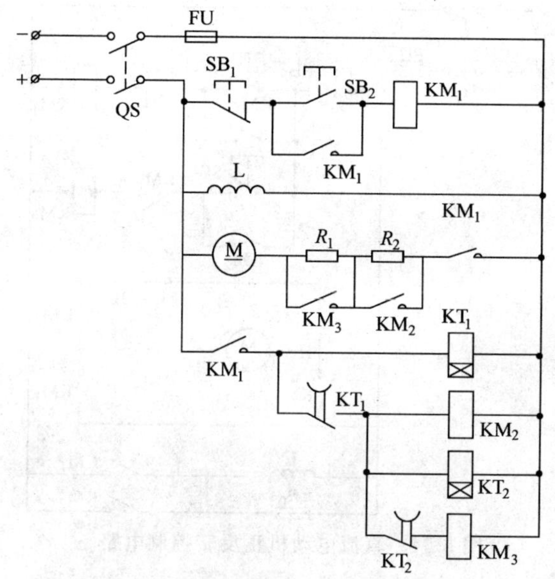

图 8-53　按时间原则控制直流电动机启动电路

从图中可以看出，当合上电源开关 QS 后，按下启动按钮 SB_2，接触器 KM_1 吸合并自锁，其常开主触点闭合后，直流电动机电枢回路串入电阻 R_1 和 R_2 启动。同时，时间继电器 KT_1 线圈得电，KT_1 的延时闭合的常开触点延时闭合后，KM_2 吸合，时间继电器 KT_2 线圈得电，KM_2 的常开主触点将电阻 R_1 短接，直流电动机加速。时间继电器的延时闭合的常开触点，延时后使 KM_3 吸合，又将电阻 R_2 短接，直流电动机在额定电压下正常运转，启动过程结束。

318. 画出一个直流电动机正反转控制电路，电路的工作过程是怎样的？

直流电动机正反转控制电路，见图 8-54。

从图中电路可以看出，直流电动机 M 的正反转运行是采用改变电枢电流方向的方式来实现的。具体工作过程如下：

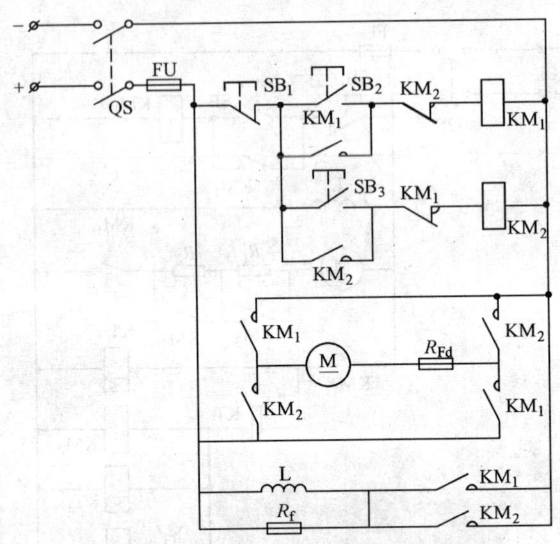

图 8-54　直流电动机正反转控制电路

合上电源开关 QS 后，当按下正转启动按钮 SB_2 时，正转接触器 KM_1 吸合并自锁，电动机正向转动；需要反转时，先按下停止按钮 SB_1，直流电动机断电，再按下反转启动按钮 SB_3，反转接触器吸合并自锁，电动机反向转动。正反向接触器互有联锁触点。又为了避免过电压损坏电机，在励磁电路中设有放电电阻 R_f。熔断器 FU 起短路保护作用。

319. 画出一个直流电动机反接制动的电路，电路的工作过程是怎样的？

直流电动机反接制动电路，见图 8-55。

制动时，按下停止按钮 SB_1，使接触器 KM_1 释放，当停止按钮 SB_1 的常开触点接通时，又使制动接触器 KM_2 得电吸合，其主触点将电机电枢反接，此时电动机电磁转矩和原旋转方向相反，成为制动转矩，电动机转速迅速下降，当电机停转时，松开停止按钮 SB_1，接触器 KM_2 释放，制动过程结束。

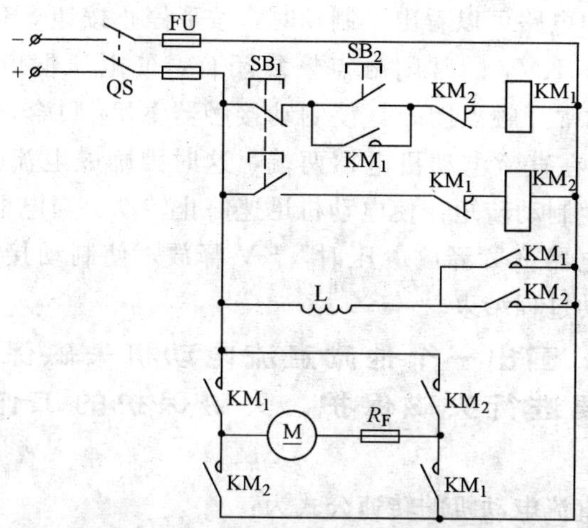

图 8-55　直流电动机反接制动电路

320. 画出一个直流电动机能耗制动的电路，电路的工作过程是怎样的？

直流电动机能耗制动电路，见图 8-56。

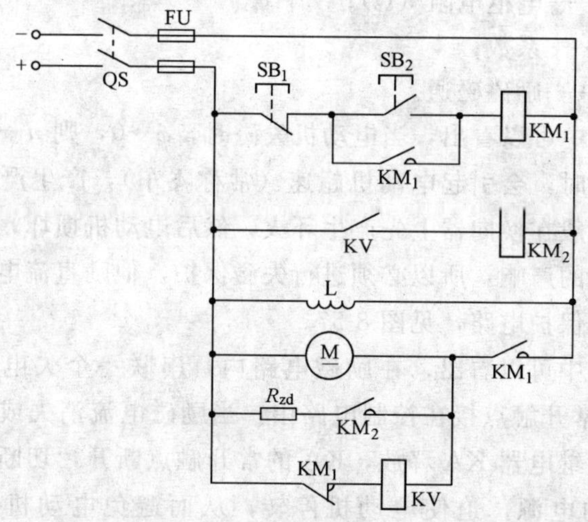

图 8-56　直流电动机能耗制动电路

从图中电路可以看出，制动时，按下停止按钮 SB_1，接触器 KM_1 释放，KM_1 的常闭触点恢复闭合，使电压继电器 KV 吸合，KV 的常开触点闭合，使制动接触器 KM_2 吸合，将制动电阻 R_{zd} 并联在直流电动机电枢两端，这时因励磁电流方向未变，电动机产生制动转矩，使电动机迅速停止转动。当电枢反电势低于电压继电器 KV 释放电压时，KV 释放，使制动接触器 KM_2 释放，制动过程结束。

321. 画出一个他励直流电动机失磁保护电路，为什么要进行失磁保护，失磁保护的工作原理是什么？

他励直流电动机的转速公式为：

$$n=\frac{U-IR}{C\varphi}$$

式中 n——直流电动机的转速（r/min）；

U——电枢端电压（V）；

I——电枢电流（A）；

R——电枢电阻（Ω）；

C——系数；

φ——励磁磁通。

从式中可以看出，当电动机失磁时，$\varphi\to0$，则 $n\to\infty$。意义是当失磁时，会引起电动机超速（常称飞车），产生严重的不良后果，一般在换向器上先产生环火，然后电动机损坏，甚至产生类似爆炸的声响，所以必须进行失磁保护。他励直流电动机的简单的失磁保护电路，见图 8-57。

从图中可以看出，在励磁电路内，串联一个欠电流继电器 KA，其常开触点接在控制电路中，当励磁电流消失或减小到规定值时，继电器 KA 释放，KA 的常开触点断开，切断直流电动机电枢的电源，迫使电动机停转，从而避免电动机超速现象发生。

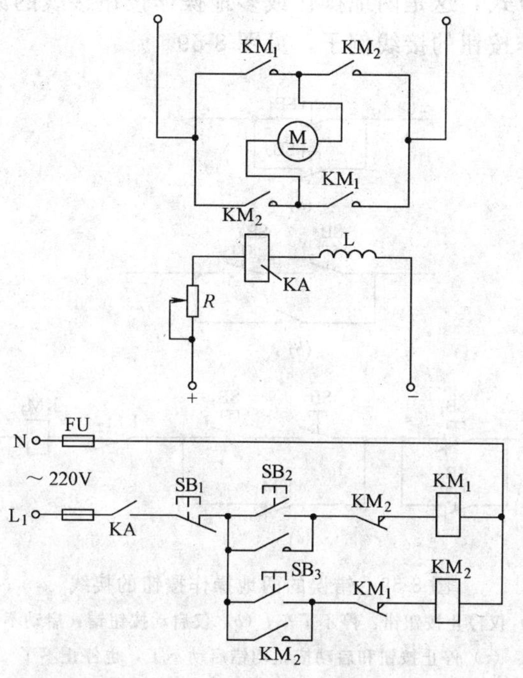

图 8-57　他励直流电动机失磁保护电路

322. 两地（或多地）操作按钮应怎样接线？

很多设备，例如较大型的设备或需要多处控制的电气装置，按钮的接线应正确，否则达不到目的，现在以两地操作为例，进行说明，正确的两地操作按钮的接线，见图 8-58。

从图中可以看出，常开按钮采用并联方式，常闭按钮一定要

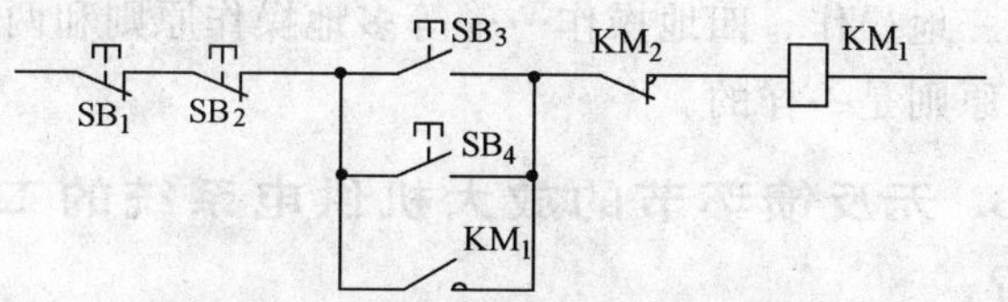

图 8-58　正确的两地操作按钮的接线

采用串联方式，这是两地操作或多地操作按钮接线的原则。错误的两地操作按钮的接线例子，见图 8-59。

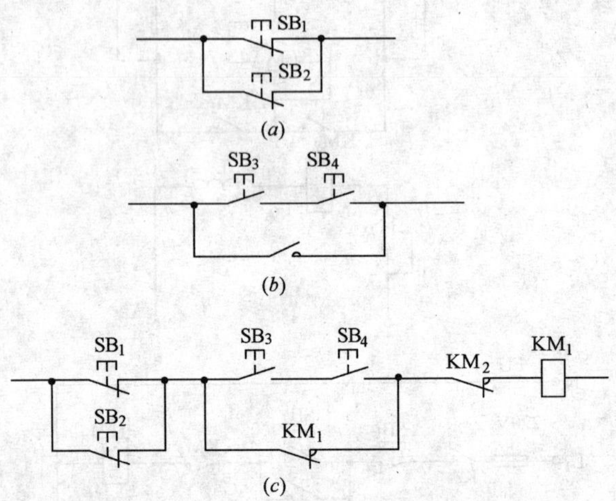

图 8-59 错误的两地操作按钮的接线

(a) 仅停止按钮错：停不了车；(b) 仅启动按钮错：启动不了；(c) 停止按钮和启动按钮均错启动不了，也停止不了

图 8-59 中 (a)，常闭按钮为并联接线，结果不能起停止按钮的作用；图 8-59 中 (b)，常开按钮为串联接线，结果是起不到启动按钮的作用；图 8-59 中 (c)，常闭按钮为并联接线，而常开按钮为串联接线，则按停止按钮时停止不了，按启动按钮时也启动不了。

但是图 8-59 (b) 中，在特殊情况下也有使用，例如压力机械中，必须双手同时压下两个启动按钮，才能启动电机，以确保安全。

对于三地操作、四地操作……等多地操作原则和两地操作按钮接线的原则是一样的。

323. 无反馈环节的放大机供电系统的工作原理是什么？

发电机—电动机系统的发电机，由电机放大机供发电机励磁，组成无反馈环节的放大机供电系统，其电路图见图 8-60。

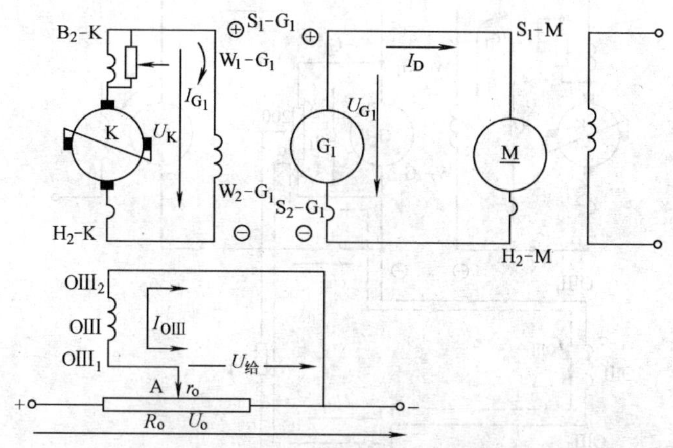

图 8-60 无反馈环节的放大机供电系统

放大机的控制绕组 OⅢ 由外加的给定电源 U_o 供电，当我们调节手柄的位置时就能调节加到 OⅢ 绕组上的给定电压 $U_{给}$ 的大小，即

$$U_{给}=\frac{r_o}{R_o}\cdot U_o$$

在 $U_{给}$ 的作用下，在 OⅢ 绕组中，产生电流 $I_{OⅢ}$，即

$$I_{OⅢ}=\frac{U_{给}}{R_{OⅢ}}$$

式中 $R_{OⅢ}$——OⅢ 绕组的电阻。

$I_{OⅢ}$ 使放大机励磁，产生电势 E_K，给发电机励磁电流 I_G，发电机发出电势 E_G，供给电动机电枢电流 I_M。励磁电源供电动机励磁后，电动机旋转。若调节电阻 R_o，即移动 A 点的位置后，就可调节 $U_{给}$、$I_{OⅢ}$、U_K、I_G、U_G 的大小和电动机的转速 N_M。改变给定电压 $U_{给}$ 或其他电量的极性时，可以改变电动机的旋转方向。

324. 什么是电压负反馈环节？

电压负反馈环节电路，见图 8-61。

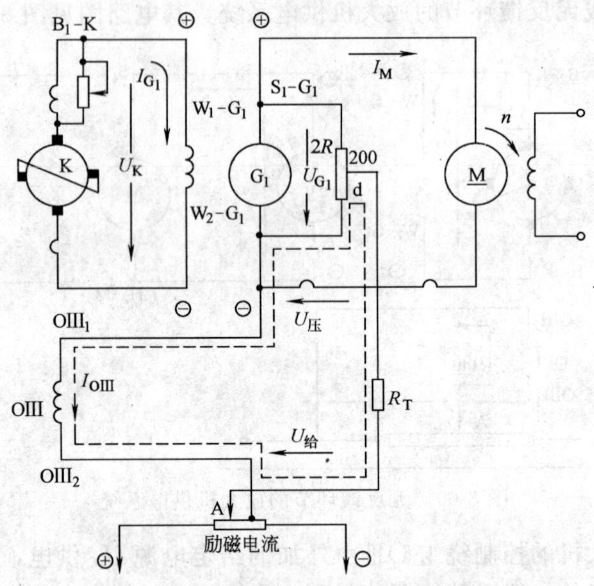

图 8-61 电压负反馈环节电路图

电压负反馈环节的加入是从与发电机电枢并联的电阻 $2R$ 上，取出一部分电压 $U_压$ 与 $U_给$ 相串联，但方向相反，同时加到控制绕组 OШ 上，这样从放大机 发电机系统的输出电压中取出一部分反向电压加到输入端去，就构成了电压负反馈环节。

反馈电压 $U_压$ 由 $2R$ 上取得，其大小决定于 $2R$ 上 200 号抽头的位置，即

$$U_压=\frac{r_\alpha}{R_{2R}}\cdot U_G$$

式中 R_{2R}——$2R$ 的总阻值；

r_α——$2R$ 上 200～S_2-G_1 之间的电阻值。

令
$$\frac{r_\alpha}{R_{2R}}=\alpha$$

α 称为电压负反馈系数，则

$$U_压=\alpha U_G$$

若 r_α 大、α 大、$U_压$ 大，电压负反馈强。

$U_{给}=\frac{r_o}{R_o}U_o$，这时 $U_{给}$ 和 $U_{压}$ 共同作用在控制绕组 OⅢ 上，所以绕组 OⅢ 为给定励磁和电压负反馈的综合绕组。其电流 $I_{OⅢ}$ 的大小与 $U_{给}$ 和 $U_{压}$ 之差成正比，与该回路总电阻 $R_{OⅢ总}$ 成反比，即

$$I_{OⅢ}=\frac{U_{给}-U_{压}}{R_{OⅢ总}}$$

$$R_{OⅢ总}=R_{OⅢ}+R_T$$

其中 $U_{给}$ 由调速器手柄位置决定。可见加入电压负反馈后，供给 OⅢ绕组电流的是给定电压与反馈电压之差，即（$U_{给}-U_{压}$），因此，$I_{OⅢ}$ 下降引起放大机和发电机的输出电压、电动机转速下降，只有加大输入端的给定励磁电压时，才能维持提高转速。

电压负反馈环节作用，有维持发电机端电压大致不变、减小电动机的转速降、降低放大机和发电机的剩磁电势、扩大系统的调速范围、消除工作台的爬行，以及减小放大机、发电机的磁滞回环、提高电动机转速的稳定性。

这样，从物理概念结合机械方程式来看，电压负反馈环节在静态和动态方向，起着良好作用。

325. 电流正反馈环节线路的作用和原理是什么？

为了解决电动机的转速降问题，提高机械特性硬度，调速系统设有电流正反馈电路，见图 8-62。

主回路电流 I_M 在换向极绕组电阻 R_H 上的电压降 $I_M \cdot R_H$，并从与其并联的电阻 $4R$ 上取它的一部分作为反馈信号，加到放大机的 OⅢ 控制绕组上，在电路联结上使反馈信号对放大机的作用和 $I_{OⅢ}$ 对放大机的作用相同，起加强作用，即构成如图中所示的电流正反馈电路。从而起到补偿由于发电机和电动机的内部压降而引起的电动机转速降落。

电流正反馈补偿发电机和电动机的内部压降后，使机械特性平直，并且能加快过渡过程。

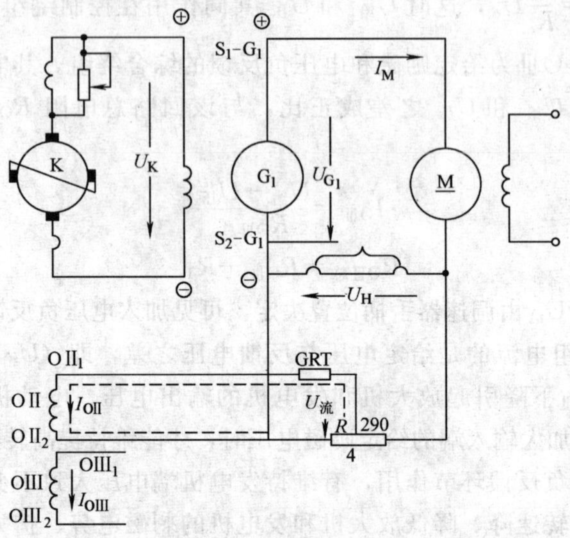

图 8-62 电流正反馈环节线路

326. 稳定环节的作用和原理是什么?

桥形稳定环节由并联在放大机输出端的电阻 $3R$ 的两部分 R_1、R_2 以及发电机励磁绕组与其串联的电阻 $10R_T$ 组成。在其对角线 $OI_2 \sim W_2$-G_1 上接上放大机的控制绕组 OI 和调节电阻 $8R_T$。电路见图 8-63。

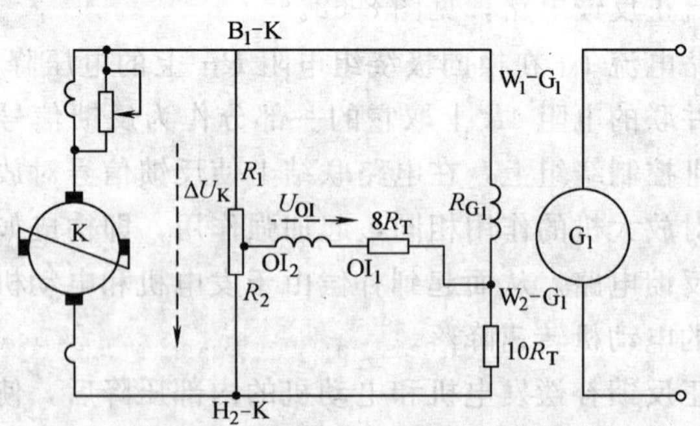

图 8-63 桥形稳定环节线路

当放大机输出电压发生变化时，由于发电机励磁绕组的电感作用，所以通过励磁绕组和 $10R_T$ 的电流不能突变，$10R_T$ 两端的电压不能突变，而流过电阻 $3R$ 的电流能突变增加，所以 R_2 两端的电压能突变增加，这样 $OI_2 \sim W_2\text{-}G_1$ 之间就有电压，OI_2 为正，$W_2\text{-}G_1$ 为负，OI 绕组上有电流 i_{OI} 流过。作用是减小放大机的电枢电压，缓和放大机输出电压的变化，放大机输出电压变化愈快，发电机励磁绕组的电感作用就愈强，稳定环节的阻尼作用就越大。

桥形稳定环节是利用发电机励磁绕组的电感作用而设置的放大机输出电压的动态负反馈，它能阻止放大机输出电压的强烈变化，使得放大机电压和主回路电流的峰值减小，使启动、反向、制动过程平滑，越位加大些，而传动机构的冲击减小，有效的抑制了系统的超调，消除振荡，使系统稳定。

327. 电流截止负反馈环节的作用和原理是什么？

为了限制主回路的电流及启动电流、过载电流、电动机过转矩，保护直流发电机和电动机和改善过渡过程的状态。除了以上环节外，在 $B20^{12}_{16}$ A 型龙门刨中，还设计了电流截止负反馈环节，其电路图见图 8-64。

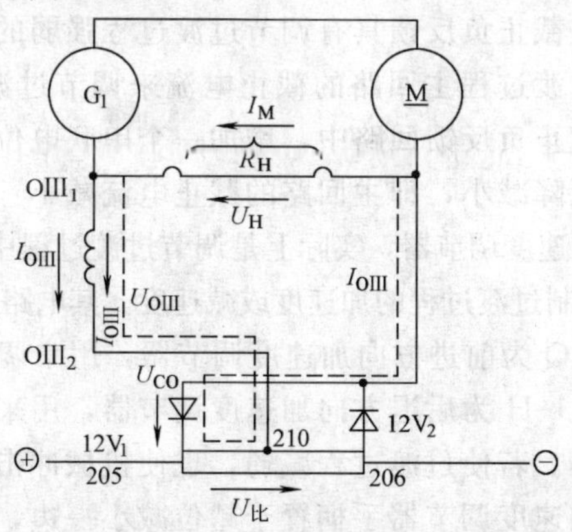

图 8-64 电流截止负反馈环节线路

OⅢ绕组通过电流 $I_{OⅢ}$，其方向和OⅢ绕组的给定电流方向相反，使放大机输出电压和发电机电压随主回路电流的增加而迅速下降，电动机的转速也随之迅速下降，直至堵转。如果没有电流截止负反馈环节，其堵转电流将是异常巨大的，而有了电流截止负反馈环节，限制了电动机堵转时的电流和转矩，从而保护了电机和传动机构。高速时，$I_{OⅢ}$ 大，主回路截止电流小；低速时，$I_{OⅢ}$ 小，主回路截止电流大，对低速重切削有益，可避免不利的速度降落和堵转现象。能在全部调速范围内充分利用机床允许的最大起动转矩来加速过渡过程，而不需顾虑高速启动时会产生过大的冲击和低速启动速度慢等。

电流截止负反馈在启动、减速、反向、停车等过渡过程中，其作用是减小主回路电流的峰值，改善电流波形，使过渡过程既快又平稳，加强了系统的稳定性。

328. 加速度调节器电路的作用和原理是什么？

采用桥形稳定环节后起到了稳定系统的作用，但由于过渡过程初期较快，随之带来了较大的冲击，所以在控制系统中采用一个可供操作者自由调节过渡过程的环节，以便调节减速和反向的强弱，调节越位和机械冲击。

由于电流截止负反馈具有调节过渡过程强弱的作用，因此可以采用调节过渡过程主回路的截止电流来调节过渡过程的强弱。于是在电流截止负反馈回路中，增加一个串联电位器，使导通所需的换向极压降减小，即主回路的截止电流减小。这个可调节的电位器称为加速度调节器，实际上是调节过渡过程中主回路电流的峰值，从而控制过渡过程的加速度或减速度。其电路，见图 8-65。

图中，b-Q 为前进方向加速度调节器，用来调节前进反后退越位的大小。b-H 为后退方向加速度调节器，用来调节后退反前进的越位大小。若使过渡过程减弱，也使机械冲击程度减小。通常在高速时加速度调节器手柄置于越位减小一边，而低速时则置于反向平稳一边。

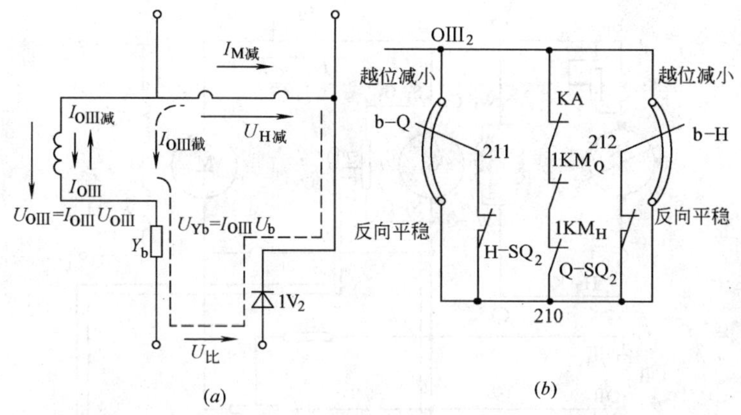

图 8-65 加速度调节器电路

(*a*) 电流截止负反馈作用的调节；(*b*) A 系列刨床的加速度调节器环节

329. 前进和后退励磁控制电路的作用和原理是什么？

工作台前进或后退时，放大机的励磁控制电路，见图 8-66。

工作台前进时，放大机、发电机的电压极性以及 OⅢ绕组电流、主回路电流的方向在图中表示出来，虚线表示电流 $I_{OⅢ}$ 流过的途径。其大小可以用前进调速电位器 R-Q 的手柄位置来调节。当给定励磁电压增大时，$I_{OⅢ}$ 以及放大机、发电机的输出电压增大，此时电动机转速升高。

工作台后退时，$I_{OⅢ}$ 反向，使放大机、发电机输出电压的极性反过来，电动机反转，工作台后退。调节后退调速电位器 R-H 的手柄位置，改变后退给定励磁电压的大小，即可调节后退的速度。

串联在前进和后退励磁控制电路中的调节电阻 $1R_T$、$2R_T$，即可调节启动和反向时的过渡过程强度，而对于给定速度大小的影响较小。减小 $1R_T$ 阻值，可以加快前进启动和后退变前进时的过渡过程，减小 $2R_T$ 阻值，可以加快后退启动及前进变后退时的过渡过程。

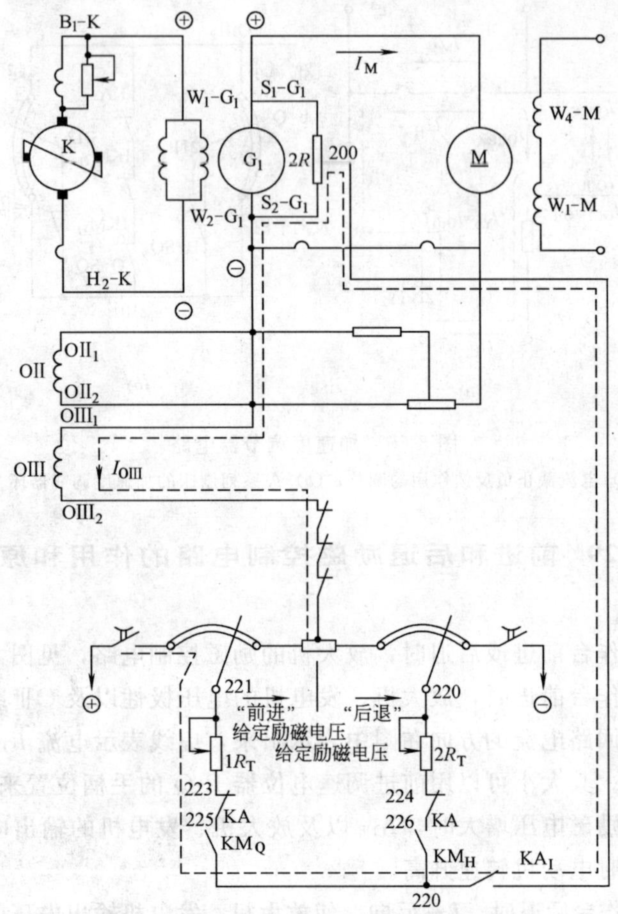

图 8-66 前进和后退励磁控制电路

330. 减速环节的作用和原理是什么?

当工作台进行减速时，减速继电器 KJ 通过其触点将给定励磁部分进行切换，使给定励磁电压减小，同时加速度调节器串入 OⅢ绕组回路。以前进减速为例，其励磁控制电路，见图 8-67。

前进减速时的给定励磁电压为 231、210 之间的电压，与调

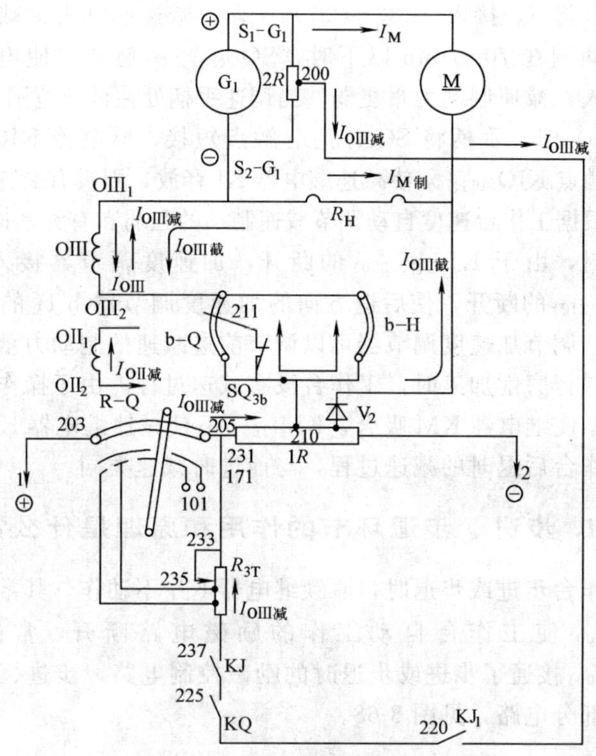

图 8-67　前进减速时的励磁控制电路

速手柄的位置无关，当工作台高速档超过 20m/min（低速档超过 10m/min）时，由前进变成前进减速后，给定励磁电压很快减小，引起发电机电势减小，由于电动机的转速惯性，电动机处于发电制动状态，在减速过渡过程中，加强了减速制动，而稳定和截止环节是减弱减速制动的。

和调速电位器手柄联动的 SQ_Q 的触点，调节了 $3R_T$ 的阻值大小，影响了减速制动的强弱。若将 SQ_Q 的（231、235）触点短接，电阻 $3R_T$ 只接入（235～237）一段，此时加强了高速时的减速制动力量。

当调速手柄调在 70～80m/min 时，手柄将 $SQ_{Q(231、233)}$ 触点

短接，电阻 R_{3T} 接入（233～237）一段，减速制动力量减弱。当调速手柄调在 70m/min 以下时，$SQ_{Q(231、233)}$ 触点，使电阻 R_{3T} 全部接入，减速制动力量更弱。当调速手柄处在低速范围（约9～20m/min）时，手柄将 $SQ_{Q(101、171)}$ 触点短接，继电器 KJQ 动作，其常闭触点 $KJQ_{(163、165)}$ 使减速继电器 KJ 释放，则没有减速。减速环节可根据工作台速度自动调节减速制动的强弱和有无减速。

同时，由于 $KJ_{(OⅢ2、250)}$ 的断开，加速度调节器接入电路。$SQ_{1b(212、210)}$ 的断开，使后退方向的加速度调节器 b-H 的电阻全部接入。调节加速度调节器可以调节前进减速的制动力量。

当进行磨削加工时，工作台没有减速过程。由于操作主令开关 SA_8，使继电器 KM 吸合，$KM_{(165、181)}$ 使减速继电器 KJ 释放。

工作台后退时的减速过程，与前进时减速类同。

331. 步进、步退环节的作用和原理是什么？

工作台步进或步退时，联锁继电器 KJ_I 不动作，其常开触点 $KJ_{I(220、200)}$ 使工作台自动工作的励磁电路断开，常闭触点 $KJ_{I(240、200)}$ 接通了步进或步退时的励磁控制电路，步进、步退给定励磁部分电路，见图 8-68。

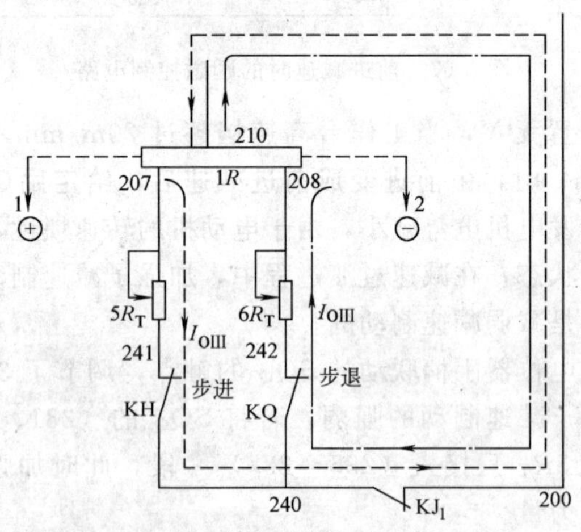

图 8-68 步进、步退的给定励磁部分电路

工作台步进时的励磁给定电压为 207～210 之间的电压，虚线表示 OⅢ绕组的电流途径，电流方向和工作台前进时一致。工作台步退时的励磁给定电压为 210～208 之间的电压，点划线表示 OⅢ绕组此时的电流途径，电流方向与工作台后退时一致。调节 207、208 抽头的位置，可以调节步进和步退的快慢。

332. 停车制动和自消磁环节的作用和原理是什么？

(1) 停车制动环节

工作台停车时，给定励磁电压消失，电压负反馈使 OⅢ绕组流过很大的反向电流，使放大机去磁，改变输出电压极性，对发

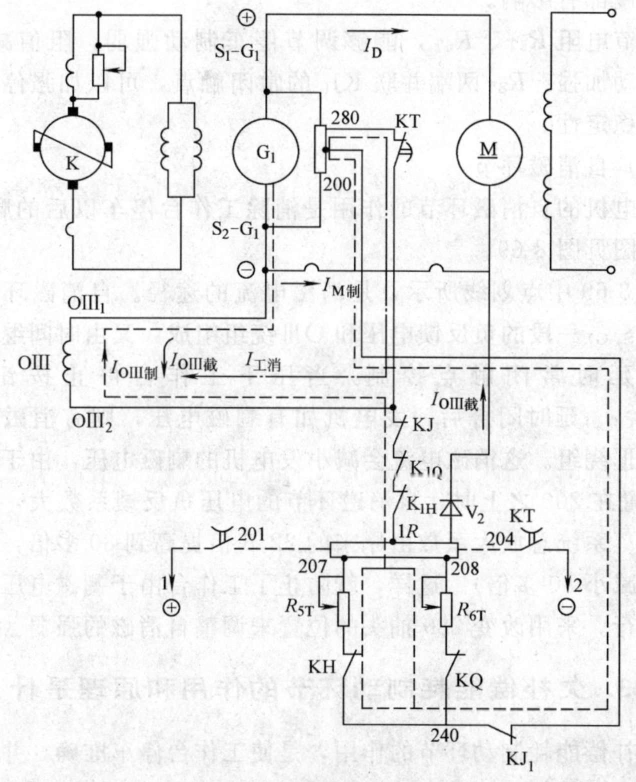

图 8-69　停车制动和自消磁电路

电机有去磁作用，使发电机输出电压降低，但由于电动机和机械系统的惯性，主回路电流倒流，电动机进行发电制动而迅速停转。电流正反馈绕组也对发电机起去磁作用，也加速了制动停车过程。但电流截止环节起减弱制动停车作用。

在停车制动过程中，OⅢ绕组中的电流途径和步进、步退时给定励磁电流的途径相同，停车制动和自消磁电路，见图 8-69。

图中虚线表示 OⅢ绕组电流的途径。

时间继电器 KT 的常开触点 $KJ_{(1,201)}$、$KT_{(204、2)}$ 在停车时延时断开，为电流截止环节提供比较电压，能使停车制动强度增强。所以，电压负反馈、电流正反馈、电流截止环节等对停车制动的快慢都有影响。

调节电阻 R_{5T}、R_{6T}，能够调节停车制动强弱，阻值减小，停车制动加强。R_{8T} 两端并联 KJ_{I} 的常闭触点，可以加强停车制动时的稳定性。

(2) 自消磁环节

发电机的自消磁环节的作用是消除工作台停车以后的爬行。其电路图见图 8-69。

图 8-69 中点划线所示，是消磁电流的途径。自消磁环节由 $R_{2T(280、S_2\text{-}G)}$ 一段的负反馈电压和 OⅢ绕组组成，又由时间继电器 KT 的延时常闭触点控制。当压下工作台停止按钮时，$KT_{(280、OⅢ_2)}$ 延时闭合后，发电机如有剩磁电压，则有消磁电流流过 OⅢ绕组。这消磁电流会减小发电机的剩磁电压，由于抽头 280 位置在 200 之上时，自消磁环节的电压负反馈系数大，回路电阻小（系统总放大系数由原来的 22.6 倍提高到 80 多倍，剩磁电压也减小 80 多倍）。这样，就防止了工作台由于剩磁电压而引起的爬行。采用改变 280 抽头的位置来调整自消磁的强弱。

333. 欠补偿能耗制动环节的作用和原理是什么？

欠补偿能耗制动环节的作用，是使工作台停车准确，并消除高速停车时的振摆。其电路图见图 8-70。

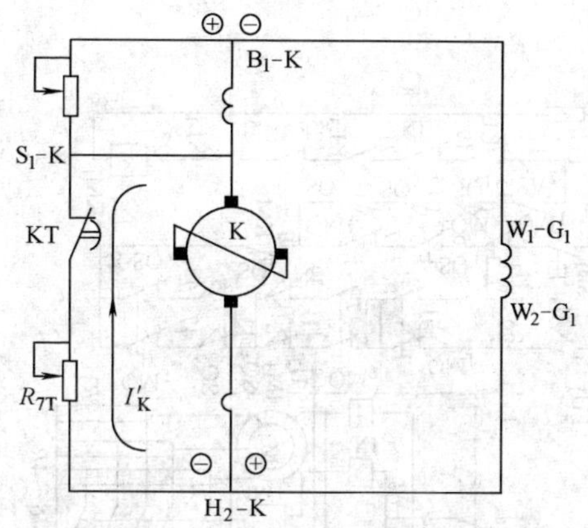

图 8-70 欠补偿能耗制动环节

从图 8-70 中可以看到，在放大机的电枢和换向极绕组的两端，通过时间继电器 KT 的常闭触点并联电阻 R_{7T}。当工作台工作时，KT 的常闭触点断开，R_{7T} 不起作用；当工作台停车时，在停车过程末了 KT 的常闭触点闭合，将 R_{7T} 并联在放大机电枢两端。停车时，由于 OⅢ 反向励磁，使放大机补偿绕组中的电流小于电枢电流，放大机处于强烈的欠补偿状态，其输出电压会快速降低，大大减小了对发电机的励磁，使停车更加稳定、准确停车，并消除高速停车时的振摆。改变 KT 的延时或 R_{7T} 的限值，能调节欠补偿能耗制动的作用。

停车后，由于电阻 R_{7T} 的分流作用，使放大机仍处于强欠补偿状态，对消弱剩磁起作用，R_{7T} 小，剩磁削弱得多。

334. 15/3t 桥式起重机控制电路的工作原理是什么？

桥式起重机（俗称天车）是常用的起重运输机械，吨位有大有小，有单梁、双梁，有带座舱和地面操纵两种操作形式，有带鼓型控制器和不带鼓型控制器的两类。

15/3t 桥式起重机是典型的双梁、带鼓型控制器，有座舱的起重机，吨位为 3～15T，其电气线路图见图 8-71。

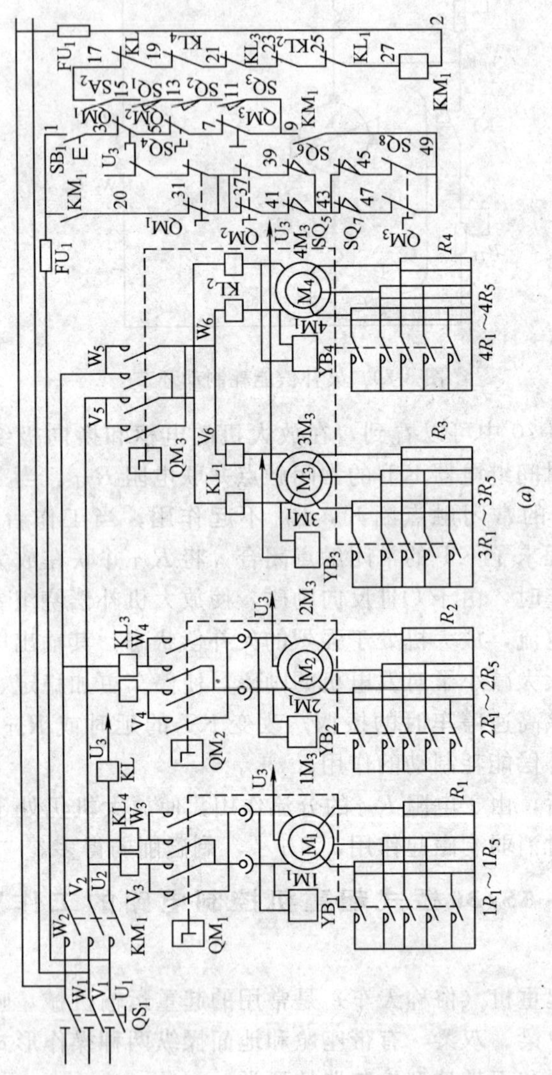

QS1
KM1
QM1
QM2
QM3
KL
M1
M2
M3
M4
YB1
YB2
YB3
YB4
R1
R2
R3
R4
1R1～1R5
2R1～2R5
3R1～3R5
4R1～4R5
FU1
SB1
KM1

(a)

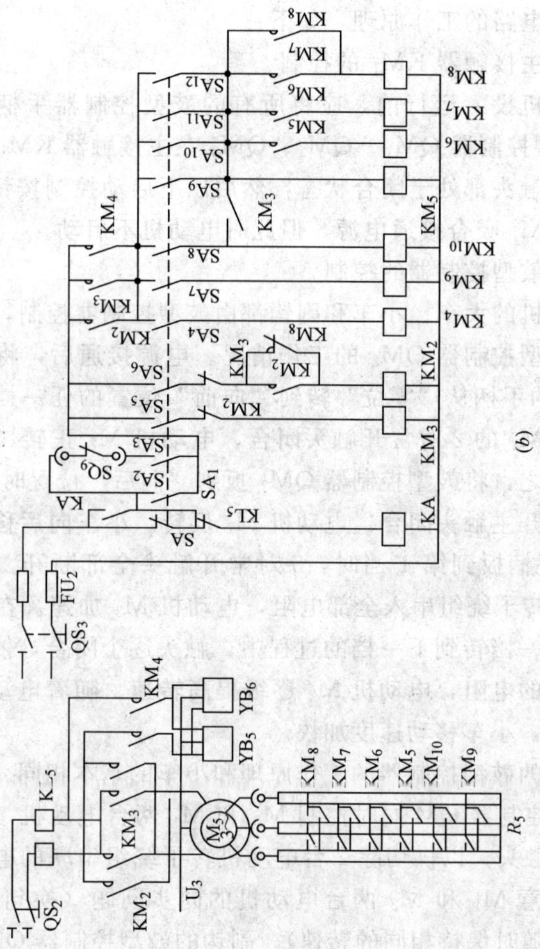

图 8-71 15/3t 桥式起重机电气原理图

15/3t 桥式起重机有 5 台绕线转子三相异步电动机，M_1 为副钩电动机；M_2 为小车电动机；M_3、M_4 为大车电动机；M_5 为主钩电动机。这 5 台电动机转子串电阻进行转差率调速。

控制电路的工作原理，如下：

（1）主接触器 KM_1 的控制

起重机投入运行前，应将所有的鼓型控制器手柄扳到“零位”，鼓型控制器 QM_1、QM_2、QM_3 在主接触器 KM_1 控制线路中的常闭触头都处于闭合状态，然后压下启动控制按钮 SB_1，主接触器 KM_1 吸合接通电源，但此时电动机不启动。

（2）鼓型控制器的控制

起重机的大车、小车和副钩都由鼓型控制器控制，以小车为例分析鼓型控制器 QM_2 的工作情况。电源接通后，将鼓型控制器 QM_2 的手柄从“零位”转到“向前”位置的任一档时，鼓型控制器 QM_2 的 2 对常开触头闭合，电动机 M_2 正转，小车向前移动；反之，将鼓型控制器 QM_2 扳到“向后”位置时，QM_2 的另 2 对常开主触头闭合，电动机 M_2 反转，小车向后移动。当将 QM_2 的手柄扳到第 1 档时，5 对常开触头全部断开，小车电动机 M_2 的转子绕组串入全部电阻，电动机 M_2 加速。在鼓型控制器手柄从一档转到下一档的过程中，触头逐个闭合，依次切除转子电路中的电阻，电动机 M_2 逐级提高转速。随着电动机 M_2 转速的提高，小车移动速度加快。

大车的鼓型控制器的工作原理和小车的基本相同。由于大车 1 台鼓型控制器 QM 同时控制 M_3 和 M_4 两台电动机，因此多了 5 副常开触头，以供切除 2 台电动机转子绕组串联的电阻用。使用中要注意 M_1 和 M_2 两台电动机的同步问题（换句话说，M_1 和 M_2 应随时保持相同的转速）。副钩的鼓型控制器 QM_1 的工作原理也和小车的类似。由于副钩带有重负载，并考虑到负载的重力作用，在下降重负载时，应把手柄逐级扳到“下降”的最后一档。

（3）主令控制器的控制

合上电源开关 QS_3，并将主令控制器 SA 的手柄扳到“0”位置，触头 SA_1 闭合，欠压继电器 KA 吸合，KA 的常开触点闭合自锁，为主钩电动机 M_5 工作做好准备。其工作过程如下：

1）手柄扳到制动下降“c“位置，主令控制器 SA 的触头 SA_3、SA_6、SA_7、SA_8 闭合，行程开关 SQ_9 闭合，接触器 KM_2、KM_9、KM_{10}吸合。由于触头 SA_4 分断，故制动接触器 KM_4 处于释放状态，制动器的抱闸未松开。尽管上升接触器 KM_2 吸合，电动机 M_5 已得电并产生了提升方向的转矩，但在制动器的抱闸和载重的重力作用下，迫使电动机 M_5 不能启动。此时，转子电路接入四段启动电阻，为启动做好准备。

2）手柄扳到制动下降“1”位置，主令控制器 SA 的触头 SA_3、SA_4、SA_6、SA_7 闭合时，制动接触器 KM_4 吸合，电磁制动器 YB_5、YB_6 的抱闸松开；同时接触器 KM_2、KM_9 吸合。由于触头 SA_8 断开，使接触器 KM_{10} 释放，转子电路接入五段电阻，同时使电动机 M_5 产生的提升方向的电磁转矩减小。若此时载重足够大，在负载重力的作用下，电动机开始作下降方向运转，电磁转矩成为制动转矩，重负载低速下降。

3）手柄扳到制动下降“2”位置，主令控制器 SA 的触头 SA_3、SA_4、SA_6 闭合时，SA_7 断开，接触器 KM_9 释放，此时转子电阻全部接入，使电动机 M_5 向提升方向的电磁转矩进一步减小，重负载下降速度比“1”位置时增加。

4）手柄扳到强力下降“3”位置，主令控制器 SA 的触头 SA_2、SA_4、SA_5、SA_7、SA_8 闭合时，SA_3 断开，把上升行程开关 SQ_9 从控制回路切除。SA_6 断开，上升接触器 KM_2 释放；SA_5 闭合，下降接触器 KM_3 吸合；SA_7、SA_8 闭合，接触器 KM_9、KM_{10}吸合，使转子电路中有四段电阻。制动接触器 KM_4 通过 KM_2 的常开触头闭合自锁，以保证在接触器 KM_2 与 KM_3 的切换过程中保持通电松闸，不会产生机械冲击，此时轻负载在电动机 M_5 下降方向的电磁转矩作用下强力下降（轻负载在电动机的电磁转矩作用下下降称为强力下降）。

5）手柄扳到强力下降“4”位置，主令控制器 SA 的触头 SA_2、SA_4、SA_5、SA_7、SA_8、SA_9 闭合时，接触器 KM_5 吸合又切除一段电阻。电动机 M_5 进一步加速运转，轻负载进一步加速下降。

6）手柄扳到强力下降“5”位置，主令控制器 SA 的触头 SA_2、SA_4、SA_5、SA_7、SA_8、SA_9、SA_{10}、SA_{11}、SA_{12} 闭合，接触器 KM_5 吸合，KM_5 常开触点闭合，使接触器 KM_6、KM_7、KM_8 先后吸合，它们的常开触点依次闭合，电阻被逐级切除，从而避免过大的冲击电流。电动机 M_5 以最高速运转，负载加速下降。在这个位置上，下降较重负载时，负载转矩大于电磁转矩，则转子下降转速大于同步转速，电动机进入发电（又称再生）制动状态，使重负载稳速下降。

需要说明的是，三相异步电动机的转矩—转差曲线［即 T(s)］曲线，随着转子电阻的增加，保持最大转矩不变，曲线往左移动，常应用在获得良好的启动特性技术中（即启动电流小、启动转矩较大、启动平稳、又额定运行时转矩不小等），但和转子串电阻启动时不同，在调速时，T(s) 曲线要拉得更开，这样，负载转矩曲线和 T(s) 曲线的交点时的转差，才能有明显差别，即转速也有了明显差别，才可以起到调速的作用。调速时转子串电阻和启动时的计算方法不同，电阻值也不相同，实际使用中调速电阻常采用铸铁电阻。

335. 怎样防止能耗制动时使总熔断器熔断？并采取什么节能措施？

在通常的设计中，常常发生能耗制动时，总熔断器熔断，使设备不能正常工作，原因是由于接触器的脱开总有一些延时，哪怕是很短的时间，即造成电动机的供电，交流电还没有断开时，直流电就进入，引起瞬变过程，发生电流冲击，使总熔断器熔断，特别是大功率的电动机设备中更易发生。解决的办法是：在直流电源（供能耗制动用的）中加装一个延时继电器，见图 8-72。

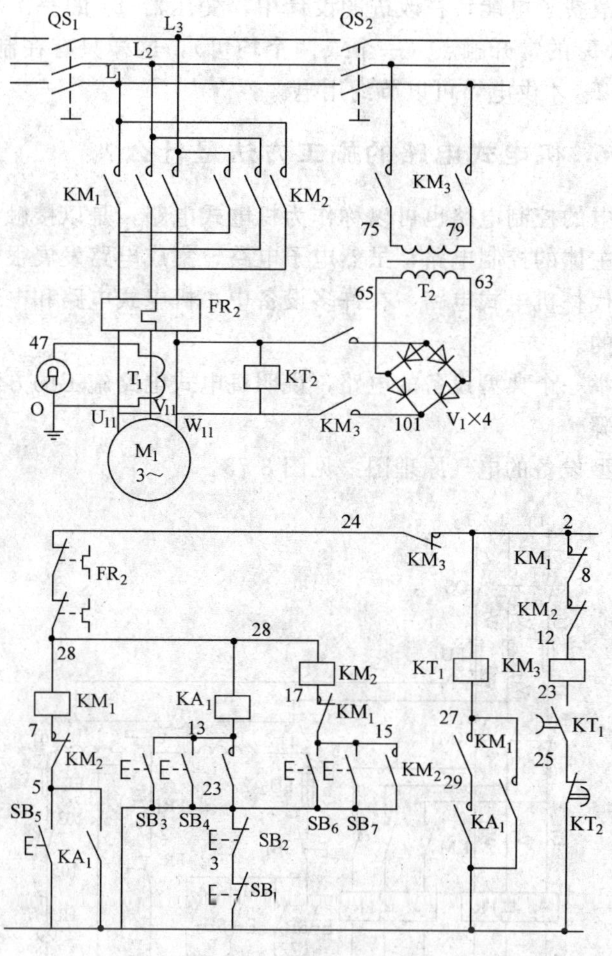

图 8-72 改进的能耗制动电路

在图 8-72 中可以看出，在电动机的交流电停止供电时，时间继电器 KT_2 的线圈失电，KT_2 的常闭接点延时闭合，即经过一段延时后，接触器 KM_3 才能吸合，直流电进入电机绕组，能耗制动开始。这样就保证了不会产生电流冲击。

另外，在有的设计中，能耗制动电源变压器的一次线圈一直供电，浪费了电能，在改进的设计中，变压器 T_2 的一次加装接触器 KM_3 的常开触点（一个或两个均可），这样只有在制动时，变压器 T_2 才供电，可以节约用电。

336. 机电式电路的施工方法是什么？

强电的控制电路也可以称作为机电式电路，是以接触器、继电器为主体的控制电路，虽然电子电路、集成电路发展很快，但还不能代替机电式电路，在许多设备中，机电式电路和电子电路是并存的。

现举一个典型设备的电路，说明机电式电路施工的方法、特点和步骤。

典型设备的电气原理图，见图 8-73。

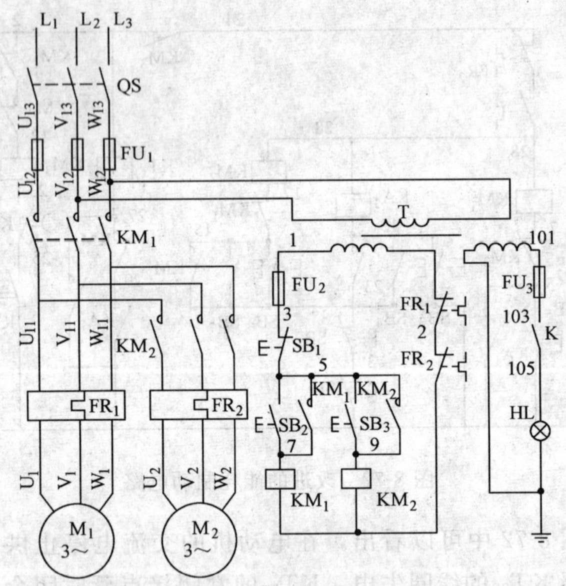

图 8-73　典型设备的电气原理图

从电气原理图中可以看出，该电路控制两台电机，有两个接触器控制电动机的供电，两个电动机都采用热继电器进行过载保护，有一个总电源开关和一套（3 个）熔断器，控制电路采用变压器隔离并供照明用电，有两个常开按钮分别控制两台电机的启动，共用一个停止按钮。

施工时，通常有一个控制柜或控制箱，柜或箱内有配电板，配电板的施工布线是关键，配电板的材料可以是铁板或塑料板（要求耐高温），先将电器件进行安装，在配电板上要打孔、攻丝，不要打过孔，以便维修，有些电器（如电机、总开关、按钮、照明灯），一般不在配电板上，而在设备需要部位安装。将电器安装牢固后，进行布线。配电板外的电气接线图，见图 8-74。

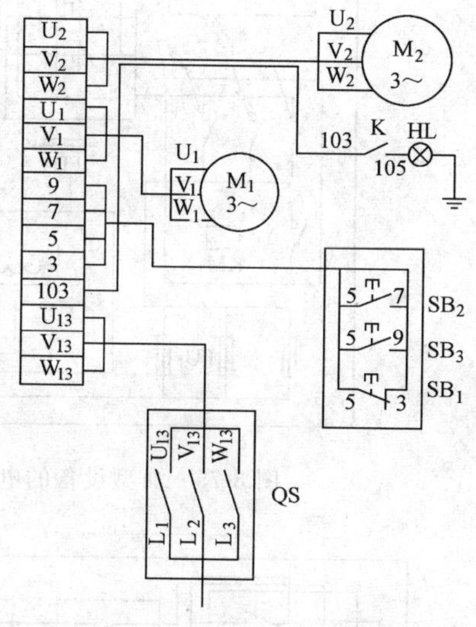

图 8-74　配电板外的电气接线图

布线是施工的关键工序，通常有板前布线、板后布线和走线槽布线三种方法，复杂设备多半采用走线槽布线。板前布线有平面布置、绑扎布线和平面布置、绑扎混合的三种方法。

布线时（指配电板配线），先布置主线路，见图 8-75。

主线路（或称主电路）的导线宜采用独股铜塑料绝缘导线，其截面应根据电流来选择。

主线路配布完成后应进行控制回路的配布线，在平面布线时首先要求正确无误（依据电气原理图），然后要求整齐、美观，并要求尽量节省材料。典型设备的配电板控制回路的接线图，见图 8-76。

在配电板上应安装接线端子板，以便导线的引接。

下一个工序是配电板外的电器件安装和接线，接线的根据仍然是电气原理图。电源护头施工时应注意可靠、安全和美观，必要时可以采用类似于电缆头的作法简易施工而成。整个的安装、施工完

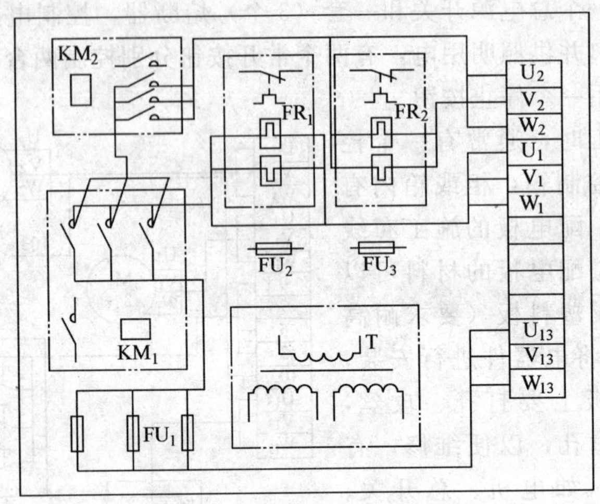

图 8-75　典型设备的电气主电路接线图

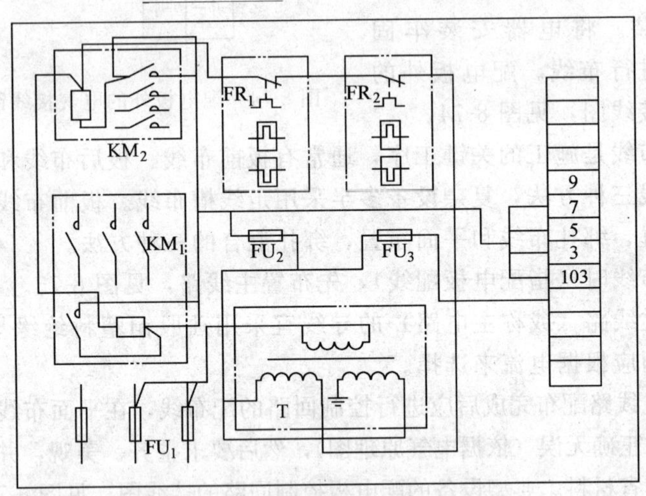

图 8-76　典型设备的控制回路接线图

成后应进行试动作，先试接触器、继电器的动作，正确无误后再接上电动机进行试运转。运行正常后方可交工。整个的施工方法集中体现在电气接线图中，所举例子的电气接线图，见图 8-77。

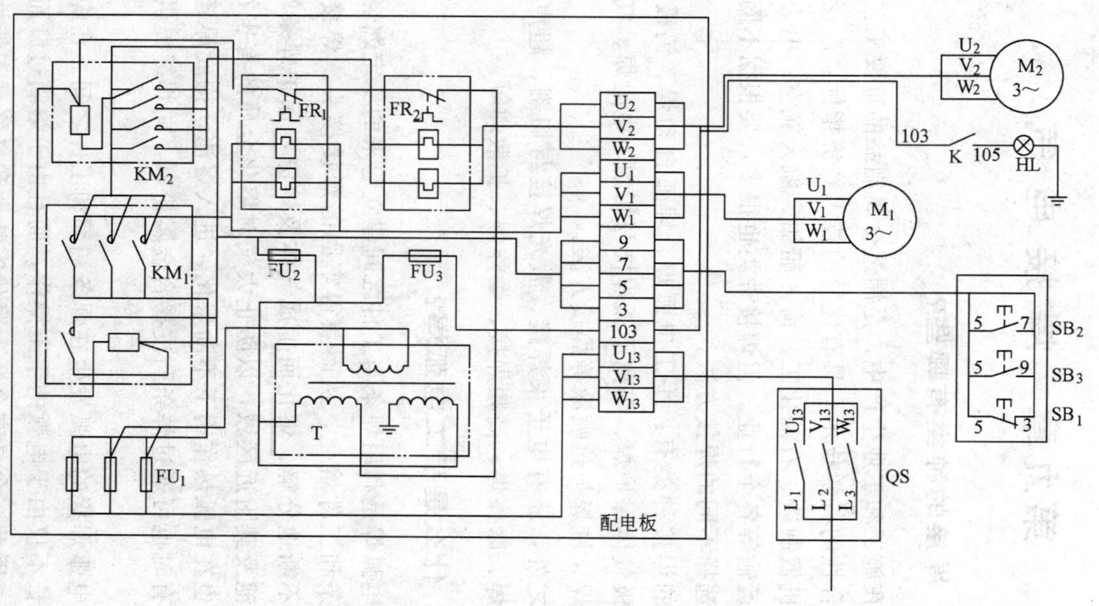

图 8-77 典型设备的总电气接线图

第九章　焊接电气

337. 焊接的种类有哪些?

焊接在施工和工业生产中，是制造金属制品的重要工艺，也是一门综合性的科学技术，具有优异的技术经济指标，广泛应用于建筑、机械制造、石油化工、海洋船舶、航天航空、电力、通信、交通运输等各个行业。但焊接种类也很多，要根据不同的需要，正确选择不同的焊接方法。

常见的焊接种类有：手工电弧焊、埋弧自动焊、钨极氩弧焊、熔化极气体保护焊、等离子弧焊接与切割、电阻焊、气焊与气割、钎焊、堆焊与热喷涂等焊接方法。

除此之外，还有电子束焊接、激光焊接与切割、超声波焊接、电渣焊、摩擦焊、高频焊接、爆炸焊、扩散焊等。

338. 什么是手工电弧焊?

手工电弧焊是利用焊条与工件之间建立起来的稳定燃烧的电弧，使焊条和工件熔化，从而获得牢固的焊接接头。焊接过程中，药皮不断地分解、熔化而生成气体及熔渣，保护焊条端部、电弧、熔池及其附近区域，以防止大气对熔化金属的有害污染。焊条芯棒也在电弧热作用下不断熔化，进入熔池，构成焊缝的填充金属。有时也可通过焊条药皮掺合金属粉末，向焊缝提供附加填充金属。

手工电弧焊接的电弧发生在焊条端部和工件之间。在焊接过程中，弧长不仅由于电弧的手工操作，而且由于熔滴过渡而发生频繁波动。因此一台具有合适下降伏安特性和良好动态特性的电源，对于焊接的质量及电弧燃烧的稳定性有着重要的影响。

手工电弧焊的优点是操作的灵活性，不论在焊接车间内，还是野外施工现场均可采用。它设备简单、移动方便、电缆长、焊把轻巧，既适用于平焊、立焊、仰焊，又适用于对接、搭接、角接、T形接头等各种焊接。

手工电弧焊与其他电弧焊方法相比较，其待焊接头装配要求低，可焊金属材料广、熔敷速度低。但是焊缝质量在很大程度上依赖于焊工的操作技能及现场的发挥，所以依赖性强。

339. 手工电弧焊接的电弧特性是什么？

手工电弧焊接的电弧特性有电弧静特性和电弧热特性。

电弧静特性又称静态伏安特性，是指电弧长度不变条件下电弧电压与流经电弧的电流之间的函数关系。在常规的手工电弧焊电流范围内，电弧电压几乎不随焊接电流变化，即电弧的伏安特性为平特性。当弧长增加时，电弧电压亦增加，伏安特性向上平移。

电弧热特性可以这样描述：电弧由阴极、阳极和弧柱三部分构成，各部分的温度不相同，一般来说，在阳极和阴极材料相同情况下，阳极温度略高于阴极温度，弧柱温度随焊接电流增大而升高。金属极电弧的温度分布，还与电极材料的物理性能有着密切关系。当使用交流电焊接时，由于电流周期性地改变极性，焊条和工件上的温度及热量分布趋于一致。

只有具有合适的空载电压，正确的焊接电弧的引燃方法（分接触式引弧和非接触式引弧，引弧手势通常分点拉式和划擦式），还有两电极空间介质中存在导电粒子，以传输电荷，才能产生电弧。当使用直流焊机进行手工电弧焊接时，必须考虑焊接极性，焊接极性的选择，主要是根据焊条类型、所焊金属材料及对熔深的要求。

340. 手工电弧焊接的焊条怎样分类？

手工电弧焊接的焊条分类方法，见表 9-1。

表 9-1

名称	分类方法	焊条种类
焊条	按焊条性能分类	躺焊焊条
		超低氢焊条
		低尘低毒焊条
		立向下焊条
		底层焊条
		铁粉高效焊条
		抗潮焊条
		水下焊条
		重力焊条
	按焊条用途分类	结构钢焊条
		钼和铬钼耐热钢焊条
		不锈钢焊条
		堆焊焊条
		低温钢焊条
		铸铁焊条
		镍和镍合金焊条
		铜和铜合金焊条
		铝和铝合金焊条
	按熔渣酸碱性分类	酸性焊条
		碱性焊条
	按药皮成分分类	不定型
		氧化钛型
		氧化钛钙型
		钛铁矿型
		纤维素型
		低氢型
		氧化铁型
		石墨型
		盐基型

341. 手工电弧焊电源特性有什么特点?

焊接电源是手工电弧焊的主要设备。电源特性有外特性、动特性和调节特性。这些特性直接影响电弧和焊接过程的稳定性,以及焊接的质量。

首先要求电源外特性曲线与电弧静特性——U 形曲线的水平段相交。其次，交点处应满足下式条件：

$$\left(\frac{\partial U}{\partial I}-\frac{\partial U_y}{\partial I}\right)_I>0$$

式中 U——电弧电压；

U_y——电源电压；

I——交点处的工作电流。

焊接电源应具下降的外特性，且陡降一些为好，因为对于相同的弧长变化，陡降的外特性电源所引起的电流变化比缓降外特性电源所引起的电流变化小。从而保证焊接稳定，获得均匀的焊缝。又为了有利于引弧，有一种具有外拖特性的电源，更为理想。

焊接电流要求在一定范围内连续可调，所以弧焊电源应具有可均匀调节的外特性曲线，以便和电弧静特性曲线相交，得到一系列稳定的工作点。由此可见，对电源调节特性有一定的要求。

电源的动特性；是指负载发生瞬时变化时，其输出电流和电压对时间的关系。焊接过程中的电弧电压、电流是不断地发生变化的，这种动负载特性，要求电源具有良好的动特性，也即电源对负载变化的反应能力，以保证焊接过程的稳定性。

342. 手工电弧焊电源有哪几类？各有什么特点？

手工电弧焊电源大致可分为交流焊机和直流焊机两大类。直流焊机按变流方式又分为弧焊整流器和旋转式发电机，目前使用的以弧焊整流器居多。

交流弧焊机实际上是弧焊变压器，根据获得下降外特性的方法又分为串联电抗器结构的同体式或分体式弧焊变压器，以及增强漏磁结构的动铁心式或动圈式和抽头式弧焊变压器。

弧焊整流器按变流元件类型分为硅二极管弧焊整流器和晶闸管弧焊整流器。按照外特性获得方式分，硅弧焊整流器有动铁心式、动圈式、磁放大器式、抽头式、多站式五种，晶闸管弧焊整流器的外特性形状借助于控制晶闸管的导通角来实现。

旋转式直流弧焊机有陡降外特性和平外特性两类。按照其外特性获得方式，前者包括差复励式、裂极式及换向极式弧焊发电机，而后者为加复励式弧焊发电机。

逆变弧焊整流器是一种新型的直流电源，具有体积小、重量轻、高效、节能、动态响应好等优点。按逆变电路的元件划分为，有晶闸管逆变器，晶体管逆变器和场效应管逆变器等几种。按其外特性的获得方法分为频率调制式和脉宽调制式逆变器。

343. 怎样选择手工电弧焊的电源？

首先应根据金属材质、焊条类型、焊接结构来选择弧焊电源的类型。例如使用酸性焊条焊接低碳钢时，应选用交流弧焊变压器。当使用碱性焊条焊接高压容器、高压管道等重要钢结构或焊接非铁金属、合金钢、铸铁时，应选用直流电源。

在弧焊电源数量有限，而焊接材料的类型又较多的场合，应选用通用性的交、直流两用电源或多用途弧焊电源。

其次是根据焊接结构所用材料、板厚范围结构形式等因素选用相应的电源。负载持续率和焊接电流是重要的参数。

还有影响弧焊电源选择的其他因素有价格、效率、电网容量、操作维修费用、占地面积，以及场地设施等。

344. 什么是钨极氩弧焊？钨极氩弧焊有哪些优缺点？

钨极氩弧焊就是以氩气作为保护气体的 TIG（钨极惰性气体）焊接方法。借助产生在钨电极与焊件之间的电弧，加热和熔化母材本身（在添加填充金属时也被熔化），而后形成焊缝金属。钨电极、熔池、电弧以及被电弧加热的接缝区域，受氩气流的保护而不被大气污染。

钨极氩弧焊与其他电弧焊方法相比较，其优点是：

（1）能焊接除熔点非常低的铅、锡外的绝大多数金属和合金；

（2）能焊接化学活泼性强和形成高熔点氧化膜的铝、镁及其合金；

（3）避免焊后去渣工序；

（4）无飞溅；

（5）某些场合可不加填充金属；

（6）能进行全位置焊接；

（7）能进行脉冲焊接，减少热输入；

（8）能焊接薄板；

（9）明弧，能观察电弧及熔池；

（10）填充金属的填加量不受焊接电流影响。

钨极氩弧焊接方法的缺点是：

（1）焊接速度低；

（2）熔敷率小；

（3）需要采取防风措施；

（4）焊缝金属易于受钨的污染；

（5）消耗氩气，成本较高。

345. WNZAD-500 型全自动钨极氩弧焊机的功用是什么？由哪几部分组成？

铈钨电极氩弧焊是惰性气体保护焊的一种形式，电极不熔化，而工件为熔焊性质，采用晶闸管整流的焊接电源是属点焊和立焊性质。它能满足换向器焊接的各项要求，较锡焊和钎焊优越。

导线与升高片通过熔接形成铜-铜连接，其导电性能较锡焊为佳，能消除运行中的开焊现象。焊接接头的强度则比锡焊接头的强度大得多，因而根除了电机运行中升高片甩锡和缩头的现象。彻底消除焊锡流出升高片进入电枢绕组内造成的匝间短路故障，焊接时间短，热影响区小，对换向器工作表面硬度没有影响，采用自动焊时可改善劳动条件，因焊接深度小，所以便于拆修，又比锡焊耗能少。

换向器焊接用的 WNZAD-500 型晶闸管整流氩弧点焊立式焊机，采用晶闸管直流电源，氩气保护，可全自动点焊和手动点焊，包括：晶闸管直流电源，全自动焊接控制、自动检测、机械和传动气路和水路系统等部分。整个焊机分电气柜和焊机两大部分。

WNZAD-500 型焊机输入三相电源为 380V、50Hz。主焊接变压器容量持续制 21kVA、暂载率 50%。输出直流空载电压 55V，最大焊接电流 500A，网压波动±10%时，焊接电流平均值的波动<1%。焊接时间调节范围：100～2000ms，维弧电源空载电压（直流）135V，维弧电流 15A。焊接电流在脉动率<20%条件下的调节范围 160～500A。

346. 焊机主电路由哪几部分组成？各组成部分的作用是什么？

焊机主电路由焊接电流电路、高频引弧电路和维弧电路三个主要部分组成。

焊接电流电路的作用是把三相交流电压变为直流电压，而且直流电压的大小可以根据需要调整。焊机完成整流作用的元件是三个晶闸管和三个硅整流器。它们组成一个三相桥式半控整流电路，这种电路的优点是：使用的元件数量少、输出电压高、变压器利用率高、对电网来说是一个三相平衡的负载。此外还有线路简单、安装调试方便等优点。缺点是控制角 α 较大时电压波形的脉动较大。

高频引弧电路的作用是击穿电极与母材之间的气隙以建立电弧。此机采用串联高频引弧的方式。

维弧电路的作用是在高频电流建立电弧的同时加上维弧电流以保持间隙的稳定击穿。维弧电路是三相桥式不可控整流电路。它的电压较高、维弧电流较小，自动焊接时，维弧电路将长期工作。这样，就不需要经常用高频电流去击穿间隙，避免了高频电磁场对人体的有害影响；此外，由于维弧电压较高、电极与工件间的电弧能稳定燃烧，因而可降低主变压器的空载电压，从而减小主变压器的容量，节省了电能和材料。

347. 焊机控制电路中焊接电流的控制——晶闸管调节系统是怎样构成的?

在焊接电流的调节系统中，电弧是被调节对象，电弧电流是被调节量，直流电流互感器是测量机构，电流校正器与晶闸管移相触发电路组成控制机构，三相半控桥式整流电路则是执行机构，另外还有给定环节。此调节系统实际上是按脉冲规律变化的循序调节系统，给定环节系统采用射极跟随器。晶闸管由移相触发电路触发，并没有电流反馈环节。

348. 焊机控制电路中点焊程序控制和引弧、维弧的控制是怎样构成的?

点焊程序控制是由 5 个晶闸管时间继电器组成的，它是利用单结晶体管振荡线路，延时触发晶闸管来实现的。

焊机的引弧和维弧都是利用晶闸管控制的。是由脉冲变压器输出脉冲去控制晶闸管的。脉冲变压器的原边电路相同，均采用 UJT 振荡电路和晶体管放大电路。

349. 焊机控制电路中，自动焊接和停机的控制，以及数字电路是怎样构成的?

焊机自动焊接和停机的控制，采用了简单的数字程序控制。所谓数字程序控制是由具有计数功能的部件——计数器来完成的。它的基本原理是：计数器对信号进行计数，当计到某一给定数值时输出信号去控制另一程序……如此一环和一环形成一个固定的程序。

焊机采用了数字电路：由选择开关与电子继电器电路，二—十进制计数器、计数器的译码电路和显示电路及计数器的计数脉冲和复零脉冲电路等部分组成。

焊机所采用的计数器是由四个集成电路 JK 触发器所组成的。焊机计数器的译码与显示电路，采用了特性译码器和数字指示管显示。

计数脉冲电路的作用是输出符合于二—十进制计数器所要求的触发脉冲，去推动二—十进制计数器。该电路由继电器的常闭触点、射极耦合触发器（也叫施密特触发器）和反相器所组成。复零的作用是保证计数器在起始计数的时刻计数器的状态为 0。

焊机低压直流电源采用了晶体管稳压电源。

焊机电路采用了一系列抗干扰电路，并采用了屏蔽和去耦电路。

350. WNZAD-500 型焊机的机械部分和附属设备有哪些？其作用是什么？

焊机的机械部分由支撑被焊电枢的旋转台、焊炬夹紧和焊炬自动对心装置、机械式检测装置和集流刷，以及焊接操作板等四个主要部分组成。

焊机附属设备有焊炬、电极、氩气、减压阀与流量计、电磁气阀、液流信号器、焊炬的冷却水等。

焊炬的作用是夹持电极输送电流、供给氩气、通水以冷却电极。

电极采用铈钨电极，比纯钨、钍钨电极有许多优点。

氩气是无色、无味的惰性气体，比空气重 1.3 倍，比氦气重 10 倍，作为焊接保护之用。

减压阀和流量计的作用是将高压氩气减压，并标志气体的流量。

铈钨电极和氩气是消耗性材料，而焊炬的焊嘴也要在使用一定时期后更换。

351. WNZAD-500 型焊机在安装时和使用中应注意些什么？

焊机在安装时将机械部分安放平，用斜铁调整。将电气柜置于胶皮垫上，焊机周围也最好安放胶皮。

将水源、电源、氩气管线路接好，将电气柜和焊机连接电线接通。

电源总开关容量不小于30A，最好备有过电流保护的自动空气开关，接通电源时要注意相位（即当电机反转时，升降不符时，应调换总电源开关的接线）。

使用焊接工艺正确，掌握规律是一个重要问题，如焊接电流的选择，焊接速度的确定，电弧长度（即钸钨电极和工件的距离），电极直径和形状的选择，氩气流量的选择都是影响焊接质量的重要因素。

352. WNZAD-500型焊机常见故障有哪些？故障原因是什么？

焊机常见故障和原因如下：

(1) 电极与工件间不引弧，原因可能是：

1) 电极头有氧化层或污染；

2) 电极与工件间的间隙过大；

3) 焊机的“—”极出线绝缘不良；

4) 冷却水绝缘强度降低；

5) 高频振荡的火花放电间隙过大或放电电极头氧化，须经常擦磨干净；

6) 高频引弧晶闸管无触发脉冲。

(2) 无焊接电流或焊接电流调不上去，原因可能是：

1) 无引弧和维弧；

2) 无主焊接电流的触发脉冲，或某一相主脉冲晶闸管触发脉冲有问题；

3) 主脉冲晶闸管部分或全部断，不能导通。

(3) 焊接电流失控，原因可能是：

1) 运转放大器失控；

2) 无电流反馈信号；

3）正偏压过大即最小导通角 $\beta=0$；

4）程序控制继电器乱动作；

5）变更了外接电源的相序。

(4) 焊点飞溅、成型不良，原因可能是：

1）焊接电流波形不对称，或只有两相工作；

2）焊接电流太大；

3）焊接电流的脉动成分太大，此时可增大限流电阻 R_{101}；

4）电极太尖或距工件间隙太大；

5）氩气流量不合适。

(5) 数字指示器，计数有错或有双重数码显示，原因可能是：

1）与数字指示管相串联的晶体管属电流增大；

2）工件上计数针和工件接触不良。

当电路发生故障时，应首先检查有关熔断器是否熔断，另外检查各电源电压（拨动电压检测用波段开关）可以发现各级电源的故障，和分析影响各级电源电压异常的故障。

另外在检查故障时，利用示波器观察波形很易确定故障范围，再在具体印制电路板的检查中，可用万用表测量各管脚电压检查故障点。

353. WNZAD-500型焊机试车检查要点有哪些？

WNZAD-500型焊机试车检查要点如下：

(1) 开机前的准备

1）检查三大部分（屏柜、控制台、机械）的联线，水、气管是否接好，电气柜、按钮站、开关全部关闭，调压器对零；

2）打开水阀，使水流不断；

3）打开气阀，调节适当流量；

4）插上风扇、引弧插头，合上反馈开关。

(2) 开焊试车

1）打开电气柜电源、数码管开关并清零；

2）将焊炬移位、片计数、圈计数，进行拨码给定；

3）转动多掷电源开关，检查各种电压；

4）转动调压器旋钮，选择转速、电压，转台试运转，清零后进入程控和数码显示；

5）点动计数。

（3）整机检查

1）焊接程控全程运转（转动调压器旋钮，开电磁离合器、照明、确定自动位、焊炬、前后方向，多掷开关转至反馈位，开引弧，开主脉冲，按主电源按钮，调节电流给定，关引弧、清零后整机进入焊接工作）。

2）大电流调节：

① 大电流　100A　焊接 360 片；

② 大电流　200A　焊接 160 片；

③ 大电流　300A　焊接 60 片；

④ 大电流　400A　焊接 60 片。

工作后自动停止焊接。

3）手动点焊（3～5 点）。

4）焊炬点动。

5）工作台正反转。

6）摇臂回转、上下、限位停车。

354. WNZAD-500 型焊机进行电枢氩弧焊接的工艺流程是怎样的？

焊机进行电枢氩弧焊接的工艺流程如下：

（1）将电枢和焊机底盘的装配套筒安装好；

（2）将电枢安装在套筒上；

（3）将摇臂钻顶尖顶住（或作专用工装）；

（4）用砂纸将换向器表面的污物打磨干净；

（5）安装好电极装置，调整好编织铜条，使和换向器接触良好；

（6）若采用自动焊，则换向器端面应进行车削；

（7）调整好焊嘴、铈钨电极和电枢需要焊接部位的距离：3mm左右；

（8）接通水源（循环水）、氩气（调整好压力）；

（9）电柜调压器对零，插上风扇、引弧插头，合上反馈开关；

（10）接通电源，将电柜总电源开关合上（手动时不打开计数电源，若用自动时要打开计数电源开关，并将数码管清零）；

（11）转动波段开关，检查各种电压是否正常；

（12）调整焊接电流调整旋钮，因为设备采用普通电位器，所以第一次应观察正常焊接电流的位置，并记录位置，每次调整在该位置；

（13）先引弧，然后接通主脉冲，即开始焊接，焊接开始后将引弧开关关断，维弧保持；

（14）用防护罩观察焊点情况，调整铈钨电极距离，及调整电流，调整电极位置，调整工件以保证最佳焊点；

（15）焊接时为保持温度尽量低，所以采用跳片焊接方法；

（16）第一圈焊接完工后，清理表面，再紧固一遍顶紧螺丝，因为焊接中可能松紧会有变动；

（17）再进行第二圈焊接；

（18）焊接时开动排尘排烟装置；

（19）焊接时应尽量减少引弧次数，以减少臭氧的产生；

（20）焊接时，用铅板遮隔，以防高频辐射；

（21）焊接第二圈后再用钢刷清理，并对焊头进行检查，并作焊接后的修整。

355. 整流式直流弧焊机有哪些特点？有哪几种？结构特征是什么？

整流式直流弧焊机是一种将交流电经过二极管整流后变成直流电的一种直流弧焊机。它与旋转式直流弧焊机相比，具有体积小、效率高、噪声小、使用寿命长、维护简单等优点。

整流式直流弧焊机有动铁式、动圈式、磁放大器式、晶闸管式、晶体管式等几种。

动铁式或动圈式的结构特征是动铁或动圈式变压器加整流元件组。磁放大器式的结构特征是在主变压器和整流元件间加入调节外特性用的磁放大器。晶闸管式的结构特征是在主变压器后接晶闸管组，晶闸管组用于调节外特性。晶体管式的结构特征是在主变压器接整流元件组后，再接供调节用的大功率晶体管组。

356. 交流氩弧焊机的结构是怎样的？

常用交流氩弧焊机的型号有 NSA-500-1 型、NSA-300-500 型、NSA_2-300-1 型手工氩弧焊机及 NBA_5-500 型半自动熔化极氩弧焊机。手工氩弧焊机适用于铝及铝合金薄板的焊接，NBA 型焊机则适用厚度大的铝及铝合金材料的焊接。

焊机包括焊接电源、控制箱、焊枪、气路系统和水路系统等部分，控制箱与直流钨极氩弧焊机基本相同，手工钨极氩弧焊设备具有如下特点：用高频振荡器或脉冲引弧器引弧；用脉冲稳弧器维持电弧稳定燃烧；用电容器消除焊接电流中的直流成分；用饱和电抗器均匀调节焊接电流；并具有提前送气和滞后闭气装置。

焊接电源包括焊接变压器、饱和电抗器、电压调节开关。采用陡降外特性曲线，空载电压为 80V 左右，主回路中的电容器是用来消除直流成分的。

控制箱内一般装有高频振荡器（脉冲引弧器）、脉冲稳弧器、延时电路、电磁气阀、消除直流成分用的电容器和交流接触器。面板上装有指示灯、电流表、电压表、气体检验和延时开关等元件。

357. CO_2 气体保护焊设备结构特点是什么？

目前常用的 CO_2 气体保护焊半自动焊机有推丝式和拉丝式

两种形式。一台完整的 CO_2 弧焊设备应该包括焊接电源、焊枪、送丝机构、供气系统和控制系统等几个部分。

焊接电源具有平硬和缓降的外特性，能满足等送丝情况下的焊接，且可满足电压及电流能在一定范围内调节，即有合适的短路电流增长速度和短路最大电流值以及足够大的空载电压恢复速度。

送丝机构的主要作用是将焊丝由送丝滚轮推入送丝软管，再经过焊枪上的导电嘴送至焊接电弧区。

焊枪主要用于传导焊接电流，导送焊丝和 CO_2 保护气体。

供气系统由气瓶、预热器和流量计等部件组成。预热器和流量计为一体式的减压流量调节器。

358. ZXQ 系列直流电焊机由哪几部分组成？

ZXQ 系列直流电焊机由下列几部分组成：

(1) 三相变压器，用以降低电源电压得到合适的引弧电压。

(2) 内反馈二相磁放大器由六只饱和电抗器与六只整流器串联组成内反馈二相桥式整流电路。

(3) 输出电抗器用来减少输出电流的脉动，使之变为平直，确保焊弧稳定。

(4) 铁磁谐振式稳压器，它输出 25V 变流电压，整流后作为控制绕组的电源。

(5) 通风机组，风压开关由一只微动开关及具有杠杆机构的叶片组成。当风扇鼓风时，杠杆机构动作，揿压微动开关，磁放大器工作，输出直流电压，即可开始焊接，风扇停止鼓风时，叶片复位，微动开关将电路打开，电焊机停电。

359. NSA-500-1 型钨极氩弧焊机的结构和特点是什么？

钨极氩弧焊机的控制系统在小功率焊机中和焊接电源装在同一箱子里，称为一体式结构。在大功率焊机中，控制系统与焊接电源则是分立的，为一单独的控制箱，NSA-500-1 型交流手工钨极氩弧焊机便是这种结构。

NSA-500-1 型焊机主要用来焊接铝、镁及其合金的焊接构件。该机主要由弧焊电源、焊枪和控制箱等部分组成。外部接线图见图 9-1。

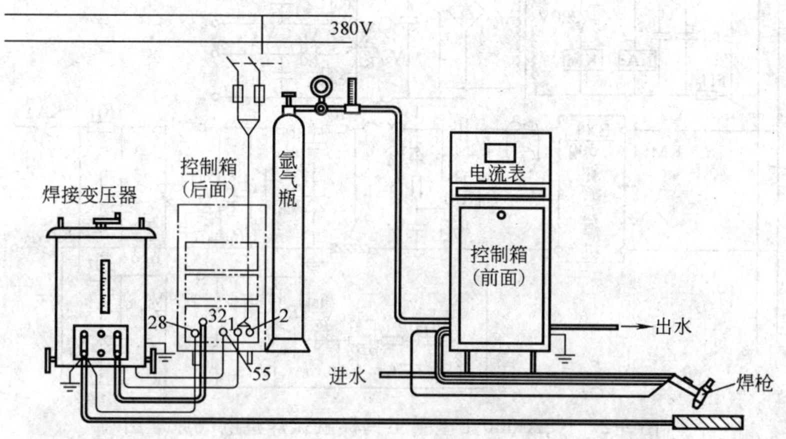

图 9-1 NSA-500-1 型手工钨极氩弧焊机外部接线图

弧焊电源采用 BX3-1-500 型动圈式弧焊变压器，额定焊接电流为 500A，具有陡降外特性，其空载电压有两档，分别为 80V 和 88V；焊枪三种，分别为 PQ-500 型、PQ-350 型和 PQ-150 型，可分别容许通过 500A、350A 和 150A 的电流；控制箱内装有交流接触器、脉冲引弧器、脉冲稳弧器、延时继电器、电磁气阀和消除直流分量的电容器等电气元件。控制箱上部还装有电流表、电源与水流指示灯，电源转换开关，气流检测开关和粗调气体延时开关等元件。

360. NSA-500-1 型焊机的焊接主回路是怎样构成和工作的？

NSA-500-1 型手工钨极氩弧焊机的电路，见图 9-2。

从图中可以看出，焊接主回路中除了 BX3-1-500 型弧焊变压

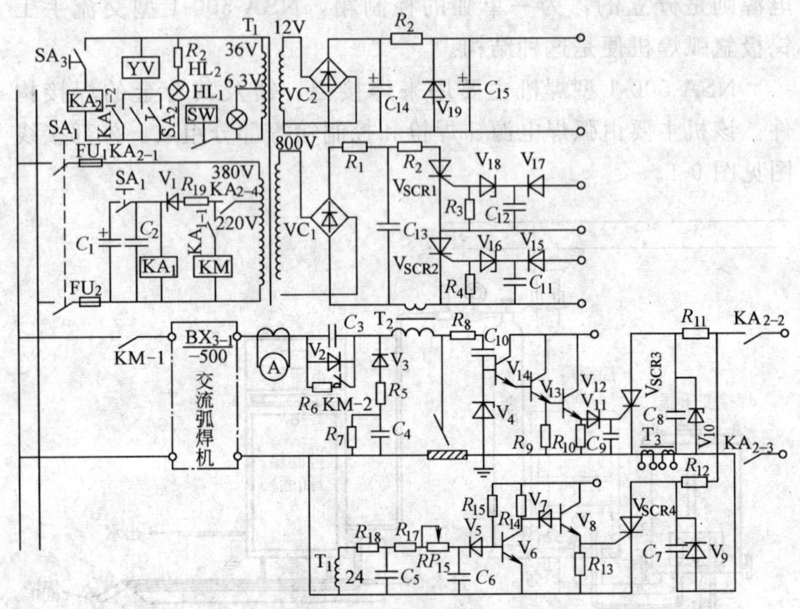

图 9-2 NSA-500-1 型手工钨极氩弧焊机电气原理图

器外，还有串联在焊接回路中的脉冲变压器 T_2 的二次绕组，它将引弧和稳弧脉冲输送到钨极和焊件的弧隙中，有由 V_3、R_5 和 C_4 组成的高压脉冲通路和由隔直电容 C_3、V_2 和 R_6 组成消除直流分量的电路。由于引弧造成在焊件为负半波时开始，所以在 C_3 两端按图示方向并联二极管 V_2，引弧时使焊接电流从 V_2 直接通过，以利于引弧。当电弧稳定燃烧后，V_2 的方向可在工件为负的半波时将 C_3 短接，从而使 C_3 更有效地消除直流分量。KM-2 常闭触点在焊接时打开，焊接结束时闭合，可使 C_3 上贮存的电荷通过电阻 R_6 释放，避免 C_3 带电产生危险。

361. NSA-500-1 型焊机脉冲引弧电路的作用是什么？

高压脉冲引弧器的电路，见图 9-3。

引弧电路中变压器 T_1 的一个二次绕组输出 800V 的交流电

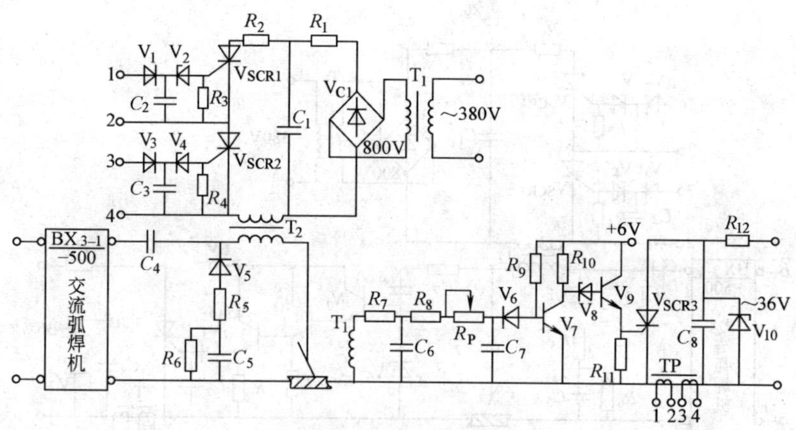

图 9-3　脉冲引弧电路

压，此电压经整流桥 V_{C1} 整流后，经过电阻 R_1 向电容 C_1 充电达最大值。C_1 储存的这部分能量作为高压脉冲的能源。在焊件为负极性的半周内，当空载电压瞬时值达到极大值时，晶闸管 V_{SCR1} 和 V_{SCR2} 被触发导通，于是 C_1 向 T_2 的初级绕组放电。因此在 T_2 的二次绕组感应出一高压脉冲，它通过电容 C_4、电阻 R_5、二极管 V_5 叠加在钨极与焊件之间，以供引弧之用。电容 C_1 放电很快结束，晶闸管即自行关断，于是 C_1 又再次开始充电，经过 1/50s，待下一触发脉冲到来时，C_1 上的充电电压又将达到最大值。这时，若第一次引弧脉冲未引燃电弧，则晶闸管将再次触发，并提供又一次引弧脉冲，直至电弧引燃。图中 C_5、R_5、R_6 和 V_5 组成高压脉冲旁路，其作用是避免高压脉冲电流通过焊接变压器造成对电源设备损伤以及脉冲能量损耗。

362. NSA-500-1 型焊机脉冲稳弧电路的作用是什么？

高压脉冲稳弧器的电路，见图 9-4。

从图中可以看出，稳弧脉冲信号源取自焊接电弧电压，以保证稳弧脉冲在电流过零时产生。为了防止高压脉冲的冲击，电弧

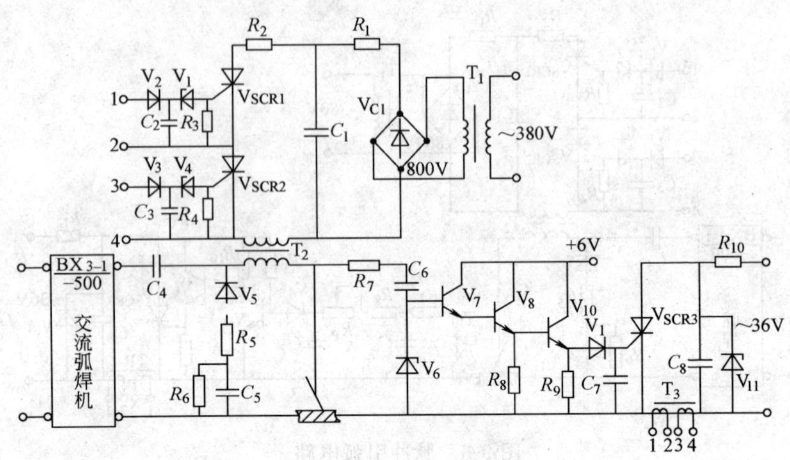

图 9-4 脉冲稳弧电路

两端的信号首先经过由 R_7、C_6 及 V_6 组成的衰减器衰减后，再输入由 V_7、V_8 串联组成的阻抗极大的射极输出器，并由 R_8 输送给后一次射极输出器 V_9，最后从 R_9 上输出矩形波，经 V_{10} 箝位后去触发 V_{SCR3}。V_{SCR3} 导通后，已充满电的 C_8 通过 T_3 初级放电，T_3 的二次感应一个脉冲去触发 V_{SCR1}、V_{SCR2}，使得 C_1 放电。于是 T_2 二次产生一个高压脉冲，保证了电弧电流向工件为负极性转变的过零瞬间重新引燃电弧。

在 NSA-500-1 型焊机中，引弧脉冲和稳弧脉冲共用一套脉冲发生器，两个脉冲都发生在焊件为电源负极性的半周内，但是由于稳弧脉冲相位角小于 90°，而引弧脉冲恰发生在 90°处，故稳弧脉冲在前，引弧脉冲在后。因此，当稳弧脉冲输出后，电容 C_1 刚放完电而来不及充电，随之而来的引弧触发脉冲信号又将 V_{SCR1}、V_{SCR2} 触发导通，于是 C_1 将再次放电。但是，由于 C_1 充电不足，这时供给电弧的脉冲电压是很低的，对电弧的作用无多大影响。

363. NSA-500-1 型焊机的延时电路的作用是什么？

延时电路主要是控制提前送气与滞后断气的时间。它由继电

器 KA_1、V_1、R_{19}、C_2 等元件组成。

从 NSA-500-1 型手工钨极氩弧焊机电气原理图中可以看出，当拨动焊枪上的开关 SA_3 于闭合位置时，KA_2 动作，其常开触点 KA_{2-1} 接通电磁气阀 YV，开始输送氩气，其常开触点 KA_{2-4} 接通延时环节，C_2 通过 V_1 充电，当电压充至一定值时，KA_1 动作，从而接通交流接触器 KM，电弧引燃。C_2 充电开始直至 KA_1 动作就是提前送气时间。当焊接结束时，使 SA_3 断开，KA_2、KM 立即释放，其触点切断焊接电源。但由于 C_2 向 KA_1 放电至电压降低到一定值后，KA_1 才释放，所以 YV 延时断电，继续输送氩气至 KA_1 释放为止，因此 C_2 放电开始直至 KA_1 释放的时间就是气体滞后时间。

364. CO_2 气体保护焊的控制系统包括哪几部分？送丝拖动系统的特点是什么？

CO_2 气体保护焊的控制系统包括送丝拖动系统的控制、供气系统和供电系统的控制以及焊接操作程序的控制等。

CO_2 电弧焊时，由于电流密度较高，电弧的自调整作用比较强，所以一般采用等速送进式送进焊丝。因此，送丝拖动控制的二个部分具体为：焊前能均匀地调节送丝速度；在焊接过程中能补偿因网路波动和送丝阻力矩的波动造成的送丝速度的波动，而保证送丝速度恒定。

365. CO_2 电弧焊送丝拖动系统土电路结构有哪几种？

目前 CO_2 电弧焊送丝拖动以及各类自动电弧焊的送丝和焊速拖动系统，除个别老产品沿用三相异步电动机和发电机—电动机调速系统外，大部分均已采用晶闸管调速电路。常用的晶闸管直流调速系统的主电路结构，见图 9-5。

图中（*a*）为桥式整流晶闸管全控电路；（*b*）为晶闸管半控电路；（*c*）为桥式半控电路；（*d*）为全波全控电路。(*b*)、（*c*）

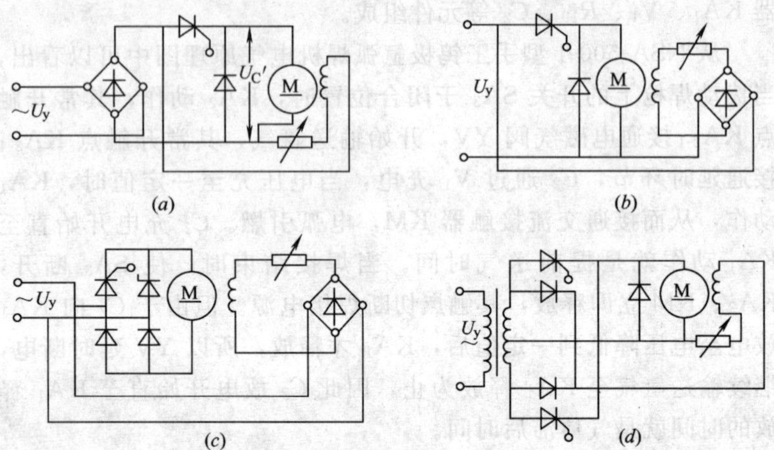

图 9-5　常用晶闸管拖动系统主电路结构

只能得到半波电压波形，而（a）、（d）则能得到全波可控电压波形，因而在实际晶闸管整流电路中应用较多。焊丝拖动系统的速度由控制系统改变晶闸管整流电路中晶闸管导通角的大小，使直流电机电枢电压发生变化，而调节直流电机转速实现焊丝送进速度的均匀调节的。

366. 为了补偿网路电压和焊机送丝负载波动等的影响，常采用哪几种反馈方法？

为了补偿网路电压和焊机送丝负载波动所造成的转速波动，常用的转速自动调节方法有：电枢电压负反馈，电枢电流正反馈，电势负反馈等。此外，为了改善控制系统的动态特性，消除可能产生的振荡，减小起动电流以及防止电流过载，还可设置电枢电压或电势微分负反馈，电流截止负反馈以及积分环节等。

367. 在焊机拖动系统中采用的电枢电压负反馈和电枢电流正反馈的工作原理是什么？

电枢电压负反馈的主要作用是，补偿网路电压波动时可能造成的电机电枢电压波动。当不加电压负反馈时，网路波动会使给定导通角的晶闸管直流输出电压 U_d 变化，从而引起电动机转速 $N=(U_d-IR_i)/Ce\varphi$ 发生变化。如果在晶闸管的触发电路中加入电枢电压 U_d 的负反馈讯号，则晶闸管的导通角将随网路电压的升高而减小（或降低而增加），而使 U_d 不受网路电压波动的影响。

电压负反馈实现方法取决于触发电路形式，通常有直接叠加式和间接叠加式两种。直接叠加式是电枢电压负反馈信号直接叠加在阻容移相式晶闸管触发控制电路中。间接叠加式是电枢电压负反馈加在触发电路前置放大器输入端的转速调节环节。常用的晶闸管直流拖动调速电路中，大多采用间接叠加式电枢电压负反馈环节。

在晶闸管拖动电路中，若负载因某种原因增大，则使电机转矩增大，电枢电流增大，转速下降。为稳定转速，可将电枢电流作为反馈讯号，使晶闸管导通角增大，转速回升。这种反馈称为电枢电流正反馈。

电枢电流正反馈只能和电枢电压负反馈同时使用，且反馈量不能过大，否则容易引起回路振荡，反而达不到稳定转速的目的。

368. 在焊机拖动系统中采用的电枢电压或电势微分负反馈和电流截止负反馈的工作原理是什么？

电压或电势微分负反馈，见图 9-6。

图中微分负反馈是由 R_P 和 C、R 一起组成的，从 R_P 取的反馈讯号经电容 C 和电阻 R 加在 V_1 的基极—发射极上，由于电容的作用，V_1 的基极—发射极电流为电容 C 的充电电流，并与 C 的电容量以及电枢电压或电势的微分成正比，即 $i_C \propto (C \cdot dU_d/dt)$，故称电枢电压或电势微分负反馈。当转速稳定时，$dU_d/dt=0$，反馈环节不起作用。当转速加快或减慢时，$dU_d/dt>0$（或 <0），负反馈环节使晶闸管导通角减小（或增大），阻止转速增

加（或减小），并且由于电容的充电电流不能突变，使反馈讯号逐渐地加入，因而能抑制振荡。

电流截止负反馈电路，见图 9-7。

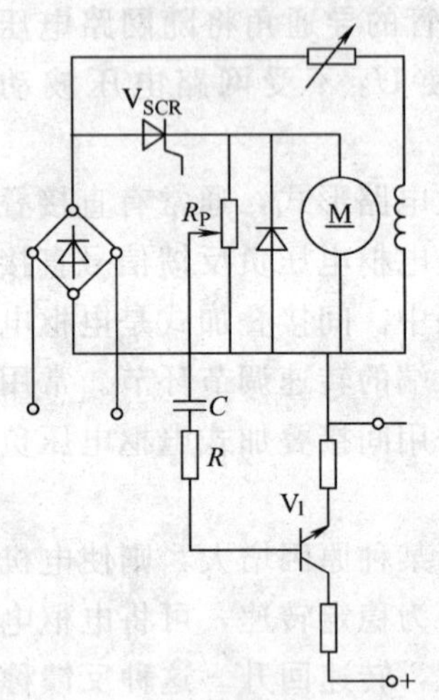

图 9-6　电压或电势微分负反馈

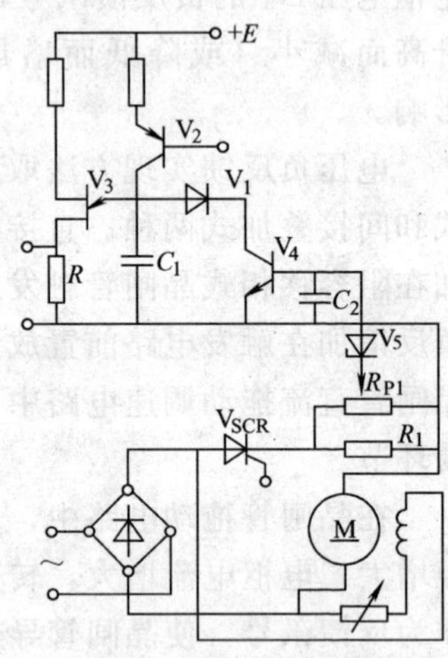

图 9-7　电流截止负反馈

当电枢电流在正常数值范围内时，从 R_{P1} 中点取出讯号时，V_1 截止，这一反馈环节不起作用。当电枢电流超过正常数值时，V_5 被击穿，V_4 导通，C_1 充电电流被旁路，C_1 充电速度减慢，晶闸管输出减小，电机转速减慢。当电枢电流过载太大时，V_4 饱和导通，使电容 C_1 几乎短路，这样就不能使电容 C_1 充电到单结晶体管 V_3 的击穿电压，电阻 R 无脉冲信号发出，晶闸管输出截止，从而保护了晶闸管元件及直流电机。在电枢电流减小到正常值或因晶闸管截止电枢电流为零时，这一反馈又自动停止作用，电机转速又恢复正常。在启动过程中，这一环节还可以限制起动电流，延缓启动速度。

369. CO_2 电弧焊设备供气系统的控制方法是什么？

CO_2 电弧焊设备对供气系统的控制可分为二个方面：引弧前提前供气大约 1～2s，以排除引弧区周围空气，保证引弧区的焊缝质量，引弧后控制环节要保证整个焊接过程气流均匀可靠，以保证焊接过程正常进行；停止焊接后，熔池金属尚未冷却凝固，应滞后断气 2～3s，继续保护弧坑区的熔池金属不受空气的有害作用。对于供气系统提前送气以及滞后停气的要求，在控制电路上可以采用很多办法来实现，常用的有时间继电器延时方法，*RC* 延时电路，或采用机械球阀开关装在焊枪上由焊工操纵等。半自动 CO_2 电弧焊多用机械开关控制供气，自动 CO_2 电弧焊常用时间继电器延时方法或 *RC* 延时电路，通过电磁气阀来完成对供气系统的控制。

370. CO_2 电弧焊设备供电系统的控制特点是什么？

供电系统是指焊接主电源部分，供电系统的控制则是指电源的通断与焊丝送给的配合关系。供电可在送丝之前接通，亦可与送丝同时接通。但在停电时，希望送丝先停而后再断电，以避免焊丝末端与熔池粘连，而影响弧坑处焊缝质量。在通用的自动 CO_2 电弧焊设备中，都设有延时断电电路，保证在焊丝及小车停止后 0.2～1s 内延时切断焊接电源，使电弧在焊丝伸出端“返烧”借以填上，必要时还可以采用焊接电压、电流自动衰减的熄弧控制环节以保证弧坑的焊接质量。

371. 半自动 CO_2 气体保护焊设备焊接操作控制的程序是怎样的？

焊接操作程序是指焊接的启动和动作过程，是通过启动和停止按钮自动完成的。

半自动焊接操作控制程序如下：

启动—提前送气（1～2s)—送丝，供电（开始焊接）。

停止—停丝停电（焊接停止）2～3s 停止送气（滞后停气）。

自动焊接操作控制程序如下：

启动按钮—提前送气（1～2s)—引弧，供电—正常送丝，小车行走（开始焊接）。

停止按钮—焊丝送进衰减，小车停止—停丝（0.2～1s）—停电（2～3s）—停气（停止焊接）。

372. NBC-250 型 CO_2 半自动电弧焊机的电路原理是什么？

NBC-250 型焊机最大焊接电流为 250A，可用于板厚为 1～5mm 的低碳钢、低合金钢结构的全位置对接、搭接以及角接焊缝的焊接。焊机采用等速送丝系统，焊丝驱动为拉丝式，焊丝直径为 0.8～1.2mm，焊接电流范围为 60～250A，空载电压调节范围为 17～27V，额定输入功率为 9kW，额定负载持续率为 60%。该焊机的电气原理，见图 9-8。

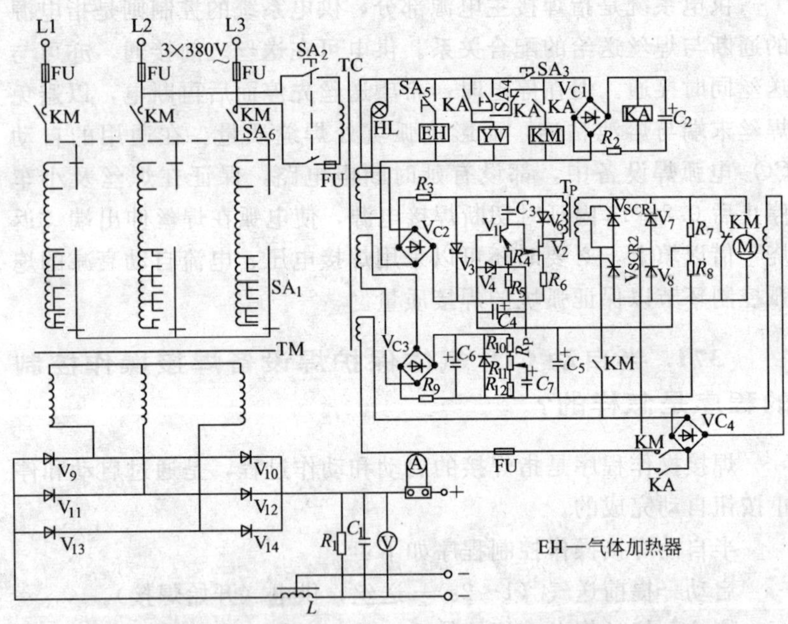

图 9-8 NBC-250 型 CO_2 气体保护半自动焊机电气原理图

电路由焊接电源、晶闸管送丝电动机调速控制、供气控制以及焊接操作程序控制等部分组成。

焊接电源为平特性三相硅整流器。焊接变压器 TM 采用星形—三角形（Y/△）联结方法，通过粗调开关 SA_6 和细调开关 SA_1 调节一次线圈的匝数，一共可调出 20 级输出电压。TM 的二次线圈接入三相桥式整流器，经可调电感 L 输出。L 串在焊接直流回路中，起调节电源动特性的作用。根据焊接条件（焊丝直径、工艺参数）电感 L 有二档可供选择，既可接入全部电感量，亦可只接入一半电感量。

调速主电路由两只晶闸管 V_{SCR1}、V_{SCR2} 和两只整流二极管 V_7、V_8 组成桥式全控电路。调节晶闸管的导通角，即可调节电动机 M 的电枢电压和电机转速。从而调节送丝速度和焊接电流。触发电路由二极管整流桥（V_{C2}）、稳压管 V_3、R_4、R_5、三极管 V_1、C_3 以及双基极二极管 V_2 等组成。V_1 基极给定信号由二极管整流桥 V_{C3}、C_6、V_5 以及 R_P、R_{11}、R_{12} 组成的电路提供。R_P、R_{11}、R_{12} 组成分压电路，并从 C_7 输出给定信号，调节 R_{10} 即可改变给定信号的大小。为了保持送丝速度在焊接过程中稳定不变，电路中设置了电枢电压负反馈环节。R_7、R_8 串联后并在电枢电压两端，R_8 分压取出电枢电压负反馈信号，与给定信号反向串接后加在 V_1 的基极—发射极两端。电枢电压负反馈环节可以补偿网路波动的影响，使电动机的电枢电压（转速）自动保持稳定。使交流接触器 KM 工作，于是接通电源主电路，输出空载电压。KM 动作同时，送丝控制电路接通，直流电动机运转，焊丝正常输送，即可引弧焊接。

焊接结束时断开微动开关 SA_3，接触器 KM 断电释放，电源主电路和送丝电路均切断，电弧熄灭。但由于电容 C_2 向继电器 KA 的线圈放电，经过大约 1s 后 KA 的触点才释放，使电磁气阀 YV 断电，从而实现滞后停气。

373. 近年电弧焊接过程自动控制状况表现哪些方面？

电弧焊接过程的自动控制主要的新技术有下列几方面：

(1) 全位置自动电弧焊的程序自动控制。

(2) 熔化极电弧过程的适应和优化控制。包括：脉冲 MIG 电弧过程的适应和优化控制，波形控制 CO_2 电弧焊，连续电流熔化极电弧焊的适应控制。

(3) 电弧焊的跟踪自动控制。

(4) 焊缝成形的适应控制。

(5) 电弧焊接过程的微处理机主使控制。例如微机主使脉冲 MIG 电弧焊控制系统、微处理机主使 CO_2 弧焊机、二进制图像处理及在焊接控制中的应用等。

(6) 机器人弧焊机。

第十章　电气照明

374. 什么叫可见光？

光是物质的一种形态，是一种波长比毫米无线电波短、又比X射线长的电磁波，所有电磁波都具有辐射能。

波长范围在380～780nm（$1nm=10^{-9}m$）的电磁波能使人眼产生光感，这部分电磁波被称为可见光。波长大于780nm的范围（780～1000nm）的红外线、无线电波，以及波长小于380nm的范围（380～1000pm）的紫外线、X射线都不能引起人们眼睛的视觉反应。

不同波长的可见光，在人眼中又产生不同颜色感觉，可见光谱又可分为：

红——波长780～640nm；

橙——波长640～600nm；

黄——波长600～570nm；

绿——波长570～490nm；

青——波长490～450nm；

蓝——波长450～430nm；

紫——波长430～380nm。

全部可见光波混合在一起就形成了日光（白色光）。

375. 什么叫光通量？

光源在单位时间内向周围空间辐射出去的，并使人眼产生光感的能量，称光通量，符号为Φ，单位为lm（流明）。

光通量是指用人眼评定的照明效果，是衡量人眼视觉的光量参数。由于人眼对黄绿光最敏感，在光学中以此为准作出规定；

当发出波长为 555nm 黄绿色的单色光源，其辐射功率为 1W 时，则它所发出的光通量为 680lm，因此，可求出某一波长的光源的光通量为：

$$\Phi_{\lambda}=680V(\lambda)P_{\lambda}$$

式中 Φ_{λ}——波长为 λ 的光源光通量（lm）；

$V(\lambda)$——波长为 λ 的光的相对光谱光效率；

P_{λ}——波长为 λ 的光源的辐射功率（W）。

只含有单一波长的光称为单色光。大多数光源都含有多种波长的单色光，称为多色光。其光通量为所含各单色光的光通量之和。

376. 什么叫照度？

照度是指受照物体表面单位面积上所投射的光通量，符号为 E，单位为 lx（勒克斯）。

如果光通量 Φ 均匀地投射在面积为 A 的表面上，则该表面的平均照度值为

$$E=\frac{\Phi}{A}$$

式中 E——被照面的平均照度（lx）；

Φ——被照面所接受的光通量（lm）；

A——被照面的面积（m^2）。

照度的单位为 lx（勒克斯），1lx 表示 1lm 的光通量均匀分布在 $1m^2$ 的被照面上，即 $1lx=\frac{1lm}{1m^2}$。阴天中午时室外的照度约为 8000～20000lx；晴天中午时室外的照度可达 80000～120000lx。

377. 什么叫亮度？

亮度是指发光体（不只是电源，其他受照物体对人眼来说也可看作间接发光体）在人眼视线方向单位投影面积上的发光强度

(是发光体在某方向发出的光通量密度，它表明了光通量在空间的分布状况)，称为该发光体的表面亮度，以符号 L 表示，单位为坎德拉每平方米（cd/m^2）。该发光体表面法线方向的发光强度为 I，而人眼视线与发光体表面法线相交的角度 θ，因此视线方向的发光强度 $I_\theta=I\cos\theta$。而视线方向发光体的投影面 $A_\theta=A\cos\theta$，其中 A 为发光体的面积，因此可得出发光体在视线方向的亮度为：

$$L_\theta=\frac{I_\theta}{A_\theta}=\frac{I\cos\theta}{A\cos\theta}=\frac{I}{A}$$

式中 L_θ——发光体沿 θ 方向的表面亮度（cd/m^2）；

I_θ——发光体沿 θ 方向的发光强度（cd）；

$A\cos\theta$——发光体在视线方向的投影面（m^2）。

这就说明了发光体的亮度值实际上与人眼的视线方向无关。

亮度的概念对于一次光源和被照物体是同等适用的，亮度是一个客观量，但它直接影响人眼的主观感觉。晴天天空的亮度为 $(0.5\sim2)\times10^4 cd/m^2$；白炽灯灯丝的亮度约为 $(300\sim1400)\times10^4 cd/m^2$；荧光灯管的表面亮度为 $(0.6\sim0.9)\times10^4 cd/m^2$。

378. 照明方式和照明的种类有哪些?

照明方式是照明设备按照其安装部位或使用功能而构成的基本制式。照明方式是按照明器具的布置特点来区分的，它分为：一般照明、局部照明和混合照明。

一般照明是指在工作场所内不考虑局部的特殊需要，为照亮整个场所而设置的照明。局部照明是为满足工作场所某些部位的特殊需要而设置的照明。由一般照明和局部照明共同组成的照明方式称为混合照明。

照明的种类是按照照明的功能和作用来分类的。可分为正常照明、事故照明、值班照明、警卫照明、障碍照明、装饰照明等。

正常照明是照明设施处于正常工作情况下的照明，它是电气照明的基本种类。对正常照明因故障熄灭后，将会造成爆炸、火灾、人身伤亡等严重事故的场所，能继续工作而采用的照明称为事故照明，是供继续工作和疏散用的。利用正常照明中能单独控制的一部分，或事故照明的一部分甚至全部，作为值班时一般观察用的照明，称为值班照明。按警戒任务的需要，在厂区、仓库区或其他设施警卫范围内装设的照明为警卫照明。为确保夜行的安全，在飞机场附近较高的构筑物和建筑物上，或船舶通行航道两侧修建的障碍指示设施上设置的照明，称为障碍照明。装饰照明是指照明器具与建筑装饰、商店、展览橱窗、广场喷泉、雕塑、墓碑等融为一体的布灯方法；装饰照明可以采用各种各色光源及各型灯具（如投光灯具、各种组合荧光灯具等），并配以散光板、反光罩及滤光片等。

379. 照明质量包含哪些内容？有哪些指标？

良好的工作环境是靠高质量的采光和照明效果达到的。好的视觉效果不仅单靠足够的光通量，还要取决于光的质量，即照明的质量。照明质量是衡量照明设计优劣的主要指标，包括：照度水平、亮度分布、照度的均匀性、光源的显色性、照明的稳定性、阴影、眩光和光色。

照度是决定物体明亮程度的间接指标，在一定范围内照度增加可使视觉功能提高；合理的照度有利于保护视力，提高工作和学习效率。照明环境不但应使人能清楚地观看事物，而且要给人以舒适的感觉，所以在整个视野内（房间内）各个表面有合适的亮度分布是必要的。对于单独采用一般照明的场所，表面亮度与照度是密切相关的，在视野内，照度的不均匀很容易引起视觉疲劳；根据视看对象的不同，应该做到被照场所的照度均匀，照度的均匀性，是以被照场所的最低照度和最高照度之比，或最低照度和平均照度之比来衡量。

照明不稳定将使人们的视力降低，不断变化的照明影响人的健康，照明稳定性是照明质量的一个明显特征，影响照明的稳定因素有电压的波动、频闪效应等。

定向的光照射到物体上，将产生阴影及反射光，当阴影构成视看的障碍时，对视觉是有害的；但用阴影可把物体的造型（立体感）和材质感表现出来时，适当的阴影对视觉又是有利的。所以应适当的处理阴影问题。

眩光是由于亮度对比而引起不舒适的感觉，影响眩光的因素有：光源的亮度、光源的位置、大小、数量和周围环境的亮度等。

合适的光色是采用具有合适光谱的光源或采用几种光源混合照明而获得的。

380. 照明电光源怎样分类？电光源工作特性的主要参数有哪些？

电光源按其发光原理分，有热辐射光源和气体放电光源两大类。

热辐射光源是利用物体加热到白炽状态时辐射发光的原理制成的光源，如白炽灯、卤钨灯等。气体放电光源是利用气体放电时发光的原理所制成的光源，如荧光灯、高压汞灯、高压钠灯、金属卤化物灯和氙灯等。

通常用一些参数来说明电光源的工作特性。制造厂家给出这些参数以作为选择光源和使用光源的依据。说明电光源工作特性的主要参数有：额定电压和额定电流、额定功率、额定光通量和发光效率、寿命、光谱能量分布曲线、光色（包含色表和显色性两个方面）等。

381. 灯具选择的重要性是什么？灯具分为哪几类？

灯具除了照明以外，它在房间中还要起装饰、点缀的作用。装饰点缀必须服从照明的需要，在什么地方装灯，装什么样的灯都要恰到好处。装饰须与实用统一，在照明为主的前提下考虑装饰，这也是灯具选择所依据的一个原则。正确的照明灯具选择，是建筑电气设计的主要内容之一。为了人们的身心健康，提高生产率，降低和避免事故，节约电能，创造生产和工作良好环境，所以灯具的选择具有很重要的意义。了解灯具的种类，有利于正确选择灯具。

根据灯具安装方式的不同，可分为：嵌入式灯具、半嵌入式灯具、壁式灯具、吸顶式灯具、悬吊式灯具、落地式灯具、台式灯具、庭院式灯具、道路广场式灯具和自动应急照明灯具等。

382. 电光源的类型怎样选择？

电光源类型的选择，应依照明的要求和使用场所的特点而定，而且应尽量选择高效、长寿光源。选择的具体原则如下：

(1) 灯的开关频繁，需要及时点亮或需要调光的场所，或者不能有频闪效应及需防电磁波干扰的场所，宜采用白炽灯。如需求高照度时，亦可采用卤钨灯。

(2) 悬挂高度在4m以下的一般工作场所，考虑到电能的节约，宜优先选用荧光灯。

(3) 悬挂高度在4m以上的场所，宜采用高压汞灯或高压钠灯；有高挂条件并需大面积照明的场所，宜采用金属卤化物灯或氙灯。

(4) 对一般生产车间、辅助车间、仓库、站房以及非生产性建筑物、办公楼、宿舍、厂区通道等，应优先选用简便价廉的白炽灯和荧光灯。

(5) 在同一场所，如采用一种光源的显色性达不到要求时，可考虑采用两种或多种光源的混光照明。例如采用高压汞灯与白炽灯的混光照明，既发挥了高压汞灯光效高的优点，又可显现出白炽灯显色性好的长处。又例如采用高压汞灯与高压钠灯的混光照明，既可得到高照度，又比单纯使用高压汞灯省电，而且光色又比单纯使用高压钠灯好，钠灯发出的黄红色光正好与汞灯发出的蓝绿色光互补而产生较满意的光照效果。

383. 怎样应用利用系数法计算照度？

照明光源的利用系数是照明光源的光通量有效利用程度的一个参数，用投射到工作面上的光通量（包括直射光通和多方反射到工作面上的光通）与全部光源发出的光通量之比来表示，即

$$\mu=\Phi_{e}/n\Phi$$

式中 Φ_{e}——投射到工作面上的有效光通量；

Φ——每盏灯发出的光通量；

n——灯的盏数。

在确定了利用系数后，用下式计算工作面上的平均照度：

$$E_{av}=\frac{\mu Kn\Phi}{A}$$

式中 E_{av}——工作面的平均照度（lx）；

μ——利用系数；

K——减光系数（维护系数）；

n——灯的盏数；

Φ——每盏灯发出的光通量（lm）；

A——受照工作面的面积（m^2）。

若已知工作面上的平均照度标准，并已初步确定灯具形式、功率时，则可由下式计算灯具的数量：

$$n=\frac{E_{av}A}{\mu K\Phi}$$

384. 怎样应用比功率法计算照明安装功率？

照明光源的比功率就是单位面积上照明光源的安装功率，用每单位被照水平面上所需光源的安装功率来表示：

$$P_{0}=P_{\Sigma}/A=nP_{L}/A$$

式中 P_{Σ}——受照房间总的光源安装功率（W）；

P_L——每盏灯的功率（W）；

n——受照房间灯的盏数；

A——受照房间的水平面积（m^2）。

由电工手册查得比功率为 P_0，则总照明安装功率为：

$$P_{\Sigma}=P_0A$$

因此每盏灯具的灯泡功率为：

$$P_L=P_{\Sigma}/n=P_0A/n$$

385. 怎样计算照明负荷?

照明线路的计算负荷，根据线路连接的照明灯具安装容量用需要系数法进行计算。

对于白炽灯、卤钨灯

$$P_{30}=K_dP_e$$

对于有镇流器的电光源

$$P_{30}=K_dP_e(1+\alpha)$$

式中 P_{30}——照明计算负荷（kW）；

P_e——线路装灯容量（kW）；

K_d——需要系数，它表示不同性质的建筑对照明负荷需要的程度（全企业的需要系数为 0.20～0.45；各种建筑照明负荷需要系数为 0.5～1）；

α——镇流器的功率损耗系数（荧光灯为 0.2；荧光高压汞灯为 0.07～0.3；高压钠灯为 0.12～0.2）。

当照明负荷为不均匀分布时，照明干线的计算负荷为：

$$P_{30}=K_dP_{emax}$$

式中 P_{emax}——最大一相的装灯容量（kW）。

对于插座组，常常多设，以方便使用，但不同时使用，在计算插座容量时引进一个同时系数，随插座的增多而取较小值（0.6～1）。而每个插座按 100W 计算，此时

$$P_{30}=K_dK_TP_e$$

式中　P_{30}——插座组计算负荷（W）；

K_T——插座的同时系数；

P_e——插座组的额定功率之和（W）。

386. 怎样计算照明线路工作电流？

照明线路工作电流是影响导线温度的重要因素。

白炽灯和卤钨灯照明线路工作电流按下式计算：

单相线路　$$I_{30}=\frac{P_{30}}{U_P}$$

三相线路　$$I_{30}=\frac{P_{30}}{\sqrt{3}U_L}$$

对带有镇流器的气体放电灯照明线路工作电流按下式计算：

单相线路　$$I_{30}=\frac{P_{30}}{U_P\cdot\cos\phi}$$

三相线路　$$I_{30}=\frac{P_{30}}{\sqrt{3}U_L\cos\phi}$$

式中　I_{30}——照明线路计算电流（A）；

P_{30}——照明线路计算负荷（W）；

U_P——照明线路额定相电压（V）；

U_L——照明线路额定线电压（V）；

$\cos\phi$——线路的功率因数。

387. 画出用两只双联开关在两地控制一盏灯的电路，该电路的工作情况怎样？

用两只双联开关在两地控制一盏灯的电路，见图 10-1。

从图中可以看出，这个电路可以在两处控制一盏灯，例如楼上、楼下都可以开或关一盏灯，控制特别方便，满足实际需要。转换其中的一个开关，肯定是一次接通电灯的电源，一次是断开电源。但必须使用三线开关，才能达到目的。

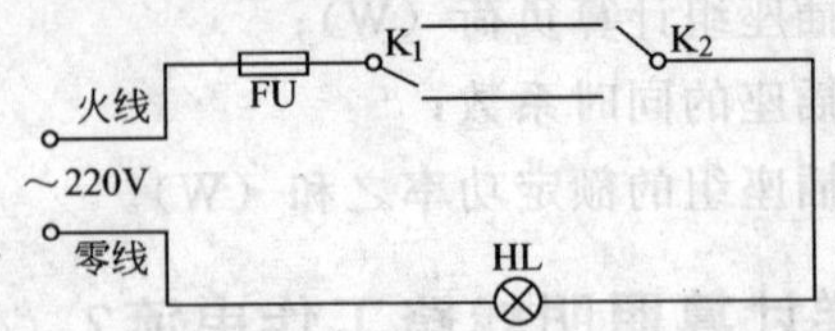

图 10-1 用两只双联开关在两地控制一盏灯的电路

388. 画出五层楼照明灯开关控制电路，其工作过程怎样?

五层楼的照明灯开关控制电路，见图 10-2。

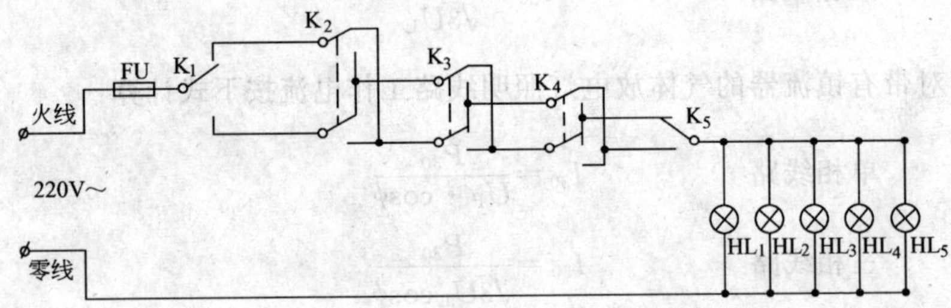

图 10-2 五层楼照明灯开关控制电路

在图中，5 个开关分别装在一、二、三、四、五层楼的楼梯上，灯泡分别装在各楼层的通道上。这样，在任何一个地方都可以控制整个楼梯通道的照明灯。例如上楼时在一层开灯，到五层楼时再关灯；或从五层楼下楼时，在五楼开灯，到一层时再关灯。这个电路简单实用，又能起到节约电能的作用。

389. 画出一个简易调光灯电路，该电路的工作原理是怎样的?

简易的调光灯电路，见图 10-3。

从图中可以看出，灯光的调节是借助一个多档开关 K 控制，在“1”档时灯熄灭；在“2”档时利用电容充放电的特性，灯泡微亮；在“3”档时、电源经二极管半波整流给灯泡供电，灯泡

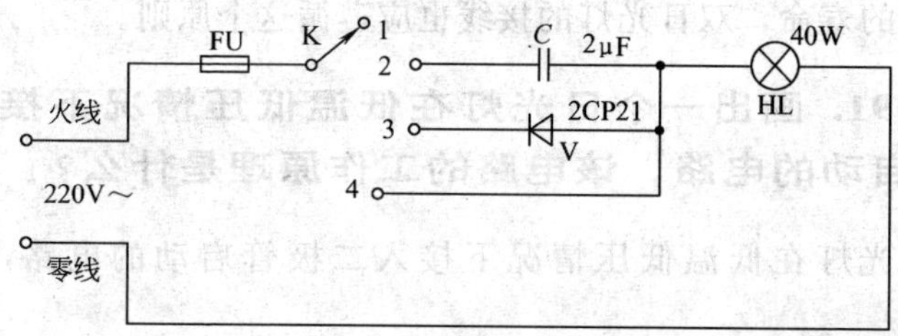

图 10-3　简易调光灯电路

亮度约为灯泡正常亮度的一半；在“4”档时灯泡在额定电压下工作，灯泡亮度最大。这样，调节开关，可以得到几种不同的亮度，电路简单可靠。

390. 画出一个双日光灯接线线路，电路接线时应注意什么？

双日光灯接线线路，见图 10-4。

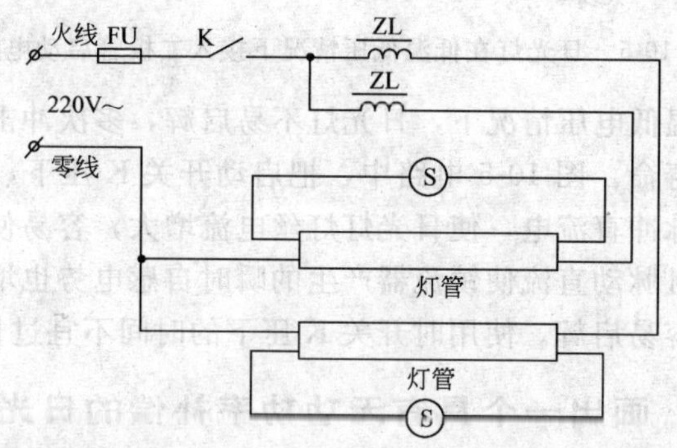

图 10-4　双日光灯接线线路

日光灯的电路简单，只有开关、镇流器、启辉器、灯管几个器件，按原理图连接就可，其实不然，对于开关和启辉器的动静接点的位置和启动性能是不同的，仔细考虑，可以有好几种接线方式。最好的接线方法是，电源开关和镇流器都接在火线端，灯丝一端接零线，而且启辉器的动接点的方向应离火线较近的一侧，这样可以获得较高的脉冲电势，得到较好的启动性能，并延长灯管的寿命，双日光灯的接线也应遵循这个原则。

391. 画出一个日光灯在低温低压情况下接入二极管启动的电路，该电路的工作原理是什么？

日光灯在低温低压情况下接入二极管启动的电路，见图10-5。

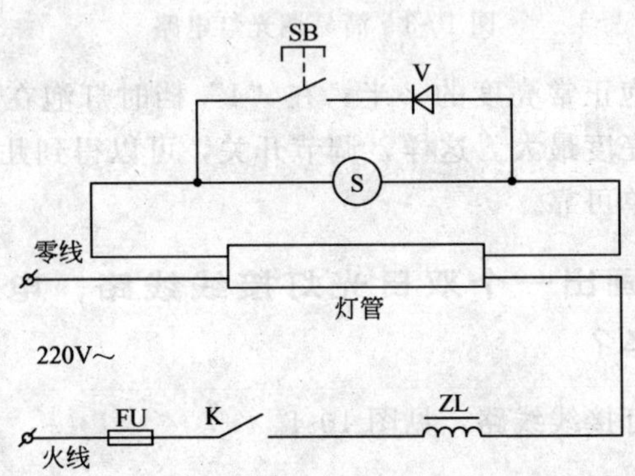

图 10-5　日光灯在低温低压情况下接入二极管启动电路

在低温低电压情况下，日光灯不易启辉，多次冲击闪烁将影响灯丝的寿命。图 10-5 电路中，把启动开关 K 压下，交流电经整流变成脉冲直流电，使日光灯灯丝电流增大，容易使灯管内气体电离，且脉动直流使镇流器产生的瞬时自感电势也增大，所以日光灯较容易启辉。使用时开关 K 压下的时间不宜过长。

392. 画出一个具有无功功率补偿的日光灯电路，电路的工作原理是怎样的？

具有无功功率补偿的日光灯电路，见图 10-6。

镇流器 ZL 在日光灯电路中起着重要作用。日光灯接通电源的几秒钟内，由于镇流器的作用，使流过日光灯管灯丝的预热电流限制在所需的数值，既防止因预热电流过高而损坏灯丝，又保证了阴极具有热电发射能力。启辉器两个电极断开的瞬间，有一个很大的电流变化率，由于镇流器是一个很大的电感，所以在灯

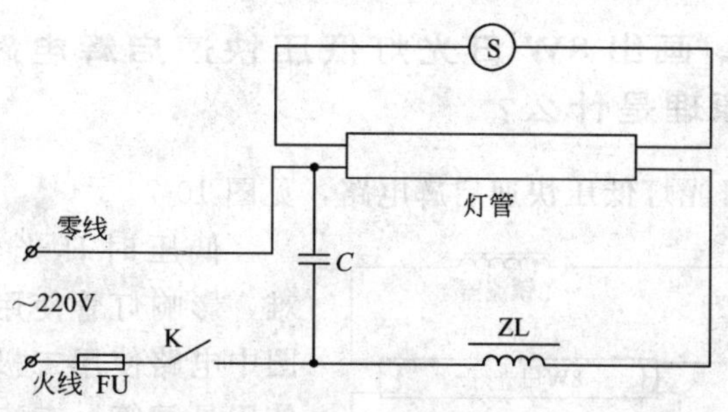

图 10-6　具有无功功率补偿的日光灯电路

管两极间建立了一个脉冲高电势（这个电势 $E=-L\cdot\frac{di}{dt}$，即和电感成正比，和电流梯度$\frac{di}{dt}$成正比，电流梯度$\frac{di}{dt}=\lim\limits_{\Delta t\to 0}\frac{\Delta i}{\Delta t}$，即与启辉器两个电断开的速率有关），使灯管击穿、点燃放电。镇流器使灯管点燃后，保持稳定放电，使灯管上的工作电压和通过灯管的电流为额定值，而且镇流器具有霎光现象轻、蜂音小、温升低和耗电少等作用。

镇流器是一个高感抗元件，它需要消耗相当的无功功率，使得日光灯整个装置的功率因数很低，一般 $\cos\phi$ 只有 0.5～0.6。低功率因数对供电系统和用电地点都不利。为了充分发挥供电设备的功用，采用如图中跨接电容的方法，利用电容能使总电流滞后于电源电压的相位差减小的特性，从而提高功率因数，减少输入电力，提高电能的利用率。电容量选择按下式进行计算：

$$C=\frac{3183\times I\sin\phi}{U}(\mu\text{F})$$

$$\sin\phi=\sqrt{1-\cos^2\phi}$$

式中　C——选用的电容量（μF）；

I——通过灯管的工作电流（A）；

ϕ——未接电容器前的功率因数角；

U——电源电压（V）。

393. 画出 8W 日光灯低压快速启辉电路，电路的工作原理是什么？

8W 日光灯低压快速启辉电路，见图 10-7。

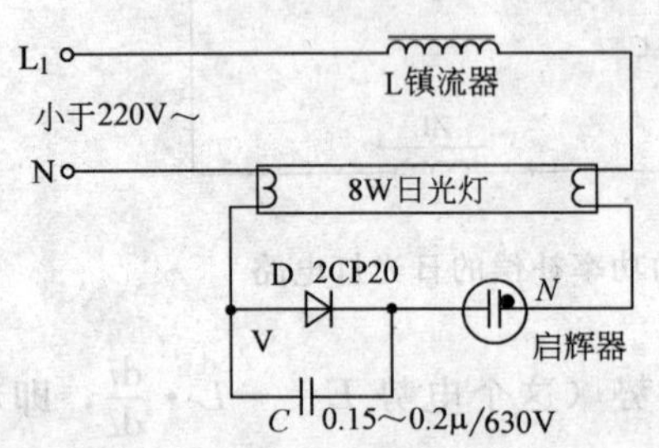

图 10-7 8W 日光灯低压快速启辉电路

低压时日光灯启辉困难，影响灯管使用寿命。在图中电路使用二极管，也可使用晶闸管，直流电流过镇流器，使铁心饱和，阻抗减小，电流增大，使启辉容易。实践证明，这种快速启辉电路能在 180V 的情况下快速启辉，另外电容可以降低日光灯启辉点燃时对无线电设备的干扰。

394. 画出一个快速闪光器电路，这个电路的特点是什么？

快速闪光器电路，见图 10-8。

图中采用了一只单片振荡器 LM3909，它的外形结构为 8 条引线的小型双列直插式塑料封装。电路的特点是在 1.5V 或低于 1.5V 的电压下仍能正常工作；外接定时电容器可进行电压提升，把高于 2V 的脉冲送到发光二极管；内部自启动，仅用一个电池和一个定时电容便可构成一个闪光器，耗电小。LM3909 可做节日闪光器和闪光玩具；可用于在暗处发光物体，做广告、高低压的报警指示器等。

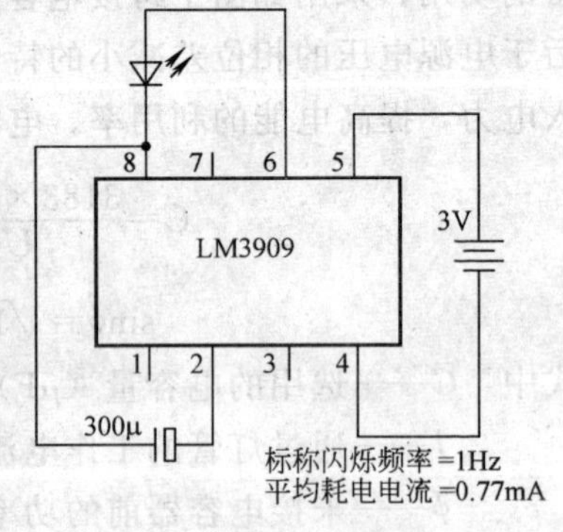

图 10-8 快速闪光器电路

395. 画出一个管形氙灯接线线路，这个线路的特点是什么？

管形氙灯接线线路，见图 10-9。

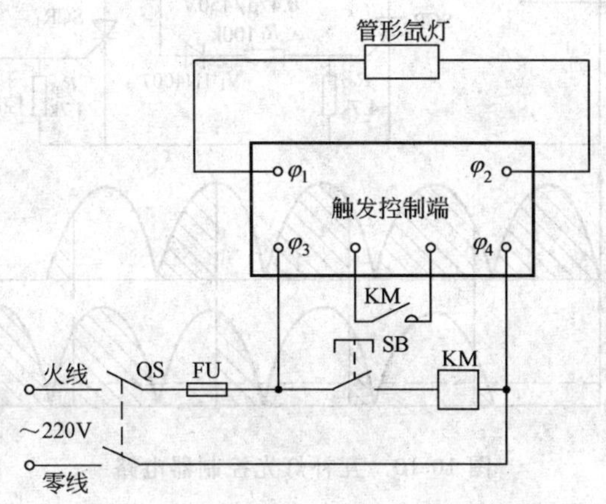

图 10-9　管形氙灯接线线路

这个线路的特点是特别简单，当压下启动按钮时，管形氙灯即可点燃。线路中 φ_3 接火线，φ_4 接中性线；φ_1、φ_2 接氙灯灯管的两端。因为触发控制端在触发时电流较大，所以采用一个交流接触器，而且 φ_1 为高压输出端，绝缘质量必须保证，这两个条件具备后，这个接线线路运行还是很可靠的。

396. 画出一个互补灯光控制器电路，这个电路的工作原理是什么？

两个灯泡相互精确地跟踪，而不需要调节；一个灯泡亮度逐渐变暗，使另一个灯泡逐渐变亮的互补灯光的控制电路，见图 10-10。

在图中可以看出，晶闸管 SCR_1 的控制极连接到相位控制电路，这个相位控制电路由标准的单结晶体管或二端开关元件所组成。晶闸管 SCR_1、SCR_2 分别控制两个灯泡 L_1、L_2 的亮度。一

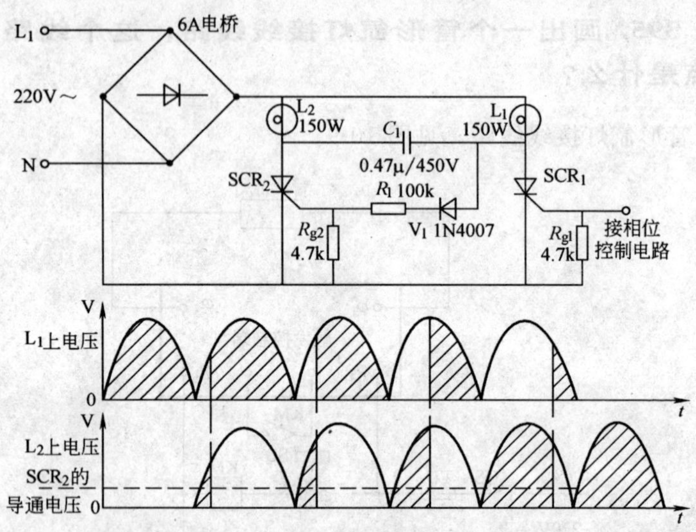

图 10-10　互补灯光控制器电路

个晶闸管如 SCR_1 截止时，便有一个小电流流经 L_1、V_1、R_1、R_2，这样在电阻 R_2 上的电压使另一个晶闸管 SCR_2 导通，灯泡 L_2 变亮，在 SCR_1 截止后，流经 V_1、R_1 支路的电流逐渐消失，此时电容 C_1 储存的能量，便产生一个负尖脉冲，使晶闸管 SCR_2 截止，又使灯泡 L_2 变暗。这两个灯泡相互精确的跟踪而不需调节，就形成了两个灯泡的互补状态。

397. 画出一个日光灯兼做电视机交流稳压器的电路，这个电路的作用是什么？

日光灯兼做电视机交流稳压器的电路，见图 10-11。

图中所示电路是将日光灯线路简单改装，在收看电视时，使开关 K_2、K_3 断开，K_4、K_5 闭合，日光灯的补偿电容和镇流器就起交流稳压的作用，加大补偿电容器的容量时还可扩大稳压的范围，当开关 K_2、K_3 接通时，日光灯可以作为正常照明使用。

一般加大的电容器耐压应在 350V 以上。

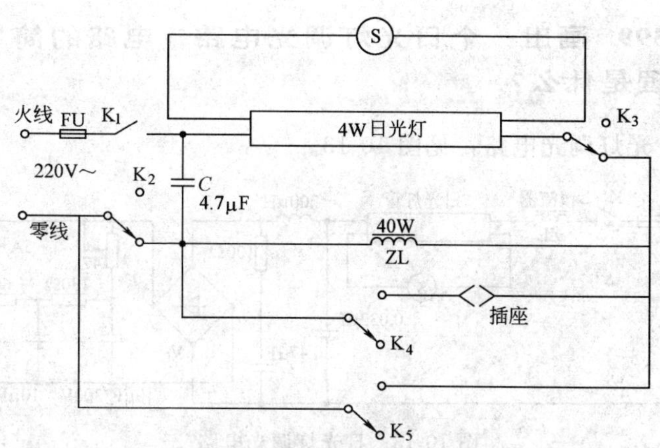

图 10-11 日光灯兼做电视机交流稳压器电路

398. 画出一个用直流电点燃日光灯的电路，电路的作用和简单原理是什么？

用直流电点燃日光灯的电路，见图 10-12。

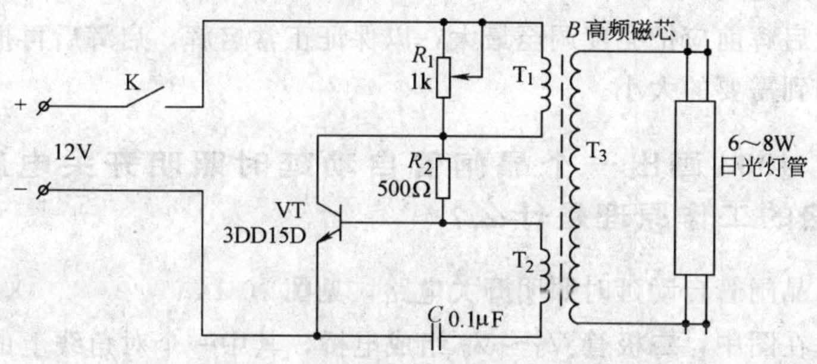

图 10-12 用直流电点燃日光灯的电路

图中所示电路的作用是，用低压直流电来点燃小功率日光灯，如 6～8W 日光灯。

电路的简单原理是，由晶体三极管 BG 组成了一个共发射极间歇振荡器，改变电容 C 的容量，还可改变间歇振荡器的频率。通过变压器 B 在二次侧感应出间隙高压振荡脉冲，点燃日光灯。

399. 画出一个日光灯调光电路，电路的简单工作原理是什么？

日光灯调光电路，见图 10-13。

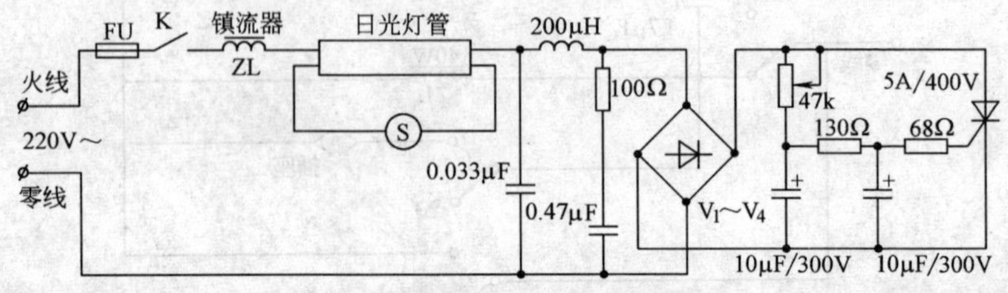

图 10-13　日光灯调光电路

图中所示电路，在调节电位器时，可以调节日光灯的亮度。电路的简单原理是，由电位器和电阻电容组成了一个阻容移相电路，调节电位器时可以控制晶闸管的导通角度，从而调节了晶闸管的电流，控制了日光灯灯丝发射电子的流量，这样就调节了日光灯的亮度。

启辉前应把亮度调至最大，以保证正常启辉，启辉后再把亮度调到需要的大小。

400. 画出一个晶闸管自动延时照明开关电路，电路的工作原理是什么？

晶闸管自动延时照明开关电路，见图 10-14。

在图中，二极管 V_3～V_6 组成电桥，其中一个对角线上的两个接点接晶闸管 SCR_1，另一个对角线上的两个接点引出接在照明开关的接点上。当开关 K_1 闭合时，在交流电源的一个半周时间，晶闸管 SCR_1 导通，使电桥的对角线短接，因而照明灯亮；当开关 K_1 断开时，电容 C_1 经 R_1、V_1 向晶闸管控制极放电，使得通过晶闸管控制极的电流继续存在，这样照明灯在电容放电的一段时间内延时点亮，然后熄灭。

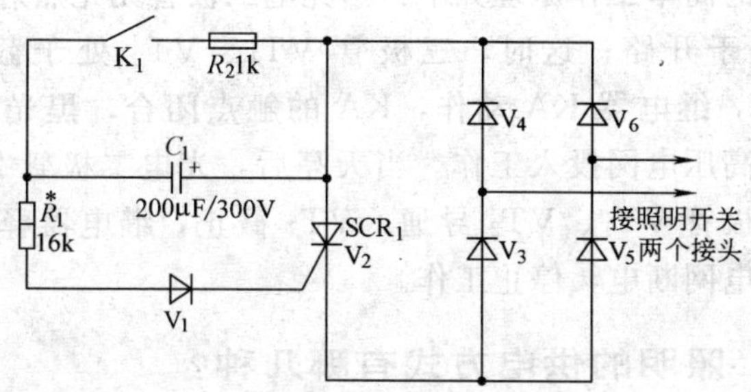

图 10-14 晶闸管自动延时照明开关电路

401. 画出一个黑光灯自动光控、雨控、风控的电路，电路的简单工作原理是什么？

黑光灯自动光控、雨控、风控的电路，见图 10-15。

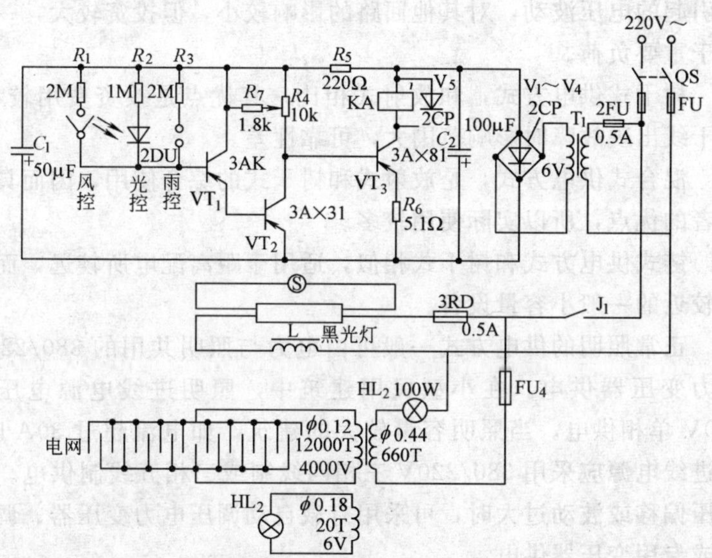

图 10-15 黑光灯自动光控、雨控、风控的电路

黑光灯用于农用诱杀害虫，白天、风雨天害虫少，可将黑光灯电源断开，以节约用电。

电路的简单工作原理如下：当光电二极管无光照射时，内阻很大相当于开路；这时，三极管 VT_1、VT_2 处于截止状态，VT_3 饱和，继电器 KA 动作，KA 的触点闭合，黑光灯开始工作，同时高压电网投入工作。当天亮后，光电二极管 2DU 内阻降低，三极管 VT_1、VT_2 导通，VT_3 截止，继电器释放，黑光灯和高压电网断电，停止工作。

402. 照明的供电方式有哪几种？

照明的供电方式有多种，可以根据实际情况来设计和选定。常见的照明供电方式有：放射式、树干式、混合式和链式等四种。

放射式供电系统，其优点是各负荷独立受电，线路发生故障时，不影响其他回路继续供电，故可靠性较高，回路中电动机起动引起的电压波动，对其他回路的影响较小，但投资较大，一般用于重要负荷。

树干式供电方式，和放射式相比，其优点是投资费用较小，但干线出现故障时影响范围大，可靠性差。

混合式供电方式，是放射式和树干式的综合使用，因而具有两者的优点，所以实际使用较多。

链式供电方式和树干式相似，适用于距离配电所较远，而彼此较近的一般小容量设备。

正常照明的供电方式一般可由电力与照明共用的 380/220V 电力变压器供电。在小型民用建筑中，照明进线电源电压为 220V 单相供电。当照明容量较大的建筑，如电流超过 30A 时，其进线电源应采用 380/220V 三相四线制或三相五线制供电。当电压偏移或波动过大时，可采用有载自动调压电力变压器、调压器或专用变压器供电。

应急照明中的备用照明应由两路电源或两回线路供电。

宾馆、饭店、大厦的照明常备有自发电机，在正常电源停止供电时，自动启动，自备发电，继续供电。

疏散照明的电源可接在与正常照明分开的线路上，并不得与正常照明共用一个总开关。

403. 照明的控制方式有哪几种？

照明的控制主要满足安全、节能、便于管理和维护等要求。

每一个灯一般应有单独开关或少数几个灯合用一个开关。照明供电干线应设置带保护装置的总开关，室内照明开关应设在方便开关处。在工厂厂房内，应按工段和流水线等分区分组集中于配电箱控制。在大型的公共建筑中，如剧场、商场等，应将照明灯分组集中于配电箱内控制，配电箱严禁装设在有爆炸危险的场所，并应安装在便于操作和维修的地方。

天然采光照度不同的场所，照明宜分区控制。

室外的，如警卫照明、道路照明、建筑物的户外灯光等均应单独控制。

大城市的主要街道照明，可用集中遥控方式控制高压开关的分断，及通断专用照明变压器以达到分片控制的目的。大城市的次要街道和一般城市的街道照明采用分片分区的控制方式。

为节约电能，要求在后半夜切断部分道路照明，切断方式如下：

(1) 切断间隔灯杆上的部分照明；

(2) 切断同一灯杆上的部分照明灯具；

(3) 大城市主要干道切断自行车道和人行道照明，保留快车道照明。

在照明分支回路中应避免采用三相低压断路器对三个单相分支回路进行控制和保护。

当照明回路采用遥控方式时，应同时具有解除遥控的可能性。

404. 怎样选择光源？

应根据使用场所、建筑性质、视觉要求、照明的数量和质量要求来选择光源。在照明设计时，主要考虑光源的光效、光色、寿命、起动性能、工作的可靠性、稳定性及价格因素等。

例如白炽灯适用于照明开关频繁、要求瞬时启动或要求避免频闪效应的场所；识别颜色要求较高或艺术需要的场所；需要调光的场所和需要防止电磁波干扰的场所。卤钨灯适用于照度要求较高、显色性要求较好，且无振动的场所，要求频闪效应小和需要调光的场所。荧光灯适用于悬挂高度较低、要求照度又较高的场所、识别颜色要求较高的场所，以及在无自然采光和自然采光不足而人们需长期停留的场所等等……。

405. 怎样选择灯具?

灯具的选择是在投资费用允许的前提下，选择符合使用功能和照明质量要求并能达到设计效果的灯具。

选择灯具考虑的因素是：建筑空间形状和尺寸以及装修风格和特点、建筑结构形式和工作面的布置、环境条件（声、光、热、振动、灰尘、潮湿、化学腐蚀等）、灯具的效率及光分布、限制直接眩光的性能、灯具的寿命、维护管理等。

在工业厂房中采用光效高的出光口敞开式直接型配光灯具。例如在高大厂房采用深照型灯具；在不同的厂房采用余弦型或广照型灯具。在办公大楼等公共建筑中，由于天棚和墙面反射特性较好，除采用开敞式灯具外，还可采用漫射或间接配光的灯具，获得良好的照明效果和艺术效果。采用带格栅或漫射罩的灯具，对于限制直接眩光有良好的作用。采用蝙蝠翼式配光的灯具，可使视线方向的反射光通量降至最低程度，减弱光带反射，有利于视觉工作，特别适用于办公室和教室照明。

在选择灯具时，还应根据环境条件，选择符合环境条件的灯具。例如在特别潮湿的场所，宜采用防潮或防水灯具；在有灰尘的场所，应采用防尘灯具；在有易燃易爆的危险场所，如矿井和浸喷漆间，宜采用防爆灯具；在有腐蚀性气体的场所，宜采用耐腐蚀材料制成的密闭灯具。

另外，在选择灯具时，还应考虑灯具的耗电量，以及灯具的无功消耗等。

406. 画出一个日光灯电子镇流器电路，电路的简单工作原理是什么？

日光灯电子镇流器电路，见图 10-16。

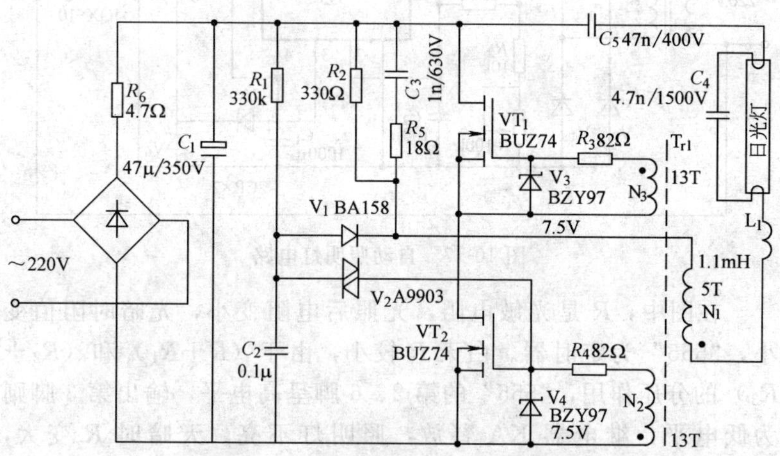

图 10-16　日光灯电子镇流器电路

图中所示电路是一个节能的由 VMOS 管组成的电子镇流器电路，VT_1、VT_2 为 VMOS 管，V_2 为双向二极管，由 C_2、R_1、V_2 组成锯齿波发生器，C_4、L_1 构成串联谐振电路。当电源接通后，经电阻 R_1 对电容 C_2 充电，C_2 充电到一定程度时，D_2 击穿，脉冲尖峰电流加到 VMOS 管 BG_2 的栅极。由于变压器的耦合作用，电路起振，其振荡频率由 L_1、C_4 决定。锯齿波发生器停止工作时，电容 C_2 经二极管 V_1、VMOS 管 BG_1 放电。

串联谐振电路产生近 2000V 的尖峰电压，足以使日光灯管击穿点燃，且耗能小，功率因数高。

407. 画出一个自动照明灯电路，电路的简单工作原理是什么？

自动照明灯电路，见图 10-17。

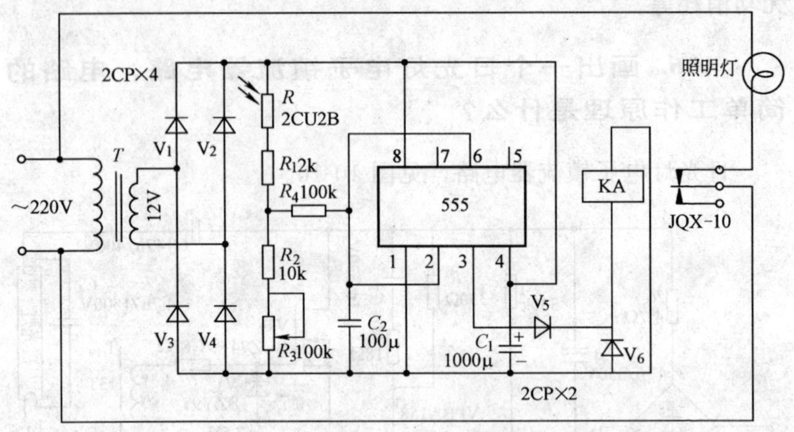

图 10-17　自动照明灯电路

在图中，R 是光敏电阻，光照后电阻变小，光暗时阻值变小，“555”为定时器。白天 R 较小，由于（$R+R_1$）和（R_2+R_3）的分压作用，“555”的第 2、6 脚呈高电平，输出第 3 脚则为低电平，继电器 KA 释放，照明灯不亮。天暗时 R 变大，“555”的第 2、6 脚呈低电平，第 3 脚呈高电平，KA 吸合，照明灯发光。调节 R_3 可得所需电平。安装时应避免非自然光的照明，更不能受到被控灯的照射。

408. 画出一个电灯遥控开关电路，电路的简单工作原理是什么？

电灯遥控开关电路，见图 10-18。

图中电路由发射部分、接收机部分组成。发射部分实际是一个短波发射机，合上开关 K 后电路立即工作，发出未经调制的高频振荡信号，晶体管 VT_1、VT_2 组成一个振荡器，调节电容 C_1 可以改变振荡频率。接收机部分是一个高频接收机，当和发射机工作频率相同时（调节 C_1 和 C_4），接收机接收到最大信号，驱动继电器 J 吸合，其触点使电灯接通电源，电灯亮。打开开关 K，发射机停止工作，继电器释放，电灯熄灭。

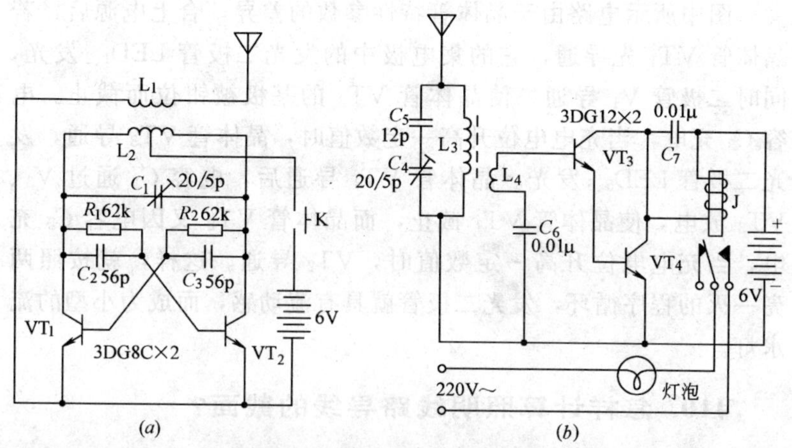

图 10-18　电灯遥控开关电路

409. 画出一个小型流水灯电路，该电路的简单工作原理是什么？

小型流水灯电路，见图 10-19。

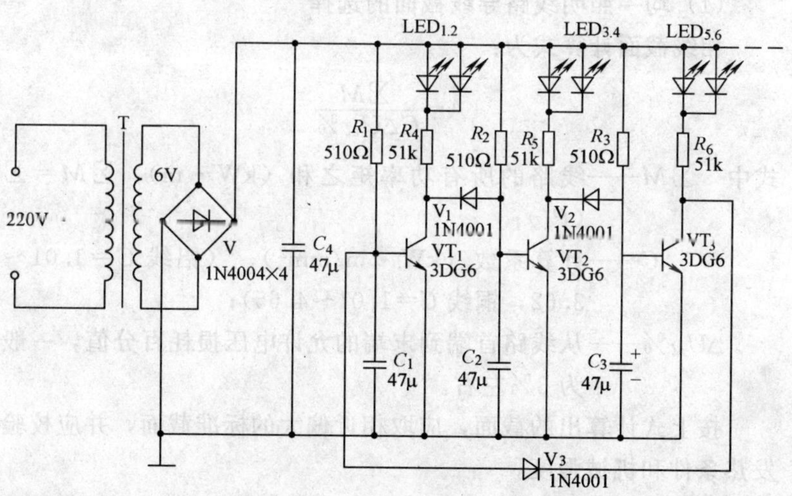

图 10-19　小型流水灯电路

图中所示电路由于晶体管特性参数的差异，合上电源后，若晶体管 VT_1 先导通，它的集电极中的发光二极管 $LED_{1、2}$ 发光，同时二极管 V_1 导通，使晶体管 VT_2 的基极被钳位而截止。电容 C_3 充电，当充电电位升高一定数值时，晶体管 VT_3 导通，发光二极管 $LED_{5、6}$ 发光。晶体管 VT_1 导通后，电容 C_1 通过 V_3、VT_3 放电，使晶体管 VT_1 截止，而晶体管 VT_2 又因电容 C_2 充电，当充电电位升高一定数值时，VT_2 导通。这样，就按照两亮一灭的程序循环，发光二极管就具有流动感，而成为小型的流水灯。

410. 怎样计算照明线路导线的截面？

由于电压偏差对照明质量的影响比较显著，而照明装置的负荷电流又比较小，因此照明线路导线截面的选择，往往先按允许电压损耗条件考虑，然后校验其发热条件和机械强度。例如户外架空照明线（路灯），主要是考虑机械强度，往往截面比按电流计算的截面要大得多。

（1）均一照明线路导线截面的选择

相线截面计算式为：

$$A=\frac{\sum M}{C\Delta U_{al}\%}$$

式中 $\sum M$——线路的所有功率矩之和（kW·m），$\sum M=\sum(P_1)$；

C——计算系数（kW·m/mm²）、（铝线 $C=1.01\sim3.62$，铜线 $C=1.01\sim4.65$）；

$\Delta U_{al}\%$——从线路首端到末端的允许电压损耗百分值，一般为 3%左右。

按上式计算出的截面，应取相近偏大的标准截面，并应校验发热条件和机械强度。

（2）有分支照明线路导线截面的选择

选择有分支照明线路干线截面的近似计算式为

$$A=\frac{\sum M+\sum \alpha M'}{C\Delta U_{al}\%}$$

式中 $\sum M$——计算线段及其后面具有与计算线段相同导线根数的线段的功率（$M=P_1$）之和；

$\sum \alpha M'$——由计算线段供电而导线根数与计算线段不同的所有分支线的功率（$M'=P_1$）之和，这些功率矩在相加之前，应分别乘以功率矩换算系数 α；

C——计算系数；

$\Delta U_{al}\%$——从计算线段的首端起至整个线路末端止的允许电压降百分值。

计算时，应从最靠近电源的第一段干线开始，依次往后选择计算各线段的导线截面。并选相近偏大的标准截面，同时校验发热条件和机械强度，以及确定中性线、保护线或保护中性线的截面。对于前一两段线路，当其后面的线路比较长的时候，往往需越级选取更大的标准截面，以使后段线路计算的导线截面不致大于前段截面。

实际电压降的计算式为：

$$\Delta U\%=\frac{\sum M}{CA}$$

在计算下一段线路的导线截面时，后面线路总允许电压降应为：

$$\Delta U_{al}\%=\Delta U'_{al}\%-\Delta U\%$$

其余依此类推，直至计算出所有分支线路的导线截面。

411. 什么是光污染？

在环境保护越来越被人们重视，照明工作者提出了“光污染”问题，人们对这个问题十分重视，作为一个新的综合性的课题，并努力着手解决。

所谓“光污染”，是指有害光照，对环境有负面影响的光照，对人们的健康和日常工作和生活有不良影响的光照。其实“光污染”的涵义是很广的，所谓广义的“光污染”概念。如紫外线以及有害射线，或刺激眼睛的光照，这些直接危及人的健康的光照，这是很明显的光污染。而广义的光污染，还没有统一的定义，而且随着人们对环境质量要求的提高，随着人们的生活水平和生活指数的提高，随着人们的追求越来越丰富，必然，对照明的要求也越来越高，提出光污染的问题，实际上是对照明系统的设计提出了更高的要求。

解决光污染问题的途径，肯定是从正确选择电源、正确选择照明器、合理的布置照明器，控制照明强度、时间、数量等方面着手。许多有经验的照明工作者，自然会凭着自己的经验和知识，能够比较好地做出设计，把这个问题处理得比较好。但是彻底有效地解决光污染问题，需要很深的理论知识和丰富的实践经验。光污染问题是涉及电学、光学、物理学，电磁兼容学、医学、美学等多学科的问题。特别是近年来电磁兼容学的提出和发展，为解决光污染问题提供了一个科学的平台，光污染问题也是电磁兼容学所涵盖内容，但是光污染问题，又有其自身的特点。光污染问题需要科技工作者、照明工作者、电工师傅共同努力，相信“光污染”这个幽灵会随风飘走的。

第十一章 电气安全

412. 电气安全包括哪些范围？

电气安全特别重要，它由电气事故所造成，给个人和国家带来重大损失，所以提出“安全第一”的口号。

电气安全包括人身安全和设备安全两大类。危及人身安全的就是人身触电，有电击和电伤两种。人身触电的方式有人体与带电导体直接接触触电、跨步电压触电和接触电压触电等。设备安全分供电系统安全，变压器、电动机、互感器、电容器、配电装置、高低压电器设备、起重机械、工业炉窑、电焊机、电气照明等电气设备的安全，电力内外线的安全……。电气安全还包括防雷击、防静电、电磁场防护、防火防爆炸等。

随着高层建筑的兴起，电气安全更为重要，并具有新的特点，如供配电系统的安全、共用天线、闭路电视、卫星电视系统的安全，通信系统的安全，电梯和自动扶梯的安全，空调制冷系统的安全，消防系统本身的安全，以及民用的家用电器安全等等。

随着电气化的发展，“电”已渗透到每个企业、单位和家庭，所以电气安全的范围就越来越广。现代工业、农业、国防和科学技术研究以及人民生活都离不开电。电，造福于人类，但如果不掌握它，它又会给人类构成威胁。减少和杜绝电气事故，保证安全用电是十分重要的。

413. 常见的电气事故有哪几种类型？

除了人身触电事故外，常见的电气事故有短路事故、电气设备爆炸及火灾事故、电气误操作事故等。

短路是电力系统中最常见的一种事故，有三相短路、两相短路、单相短路、单相接地短路、两相接地短路等。短路时电路中出现很大的短路电流，短路电流会使电气设备导体严重发热，甚至会使导体烧红、熔化、起火燃烧。短路电流通过导体会使相互间电动力大大增加，使设备损坏。短路事故发生后，电源到短路点之间的电压会突然降低，影响用电设备的正常运行，还可能破坏发电机并联工作的稳定性，使电力系统发生解列，造成大面积停电。短路事故还会影响通信线路等弱电设施的工作。

电气设备发生爆炸和火灾也是电气事故中常见的事故。造成爆炸和火灾的原因除了设备的设计、制造和安装的原因外，在运行中电气设备过热和发生电火花或电弧是引起电气火灾和爆炸的直接原因。

常见的电气误操作事故有：带负荷拉合高压隔离开关，带电挂接地线、带接地线合闸、误入带电间隔、误拉合开关。这五种恶性误操作事故危害极大，给国家和个人造成极严重的损失。

触电对人身造成严重的危害，而大部分触电事故是由违章操作所造成的，所以杜绝违章作业是保证电气安全的头等大事。

414. 有电压就能电人，对吗？什么是安全电压？

“有电压就能电人”，这句话是不对的，带电作业，特别是高压带电作业，利用等电位原理，虽有高电压，但是没有电流流过人体，这样，就不会触电。只有电流流过人体，且电流达到一定数值，人体成为电流回路的一部分时，人才会触电。

36V 及以下的电压称为安全电压，在一般情况下对人身无危害，因为人体有一定的电阻，形成的电流较小。

在潮湿环境和特别危险的局部照明和携带式电动工具等，如无特殊安全装置和安全措施，均应采用 36V 的安全电压。凡工作场所潮湿或在金属容器内、隧道内、矿井内的手提电动用具或照明灯，均应采用 12V 安全电压。

415. 什么叫触电？触电对人体有哪些危害？

所谓触电，就是当人体触及带电体，带电体与人体之间闪击放电或电弧波及人体时，电流通过人体与大地或其他导体，形成闭合回路，我们就把这种情况叫做触电。触电会使人体受到伤害，可分为电击和电灼伤两种：

(1) 电击：人体相当于一个电阻，当电压施加于人体时，形成电流。人体在电流的作用下（0.02～0.05A 时）组织细胞遭到破坏，控制心脏和呼吸器官的中枢神经会麻痹，造成休克（假死亡）或死亡，这就叫做电击。

(2) 电灼伤：电灼伤是指由于电流的热效应，化学反应，机械效应以及在电流作用下，使熔化和蒸发的金属微粒等侵袭人体皮肤，使人体的局部发红、起泡烧焦或组织破坏，严重时也可以致人于死命，此类情况即为电灼伤。

416. 电流对人体的危害程度与哪些主要因素有关？

电流通过人体对人的危害程度与通过的电流大小、持续时间、电压高低、频率以及通过人体的途径、人体电阻状况和人的身体健康状况等因素有密切关系。

通过人体的电流越大，人的生理反应越明显，引起心室颤动所需的时间越短，致命的危险就越大。

按照不同电流强度通过人体的生理反应，可将电流分成三类：

(1) 感觉电流。人体能感觉到的最小电流称为感觉电流。一般成年男性约在 1.1mA 左右（工频），成年女性约为 0.7mA 左右。

(2) 摆脱电流。触电后人能自主摆脱电源的最大电流称为摆脱电流。一般成年男性约在 16mA（工频），而成年女性约 10mA（工频）左右。

(3) 致命电流。这个电流数值将导致人触电死亡，即在较短的时间内，危及人生命的最小电流称为致命电流。一般情况下通过人体的工频电流超过 50mA 时，人的心脏就可能停止跳动，发生昏迷和出现致命的电灼伤。当工频电流达 100mA 通过人体时，人会很快致命。

电流通过人体的时间越长，对人体组织破坏越厉害，后果越严重。触电时间如果超过 1s，就相当危险。

当人体电阻一定时，作用于人体的电压越高，则通过人体的电流就越大，这样就越危险。而且，随着作用于人体的电压升高，人体电阻还会下降，致使电流更大，对人体的伤害更严重。

对人体伤害最严重的是 50～60Hz 的工频交流电。直流电对人的危害也较大。

人体触电时，当接触的电压一定时，流过人体的电流大小就决定于人体电阻的大小。人体电阻越小，流过人体的电流就越大，也就越危险。

电流总是从电阻最小的途径通过，所以随触电情况不同，电流通过人体的主要途径也不同，其危害程度和造成人体伤害的情况也不同。一般电流从左手到脚是最危险的途径。

人身体健康、精神饱满、思想集中，不易发生触电，万一发生触电时，摆脱电流相对较大；反之，若人身心健康不好或醉酒，工作精力不集中，易发生触电，触电后体力差，摆脱电流相对也小，自身抵抗力差，易诱发病源，触电后果较为严重。

417. 发现有人触电如何急救？对于触电者怎样进行抢救？

发现有人触电应立即抢救。抢救的要点，首先应使触电者脱离电源，然后根据触电情况实施紧急救护。

脱离电源的方法如下：

(1) 断开与触电者有关的电源开关；

(2) 用相适应的绝缘物使触电者脱离电源，现场可采用短路法使断路器掉闸或用绝缘杆挑开导线等。

脱离电源时需防止触电者摔伤。

急救方法如下：

触电者呼吸停止，心脏不跳动，如果没有其他致命的外伤，只能认为是假死，必须立即进行抢救，争取时间是关键，在医生到达之前或在送往医院的过程中，不允许间断救护。抢救时以人工呼吸法和心脏按摩法为主。

对于触电者进行抢救时应作到如下几点：

(1) 救护人应沉着、果断、动作迅速准确，救护得法；

(2) 救护人不可直接用手和潮湿的物件或金属物体作为救护工具，一定要严防自己触电；

(3) 防止触电者脱离电源后可能的摔伤。当触电者在高处时，应采取预防跌伤的措施；

(4) 如事故发生在夜间，应迅速解决照明的问题，以利于急救，避免扩大事故；

(5) 触电者脱离电源后，若未失去知觉，仅在触电过程中曾一度昏迷过，则应保持安静继续观察，必要时就地治疗；

(6) 如果触电者脱离电源后失去直觉，但心脏跳动和呼吸还存在，应使触电者舒适、安静地平卧，解开衣服以利呼吸。气候寒冷时，则应注意保暖，同时应迅速请医生诊治；

(7) 如果触电者呼吸脉搏心脏跳动均已停止，必须立即施行人工呼吸或心脏按摩进行救护，并在就诊途中不得中断人工呼吸或按摩。

418. 触电事故发生后，如何使触电者迅速脱离电源？

触电事故发生后，要根据不同的现场情况和条件，采取措施使触电者迅速脱离电源。可采用的方法有：

(1) 电源若在附近，可立即断开电源开关，拔去电源插头。若开关较远时，可用绝缘钳等良好绝缘的工具断开电源。

(2) 对低压触电，用干燥的木棒、塑料棍或用干燥清洁的棉织品、皮带甚至绳索等不导电的物品拔开电源。

（3）高压触电对电容器或电缆，应切断电源放电后再解救，应在确保救护人安全情况下，根据现场条件紧急断电解救。

419. 对触电者应如何进行急救？

触电者脱离电源后，应立即将其抬到空气流通、温度适宜的地方；并根据触电伤害的情况进行紧急救护，同时请医生前来抢救。

当触电者受的伤害不太严重，未失去知觉，神智清醒，能感到心慌、乏力、肢体发麻时，应使触电人休息，保持安静，并严密注视触电者有无异常变化。

若触电者还能呼吸，心脏尚在跳动但失去知觉时，应使其休息、保持安静，松开衣服以便呼吸通畅，同时加强观察。

若触电者已停止呼吸，心脏微有跳动但已失去知觉时，应立即进行人工呼吸。

若触电者停止呼吸，心脏也停止跳动且完全失去知觉时应立即进行口对口人工呼吸及胸外心脏挤压人工呼吸或用两者相结合的方法进行现场救护。

420. 常用的人工呼吸法有哪几种？人工呼吸时应注意什么？

常用的人工呼吸法有口对口人工呼吸法、牵手人工呼吸法、仰卧压胸法、俯卧压背法等。

进行人工呼吸时应注意：

（1）迅速解开触电者领扣及裤带，清除口腔内的杂物及假牙等，解除一切妨碍触电者呼吸的障碍。

（2）人工呼吸的动作要有节奏，两人替换时也要注意节奏，并保持稳定的压力。

（3）严禁给触电者注射强心剂。

（4）要保持触电者的体温并保持空气流通。

（5）坚持人工呼吸不能中断，直到触电者恢复自然呼吸为止。

（6）如触电者开始均匀呼吸时，应暂停进行人工呼吸。

421. 采取哪些措施可以防止触电事故的发生？

为防止发生触电事故，应该采取的主要防范措施有：相线必须接有开关，进行电器接线时，应考虑减小触电的可能性，合理选择照明电压，合理选用导线与熔丝，必须保证电气设备具有一定的绝缘电阻，正确安装电气设备，尽量避免带电作业，做好电气设备的保护接地或保护接零，严格按安全工作的一系列规程、规范和制度进行电气作业。

422. 能否在380V电源线路带电并接负载？能否带电检修照明灯拉线开关？应注意些什么？

带电作业是电工作业的重要内容，在不停电情况下，在380V电源线路上并接负载和带电检修照明灯拉线开关是经常的，带电作业是可以的。

但是在操作时，必须注意，人体要在和大地绝缘的情况下进行。如穿好绝缘鞋，站立在干燥的木梯、木桌、木凳上；在接三相电源时，应剥开一相，接好一根相线，用绝缘胶布包好绝缘处理后，再剥开第二根相线，接好后再包好绝缘，最后剥开第三根相线，接好后绝缘处理妥善，这个一相一相的并接程序很重要，可以避免相间短路。带电检修拉线开关时，应注意人手切忌接触墙壁，特别是潮湿的墙壁。最后强调一点是，带电作业必须在有人监护情况下进行。

423. 电工作业时，应注意的主要安全事项有哪些？

人们在进行电工作业时，应注意的主要安全事项有：

（1）任何电气设备在未确认无电以前，应一律按有电状态进行处理和作业。

（2）一般情况应在切断电源后，并用试电笔测试确认无电后才能进行作业。

(3) 切断电源开关后，必须挂上标志（停电）牌，必要时派专人监守，然后进行作业。

(4) 在电容器上作业时，除必须切断电源外，还必须对电容器进行放电。对高压设备要求更严格。

(5) 有数人同时进行电工作业时，必须有作业负责人指挥。作业完毕送电必须由作业负责人发令。电工作业不允许一人单独作业。

(6) 如需低压带电作业，应严格按规程进行。

424. 什么叫保护接地？什么叫保护接零？保护接地如何起到保护人身安全的作用？

在 1000V 及以下供电系统中，将电气设备的金属外壳或框架，用良导体与大地之间（即接地装置）做良好的电气联接，称为保护接地。

在 1000V 及以下供电系统中，将电气设备的金属外壳或框架，用良导体同供电系统的零线做良好的电气联接，称为保护接零。

采用保护接地措施后，当人体触及漏电的电气设备时，人体是与接地装置并联的，而接地装置的接地电阻规定为 4Ω，一般情况人体电阻为 1000～2000Ω，接地电阻比人体电阻要小很多。接地电流大部分经接地装置流入大地，而流入人体的电流则相当小，因此，对人的危害小，从而起到保护人身安全的作用。

425. 对接地装置中的接地线有何要求？

接地线的截面积由电源容量决定，通常其载流能力不应小于相线允许载流量的 1/2。但接地线的最小截面，对绝缘铜线为 1.5mm^2，对裸铜线为 4mm^2，绝缘铝线为 2.5mm^2，裸铝线为 6mm^2。而裸铝线用作接地线时，严禁埋入地下。

426. 重复接地的接地点应在何处设置？怎样减小其接地电阻？

应在下列地方设置重复接地的接地点：

(1) 架空线路的终端及长度超过 200m 的分支线的分支处和终点。

(2) 对相当长的线路，在直线部分每隔 1km 处。

(3) 当高、低压线路在电杆上共同敷设时，在两终端杆的低压线路零线上。

(4) 高、低压线路共同敷设，长度超过 500m 的低压线路分支线的分支处。

(5) 利用金属外皮作为零线的低压电缆线路。

为减小接地电阻，应将接地体垂直埋设，其长度通常为 2～3m。如接地体处的土壤导电性差，可填入盐类等物质。如单根接地体的接地电阻达不到要求时，可用多根接地体并联起来组成复合接地体，并各接地体之间的距离要足够大，这样可有效地减小接地电阻。

427. 智能建筑的接地系统的重要性是什么？

在建筑物供配电设计中，接地系统设计占有重要的地位，因为它涉及到供电系统的可靠性与建筑物、人身和设备的安全性。长期以来电气设计者对建筑物接地系统的探索与研究从未中断过。随着社会的发展及科技的进步，建筑物的接地系统也不断地得到完善与发展。尤其进入到 20 世纪 90 年代，大量的智能化大楼的出现，对接地系统提出了更高的要求。也就是说，这类建筑物，对防雷接地、工作接地、保护接地、防静电接地、屏蔽接地、直流接地（信号接地、逻辑接地）等设计提出了新的更高的要求。

具体来说，智能化大楼内有电子计算机及其网络系统、通信自动化系统（CAS）、大楼自动化系统（BAS）、办公自动化系统

(OAS)、电缆电视及卫星电视系统、火灾报警及消防联动系统、安保监控系统、扩声和音响系统、电梯自动化系统等大量电子设备及其布线，加上应有的电力、照明设备及其布线系统。各系统对接地要求都各不相同，同时他们之间既具有互为依存的一面，也具有相互排斥与干扰的一面。因此，说明智能化系统的接地问题具有相当的多样性和复杂性。如果接地系统设计不当，会直接影响到智能化系统功能与价值，造成极为严重的经济损失。

因此，通过了解各类设备的性能及其系统的接地要求，进行供电接地系统的选择、大楼内各种构件及设备功能接地的可操作性设计及统一接地的具体实施来解决智能化系统的接地系统问题。能给智能建筑物造就一个非常好的安全、精确的运行环境。

428. 什么是 TN-C 系统？

TN-C 系统称之谓三相四线，该系统中性线 N 与保护接地线同获得一个等电位基准点等措施，那么 TN-C-S 系统可以作为智能型建筑物的一种接地系统。见图 11-1。

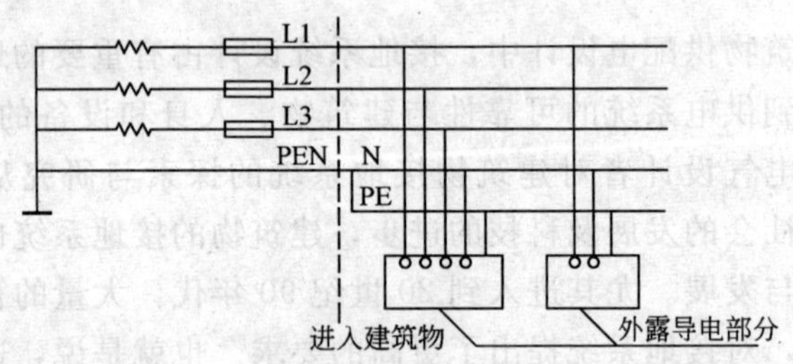

图 11-1 TN-C-S 系统

429. 什么是 TN-S 系统？

TN-S 系统是一个三相四线加 PE 线的接地系统。建筑物内设有独立变配电所时采用该系统。TN-S 系统的特点是，中性线

N与保护接地线PE仅在变压器中性点共同接地。两线不再有任何的电气连接。中性线N是带电的，而PE线不带电。PE线连接的设备外壳及金属构件在系统正常运行时，始终不会带电，该接地系统完全具备安全性和可靠的基准电位。只要像TN-C-S接地系统，采取同样的技术措施，TN-S系统是可以用作智能建筑物的接地系统。如果计算机等电子设备没有特殊的要求时，一般都采用这个接地系统。见图11-2。

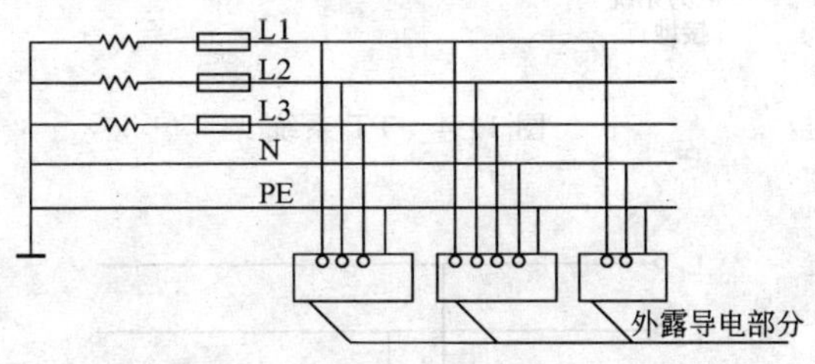

图11-2　TN-S系统

另外，整个系统的中性线与保护线是合一的TN-C系统，见图11-3。

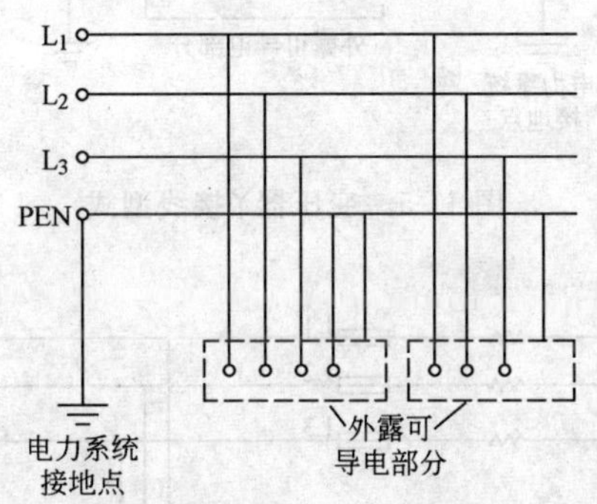

图11-3　TN-C系统

TT系统，见图11-4。

变压器Y接线型式，见图11-5。

IT系统，见图11-6。

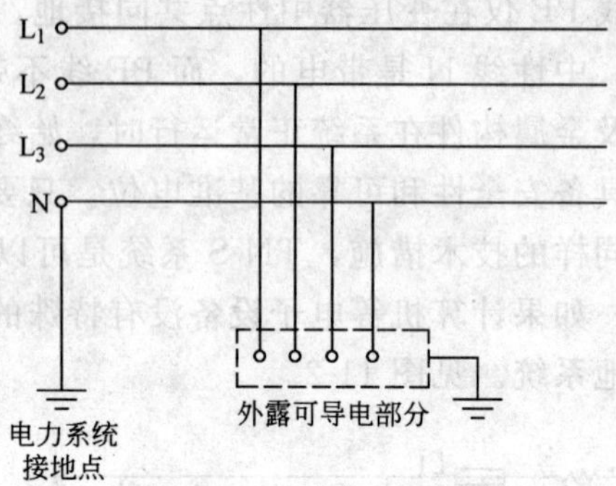

图 11-4 TT 系统

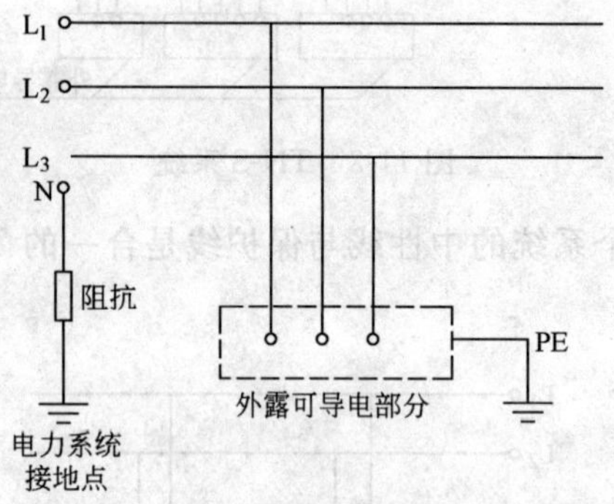

图 11-5 变压器丫接线型式

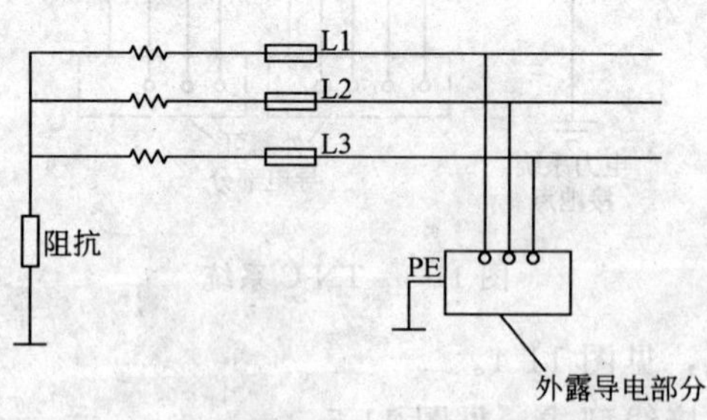

图 11-6 IT 系统

430. 怎样进行系统接地方式的选择？

对于智能型建筑来说，到底选择哪些接地系统为好，首先必须了解智能型建筑对接地系统有哪些具体要求及建筑物具体供电的环境，才能比较准确地选择接地系统。

TN-C 系统适用于一般工业厂房内三相负荷比较平衡的动力负荷。由于 PEN 线上流过的不平衡电流较小，其截面可以小于相线截面。可以节省一根专用保护接地 PE 线。在采用过电流保护时，因故障回路阻抗相对较小，故障电流相对较大，所以保护动作灵敏度较高。但 TN-C 系统的安全水平较低，不适用于有爆炸和火灾危险厂房内，也不适用于有大量单相负荷存在的民用建筑内。

TT、IT、TN-S 系统适用于爆炸和火灾危险的厂房内。IT、TT 系统更安全，尤以 IT 安全性最好，但在民用建筑中很难做到相线对地绝对绝缘，将会使接地故障信号经常出现，使之无法使用。

IT 系统也适用于某些不间断供电要求较高的场所，但不适用于有大量三相及单相用电设备混合使用的场所，因为 IT 系统中不能配出中性线 N。

TN-S、TN-C-S 系统适用于民用建筑及科研试验单位。因该类单位单相负荷较多，有的还含有晶闸管（可控硅）、荧光灯等之类的负荷，电路中三次谐波电流较大，再加上不平衡电流的存在，使中性线带有较大的电流，这些场所采用 TN-C 系统是极不安全的。而 TN-S，TN-C-S 系统中有专用不带电的保护接地 PE 线，使安全性大大提高。

由城市公用低压线路供电的民用建筑和工厂按供电部门规定应采用 TT 系统。对于负荷分散、线路长的场所，宜就地设置接地极，采用 TT 系统。

由区域变电所单独供电的民用建筑，采用 TN-C-S 系统比较适合。附设有变电所的高层建筑，采用 TN-S 系统，可方便地自变压器中性点引出 PE 线，只要接地良好，PE 线的对地电位很低，提高安全水平。

精密电子设备和电子计算机使用的场所，对接地形式往往各有不同要求，应按其要求选用合适的接地形式，当无这方面技术要求时，宜采用 TN-S 系统。

智能建筑物，除了有大量常规的强电设备，还增加了大量的弱电的电子设备，为了达到正常精确运行，他们的信息接地或逻辑接地（通称直流接地）必须具有一个比较稳定的基准地电位。而且设备还要防止一切外来的电磁干扰，必须有屏蔽与抗静电接地。当然设备外壳也必须有接地保护，保护人身安全。

除了电子设备本身对接地系统的要求外，还有建筑物所处供电环境也必须考虑。

根据上述要求，TN-C 系统尽管它简单、经济，但不能满足智能型建筑物的要求，由于 N 线带电被接在外壳时，不仅危险，而且会对电子设备干扰，找不到一个基准地电位点。因此，智能型建筑是绝不能采用 TN-C 系统的。

对于 TN-C-S 及 TN-S 系统，他们都具备了中性线 N 与保护接地线 PE，设备外壳接在不带电的 PE 线上，这样既安全，设备也无电干扰。尽管 N 线带电，可能引起接地电位有些浮动，但由于 PE 线、N 线、直流接地线采用同一点接地，这一点的地电位始终相同，这就是智能型建筑物所需要的基准工作电位。因此对于由区域变电所供电的智能型建筑物，可采用 TN-C-S 系统；对于有自设变电所的智能型建筑物，可采用 TN-S 系统。

对于 TT 系统，同样有 N 线与 PE 线，而且无一点电气连接，接地点电位更稳定，只要将 PE 线与直流接地线同一点接地作为基准电位，可以防止干扰。TT 系统仅对一些取不到区域变电所单独供电的智能型建筑物适用，也就是供电来自公共电网的建筑物。但由于公共电网的供电可靠性及供电质量都不高。为了保证电子设备的正常准确运行，还必须采取一些技术性措施。

IT 系统显然也能找到电子设备所需要的基准电位，保护接地也比较安全，但由于现在大量单相用电设备都是220V，因此在该系统中要增加变电设备，才能使建筑物运作起来。实际情况，只有少量的或特殊的智能型建筑物才使用该系统。

综合上述分析，根据实际情况，目前TN-S系统是最适合于智能型建筑的接地系统。

431. 为什么要采用统一（联合）接地系统？

采用统一（联合）接地系统，可以把复杂多样的智能化大楼接地系统设计条理化，使设计者思路清晰，设计合理正确。同时采用归纳的手法，将各种接地系统，统一在一个完整的接地系统中。

432. 统一接地体是怎样构成的？

统一接地体，是利用大楼桩基钢筋，作为自然接地体，设计时将外圈桩基钢筋用40mm×4mm镀锌扁钢或D12mm钢筋闭环连成一体，有条件且方便地可以将所有桩基与闭环连接。这一工作也可能在土建制造承台面时完成。不管哪种情况完成，在设计统一接地体时，必须画制桩基钢筋平面连接图，见图11-7。

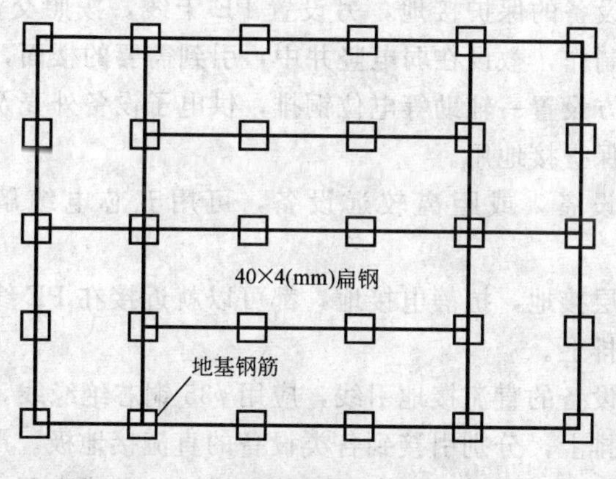

图11-7 桩基钢筋平面连接图

（统一接地体）

433. 各种功能接地线是怎样构成的?

在 TN-S 系统中，中性线 N 与变压器中性点一起接地，也可以接在总等电位铜排上，此外 N 线严禁与任何“地”有电气连接。N 线是各设备的功率接地线。

交流设备保护接地，应设置 PE 干线，采用裸铜排，截面按表 11-1 选择。敷设在强电竖井中，引到各个楼层，在每一楼层，接近用电设备的地方，设置一辅助等电位铜排，宜用绝缘子支承铜排，与防雷系统隔离。设备外壳及设备附近非带电导体，用 $\phi 6$ 及以上铜芯黄绿色绝缘线连接到辅助等电位铜排上。PE 干线下端与总等电位铜排连接。

铜排截面积　　表 11-1

相导线的截面积 S(mm²)	相应保护导体的最小导线的截面积 S_p(mm²)
$S \leqslant 16$	S
$16 < S \leqslant 35$	16
$35 < S \leqslant 400$	$S/2$
$400 < S \leqslant 800$	200
$S > 800$	$S/4$

电子设备的保护接地，另设置 PE 干线，按照交流设备 PE 干线同样制作，敷设在弱电竖井中，引到需要的楼面，接近电子设备的地方设置一辅助等电位铜排，供电子设备外壳及附近的非带电导体保护接地用。

单台设备，或距离较远设备，可用五芯电缆解决 PE 接地线。

屏蔽层接地，抗静电接地，都可以就近接在 PE 线上或辅助等电位铜排上。

电子设备的直流接地引线，应用 $\phi 35$ 铜芯绝缘线，各自从总等电位铜排上，分别引接到各类设备的直流接地极。严禁与其他接地系统混接。敷设时应穿金属管、槽，暗敷或在弱电竖井中明敷。金属管、槽必须有接地连续性措施，两端与 PE 线连接。

各种接地引线，要有明确区别标志，特别要注意中性线 N、保护接地线 PE（黄绿双色绝缘）、直流接地线的区别。

434. 统一接地的阻值要求是什么？

统一接地的接地电阻，按规范规定必须≤1Ω。这一阻值要比各种分散接地体的阻值严格得多，这主要是为了防止各种接地带来的干扰电流能迅速地泄入大地，而不产生地电位值有较大的浮动，导致电子设备被干扰。采用统一接地体时，必须利用大楼所有桩基作自然接地体。利用大楼桩基钢筋作为自然接地体的接地值均可达到≤1Ω。若采用统一接地，接地阻值如果达不到≤1Ω时，必须增加人工接地体或采取降阻措施。

435. 直流电流对人体有哪些影响？

电流对人体的刺激作用与电流幅值的变化有关，特别是在接通和开断电流时，对于同样的刺激效应，恒定不变的直流电，其幅值要比交流电大 2～4 倍。对于电流冲击时间长于一个心脏周期的例子，直流/交流等效系数（即一个直流电流与能产生同样致颤概率的等效交流电流有效值之比）等于 3.75。

直流电的感知阈值取决于接触面积、接触状态（干湿、压力、温度）、电流的持续时间，以及人的生理特点等。直流电与交流电不同，在感知电流值时，电流在流动期间内人没有感觉，只有在接通和断开时人才感知。在相同条件下，直流电的感知阈值为 2mA。

与交流电不一样，在电流幅值低于 300mA 时，直流电流没有确定的摆脱阈值，只是在电流接通或断开时，才会引起疼痛和肌肉像夹住一样收缩。在高于 300mA 但低于致颤阈值时，摆脱几乎是不可能的，只是在冲击持续几秒或几分钟后才有可能摆脱。

直流电对于诱发心室纤维性颤动的阈值也取决于生理特点和电参数。例如对于持续时间长于一个心脏跳动周期的电流冲击，直流电的致颤值比交流电的要高几倍；对于持续时间短于 200ms 的电流冲击，直流电和交流电的致颤值大致相等。

直流电流流过人体时，当电流在 300mA 以下时，有发热的感觉。当达 300mA 时，可能引起可恢复的心律不齐、电流伤痕、烧伤、头晕，甚至失去知觉。在电流高于 300mA 时，会造成休克。

436. 静电对人体有什么影响？

在带电导体周围有电场产生，在高压输电线路和变电所设备周围，就存在高压电场，根据静电感应原理，在周围的物体上会有电荷积累。有时还因为其他原因，如摩擦起电等，物体上就带有静电，甚至衣物和纸张上带有静电，给人有很强的刺激，黑暗中还能看到许多火花，并发出噼啪的声响，带静电的纸张还像一把锋利的刀子，将人体特别是手指割破。人体接触带静电荷的物体，电荷向人体移动，有时像一个电容器对电阻放电，有时像一个电容器向一个电容充电，对人体产生电击的感觉。

静电电荷的瞬时电击对人体的安全极限，尚没有统一的标准，虽然尚未发现静电电击危及人的生命安全，但近年静电的发生频繁，静电感应的现象繁多，值得人们重视。

437. 什么是电击，电击对人体有什么危害？

电击就是触电，绝大部分的触电死亡事故都是电击造成的，人体触及带电体，或和高压电距离太近，以及雷击或电容放电等，都可能导致电击。

电击是电流对人体器官的伤害，例如破坏人的心脏、肺部和大脑神经系统等，严重时会造成麻木、休克和死亡。电击时伤害程度主要取决于电流的大小和触电持续时间。

较大的电流，例如大于 50mA，当流过呼吸中枢时，会使呼吸肌麻木，痉挛，甚至引起缺氧性心脏停搏。触电持续时间较长时，会引起呼吸肌抽缩，甚至引起缺氧性心脏停搏。触电时，会引起心室纤维颤动或严重心律失常，严重时导致大脑缺氧而死亡。

电击对人体危害极大，所以必须采取各种安全措施。

438. 什么是电伤，对人体有什么危害？

电伤是指触电时电流的热效应、光效应、化学效应以电刺激引起对人体的伤害，电光能伤害人的眼睛，有的会在肌体上留下伤疤。常见的电伤有电弧烧伤（电灼伤）、电烙印和皮肤金属化等。

电弧烧伤是最常见的电伤，在电工作业时引起电路短路或误操作时，开关引起的电弧，烧伤手部、面部等，严重烧伤，还会引起肌肉坏死，严重时致残、致死。

电烙印也是电伤的一种，当电流较长时间通过人体时，由于电流的热效应和化学效应，使接触部位的人体肌肤发生变质，变色、形成肿块，犹如烙印、故称为电烙印。电烙印一般不发炎，不化脓、不出血。皮肤硬化、麻木。

在电弧作用下，金属微粒渗入皮肤，使皮肤粗糙、坚硬，导致皮肤金属化。

439. 什么是跨步电压，怎样防止跨步电压触电？

当电气设备或线路（特别是高压线）发生接地故障时，接地电流通过接地体将向人地四周流散，这时在地面上形成分布电位，要 20m 以外，大地电位才等于零。人若在接地点周围行走，特别垂直接地中心圆周切线时，也即半径方向，两脚之间就有电位差，这就是跨步电压。由跨步电压引起的人体触电，称为跨步电压触电。

跨步电压的大小决定于人体离接地点的距离和人体两脚之间的距离。离接地点越近，两脚之间的距离越大，则跨步电压的数值越大。

为了防止跨步电压触电，保护人身安全，当高压设备发生接地时，室内不得接近故障点 4m 以内，室外不得接近故障点 8m 以内。进入上述范围人员必须穿绝缘靴，接触设备的外壳和构架时，应戴绝缘手套。雷电天气，需要巡视室外高压设备时，应穿绝缘靴，并不得靠近避雷器和避雷针。万一发现自己在高压线接地处附近，应迅速停止走动，将两脚并拢，双脚一起蹦跳，背离接地点，沿半径方向，脱离危险地区，再通知专业人员进行处理。

440. 防止触电，保证人身安全的必要措施有哪些？

防止人身触电，保证安全的重要性是众所周知的，但是一定要采取必要的技术措施和管理措施。

主要的技术措施有：采取保护接地和保护接零，采用安全电压，装设触电保安器等。

任何事物，有矛就有盾，触电的机理就是电流引起，由于“导电”的原因，“导电”是矛，则盾就是绝缘，所以电工作业时的安全用具，例如绝缘棒、绝缘夹钳、绝缘手套、绝缘靴（鞋）、绝缘站台、绝缘垫、绝缘毯、验电器等，是防止触电、保证人身安全必须采用的用具。

管理方面，建立工作票制度、工作许可制度、工作监护制度、工作间断、转移和终结制度等都是必要的措施。

在全部停止或部分停电的电气设备上工作，必须完成停电、验电、装设接地线、悬挂标示牌和装设遮栏等措施。交接班制度、巡回检查制、倒闸操作制、定校切换制、运行分析制、检修验收制、技术培训制、资料管理和设备管理制度都是保证安全的必要措施。

万一发生人身触电事故后，保持镇静，首先解脱电源，对触电者迅速诊断，对心肺骤停的触电者，进行心肺复苏的急救措施，在抢救过程中对触电者进一步判定，或由医生和医院来进行抢救。对杆上和高处触电者，要进行正确的高处抢救方法。

对于电伤和因触电造成的外伤，也应采取正确的外伤处理。

只要措施有保证，思想重视，人身触电安全事故是可以避免的。

441. 雷电是怎样形成的？

雷电是大气中的一种自然放电现象。通常可这样解释：地面的湿气受热上升，在空中与不同冷热气团相遇，凝结成水滴或冰晶，形成积云。积云在运动过程中受到强烈气流撞击作用，使电荷发生分离，形成带正、负不同电荷的雷云。在气流强烈撞击和摩擦下，雷云中的电荷越聚越多，形成正、负不同雷云间的强大电场。带电雷云临近地面时，由于静电感应，使大地或建筑物感应出与其极性相反的电荷，这样，雷云与大地或建筑物之间也形成很强大的电场。

雷云中的电荷积聚到足够数量，使电场强度达到25～30kV/cm时，就会使正、负雷云之间或雷云与大地之间的空气绝缘击穿，发生先导放电。当先导放电到达另一雷云或大地时，则进入主放电阶段，其放电电流为雷电流，可达几十万安培，电压可达几百万伏，温度可达2万摄氏度。在几个微秒的时间内，使周围空气猛烈膨胀，出现耀眼的光亮和巨响，称为雷电，也就是通常所说的“打闪”和“打雷”。

442. 雷电的种类有哪些？

雷云与大地之间的放电会产生很大的破坏作用，雷电的种类有：

（1）直击雷

雷云直接对建筑物或地面上的其他物体放电的现象称为直击雷。雷电直接击中建筑物或其他物体时，会产生很大的雷电流，并在其阻抗上产生较高的电压降。建筑物的顶部突出部分或高层建筑物的侧面容易受到直击雷的作用。

（2）感应雷

感应雷又称雷电感应，分为静电感应雷和电磁感应雷两种。

静电感应雷是当雷云接近地面时，由于静电感应会在建筑物上感应出大量异性电荷，当雷云向附近物体或其他雷云放电后，建筑物的电荷来不及立即疏散，残留电荷会产生很高的对地电位，如果沿导线、金属管道传入室内，有可能发生放电，引起火灾，爆炸，将危及人身安全。

电磁感应雷是当发生雷击时，雷电流的变化非常迅速，在周围空间产生迅速变化的强磁场，地面上或建筑物中的金属导体，由于电磁感应，则会产生感应电动势，如果是开口的环形导体，在开口处可能产生过电压或火花放电。

(3) 雷电波侵入

雷电波侵入又称高电位引入。当架空线或金属管道遭到雷击，以及由于雷云在附近放电，使架空线或金属管道感应出很高的电动势，这个高电位沿线路或管道迅速传进建筑物内部，称为雷电波侵入。雷电波侵入时，可能发生火灾及触电事故。

443. 雷电有哪些危害？

雷电的破坏作用主要是由雷电流的热效应、电磁效应及机械效应所引起。

(1) 雷电的热效应

遭受雷击的建筑物、树木等，因通过强大的雷电流，会产生极大的热量，但在极短的时间内又不易散发出去，所以会使金属熔化，树木烧焦。当雷电流流过易燃易爆物体时，会引起火灾和爆炸等重大事故。

(2) 雷电的电磁效应

雷电流很大且变化迅速，在其周围会产生强大的电磁场，使附近导体上产生很高的感应电压，其幅值可达几十万伏。它足以击穿一般电气设备的绝缘，造成短路，导致火灾和爆炸。有时还会沿着导线或金属管道将高压引进建筑物内，造成设备和人身事故。

(3) 雷电的机械效应

强大的雷电流会产生巨大的电动力，在巨大的机械力作用下可摧毁设备、建筑物、造成房屋倒塌，物体劈裂等严重事故。

由以上可知，雷击对建筑物会造成巨大危害，对建筑物和电气设备应采取必要的防雷措施。

444. 建筑物的防雷等级有几级？

建筑物的防雷分类是根据建筑物的重要性、使用性质、影响后果等来划分的，不同性质的建筑物其防雷措施是不同的。在建筑电气设计中，把建筑物按照防雷等级分成三类。

（1）第一类防雷的建筑物：

1）凡在建筑物中制造、使用或贮存大量爆炸物质，或在正常情况下能形成爆炸性混合物，因电火花而引起爆炸，造成巨大破坏和人身伤亡者。

2）具有特别重要用途的建筑物，如国家级的会堂、办公建筑、大型展览会建筑、特等火车站、国际性的航空港、通讯枢纽、国宾馆、大型旅游建筑、国家级重点文物保护的建筑物、超高层建筑物等。

（2）第二类防雷的建筑物：

1）特征同第一类第1）条，但不致造成巨大破坏和人身伤亡者；或在不正常情况下才能形成爆炸性混合物，因电火花而引起爆炸造成巨大破坏和人身伤亡者。

2）重要的或人员密集的大型建筑物。例如部、省级办公楼；省级大型集会、展览会、体育、交通、通讯、广播、商业、影剧院建筑等。

3）省级重点文物保护的建筑物。

4）十九层及以上的住宅建筑和高度超过50m的其他民用和一般工业建筑物。

（3）第三类防雷的建筑物：

1）凡不属第一、二类防雷的一般建筑物而需要作防雷保护者。

2）建筑群中高于其他建筑物或处于边缘地带的高度为 20m 以上的民用和一般工业建筑物；建筑物超过 20m 的突出物体。在雷电活动强烈地区其高度可为 15m 以上，雷电活动较弱地区其高度可为 25m 以上。

3）高度超过 15m 的烟囱、水塔等孤立的建筑物。在雷电活动较弱地区，其高度可在 20m 以上。

4）历史上雷害事故严重地区的建筑物。

445. 建筑物的防雷措施有哪些？

建筑物的防雷措施，应根据环境条件、雷电活动情况和建筑物的特点而采取不同的措施。对于第一、二类防雷等级的建筑物，应有防止雷击和雷电波侵入的措施，对于第三类防雷等级的建筑物，应有防止雷电波沿低压架空线侵入的措施。

(1) 防直击雷的措施

建筑物为防止直接雷击，应装设防雷装置。一套完整的防雷装置由接闪器、引下线和接地装置三部分构成。见图 11-8。

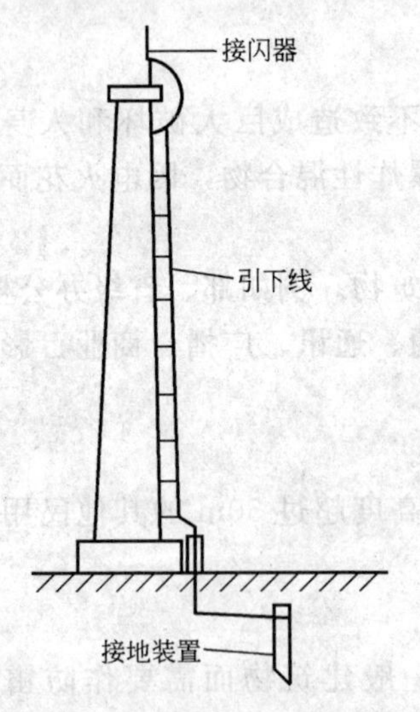

图 11-8 烟囱避雷针示意图

接闪器是用来吸引雷电的，是直接遭受雷击的部分。其基本形式有避雷针、避雷带、避雷网等，它们安装在建筑物顶部，用金属材料制成，建筑物的金属屋顶和金属构件，如金属烟囱、金属栏杆、风管等，都可兼作接闪器。

避雷针为针型导体，如图 11-8 所示，独立且高于被保护建筑物，或安装在建筑物突出部位，像伞一样保护下面的建筑物免遭直接雷击。它常用于保护重要建筑物。

避雷带是在建筑物容易遭受雷击的地方，如屋脊、屋檐、屋角、女儿墙等处安装用圆钢或扁铁制成的条形长带，这是一种很有效的保护办法，广泛应用于一般建筑物。

避雷网是在避雷带的基础上增加一些带状导体，将屋面上纵横敷设的避雷带组成网格。对于防雷等级不同的建筑物，规范所确定的网格大小也不同，它通常只用于重要建筑物的防雷。

各种接闪器所用材料及尺寸必须满足机械强度和耐腐蚀性要求，一般用镀锌圆钢和扁钢制成，其尺寸列于表 11-2 中，它们还应有足够的热稳定性，以能承受雷电流的热破坏作用。

接闪器所用材料尺寸 **表 11-2**

类 别	规 格	直径(mm)		扁 钢	
		圆钢	钢管	截面(mm^2)	厚度(mm)
避雷针	针长 1m 以下者	12	20	—	—
	针长 1m 以上者	16	25	—	—
	针在烟囱上	20	—	—	—
避雷网(带)	网格 6×6～10×10(m)	8	—	48	4
	网或带	12	—	100	4

接闪器通过引下线与接地装置相连，引下线的作用是构成雷电流的通路，引下线一般用圆钢或扁钢制成，其截面大小应能承受通过雷电流。也可利用建筑物的金属构件、建筑物钢筋混凝土内的钢筋作为防雷引下线，用焊接方法使其构成电气通路。

接地装置是埋设在地下的金属导体，它的作用是使雷电流迅速流散到大地中去，限制防雷装置对地电压过高。接地装置一般采用垂直埋设角钢、圆钢、钢管或水平埋设的扁钢、圆钢组成，也可利用建筑物的钢筋混凝土基础内的钢筋，埋设在地下的金属构件等作为接地装置。

避雷针、避雷带、避雷网是防直击雷的防雷装置，其作用原理是：将雷电引向自身，使雷云与接闪器之间放电，通过引下线将雷电流引入地下，由接地装置将雷电流迅速流散到大地之中，从而保护了附近建筑物免遭雷击。

(2) 防感应雷的措施

为了防止感应雷，可在建筑物屋面上安装收集电荷的金属装置，用来收集感应静电荷。建筑物内的管道、构件、钢窗等金属物，均应通过引下线与接地装置相连。当建筑物上空雷云放电后，建筑物上残留的电荷可通过引下线迅速引入大地，从而防止建筑物出现高电位。因此，避雷带、避雷网不仅能防直击雷，还可防止感应雷的危害。

对平行敷设的金属管道，金属构架、电缆外皮等，当距离较近时，应按规范要求，每隔一定距离用金属线跨接起来。

(3) 防雷电波侵入措施

雷电波的侵入，是由于雷电对架空线或金属管道的作用，雷电波沿着这些管线侵入建筑物内，损坏设备或危及人身安全。

为防雷电波侵入建筑物，可安装避雷器和保护间隙，将雷电流在室外引入大地。

避雷器可用来防止雷电产生的高电位沿线路侵入建筑物。常用的有阀型避雷器，它由火花间隙和阀型电阻片串联而成，装在密封的瓷导管内。火花间隙用铜片制成，每对间隙用云母垫应隔开，正常情况下，火花间隙对工频电流处于断路状态，但当线路受到雷击出现过电压时，火花间隙被击穿放电。

阀型避雷器的符号见图 11-9 (*a*)。它里面的阀型电阻片具

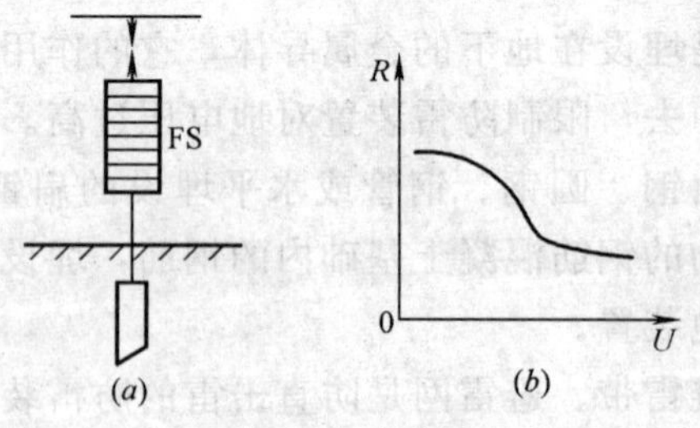

图 11-9　阀型避雷器

(*a*) 符号；(*b*) 特性曲线

有非线性特征，电压正常时，阀片电阻很高，但当过电压时，阀片则呈很低的电阻，其特性曲线见图 11-9 (*b*)。阀型避雷器在过电压作用下，火花间隙击穿，阀片电阻很小，能使雷电流畅通地流入大地。当过电压消失后，线路恢复工频正常电压，阀片又呈现很高的电阻，火花间隙也恢复绝缘，从而线路恢复正常工作。

保护间隙是一种简单经济的防雷设备，如图 11-10 所示。由于制成角型，所以又称羊角间隙，其中一个电极接入线路，另一个电极接地。

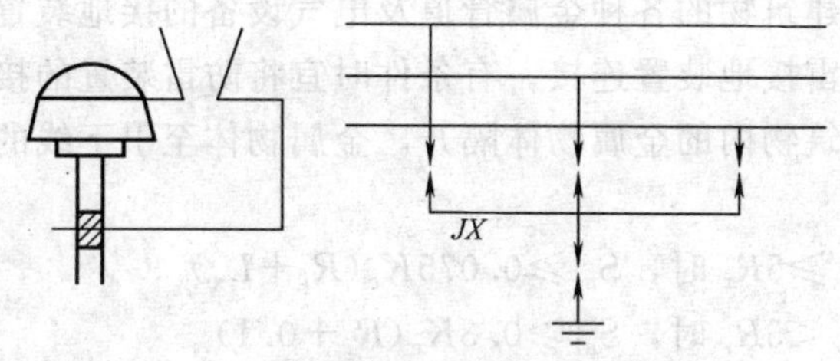

图 11-10　羊角间隙

在正常情况下，由于有空气隙，它把大地与线路隔开。遇雷击时，过电压将空气隙击穿，使雷电流泄入大地，过电压就不会引入建筑物内部。

安装避雷器和保护间隙是防止雷电波由输电线进入建筑物的有效措施。另外，可把进入建筑物的各种金属管道和各种线路全线埋入地下引入，并在入户处将其相应部分接地。电缆进线时在入户端将其金属外皮接地，当采用架空线入户时，在入户处或接户杆上应将绝缘子的铁脚接到接地装置上。

446. 防雷接地标准设计规范中对防雷接地设计的一般要求是什么？

由于防雷接地的重要性，因此在防雷标准或防雷规范内都作了具体的要求。把建筑物分成一类、二类、三类防雷保护。由于智能型建筑一般都是重要建筑物，因此大部分智能化大楼应按照一类防雷保护设计，为防止雷电波的侵入，进入建筑物的各种线路及金属管道宜采用全线埋地引入，并在入户端将电缆的金属外皮、钢管及金属管道与接地装置连接。当全线埋地电缆确有困难而无法实现时，可采用部分直接埋地引入，但电缆埋地长度不应小于 15m，其入户端电缆的金属外皮或钢管应与接地装置连接；在电缆与架空线连接处，还应装设避雷器，并与电缆的金属外皮或钢管及绝缘子铁脚连在一起接地，其冲击接地电阻不应大于 10Ω。

进出建筑物的各种金属管道及电气设备的接地装置，应在进出处与防雷接地装置连接。有条件时宜将防雷装置的接闪器和引下线与建筑物内的金属物体隔开。金属物体至引下线的距离应符合公式：

当 $L_x \geqslant 5R_i$ 时，$S_{a1} \geqslant 0.075K_c(R_i+L_x)$ (1)

当 $L_x < 5R_i$ 时，$S_{a1} \geqslant 0.3K_c(R_i+0.1)$ (2)

$$S_{a2} \geqslant 0.075K_cL_x \quad (3)$$

的要求。

地下各种金属管道及其他各种接地装置距防雷接地装置的距离应符合下列公式：

$$\geqslant 0.3K_cR_i \quad (4)$$

式中 S_{a1}——当金属管道的埋地部分未与防雷接地装置连接时，引下线与金属物体之间的空气中距离（m）；

S_{a2}——当金属管道的埋地部分已与防雷接地装置连接时，引下线与金属物体之间的空气中距离（m）；

R_i——防雷接地装置的冲击接地电阻（Ω）；

L_x——引下线计算点到地面长度（m）；

K_c——系数，按图 11-11 确定。

如达不到时应相互连接，其连接导线的最小截面应按表 11-3 和表 11-4 选择。

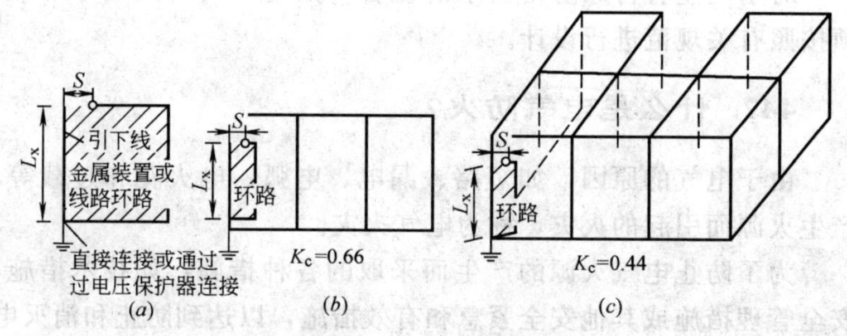

图 11-11 K_c 值图

流过大部分雷电流的连接导线的最小截面积　　表 11-3

防雷类别	材　料	截面(mm^2)
一、二、三类	Cu(铜)	16
	Al(铝)	25
	Fe(铁)	50

流过很小部分雷电流的导线的最小截面积　　表 11-4

防雷类别	材　料	截面(mm^2)
一、二、三类	Cu(铜)	6
	Al(铝)	10
	Fe(铁)	16

流过大部分雷电流的连接导线的最小截面见表 11-3。

流过很小部分雷电流的连接导线的最小截面见表 11-4。

建筑物内的各种竖向金属管道每三层与圈梁或均压环的钢筋连接一次。底部应与防雷装置相连。

为了防侧击雷，应将 30m 及以上部分外墙上的栏杆、金属门窗等较大金属物直接或通过金属门窗埋铁与防雷装置相连。

延伸至屋顶外的金属管道与构件，除保证其在接闪器保护范围内外，尚应在户内、户外与防雷装置相连。

对于一些有特殊防雷要求的设备（如电视共用天线等），必须按照有关规范进行设计。

447. 什么是电气防火？

由于电气的原因，如短路、漏电、电弧、电火花和过载等，产生火源而引起的火灾，称为电气火灾。

为了防止电气火源的产生而采取的各种措施，如技术措施、安全管理措施或其他安全紧急和有效措施，以达到防止和消灭电气火灾的目的，称为电气防火。

电气防火是研究电气火灾形成的原因和机理，以及电气安全、安全防火设施和手段，防止电气火灾事故发生的一门科学。它是“安全工程学”门类中的一个分支学科。它与电气的设计、安装、施工、运行、维护和修理等工程问题不可分割，涉及的问题非常广泛，研究的内容十分丰富。如有电气防火技术、消防电源及其供配电的可靠性、电气火灾原因分析和事故性质鉴别、电气火灾报警和控制等。电气防火也属于多学科性质，涉及电工学、电机学、电器学、绝缘学、高压工程学、工业电子学等，还涉及其他有关火灾的许多特殊的知识。电气防火因为要有效的实际实施，所以它是一门工程技术，不只是理论上的问题，不光是写两篇论文就完了，它事关广大人民的生命财产、国家的巨大经济利益，因此解决抑制电气火灾的实际问题，电气防火工作者不能只是说，而且要亲临现场去救险。

电气防火与电气安全有密切的关系，但又有区别。电气安全包括电气防火，而电气防火又是电气安全的重要内容，原来电气安全的书籍中谈到电气防火的内容较少，随着国民经济的发展，电气防火越来越被人们重视，特别是电气防火的知识涉及面广，理论性也很强，安全防火的工程内容很多，所要研究的内容和所要采取的手段非常复杂，已不是一项用盆水去救救火的问题，所以电气防火越来越被电工科技工作者重视，电工界已经深刻认识到这是一项与国民经济与人民生命财产密切相关的系统工程。电气防火是以防火为基本出发点，研究如何防止火灾的发生以保证生命财产的安全，以及如何使火灾损失减到最低限度，更重要的是研究如何去防范、防止电气火灾的发生。电气防火涉及科研部门、设计部门、生产部门、施工部门和使用部门，所以是一个全民的问题，上上下下全民重视，电气防火就如同经济建设、工程建设、生产建设一样，取得丰硕的成果。

448. 引起电气火灾的原因有哪些？

电气火灾的直接原因有短路，过载，接触点接触不良、接触电阻大而发热，严重时变为火源，电弧火花、漏电、雷电等，甚至静电及摩擦也将引起火灾的事时有发生。有的电气火灾是人为的，例如思想麻痹，疏忽大意，不遵守防火法规，违规操作规程和缺乏电气防火安全知识等。从电气防火的机理看，电气设备的质量低劣，安装使用不当，维护保养不良，检修不及时，电气设备和电器元件的错误连接和处理不当，以及雷击、静电等是造成电气火灾的重要原因。

过载使导体中的电能转变成热能，热量 $Q=0.24I^2 \cdot R \cdot t$，（式中 I 为电流；R 为电阻；t 为时间）。从式中可以看出热量 Q 和电流 I 的平方成正比，可见电流和发热的关系。当导体和绝缘物局部过热，达到一定温度时，就会引起火灾。

短路是电气设备最严重的一种故障状态。无论是两相相间短路、三相相间短路或是对地短路，短路时，在短路点或导线连接松弛的电气接头处，均会产生电弧或火花，电弧温度很高，可达6000℃以上，甚至即刻产生大火球。不但是引燃导线本身的绝缘材料，能使铜导线化为灰烬，直至汽化，甚至将附近的可燃材料、易燃品引燃产生爆炸。

导线的连接处发生接触不良，因为接触电阻增大而引起局部过热，过热的触头接触处接触电阻又迅速增大，产生火花，造成点火源。

电炉、电取暖器、电熨斗等电热设备和电热器具，甚至是一个灯泡，在正常通电的状态下，就是一个高温热源，相当于一个火源，当其产品质量低劣、安装使用不当，长期通电无人监护管理时，且周围有可燃物、易燃品时，受到高温烘烤而起火。

近代的设备常是高速旋转和运行的物体，“高速度”象征着时代的步伐，但是从另一个角度看，“高速度”，如发电机、电动机的高速旋转，干枯润滑不良的轴瓦和轴承，那摩擦的能量是原始人的钻木所不能比拟的，那引起火灾的机理就很容易理解了。

雷电是害，除直击雷外，还有感应雷，雷电反击，雷电波的侵入和球雷等。防雷是电气安全的重要内容；而防雷也是电气防火的重要内容。因为，雷电危害的共同特点是放电时总要伴随机械力、高温和强大的火花产生，使建筑物遭受破坏，使输电线或电气设备损坏，甚至引起，如油罐爆炸、堆场着火，造成火灾事故。因为，雷电是在大气中产生的，雷云是大气电荷的载体，当雷云与地面构筑物接近到一定距离后，高电位的雷云就会击穿空气而放电，产生闪电，并伴随雷鸣。雷云电位可达 $10^4 \sim 10^5$kV，雷电流可达 50kA，若以$\frac{1}{10^5}$s 的时间放电，其放电能量约为 10^7J（W·s)，这个大能量能使人致死，并为易燃易爆物质点火能量的 100 万倍，这就是雷电引起火灾的机理。

静电起火问题越来越引起人们的重视，随着现代化工业的发展，特别是石油化工、塑料、橡胶、化纤工业、造纸、印刷和金属磨粉等工业的发展，随着现代化的生活，各种各样能产生静电的电气、电子设备和器具的增加，各种静电对金属的放电，静电产生的电击，甚至产生静电火花，点燃周围的可燃物、易燃品以及爆炸混合物，时有静电火灾事故的发生。

449. 发生电气火灾时应如何扑救？

发生电气火灾时，最重要的是必须首先切断电源，然后立即报警和扑救。

在灭火时，应选用二氧化碳灭火器、1211 灭火器或黄砂等灭火器材来灭火。在没有确知电源已被切断时，绝不可用水或普通灭火器灭火，以防救火者发生触电。

救火时不要随便与电线或电气设备接触。特别要留心地上的电线，应将其用绝缘物品妥善处置好。对无法确切判断有电还是无电的线、缆，一律按带电体对待，以免在扑救中触电。

450. 节约用电的意义是什么？建筑常用的节电方法有哪些？

节约用电是我国社会主义建设的基本方针，在发展国民经济中具有十分重要的意义。也是永恒的课题，在电力事业大发展的今天，仍然不能忽视。何况，在边远地区、广大农村，供用电尚存在许多困难，节约用电仍然应该被广大群众，特别是电工界人士、电气工作者引起高度的重视。

节约用电，就是要降低电能损耗和提高电能的利用率。电能损耗包括设备损耗和管理损耗。即电能在输送、转换和做功过程中，电的、磁的、机械的及其他方面的损耗为设备损耗。管理损耗是由于操作水平低、工艺参数不合理、工序之间的不协调以及其他原因造成的产量低、产品报废、发生事故和各生产环节中的跑、冒、滴、漏等引起的电能损耗。

研究节约用电的技术措施，是电工界和电气工作者的重要任务，以达到减少电能消耗和提高电能的利用率的目的。

节约用电是长期的任务，正因为节约用电的意义是深远的，在经济大发展的今天，和现代化的未来都是十分重要的。节约用电和安全用电一样，给信息时代、电气化的祖国锦上添花，使祖国更加繁荣昌盛。睁眼笑见万家烟的美好河山又给节约用电的事业的发展提供了充分条件，使节约用电的事业得以发展有了一个充分的保证。

常用的节电方法见表 11-5。

常用的节电方法　　表 11-5

	方　法	节电要点	备　注
变、配电设备	1. 将轻负荷变压器停止运行 2. 控制变压器的运行台数 3. 提高配电电压 4. 改变配电方式 5. 采用高效率变压器 6. 提高功率因数 7. 加强用电管理	减少铁损和铜损 减少配电线路损耗 减少铁损和铜损 限制电能的浪费	需要比较铁损和铜损，因为往往发生由于其他变压器负荷率上升，反而引起铜损增加。配电线路迂回也会引起线路功耗的增加 对现有设备要改变电压是困难的，可以在新建工程或增加设备时逐渐改变 必须进行技术经济比较 需要进行技术分析，实行定额管理
照明设备	1. 采用高效率电光源 2. 采用功率因数高的设备 3. 减少照明灯具的密度 4. 安装调光装置 5. 路灯自动控制 6. 照明设计合理化	减少电能损耗 减少电能损耗 减少电能损耗 减少电能损耗 减少电能损耗	必须进行技术经济比较 必须保证不影响照度 对照明方式和灯具选择进行
通风机、水泵	1. 间隙运转(不必要时停止运转) 2. 控制台数 3. 使用变极电动机调速 4. 采用调速装置 5. 采用高效率设备	减少电能损耗 减少电能损耗 减少电能损耗 减少电能损耗 减少电能损耗	必须分析电动机、断路器是否有频繁起动的能力 运转曲线为二级时此法有效 经过技术经济比较选择调速方法 通风机和电动机因型式和转速不同而效率有所不同
压缩机	1. 采用高效率设备 2. 控制台数 3. 控制输出电压 4. 不必要时停止运转	减少电能损耗 减少电能损耗 减少电能损耗 减少电能损耗	控制工作台数达到节电效果

第十二章 电气术语

451. 什么是故障、随机故障和故障率？

故障是指由于设计或结构不适当而形成的电气问题，系统、分系统、部件或零件没有能力按要求的或规定的方式起作用；明线电路中，由于无意识的接地、电路中断，或线路混线、短路，致使电路或元件不能正常工作。

任何在给定时间内、不可预测的，出现的故障称为随机故障。

故障率是指每单位时间中设备故障单位的平均比值，通常用每千小时的百分比表示。用来估价设备的平均寿命，说明故障必须同时要有测试条件、故障鉴定、参数检查和可信度等完整的资料。

故障又分为可修复性故障和不可修复性故障两类。故障越少越好，故障的危害程度越小越好，故障率越低越好。

452. 什么叫故障时间和故障状态？

故障时间是指设备发生故障或不工作的时间。这是由于电的、机械的或电子的故障造成的，而不是由于没有工作可做或因操作人员不在造成的停止工作的时间。

故障状态是指故障发生的方式，包括发生故障时设备或零件的工作条件。

453. 什么叫故障机理、故障分析？

故障机理是指研究发生故障的化学、电学、力学、物理学、电子学等的引发故障的根源，或研究设计和结构上的欠缺的原因分析。并具有宏观及微观的故障研讨。故障机理对故障分析和判断有理论指导作用。

故障分析是指为了鉴别故障的形式和故障的激发原因，检查电器零件以确定其性能变化超过预定范围的原因。

454. 什么是短路、断路和开路？

两个导体直接短接，在电流回路中会引起电流急剧增大。在电力系统中相与地、相与相之间发生直接导通形成短路。相与地之间直接导通称为对地短路；相与相之间直接导通称为相间短路。三相系统中有三相短路、两相短路，还可发生三相对地短路、两相对地短路或单相对地短路。突然短路对电力系统是一个极大危险。

断路是指电气线路、电气元件、导线断线或电源中断。

开路是指电流流动的路径不完整（如断路情况下）的一种断开电路。

455. 什么叫击穿？

通过绝缘体的一种破坏性电流放电，绝缘体在静电应力之下被破坏，同时使突然的电流流过其通道，称为击穿。

穿透绝缘体，导线绝缘层或其他电路的隔离物的放电。反向偏置的半导体二极管中所发生的现象。开始时，看来像是一个从高动态电阻区到基本上是低动态电阻区的转变。这是用以加大反向电流。或者是绝缘表面周围，或上面经空气的击穿放电，或不同电位、不同极性的各部分之间的空气的击穿放电。这些现象也都是击穿。击穿是由外加电压产生的，击穿途径被充分电离后还会产生电弧。

456. 什么叫老化？

在一定的环境下，元件或材料随时间的变化，引起特性的改变或恶化，称之为老化。绝缘材料随着温度的作用或时间的延长而丧失绝缘强度，也常称绝缘老化。

一个元件为了减少故障率，置于指定环境（如压力、温度、加电压等），直到它的特性稳定，称之为老化处理。

从以上描述可以知道，老化可能是一种故障现象；老化也可以被利用，作为使元件可靠性增加的一种工艺手段。

457. 什么叫熔断、失控、畸变、失真？

熔断是指由于过量电流而使电路开断，特别是指电流过大达到了导体或熔体的熔点或击穿点的现象。如电炉的电阻丝、熔断器的熔丝熔断，这和老化现象一样，一种为故障性熔断，一种为保护性熔断。

失控是指设备的某一动态变量意外地增加到超出设计的极限，往往造成破坏的现象。

失真和波形的畸变是信号波形中不希望有的波形变化，以至于使信号成分中夹杂了虚假的成分。一般情况下，失真和波形的畸变是不希望产生的。

458. 什么叫漏电和漏磁？

漏电是指电流在绝缘体上或通过绝缘体和导体产生非要求的流动。

漏磁是指磁场中（例如在电磁铁的末端、电机的非导磁通路）未能充分利用的部分。

漏电和漏磁影响的因素较多，情况也比较复杂，有时故障排除有较大的困难，分析起来也要求有较深的基础理论。

459. 什么叫零点漂移？

零点漂移是指在电机和电器中，由于某种原因，使零点移位，不在原有的规定位置的现象。在仪表中由于器件老化或外部条件对仪表的作用，使仪表的零点或最小读数偏离原来标准位置。

零点漂移的概念很重要，常常在电路分析中应用。例如星形联结的电动机缺相运行时，是两相运行还是单相运转，就是视其中心点是否接地，若未接地，在电源突然缺相时，这时零点漂移，就成为单相运转；若中心点接地，则零点被锁死，不会漂移，就肯定是两相运转。所以说两相运转和单相运转是两种不同的概念，不能把单相运转和两相运转混为一谈，利用矢量图，利用零点漂移的概念，很容易得出正确的结论。

460. 什么是接触不良和机械冲击？

接触不良是指连接电路的两个接点接触失效；接触电阻超过指定的最大值。

机械冲击是指由于设备系统零件的位置在较短时间内以非周期方式瞬间发生较大的位移，该位移又将在系统、设备内引起不良的影响。

461. 什么是磨损故障和接地故障？

磨损故障是指根据已知的磨损特性可以预料到的故障。是由于损蚀过程和机械磨损造成的并随时间而日益增加的故障。

正常情况下，如果对地具有一定电位的部分和地之间造成故障性连接，称接地故障。

带绝缘的导体或导线常常由于磨损而引起接地故障等。

462. 什么叫过电流、过电压和过载？

过电流是指电路中电流超过所规定的电流值，甚至能使导线、绝缘及电器零件受到损坏的电流。

电流过小、低于规定的数值称为欠电流。

过电压是指电路中电压值超过所规定的电压值。而电压过低则称欠电压。

过载是指设备及电机、电器件或系统的负载超过额定值。过载和过电流、过电压有着密切的关系。

过电流就动作，从而起到保护作用的装置和方式为过电流保护；同样欠电流动作的保护装置和方式为欠电流保护。统称电流保护。

过电压就动作，从而起到保护作用的装置和方式为过电压保护；欠电压动作的保护装置和方式为欠电压保护。统称电压保护。

过载就动作而起保护作用的为过载保护。

463. 什么叫腐蚀和干扰？

腐蚀是指由于氧化或化学污染引起金属表面的逐渐破坏。在电的系统中，也由于金属与相邻物质间的电流还原作用，或者由于强电流或地电流对金属的分解作用引起，后者通称为电解腐蚀。

腐蚀通常是有害的，但电火花加工的电腐蚀，则可用来加工模具和零件。

干扰是指当每个元件或部分正在发生作用的时候，两个或多个元件或部分彼此间发生不良的相互影响；或是当信号传输时妨碍信息交换的不规则现象；或者是接收无线电信号时的电子干扰。

464. 什么是电晕和电泳？

电晕是指当电位梯度超过某一值时，由于空气电离而在导体表面出现的发光放电现象。

电泳是指由外加电场引起溶液中的粒子或离子运动的现象，以及在外加电场的作用下胶体质点的移动现象。

465. 什么叫损耗、涡流损耗和磁滞损耗？

损耗是指由于电流、电阻、磁场、磁阻等因素引起的电磁能和功率的损失。在电机中有铁损耗、机械损耗、绕组的铜损耗、电刷的电损耗、励磁损耗、杂散损耗等。损耗越小，电机的效率就越高。

涡流是涡电流的简称。迅速变化的磁场在整块导体（包括半导体）内引起的感生电流，其流动的路线呈漩涡形状，这就是涡流。由于涡流而引起的能量和功率的损失称为涡流损耗。

磁滞损耗是指当磁感应是周期性的时候，由于磁滞引起的在磁性材料中的功率消耗。

电机、变压器的铁损和涡流损耗、磁滞损耗有关，这些损耗又常常转化成热能，所以这些损耗的大小不但影响电机、变压器的效率，而且直接影响电机、变压器的温升。

466. 什么叫振荡和寄生振荡？

振荡是物理量的一种状态，当在所考虑的时间间隔内，该物理量的值从最大到最小连续地变化（例如振荡摆、振荡电路和振荡电动势）。在系统或电路中的波动，特别是那些由交替地在相反方向流动的电流组成的波动；电压的相应变化也是这样。或者说，重复地周期性的动作或严格保持周期性的状态。在电路中产生不应有的振荡是不利的。

寄生振荡是指在与工作频率不同的频率上出现的不需要的自励振荡，或者是在振荡器和放大器中出现的一种不需要的振荡。

467. 什么是噪声和振动？

振动是指物体在上下前后左右发生重复的或不规则的位移。

由于物体的振动，使它邻近的空气疏密交替的变化，并以波的形式向四周传播，人耳感觉到时，就是声音。当声压、声强、响度达到一定程度，引起人感觉的不适时，或者说是电气系统和机械系统中任何不希望有的干扰，甚至计算中那些无意义的比特数或字，电子元件内部产生杂乱的电变化，（声学）换能器辐射图形中的一种潜在的扰动或畸变，由录音或放音设备引起的，和信号不和谐的任何声音，都统称为噪声。

噪声和振动对环境有很大的影响，随着时代的进步，环境对噪声和振动越来越有严格的限制。

468. 什么叫热击穿、热失控和热损失?

热击穿是指由所加电应力造成的温升而发生分解或熔化的一种击穿形式。介质崩溃的情况，介质损耗因数随温升而增加，介质损耗加热了金属使温度再升高，因此介质损耗更增大，使温度进一步升高，造成恶性循环。在半导体器件由于过热而引起的PN结破坏也称为热击穿。

热失控是指晶体管的一种正反馈情况，集电结的发热使集电极的电流增加，反过来又使热量增加，如此等等，因此温度就很快达到破坏晶体管的数值。

热损失是指部分电能由于变换为热量所造成的损失。

469. 什么叫热辐射、热老化和热收缩?

热辐射通常理解为热，分子或原子的热运动产生的辐射。其频率在红外线尽头与紫外线的尽头之间。

热老化是指用以指示各种绝缘物质的相对电阻由于加热而降低的试验。

热收缩是指大部分金属冷却时的皱缩现象。

470. 什么是一次击穿和二次击穿?

一次击穿也称雪崩击穿为晶体管的一种持续状态，与二次击穿不同，非损坏失效状态。此时，晶体管集电极对发射极的电压在不同的集电极电源电压情况下是相对恒定的。

二次击穿是指晶体管输出阻抗几乎瞬时地从高变低的情况。它与晶体管的正常运行情况不同，这时基极不再能控制集电极的特性。二次击穿是和器件结构中的不完善有关，通常在多重扩散、高速器件中更为严重。当晶体管工作于相对高的电压和大的电流时，通过晶体管的横向电流就不稳定。这是直流条件下的最严重后果，如再增加温度和频率时晶体管就会损坏，这种击穿通常是永久性的。

471. 什么是触点颤抖和触点沾附？

触点颤抖是指配对触点间不希望有的振动。在振动时，触点可以是真正的断开也可以不是，如果不是真正的断开而只是电阻的变化，则此电阻称为动态电阻，并且在具有适当的灵敏度和清晰度的示波器荧光屏上表现为“杂草”波形。

触点沾附是指水银薄膜在触点表面的沾附现象。

472. 什么叫磁漏、磁滞和磁粘连？

磁漏是指有用的工作路径之外的磁通通路。

磁滞是指磁性材料的一种特性，这种特性与给定磁化力的磁感应有关，并决定于原先的磁化状态。

磁粘连是指在继电器中，由于剩磁的作用使衔铁贴在铁心上的现象。

473. 什么是功率耗散、功率损耗和功率衰减？

功率耗散是指电流通过一个装置或部件时由于空气对流、辐射或传导而产生的热耗散。还有是指消耗在以百分之五十占空度（逻辑“0”和逻辑“1”状态的时间相等）工作的逻辑电路中的电源功率。

功率损耗是指转换设备输入电路所吸收的功率与传送给指定条件下工作的特定负载的功率之比。或者是在测量电流或电压的仪表电路里，在标称满度指示时，其端子上的有功功率损耗；对于其他仪表，例如瓦特表，功率损耗系以电流和电压的指定值表示。

功率衰减和功率损耗的概念是相同的。

474. 什么是辉光放电、火花、火花放电电压？

辉光放电是指通过电子管中的气体放电。电子管等中因空间电位远高于阴极附近气体的电离电位，结果产生阴极的辉光放电。

火花是指突然产生的闪光现象，表明发生了击穿放电，或是指两电极间短促的一次放电。

火花放电电压是指引起跳火的任意电压脉冲峰值，或是加在绝缘表面两电极间使绝缘击穿产生放电的电压。

475. 什么叫误触发、错误计数、计数损失和计算机诊断?

在电子电路中，电子器件在有触发信号时才能导通或进行工作。而发生不应有的触发信号，不该触发时而触发，称为误触发。

错误计数是指在电子计数器上一种显然不可能的计数。

计数损失是指一种递减计数，它表示在一数列中剩下的操作次数。

计算机诊断是指利用数据处理系统对原始数据进行鉴定。

476. 什么叫碳化、泄漏、跳火和穿透?

碳化是指材料（特别是绝缘材料）因电热而变成以碳为主要成分的材料，这时丧失绝缘功能。有时用碳来进行涂敷也叫碳化。

泄漏是指由于一个低电阻，使电流不能流到预定目标而被分走的情况，或者是越过介质表面而导电也是泄漏。

跳火是指绝缘表面周围或上面经空气的击穿放电；或不同电位，不同极性的各部分之间经空气的击穿放电。两导电体之间的空气被击穿，有火花通过也叫跳火。

穿透是指在某压力和温度等条件下，一固体物质对另一物体的穿入所表现的阻力。

参考文献

1. 刘介才编. 工厂供电. 北京：机械工业出版社，1996
2. 焦留成主编. 芮静康主审. 供配电设计手册. 北京：中国计划出版社，1999
3. 乔新国、余建华编. 动力与照明实用技术. 北京：中国水利水电出版社，1998
4. 芮静康主编. 中小型电机修理手册. 北京：机械工业出版社，1997
5. 机械工人应知考核题解丛书编审委员会编. 维修电工应知考核题解. 北京：机械工业出版社，1994
6. 北京供电局用电管理处. 实用电工问答. 北京：水利电力出版社，1985
7. 国家机械工业委员会统编. 机床电气控制. 北京：机械工业出版社，1989
8. 王兰君编. 电工实用线路300例. 北京：人民邮电出版社，1995
9. 中国机械工程学会设备维修学会编. 设备管理维修术语. 北京：机械工业出版社，1985
10. 张冠生、丁明道编. 常用低压电器及其应用. 北京：机械工业出版社，1992
11. [美] R. F. 格拉夫著. 北京邮电学院《现代电子学辞典》翻译组译. 现代电子学辞典. 北京：人民邮电出版社，1982
12. 柳春生主编. 供配电技术问答. 北京：机械工业出版社，1999
13. 陆荣华编著. 电气安全技术手册. 北京：中国建筑工业出版社，1999
14. 芮静康编著. 实用电工典型线路图例. 北京：中国水利水电出版社，1998
15. 芮静康主编. 实用电气手册. 北京：中国电力出版社，2004